大师谈人生书系

幸福是什么

——全球 155 位大师谈幸福

◎主编：滕 刚 高 敬

九 州 出 版 社 | 全国百佳图书出版单位
JIUZHOUPRESS

图书在版编目(CIP)数据

幸福是什么：全球 155 位大师谈幸福/滕刚，高敬主编.
—北京：九州出版社，2007.8（2021.8 重印）

（大师谈人生书系）

ISBN 978-7-80195-705-4

Ⅰ.幸… Ⅱ.①滕…②高… Ⅲ.幸福—通俗读物 Ⅳ.
B82-49

中国版本图书馆 CIP 数据核字（2007 ）第 123457 号

幸福是什么：全球 155 位大师谈幸福

作　者	滕　刚　高　敬　主编
出版发行	九州出版社
地　址	北京市西城区阜外大街甲 35 号（100037）
发行电话	(010)68992190/2/3/5/6
网　址	www.jiuzhoupress.com
电子信箱	jiuzhou@jiuzhoupress.com
印　刷	北京一鑫印务有限责任公司
开　本	720mm × 1020mm　1/16
印　张	23.5
字　数	426 千字
版　次	2007 年 9 月第 1 版
印　次	2021 年 8 月第 2 次印刷
书　号	ISBN 978-7-80195-705-4
定　价	78.00 元

第一辑　幸福是一种灿烂的感觉

　　自己的幸福要靠自己去创造，这就是幸福最主要的品质。幸福绝非轻易获得的东西，在别处不可能找到，只有在我们身上才能发现。

第二辑　我的幸福观

　　幸福的生活有三个不可缺的因素：一是有希望；二是有事做；三是能爱人。

第三辑　幸福在哪里

　　钱并不等于幸福，幸福的宝塔并不是用钱堆起来的。人生真正的幸福和欢乐浸透在亲密无间的家庭关系中。

第四辑　人生就是追求幸福

　　　哪些才是心灵的享受呢? 就是真善美三种价值。学问、
艺术、道德几无一不是心灵的活动,人如果在这三方面达到
最高的境界,同时也就达到最幸福的境界。

第五辑　快乐与幸福

只有当我们在缺少快乐就感到痛苦时,快乐才对我们有益处。当我们不再痛苦时,我们也就不再需要快乐了。正是因为此,我们说快乐是幸福生活的开端和目的,因为我们认为快乐是首要的好,以及天生的好。

第六辑　幸福的秘诀

世间的痛苦与快乐是相互依赖的,谁也离不开谁。可是假如没有痛苦就没有快乐,没有经历逆境,就无法认识到顺境的可贵,就像长期享有顺境的人,很难生起幸福感。因此,痛苦使快乐更快乐,不幸使幸运变得幸福。就如疾病使健康变得快乐,贫穷使富有变得幸福。

第七辑　幸福的处方

总有一天,我也会像所有的人一样老去的吧? 总有一天,我此刻还柔细光洁的发丝也会全部转成银白;总有一天,我会面对着一种无法转换的绝境与尽头;而在那个时候,能让我含着泪微笑地想起的,大概也就只有你了吧?

第八辑 最幸福的时刻

生命在活动,地球在旋转,江河在奔流。这一切对我来说也许是莫名其妙的事情,也许已经使我模糊地想到:这一定是天使为我捎来的最美好的时刻。

第九辑　幸福的悖论

为了不断地感到幸福，甚至在苦恼和愁闷时也感到幸福，那就需要：(一)善于满足现状；(二)很高兴地感到："事情原来可能更糟呢。"

第十辑　幸福箴言

善良的、忠心的、心里充满着爱的人儿不断地给人间带来幸福。

一生的罪与福，都是人自做的。

第 一 辑

幸福是一种灿烂的感觉

自己的幸福要靠自己去创造，这就是幸福最主要的品质。幸福绝非轻易获得的东西，在别处不可能找到，只有在我们身上才能发现。

什么是幸福

○ [约旦] 侯赛因

侯赛因 (1935~1999)　约旦前国王。童年在安曼伊斯兰经学院读书。一九五二年进英国桑赫斯特皇家军事学院和克伦威尔皇家空军学院学习。同年八月,被立为约旦哈希姆王国第三任国王,一九五三年五月二日正式登基。侯赛因国王对外奉行不结盟政策,反对以色列的侵略扩张。对内致力于发展民族经济、文教事业和改善人民生活。

我认为,在我们这个世界上,无论国王还是平民,都很难得到幸福。幸福对于绝大多数人意味着什么? 意味着有一个理想的工作,很好的薪水,甜蜜的家庭,经常可以出去旅行,有朋友,帮助别人,别人也帮助自己,等等。这一切我都得到过,而且将继续获得。但是,难道这就意味着幸福吗? 我并不这样看。

是的,我已经说过,我的生活是丰富的充实的。也许很少有人像这样地生活过。我经受过富裕和贫穷,而贫穷比富裕更多些;我尝到过孤独的痛苦和失掉亲人的悲伤;我也体验过少有的欢乐和幸福。我经受了作为一个人所经受的一切:饥、渴、屈辱、失败、偶然的富裕、难得的和平和安乐。而这一切都是人民和我与共,我和人民紧紧联系在一起,关系最密切。我的苦痛就是他们的苦痛,我的不幸也是他们的不幸。

我的人民,自从第二次世界大战以后,很少享受过幸福。我也和他们一样,更少享受过幸福。

无疑,任何小事都可能使我内心感到幸福:某位公民的成功;我国参加某次比赛获胜;我们又援助了某个友好国家;还有我妻子的微笑和孩子们的欢乐,等等。

尽管我很少谈起家庭,但是他们在我的生活中仍然占着无限重要的地位。我结过三次婚,现在有六个孩子,其中两个是男孩。我为人民做事,也为他们做事,他们是约旦的未来。我的个人生活和家庭生活是很不规律的。由于国务繁忙,我不能对这些我最亲爱的最宝贵的人,尽我希望尽的义务。我常常被迫在他们等着我一起吃午饭的时候,使他们失望。这种时候,我往往是跟某位来访的外宾或者约旦的政治家在一起。直到午后四五点钟,我才叫人送点面包来,一面工作一面吃。晚上八九点钟离开办公桌,孩子们已经入睡了。只有我的妻子阿莉亚王后和在约旦上大学的女儿,还在等着我回来,给我以温暖。而我则感到自己迫切需要这种温暖。

的确,我们有时到亚喀巴或者到乡下去度假,但孩子们总不能得到满足。我不像其他的国王或元首,要从事冬季体育锻炼。十八年来第一次,我在二月接受了伊朗国王巴列维的邀请,在瑞士的冰场上跟他在一起玩了几小时。十八年以前,我曾经滑过两天冰。今年我滑过三次。

我不需要有人怜悯我,我已经得到了我所理想的生活。我相信我是在从事一项令人神往的,然而是艰巨的工作。我要努力尽可能完美地完成自己的使命。我享受了充分的欢乐,尽管这些欢乐在别人看来也许是微不足道的,但它弥补了我曾经不得不经受的困窘和苦难。

幸福是什么

○ [美] 丽莎·普兰特

丽莎·普兰特 女,原是美国一名律师,于一九九三年投入于简单生活研究和实践中,与其同仁创办《简单生活月刊》杂志,被誉为"二十一世纪的新生活导师"。出版过《简单生活就是美》、《越简单越快乐》等书。其中,《简单生活》是作者多年来研究和实践简单生活的集大成之作,完成于一九九九年。其著作被翻译成三十多种文字,创下惊人的销售业绩。

幸福是什么?在我看来,幸福来源于"简单生活"。文明只是外在依托,成功、财富只是外在的荣光,真正的幸福来自于发现真实独特的自我,保持心灵

不论在哪里,自己的幸福要靠自己去创造,去寻觅。
——[英]哥尔斯密

的宁静。

有人问我，"简单生活"是否意味着苦行僧般的清苦生活，辞去待遇优厚的工作，靠微薄的存款过活，并清心寡欲？这是对"简单生活"的误解。"简单"意味着"悠闲"，仅此而已。丰富的存款，如果你喜欢，那就不要失去，重要的是要做到收支平衡，不要让金钱给你带来焦虑。无论是中产阶级，还是收入微薄的退休工人，都可以生活得尽量悠闲、舒适，在过"简单生活"这一点上人人平等。这个时代，不是人人都必须像梭罗一样带上一把斧子走进森林，才能获得平静安逸的感觉。关键是我们对待生活的方式，是我们是否愿意抵制媒体、商业向我们大力促销的"财富中心论"，是我们如何在日常生活中挖掘、发展生命的热情、真实和意义。

简单，是平息外部无休无止的喧嚣，回归内在自我的唯一途径。当我们为拥有一幢豪华别墅、一辆漂亮小汽车而加班加点地拼命工作，每天晚上在电视机前疲惫地倒下，或者是为了一次小小的提升，而默默忍受上司苛刻的指责，并一年到头赔尽笑脸，为了无休无止的约会，精心装扮，强颜欢笑，到头来回家面对的只是一个孤独苍白的自己的时候，我们真该问问自己干吗这样，它们真的那么重要吗？

简单的好处在于：也许我没有海滨前华丽的别墅，而只是租了一套干净漂亮的公寓，这样我就能节省一大笔钱来做自己喜欢的事，比如旅行或者是买上早就梦想已久的摄影机。我也再用不着在上司面前唯唯诺诺，我自己就是自己的主人，提升并不是唯一能证明自己的方式，很多人从事半日制工作或者是自由职业，这样他们就有更多的时间由自己支配。而且如果我不是太忙，能推去那些不必要的应酬，我将可以和家人、朋友交谈，分享一个美妙的晚上。

我们总是把拥有物质的多少、外表形象的好坏看得过于重要，用金钱、精力和时间换取一种有目共睹的优越生活，却没有察觉自己的内心在一天天枯萎。事实上，只有真实的自我才能让人真正地容光焕发，当你只为内在的自己而活，并不在乎外在的虚荣，幸福感才会润泽你干枯的心灵，就如同雨露滋润干涸的土地。

我们需求的越少，得到的自由就越多。正如梭罗所说："大多数豪华的生活以及许多所谓的舒适的生活，不仅不是必不可少的，反而是人类进步的障碍，对于豪华和舒适，有识之士更愿过比穷人还要简单和粗陋的生活。"简朴、单纯的生活有利于清除物质与生命本质之间的樊篱，为了认清它，我们必须从清除嘈杂声和琐事开始，认清我们生活中出现的一切，哪些是我们必须拥有的，哪些是必须丢弃的。

多一分舒畅，少一分焦虑；多一分真实，少一分虚假；多一分快乐，少一分悲苦，这就是简单生活所追求的目标。外界生活的简朴将带给我们内心世界的丰富，从而我们将发现新生活在面前敞开，我们将变得更敏锐，能真正深入、透彻地体验和理解自己的生活，我们将为每一次日出、草木无声的生长而欣喜不已，我们将重新向自己喜爱的人们敞开心扉，表现真实的自然，热情地置身于家人、朋友之中，彼此关心，分享喜悦，真诚以对。那时我们将发现不能接近他人，因隔阂而不能相互沟通，不过是匆忙、疲惫造成的假象。只有当我们轻松下来，开始悠闲的生活才能体验亲密和谐，友爱无间。我们将不是在生活的表面游荡不定，而是深入进去，聆听生活本质的呼唤，让生活变得更有意义。

人，诗意地栖居（节选）

○ [德] 马丁·海德格尔

马丁·海德格尔 (1889～1976)　德国哲学家，存在主义的主要代表之一。弗赖堡大学哲学博士。毕生重视探求"存在"的意义。主要著作有《存在与时间》、《什么是形而上学》、《论真理的本质》、《林中路》等。

这个诗句引自荷尔德林后期一首以独特方式流传下来的诗歌。这首诗的开头曰："教堂的金属尖顶，在可爱的蓝色中闪烁……"为了得体地倾听"人诗意地栖居"这个诗句，我们就必须审慎地将它回复到这首诗歌中，因此，我们要思量这个诗句，我们要澄清此诗句即刻就会唤起的种种疑虑。否则的话，我们就不会有开放的期备姿态，去追踪这个诗句从而应答这个诗句。

"……人诗意地栖居……"说诗人偶尔诗意地栖居，似乎还勉强可听。但这里说的是"人"，即每个人都总是诗意地栖居，这是怎么回事呢？难道一切栖居不是与诗意格格不入的吗？我们的栖居为住房短缺所困扰。即便不是这样，我们今天的栖居也由于劳作而备受折磨，由于趋功逐利而不得安宁，由于娱乐和

若要使某人幸福，就节制其欲念，而不是增加他的财富。
——[古罗马]塞涅卡

消遣活动而迷惑。而如果说在今天的栖居中，人们也还为诗意留下了空间，省下了一些时间的话，那么，顶多也就是从事某种文艺性的活动，或是书面文艺，或是音视文艺。诗歌或者被当做玩物丧志的矫情和不着边际的空想而遭到否弃，被当做遁世的梦幻而遭到否定；或者，人们就把诗看做文学的一部分。文学的功效是按照当下的现实性之尺度而被估价的。现实本身由形成公共文明意见的组织所制作和控制。这个组织的工作人员之一（既是推动者又是被推动者）就是文学行业。这样，诗就只能表现为文学，甚至当人们在教育上和科学上考察诗的时候，它也还是文学史的对象。西方的诗被冠以"欧洲文学"这样一个总名称。

但是，如果诗的唯一存在方式自始就在文学中，那么，又如何能说人之栖居是以诗意为基础的呢？"人诗意地栖居"这个诗句毕竟也只是出于某个诗人之口，而且正如我们所知，这还是一个应付不了生活的诗人[①]。各诗人的特性就是对现实熟视无睹。诗人们无所作为，而只是梦想而已。他们所做的就是耽于想象。仅有想象被制作出来。"制作"在希腊文中叫 ποίησις。人之栖居可以被认为是诗歌（Poesie）和诗歌的（poetisch）吗？这一点实际上只能假定：有谁远离于现实而不愿看到今天的历史性的和社会性的人——社会学家称之为集体[②]——的生活处于何种状况中。

然而，在我们如此粗略地宣布栖居与作诗（Dichten）的不相容之前，最好还是冷静地关注一下这位诗人的诗句。这个诗句说的是人之栖居，它并非描绘今天的栖居状况。它首先并没有断言，栖居意味着占用住宅，它也没有说，诗意完全表现在诗人想象力的非现实游戏中。如此，经过深思熟虑，谁还胆敢无所顾虑地从某个大可质疑的高度宣称栖居与诗意是格格不入的呢？也许两者是相容的。进一步讲，也许两者是相互包含的，也即说，栖居是以诗意为根基的。如果我们真的做此猜断，那么，我们就必得从本质上去思栖居和作诗。如果我们并不回避此种要求，我们就要从栖居方面来思考人们一般所谓的人之生存。而这样一来，我们势必要放弃通常关于栖居的观念。根据通常之见，栖居只不过是人的许多行为方式中的一种。我们在城里工作，在城外栖居。在旅行时，我们一会儿住在此地，一会儿住在彼地。这样来看的栖居始终只是住所的占用而已。

当荷尔德林谈到栖居时，他看到的是人类此在（Dasein）的基本特征。而他

---

① 这里显然是指荷尔德林的精神错乱。
② 工业社会。

却从与这种在本质上得到理解的栖居的关系中看到了"诗意"。

当然，这并不意味着：诗意只不过是栖居的装饰品和附加物。栖居的诗意也不仅仅意味着：诗以某种方式出现在所有的栖居当中。这个诗句倒是说："……人诗意地栖居……"也即说，作诗才首先让一种栖居成为栖居，作诗是本真的让栖居（Wohnenlassen）。不过，我们何以达到一种栖居呢？通过筑造（Bauen）。作诗，作为让栖居，乃是一种筑造。

于是，我们面临着一个双重的要求：一方面，我们要根据栖居之本质来思人们所谓的人之生存；另一方面，我们又要把作诗的本质思为让栖居，一种筑造，甚至也许是这种突出的筑造。如果我们按这里所指出的角度来寻求诗的本质，我们便可达到栖居之本质。

但我们人从何处获得关于栖居和作诗之本质的消息呢？一般而言，人从何处取得要求，得以进入某个事情的本质中？人只可能在他由以接受这个要求之处取得此要求。人从语言之允诺（Zuspruch）中接受此要求。无疑地，只有当并且只要人已然关注着语言的特有本质，此事才会发生。但围绕着整个地球，却喧嚣着一种放纵不羁而又油腔滑调的关于言语成果的说、写、播。人的所作所为俨然是语言的构成者和主宰，而实际上，语言才是人的主人。一旦这种支配关系颠倒过来，人便想出一些奇怪的诡计。语言成为表达的工具。作为表达，语言得以降落为单纯的印刷工具，甚至在这样一种对语言的利用中人们也还坚持言说的谨慎。这固然是好事，但仅仅只是这样，绝不能帮助我们摆脱那种对语言与人之间的真实的支配关系的颠倒。因为真正地讲来，是语言说话。人只是在他倾听语言之允诺从而应合于语言之际才说话。在我们可以从自身而来一道付诸言说的所有允诺中，语言乃是最高的、处处都是第一位的允诺。语言首先并且最终地把我们唤向某个事情的本质，但这不是说，语言，在任何一种任意地被把捉的词义上的语言，已经直接而确定地向我们提供了事情的透明本质，犹如为我们提供一个方便可用的对象事物一样。而人得以本真的倾听语言之允诺的那种应合，乃是在作诗之要素中说话的道说（Sagen）。一位诗人愈是诗意，他的道说便愈是自由，也即对于未被猜度的东西愈是开放、愈是有所期备，他便愈纯粹地任其所说听凭于不断进取的倾听，其所说便愈是疏远于单纯的陈述——对于这种陈述，人们只是着眼于其正确性或不正确性来加以讨论的。

　　……人诗意地栖居……

幸福在于自主自足之中。

——[古希腊]亚里士多德

诗人如是说。如果我们把荷尔德林的这个诗句置回到它所属的那首诗中，我们便可更清晰地倾听此诗句。首先，我们来倾听两行诗，我们已经把上面这个诗句从这两行诗中分离开来。这两行如下：

充满劳绩，但人诗意地，
栖居在这片大地上。

诗行的基调回响于"诗意地"一词上。此词在两个方面得到了强调，即：它前面的词句和它后面的词句。

它前面的词句是："充满劳绩，但……"听来就仿佛是，接着的"诗意地"一词给人的充满劳绩的栖居带来了一种限制。但事情恰好相反，限制是由"充满劳绩"这个短语道出的，对此，我们必须加上一个"虽然"来加以思考。虽然人在其栖居时做出多样劳绩。因为人培育大地上的生长物，保护在他周围成长的东西。培育和保护（colere，cultura）乃是一种筑造。但是，人不仅培养自发地展开和生长的事物，而且也在建造（aedificare）意义上进行筑造，因为他建立那种不能通过生长而形成和持存的东西。这种意义上的筑造之物不仅是建筑物，而且也包括手工的和由人的劳作而得的一切作品。然而，这种多样筑造的劳绩绝没有充满栖居之本质。相反的，一旦种种劳绩仅为自身之故而被追逐和赢获，它们甚至就禁阻着栖居的本质，这也就是说，劳绩正是由其丰富性而处处把栖居逼人所谓的筑造的限制中。筑造遵循着栖居需要的实现。农民对生长物的培育、建筑物和作品的建造以及工具的制造——这种意义上的筑造，已经是栖居的一个本质结果，但不是栖居的原因或基础。栖居之基础必定出现在另一种筑造中。虽然人们通常而且往往唯一地从事的，因而只是熟悉的筑造，把丰富的劳绩带入栖居之中。但是，只有当人已经以另一种方式进行筑造了，并且正在筑造和有意去筑造时，人才能够栖居。

"（虽然）充满劳绩，但人诗意地栖居……"下文接着是，"在这片大地上"。人们会认为这个补充是多余的，因为栖居说到底就是：人在大地上逗留，在"这片大地上"逗留，而每个终有一死的人都知道自己是委身于大地的。

但当荷尔德林自己胆敢说终有一死的人的栖居是诗意的栖居时，立即就唤起一种假象，仿佛"诗意地"栖居把人从大地那里拉了出来。因为"诗意"如果被看做诗歌方面的东西，其实是属于幻想领域的，诗意的栖居幻想般地飞翔于现实上空。诗人特地说，诗意的栖居乃是栖居"在这片大地上"，以此来对付上面这种担忧。于是，荷尔德林不仅使"诗意"免受一种浅显的误解，而且，通过加上"在这片大地上",他特地指示出作诗的本质。作诗并不飞越和超出大地,以便离弃大地、悬浮于大地之上。毋宁说,作诗首先把人带向大地,使人归属于大地,从而使人进入栖居之中。

> 充满劳绩,但人诗意地,
> 栖居在这片大地上。

现在我们知道人如何诗意地栖居了吗?我们还不知道。我们甚至落入一种危险中了,大有可能从我们出发,把某种外来的东西强加给荷尔德林的诗意词语。因为,荷尔德林虽然道出了人的栖居和人的劳绩,但他并没有像我们前面所做的那样,把栖居与筑造联系起来。他并没有说筑造,既没有在保护、培育和建造意义上说到筑造,也没有完全把作诗看做一种特有的筑造方式。因此,荷尔德林并没有像我们的思想那样来道说诗意的栖居。但尽管如此,我们是在思荷尔德林所诗的那同一个东西。①

无疑,这里要紧的是关注本质性的东西。这就需要做一个简短的插话。只有当诗与思明确地保持在它们的本质的区分之中,诗与思才相遇而同一。同一(das selbe)决不等于相同(das gleiche),也不等于纯粹同一性的空洞一体。相同总是转向无区别,致使一切都在其中达到一致。相反的,同一则是把区分的聚集而来,是有区别的东西的共属一体。唯当我们思考区分之际,我们才能说同一。在区分之分解中②,同一的聚集着的本质才得以显露出来。同一驱除每一种始终仅仅想把有区别的东西调和为相同的热情,同一把区分聚集为一种原始统一性。相反,相同则使之消散于千篇一律的单调统一体中。在一首题为《万恶之源》的箴言诗中,荷尔德林诗云:

> 一体地存在乃是神性和善良;在人中间究竟何来这种渴望:但求
> 唯一存在。

当我们沉思荷尔德林关于人的诗意栖居所做的诗意创作之际,我们就能猜度到一条道路;在此道路上,我们通过不同的思想成果而得以接近诗人所诗

---

① 此句中的"思"与"诗"都是动词。中文的"诗"一般不作动词用,在此我们也无妨尝试一个语文改造。

② 此处"分解"原文为 Austrag,在日常德语中有"解决、裁决、调解"等义;其动词形式 austragen 有"解决、澄清、使有结果、分送"等义。海德格尔以 Austrag 一词来思存在与存在者之"差异"的区分化运作我们译之为"分解",勉强取"区分"和"解决"之意。

真正的幸福从来就是看不见的,它隐身于无形之中。

——[英]杨 格

的同一者 (das Selbe)。

但荷尔德林就人的诗意栖居道说了什么呢？对此问题，我们可通过倾听上述那首诗的第二十四至三十八行来寻求答案。因为，我们开始时解说过的那两行诗就是从中引来的。荷尔德林诗云：

> 如果生活纯属劳累，
> 人还能举目仰望说：
> 我也甘于存在吗？是的！
> 只要善良，这种纯真，尚与人心同在，
> 人就不无欣喜
> 以神性来度量自身。
> 神莫测而不可知吗？
> 神如苍天昭然显明吗？
> 我宁愿信奉后者。
> 神本是人的尺度。
> 充满劳绩，但人诗意地，
> 栖居在这片大地上。我要说
> 星光璀璨的夜之阴影
> 也难与人的纯洁相匹敌。
> 人是神性的形象。
> 大地上①有没有尺度？
> 绝对没有。

幸福是什么——全球 155 位大师谈幸福

---
① 单纯要从大地那里解脱 (enthorendes) 的东西。

什么是幸福

○ [美] 约翰·罗尔斯

约翰·罗尔斯(1921～2002)　美国著名哲学家、伦理学家。有的评论家把罗尔斯与柏拉图、阿奎那和黑格尔这些思想泰斗相提并论。其著作《正义论》被誉为"二战后伦理学、政治哲学领域中最重要的理论著作"，甚至被誉为经典之作。

早些时我说过，在某种限定下，当一个人的一项在(或多或少地)有利的条件下制订的合理生活计划正在(或多或少地)成功地被付诸实施时，当他合理地相信他的意图能够实现时，他就是幸福的。所以当我们的合理计划在顺利进行、当我们的更重要的目标正在实现、当我们有理由确信我们的好运将继续下去时，我们是幸福的。幸福的获得取决于环境和好运，因而取决于有利条件的详细表。尽管我将不去讨论幸福概念的细节，我们仍然应当考察几个进一步的问题以便说明幸福概念与快乐主义的联系。

首先，幸福有两个方面：一是一个人努力实现的一项合理计划(活动和目标的日程表)的顺利实施；二是他的心灵状态，他的有正当理由的信心，这种理由就是他的成功将持续下去。幸福包含某种活动成就和对结果的一种合理确信。① 这个幸福定义是客观的：计划应当被调节得适应我们生活的条件，我们的信心必须依赖于合理的信念。换言之，幸福也可以从主观意义上规定：在一个人相信他的一项合理计划正在(或多或少地)成功地被付诸实施，以及种种其他同前面相同的条件下，再加上这位骑手即使弄错了或受骗了也由于偶然性和巧合而没有任何东西迫使他去纠正其错误观念这样一个条件，他就是幸福的。由于好运气他还没有从他的黄粱美梦中醒来。在这里，最适合于正义理

---

① 关于这一点见安东尼·肯尼：《幸福》，载于《亚里士多德学会会刊》第66卷(1965～1966)，第101页。

对于人，符合于理性的生活就是最好的和最愉快的，因为理性比任何其他的东西更加是人。因此这种生活也是最幸福的。

——[古希腊]亚里士多德

论并且和我们所考虑的价值判断一致的定义才是更可取的。在这一点上,只要注意到我们已经假定原始状态中的各方具有正确的信念就足够了。他们依据关于人们自身及他们在社会中的地位的一般真理承认一种正义观念。所以,可以假定他们在构想他们的生活计划时也是头脑清醒的。当然这些都不是严格的论据。人们最终将不得不承认客观的定义是它从属的那个道德理论的一部分。

采取这个定义,并记住前面关于合理计划的描述,我们就能解释幸福常常具有的种种特征。[①] 例如,幸福是自给的,即,它之被选择只是由于它自身的缘故。诚然,一项合理计划将包括许多(或至少几种)最终目标,这些目标中的任何一个都部分地由于它也补充和进一步提出一个或更多的其他目标才被追求的。由于其自身缘故而被追求的目的之间的相互支持,是合理计划的一个重要特点,因而这些目的并不总是由于它们自身才被追求的。然而实施整个计划,以及保持信心并带着这种信心来实施计划,却是我们仅仅由于其自身的缘故而想做或想拥有的东西。在制订计划时,包括(使用善的强理论规定的)正当和正义在内的所有的考虑都得到了检查。因而这整个活动是自给的。

幸福也是自足的:一项合理计划当满怀信心地实现时,使得一种生活真正值得一过且无需进一步的补充。当环境尤其有利且计划的实施特别顺利时,人的幸福是完整的。在一个人力求遵循的一般观念之中,包含着一切基本的东西及一切明显较好的方法。所以,即使我们的生活方式的物质财富总能被设想得更大,即使我们可能选择一些不同类型的目标,计划的实际完成,也仍然像作曲、绘画和赋诗那样具有某种完整性,这种完整性虽可能因环境和个人失败而被破坏,但从整体上看是十分明显的。因此,一些人成了人类繁荣的象征和仿效的榜样,他们的生活富有教益地告诉人们怎样去按照一种哲学学说生活。

所以,当一个人处于那样一些时间阶段中,即当他成功地实施着一项合理计划,并有理由相信其努力将达到目的时,他是幸福的。人们可以说,他如此的近于福祉:他的条件是最顺利的,他的生活是完整的。然而这不等于说在提出一项合理计划时,一个人是在追求幸福,至少在正常意义下不是这样。因为,幸福不是我们企求许多目的中的一个,而是整个计划的实现本身。但是首先,我已经假定合理计划满足(按照善的强理论规定的)正当和正义的约束性。说某人追求幸福似乎没有表明他打算违反或肯定这些约束。因而应当明确说明他

---

① 见亚里士多德的《尼可马克伦理学》第 1097 页 a15—b21 上的著名论述。关于亚里士多德的幸福观的讨论见 W.F.R.哈迪:《亚里士多德的伦理理论》(牛津,克莱伦顿出版社,1968 年版),第 2 章。

在提出一项合理计划时是接受这些约束的。第二,追求幸福常常意指追求某种目的,例如生命、自由和一个人的福利。①所以无私地献身于一个正当事业,或献身于发展他人的幸福的人,在正常意义上不被看做是追求幸福的人。说圣者们和英雄们或那些具有明显的超越本分的生活计划的人们是追求幸福的人将是一种错误。从公认的而不是严格规定的意义上说,他们没有可列于幸福名下的目标。然而圣者们和英雄们以及在意图中承认正当和正义的约束的人们,当他们的计划成功地实现时,他们事实上是幸福的。虽然他们不追求幸福,但他们在实现正义的要求和他人的幸福时,或在获得他们所仰慕的美德时,却是幸福的。

幸福之宫的羁留

○唐君毅

唐君毅(1909～1978) 著名哲学家。四川宜宾人。曾就读于中俄大学和北京大学,毕业于中央大学哲学系,历任华西大学、中央大学、金陵大学等校教授。主要著作有《中国哲学原论》、《生命存在与心灵境界》、《中国文化之精神价值》、《心物与人生》、《人文精神之重建》等。

人生一骑在他们所坐的马上,他忽然清楚地了解了"过去"与"未来"所指给他的风景。他从"过去"所指的风景看去,看见一牌坊上有四个大字"记忆之坊"。视线透过记忆之坊,一直看到底,便看见一个小孩同一个老人从山穴动身,一步一步走的情景。他知道那老人即时间,那小孩子即他自己。他看见他所经历过的一切。他又顺着"未来"所指给他的风景的方向去看,看见一座宫殿,门上书着"希望之门"四个字。门内中堂似有一道匾,名曰"幸福无疆"。他看着那宫殿已不甚远, 他极希望能走到那金碧辉煌的宫中休息一夜。于是他就问

---

① 关于这两个限定,见肯尼的《幸福》,第98页。

谁是最幸福的人?乃是能感到他人的功绩、视他人之乐如自己之乐的人。

——[德]歌 德

"未来"："我们可以到那宫殿中休息吗？""未来"说："我们不能在那里休息。我父亲带我们走时,总是从那房外的小路走。在这宫殿之两头都有一店,名曰'工作之店',我们总是在工作之店中休息。我们有时想到那宫中去试看一次,父亲总说我们一定要先在工作店中休息一夜才能去。但到了第二天,他还是不许我们去。他说我们今天还有事要做。他又说里面并不曾住有人,只有许多妖怪,为首名为享受,他们专以人的灵魂为食粮。如果我去,首先便被它们用麻醉药毒住,它们把我的眼睛蒙着,一刀便杀了。现在弟弟去,它们可以待他很好,但是他将被幽囚,一点也不自由,以致闷死。过去弟弟去,他便会成一白痴,连自己名字都忘了。纵然我父亲的法力无边,把他救出来,但是他出来时一无所得,只增了唯一之情绪名为'幻灭'。所以我们决不能到那宫殿中歇息。我想父亲的话是对的,我们还是在工作之店中休息的好。"话说到此,他们已走到工作之店门前。他虽不真相信他们的话,因他到底未曾见过此中妖怪,但拗不过他们,只好随入。入工作店一看,只有一间屋,四张床,此外什么都没有。他们都已疲倦,上床便睡。然人生尽管疲倦,在工作之店的床上,却使他更疲倦。疲倦过甚,翻来覆去,越睡不着。他起来一看,那三张床都是空的,不知他们到哪里去了。一种寂寞迫胁着他的心,他不知何处寻找他们。他于是摸出门,望见前面宫殿"希望之门"中灯火通明。他不觉便直向那宫殿走去,因他的好奇心总想去看一看。渐渐"希望之门"四字同原所见之匾亦不见了,换为"幸福之门"四字。他走到宫殿石阶前,刚刚登一级,忽然发现在阶梯与原来之路间,裂出一道深谷。谷壁由灯光又反映出四字"绝望之谷"。他看见绝望之谷愈裂愈大,谷之阴暗使他觉深不可测。忽然一种恐惧,又降临于他,但是他已经过此谷,他只得向上拾级而登。他觉梯级愈登愈陡,他的足屡次滑下,几乎落到绝望之谷。但是他终于用尽了他的努力,到了幸福之宫殿的门前。看见前立着一排小孩子,一齐用极温和的声音说道："欢迎胜利的客人！"便来向他行礼。人生道："我只是想到这门前看一看,无故不敢当你们的欢迎。"

他们说："我们的规律,凡是到了我们门前的,我们都一律要欢迎招待的。这用不着其他的理由来说,只要来的人能忍受攀登的困苦,而终于胜利,便值得我们欢迎招待。到了我们这里来的人,是不能回去的,回去便将落到绝望之谷,为苦痛之蛇所食。"

人生："这里还有没有其他的路可以下去？因为尚有几个小朋友等我。"

小孩甲："这里别无其他的路可以下去,除非自屋顶飞出。"

人生："但我如何能从屋顶飞出？"

小孩乙："你只要在此住一住,你也就不会想从屋顶飞出。到这里来的人没有想走的,除非……"

人生:"除非什么?"

小孩丙:"除非有魔鬼来把他夺了去。"

人生:"这里有魔鬼吗?"

小孩丁:"这里没有魔鬼。但是魔鬼时时从这里过,他常要把不愿意走的人夺了去。"

人生:"夺了去做什么? 魔鬼又是谁?"

小孩戊:"夺去做什么,这我们不知道。听说魔鬼名时间。他表面上似乎是极慈祥的白发苍苍老人,然而实际上是魔鬼。"

人生听到此,心中满怀疑窦,但他不知如何解决,他只得问他们叫什么名字。他听着一串天真的清脆的回答:"我名忘忧"、"我名莫愁"、"我名怡怡"、"我名愉愉"、"我名天欣。"忽然一个中年男子,带着满面笑容来了,说道:"人生,我知道你来了。你是同时间老人及其三个儿子一路来的,是不是? 这些我都知道。但你要知道他实在是魔鬼,不是人。"

人生:"但是他们也说你们这里没有人。"

中年人道:"你看,他的话岂不是明显造谣? 你看我们这里不是已有六人吗? 我们宫里还有其他的人呢。他的话靠不住,他确是魔鬼。你想他能隐身,又使道路崩裂,他说他能拆毁世界,建设世界,他不是魔鬼是什么? 你不要相信他是你母亲的忠仆,他是杀死你母亲,而夺去她全部财产的刽子手。你不要相信他。你知道他叫他儿子把你送到工作店中来歇宿是什么意思吗? 他们本意是要你在工作床上睡熟时,把门关上,将你困死。你起来时不见他们,因他们去叫他们的父亲,来共同抵住门,好把你困死。你未睡熟,一跑到我们这里来,这是你的幸运。你合当到我们之宫殿中住。"

人生想这中年男子的话,不一定都对。因为他对时间老人同他三个儿子,仍有爱敬在心。但是未来说此处有妖怪,明明错了。他亲自见着六个人,此外说还有其他的人呢。他觉得至少这六个人,都是对他非常亲密。他在寂寞荒凉的路上,走得这样久,这一种人间的温情,他是从来不曾享受过的。他就姑且承认他们的话不错吧。于是他说道:"我很感谢你们这样殷勤的接待,但是请问先生的大名!"

男子答道:"我的名,就是'名'。"此时又走出一男二女,"名"替他介绍:"这是我的妻子'爱情',我哥哥'权',嫂嫂'富'。这五个孩子,三个大的,是我哥哥的,小的是我的。我们尚有父亲名"享受"。他绝非妖怪,但他住在楼上,他不会客,所以别人觉得他很奇怪。奇怪误传,遂成妖怪。其实他之不会客,只是好清

在每个国家,知识都是公共幸福的最可靠的基础。

——[美]华盛顿

静罢了。我们尚有几个仆人，名‘声音’、‘颜色’、‘寿命’、‘健康’。此外，到我们这里的客人很多。在很远的另一世界，名为文化价值世界，其中的人也常有逃到我们这里来。他们在家时怎样，我不知道，但是他们到我们这里来，总是对我们颂扬，为我们服役，或代为我们呼唤仆人——总之据我们自己想，我们这里，要算这荒凉的人间世界中，一切来往的过客唯一休息之所。过去曾有无数的人在此住，他们无不非常满意。唯一可恨的就是时间之魔鬼，他总要想法来把人抓了去。所以我们前一晌预备一三层地下室。并且有一客人，愿意长住在地下室中。他说有了它，时间魔鬼便再不会把其中住的人夺去。这客人名‘幸福主义哲学’。”话犹未已，忽然一阵风起。“权”道：“这是毁灭之风，时间魔鬼来了。”“富”马上把门关上，“爱情”拖住人生道：“你赶快到地下室最下层去，我们都要来看你。”人生马上顺着“爱情”所指的方向，向门内之楼梯下走，一直走到最下之室中，便见又一白发苍苍的老人住在首座。人生问他，知道他即是幸福主义哲学。

那老人道：“人生，你不要怕，我能保护你。”人生坐下，陆续见权、名、忘忧、莫愁等九人都来了。

权道：“时间魔鬼这次来势特别凶猛，他大概已知道我们新筑有地下室，并请有保护的客人。但是，我已叫我们的仆人在门前死守，他纵然要打进来，必须在他们殉节之后。”

人生道：“你要他们都为我一人而殉节，不是太令我难受吗？”

“爱情”道：“不，我们这里的一切人，都有为保护客人而死的义务，我们九人亦是。但是我们不会真死的，时间魔鬼来，至多只能把我们的躯壳弄死，即我们在你之前的影子弄死，我们自己不会死的。只要时间一去，我们又把我们的宫殿建筑起来，我们又复活了。我们是永远要接待人，来表示我们对人类的忠诚的，我们所忧的，只是如何使来的人常住在此。但是我们接待了无数的人，我们不能真留下一个，这才使我们痛心。好在现在有幸福主义哲学先生，来看守此地下室，我想你可以永留在这里吧！”

“爱情”说完话时，忽然哗啦一声门开了。“权”大声道：“完了，我们快拥起人生逃走吧。”但他们尚未行动，时间老人已到三层地下室来了。

时间老人道：“你们为什么幽囚我的小主人？”

“名”道：“这是他自己来的，他是自愿与我们一起的。”

时间道：“这是你们用金字招牌诱惑他，人生的本心是不愿意的。”

幸福老人道：“你试问人生自己！”

人生站在幸福老人旁边，看他与时间老人都同样是苍苍白发的老人，又一样的庄严慈祥。他想他们都不会是魔鬼或妖怪，他们中间也许有误会；他想他们都是好人，这使他不知如何答复才好。但他最后终对时间老人说道："我来是受金字招牌诱惑。但是我来了，觉得这里有这样多人间的温情。我想着同你老及三位世兄，走那段悠长荒凉的旅程，真使我不愿同你再走。我觉得这里的居室，如此精美，时间老人，我看你也留在此吧。你把三位世兄带来，我想此地良善的主人，都会欢迎你的。"

"权"道："时间老人，只要你愿意来，我们仍欢迎你。我们可以忘却过去一切的仇恨，我们对人永远是宽大的。我们从前说你是魔鬼，只因为你总同我们对敌。你只要同我们和好，我们愿奉你为上宾。你在此仍可不息地做你的工作。我们这里的宫殿，也须更扩大，如果你常住在此，你可以帮助我们扩大宫殿。"

幸福老人亦向时间道："老朋友，我看你永远这样风尘仆仆，亦太苦了。而且你年轻的妻子，亦望你休息。我看你周游世界，你不曾在任何处遇见这样好的居室，你把你的妻子也接来吧。"

时间老人："我不能住在此，因为我要忠于我的职务，我不能只在此宫殿内部工作。"

幸福老人："你如果不能住在此，你也不必把人生这孩子带走，使他同你一样过凄凉寂寞的生活。你不要只为使你多一个伴侣，你要可怜这十岁左右的小孩。你想他如何能永远同你跋涉长途？我现在来保护他，我并无其他企图。我只是可怜他，要使他这没有父母的孤儿，在人的世界上多过些舒服日子。"

时间老人："但是正因我爱他，所以不让他长住在此。他母亲的意思也是要他到世界来吃些苦，锻炼他自己。舒服的日子，待他重回到他母亲的怀里，他原始的家庭以后，他自可以过的。"

幸福老人："但是要看人生愿不愿意？"

人生刚说："我……"幸福老人便一手把他捉住。人生似触了电，马上说出"不愿意走"四字。时间老人来拖人生另一只手，但无论如何拖不动。权、名等哈哈大笑道："时间老人，你的力量虽大，但是当人生同幸福主义哲学握手时，你便把他拖不起来了。"

时间道："你们不要高兴，我的小孩们马上赶到了。当我在此时，他们是不怕进来的。我们合作便有无比的力量，是你们从前不知道的。过去来了，他马上把你们这宫殿化为灰烬。未来会把你这宫殿移到天边，现在单纯地把此地恢复原来的状况。"时间老人的话说完，人生看见"未来"、"现在"、"过去"三小孩一齐都到。人生忽见宫殿陡然崩裂，又似乎向前面朦胧的烟雾中飞逝。他发现他自己，依然只同三小孩，在一条似伸展到天边的广阔的路上行着。时间老人亦

被人爱，多么福气！而有所爱，又多么幸福！

——[德]歌 德

不见了。他记起在幸福之宫中一段温暖的生活,同刚才一段热烈的论辩,都宛如梦境。他想着三层地下室中的布置之华丽,同这地面上阒无人烟的荒凉相较,他不觉便入梦境之中,又回到他刚才的生活经验中去了。他忽然睁眼,见"未来"正在拍他说:"你为什么在路上睡眠起来了?"他一定神看,"过去"小孩已不见了。他很怨怒"未来",何以惊回他的好梦。他将"未来"一推,"未来"亦无影无踪。他遂问"现在":"他们到哪里去了?""现在"说:"父亲才来叫他们去了。"

现在只有"现在"与人生,在这直伸展到天边的广阔路上行走。人生问"现在":"你不会离开我吗?""现在"答:"我不会离开你。只要你望着我看的景色看。如果你念及其他,父亲便又叫我去了。"人生知道孤独之苦甚于一切,他只得顺着"现在"所看的风景看。然而一切景色是何等的惨淡呀!忽听得"现在"道:"你觉景色惨淡,你已不安于此景色。你的第二念,又要做过去的梦了。虽然你的梦做不成,因为"过去"已过去了,但是你不能听我的话,父亲已在呼唤我去了。""现在"说完,便不见了。

漫 谈 幸 福

○ [美] 奥斯卡·汉默斯坦二世

奥斯卡·汉默斯坦二世(1895~1960) 著名歌剧和音乐剧的歌词作家。《野花》(Wildflower)是他的成名作。曾为《沙漠之歌》(The Desert Song)、《南太平洋》(South Pacific)、《国王与我》(The King and I)、《美梦》(Pipe Dream)等极负盛名的电影音乐剧谱曲。

我有一个不寻常的声明:我是一个自认为很幸福的人。

这声明之所以不寻常,是因为幸福的人通常不轻易告诉别人。感到不幸的人才比较爱说爱道。这种人对数落世事的弊病很热心;似乎还具有吸引大批听众的本领。诉说"绝望"有这么多的发言人,而鼓励"希望"的人却少而又少,这是现代的悲剧。因此我认为,宣布自己是幸福的,纯属个人的事情,纵然这种宣布不及悲观的对方所发出的呼号那么耸人听闻和有趣。

为什么我自认为是幸福的呢？死神曾使我失去许多我所爱的人，我最热诚的努力曾屡遭挫败，别人曾令我失望。我也曾让他们灰心，我还使自己失望过。不但如此，我深知我正生活在世界性忧郁症的阴云下。云会爆炸，一阵如雨的原子弹会毁灭千万生命——连我的生命在内。那么难道我不能完全以此为据构成一条有力的理由，来证明我确属一个不幸者吗？我当然能够。但是这样描绘出来的图画将是虚伪的——其虚妄的程度，就像我要画一棵树，而仅描绘它在冬天瑟缩的景象一样。如果这样做的话，我将会抹杀我在无数失败中培育出来的许多成就。将会忘怀身体健康的幸福和在阳光下散步的愉悦。将会忘记为我所爱的，而且尚在人间的人们。最后还将会忘掉我的信念：人性中的善良终将制胜引起战祸的邪恶。这一切是构成我整个世界的一部分，没有为忧虑所困。

善恶间的矛盾缠绕纠结，你不能把德行、美丽、欢笑与邪恶、丑陋、失败、啜泣截然地分开。致力于求取这种纯粹幸福的人是注定要失败的，他势必郁结而终。

他若不能接受生活中的缺陷，我相信他也绝不能在此生寻得乐趣。他必须懂得并且承认下列事实：他本身并非完人；其他一切生灵也各有缺陷；而且，他如果任凭这些缺陷摧毁他的一切希望，和一切求生的意志，则将是幼稚而懦弱的行为。

大自然比人类更古老，而她距离至善之境尚远。她的夏季并不永远准时地在六月二十一日莅临人间。昆虫、甲虫和别的虫豸(zhì)时常违背她显明的意愿，而啮食她用来装饰庭园的枝叶和蓓蕾。她让土地久旱之后，才赐以甘霖。但雨水降临时，却往往倾泻滂沱，以至害多于利。然而年复一年，大自然按照她这种美中不足的方式运行不息。尽管错误迭出，但结果却仍然不失为一个持续的奇迹。任何人想谋求改进此种缺陷，都不免愚妄。人终将犯许多错误，而且终将安然度过这令人惊叹的、兴奋的、美丽的生命之风暴，直到抵达死亡的彼岸。

身强力壮的，固然是幸福；然而聪明智慧的，还要幸福数倍！

——[俄]克雷洛夫

穷人的阳光

○丁宗皓

丁宗皓　当代作家、记者。著有《阳光照耀七奶》等,有作品曾经入选《中国当代文学名著宝库》、《2005 中国最佳随笔》等。

在离我家不远的一条大路旁,每天我都可以看见一位练摊的老人。他的年龄在五十岁左右,在我的印象里,他好像从来就没有正眼看过任何人。在一棵树下,他将一些充满童趣的纪念卡片一字排开,但是他不蹲在卡片后用目光搜寻买家。相反,他在做另一件事情,任何人都想不到的事情。他用五颜六色的粉笔在地上写着今天生活中能听到的民谣,即讽刺世事的民谣,而且每天的内容都不相同。写完后,他则在地上铺一块布,斜卧在上面,任由阳光斜照在自己的脸上。

也许是因为年龄逐渐变大, 而自己开始没有足够的精力或者倦于每天的奔波的时候,我开始留意生活中这样的景致。我开始为这样的情形所感动。

在喧嚣的人群里,时时注意到自己的确是一件十分痛苦的事情,但是一旦开始,就再也收不住脚。我于是就看见了自己一向认为正常的人生,读书、上大学、工作、力争向上有人也称为向上爬,尽力使人生变得轻松,仿佛一个长期在水下憋气的人终于浮出水面,生活中的大多数人就是这样走着,脚步多的地方就自然成为主流人生。我想我已经成为一个十分无趣的中国人,跟着大多数人向前走着,并认定这就是价值之所在。

作家余华说他讨厌中国的知识分子,因为他们不知道自己真正需要什么。我开始这样理解,作为一个群体文化的底色,他们没有像铁锚一样,使一个群体在任何一个时空里都能牵住在任何潮水中摇动的生活之舟,使人们只听凭于心灵的召唤,而不被肉体的欲望所控制。走在人群里,我强烈地感到,因为中国人的心灵还和历史一样,在功利主义和隐逸之间茫然地徘徊,使人世变成没有理智的掠夺,使出世变成失败的藏身之所。

我们真正需要的是什么？大多数的中国人回答不了这样的提问。

在这样的群体里，最容易形成时尚和潮流，所有潮流的流向，都是一元化的价值取向。所以我们的心灵总是一架失控的马车。

一年前，我友老杜从英国归来。他扎着一个小辫，背着一个仿佛是军用书包改制的包，进我的办公室时，似乎心有余悸。我有些不解，问他怎么了，老杜肯定地说：我害怕。我不解地问他：你怕什么？他说：我怕同胞。我感到好笑，于是哈哈大笑起来。老杜说：在同胞的脸上，看不到安详和宁静，只有焦躁甚至凶蛮，而他最怕的是他们的眼神，像是要吃人。我说：我也让你害怕？老杜认真地看了我一会儿，说：有一点。这回，我没有笑。

我已经把什么写到了自己的脸上？

多年以前，老友老杜在我看来就是生活的叛逆者，对于我们感兴趣的东西，他并不在意。比如找个好的工作，过一种规范的中国世俗生活，娶妻生子。老杜喜欢照相，喜欢自己干自己的事情，而他的事情在中国人看来根本不叫什么事情，至少不是正经的事情。老杜拒绝这样的尺度通过他所熟悉的生活圈子强加到自己身上，于是就去了英国。那是九十年代初的一个晚上，老杜在沈阳北站急不可待地上了火车，像胜利逃亡的战俘。

现在，老杜面色有些苍白地坐在我的对面，向我描述自己的英国生活。他住在伦敦的贫民区里，周遭都是英国的下层各色百姓，包括嬉皮士。这里的很多人最后都成了老杜的朋友。刚到伦敦的一天早晨，打工的老杜在街上看见了露宿的人们正在悠闲地收拾背囊，老杜以为目睹了英国穷人的窘迫。后来老杜结识了自己的房东，原来自己的房东也是这样一个喜欢到处露宿的年轻人。他有自己的房子，但是并不喜欢按部就班地住在房子里，他宁愿租出去，而自己背着行李到处睡觉。在以后的岁月里，老杜认识的这样的英国穷人越来越多，也了解了他们的生活原则，那就是贫困没有掠夺穷人幸福的权利和可能。做自己喜欢的事情，自由地享受人生是所有人的权利。我的老友老杜发现这种现实正好和自己的心思暗合。于是在伦敦，他开始打鱼和晒网相结合的生活，整天拎着相机四处游走，拍了大量的照片。老杜压根就不是抱着挣钱的目的出走的，他回来时仍然是穷人一个，但是他似乎带回自己喜欢的活着的准则。

找到生活真谛的老杜在阔别家乡多年以后，在同胞的脸上看见的只是恐惧，以致回来的几个月间不敢出门。他看到的是正在我们生活中发生的一个事实：在必然要产生贫和富差异的社会里，人人都害怕落在人群的后面，最后成为一个穷人，每个人都要通过奋斗避开这样的命运。这一切都写在了人们的脸上。老杜害怕的是这样的脸。

幸福不是你经历的事情，而是你记得的事情。

——[美]利万特

我忽然想到老杜其实和街头卖笛子、二胡以及在地上写字的那些人一样，正在人间属于自己的有限的自由中享受着从树梢透下来的但是属于自己的阳光。穷与富，这个两极世界，是我们终究要面对的终极问题，既然不可能避免穷人的存在，就该还给穷人自己的幸福，当然这种幸福要靠能感受并确定幸福的心灵去寻找，并形成文化。在那里，他们同样接受阳光，一点不会少，并同时感受自己是一个真实、完整的人。

有　福

○许瑞云

福是什么？俗世以为钱多是福，其实乱世钱太多常常成了祸根。俗世又以为权大是福，其实权重的人自己忧得深，也被别人怨得深。大富的人盈亏出入大，大贵的人升沉变化大，身心劳苦者居多，未必真能享福。

且看中国哲人替"有福"下的定义吧：

"有福是看山。"说到"看山"，许多人冲口否决："我哪有工夫休息看山？"愈是冲口否决没工夫的人，愈是需要休息看山的人。不能远离一些俗情，用花木禽鱼中的趣味来陶冶性情、纾解劳累的人，往往没有内心生活世界。所以，能在名利奔竞之外，做做烟霞泉石的主人，才是有福。

"心闲方是福。"基于琐事愈少人生才愈丰富的原理，拨开繁杂的琐事，挣脱缚人的尘网，能达到"事了心了"的境地，最有福。不然，就把嗜欲淡下来，至少可以销蚀灾祸，增加福气。懂得"随取随足"的处世哲学，才能心闲而受福最多。

"行善就是有福。"为善心常安，为利心常劳，心劳是祸，心安是福。没福的人是不会行善也不肯行善的。肯行善的人，是天开启他的心扉，让他感受行善之乐。不肯行善的人，是天关闭他的灵觉，让他吝于行善，自以为没有行善的能力与必要。有福没福，天性分出了两条路。

"人生常有小不如意，便是福。"常受委屈的人，懂得戒慎反省，懂得成事不易，不容易犯小人得志的毛病。凡事肯吃点小亏，才能体会出：亏人是祸，亏己是福。

"不执拗者有福。"性格就是命运,执拗不化,老憋着好胜好强一口气,容易以悲剧收场,因为:胜人是祸,饶人是福。尤其在骨肉之际,夫妇之间,多留一分圆融厚,就多一分福,有人偏要在这里分个明白是非出来,一定福薄。

"谐俗才是福。"所谓"不能谐俗知非福",谐俗指人际关系和谐,大凡相信"你好我也好"的人,人际关系才最和谐,而心无愧的人才会相信"你好我也好",处世的趣味是从不愧不怍中产生出来的。也唯有如此,才能做到"无争于人,无憾于己",精神才能真逸乐,心中才能真安享。

"清净读书就是福。"能够扫干净了地,泡一壶茶,焚一支香,清清净净,已经是有福了。没福的人,惶惶,颠倒妄想,总有一百种一千种理由让他清净不住。静坐之余还能读读书,才读一两句话,就觉得受用无穷的人,何等有福呀!身心有个栖泊处,生命有个安顿处,以书来养心,当然有福气。如果身体既健康,温饱又有余,资质也不是下愚,再能加上满眼是秀发的儿女,左右是高雅的图书,天天正常顺利地过活,哇,老天赐下的福,还有比这更大的么?

幸福就是一碗水

〇韩浩月

韩浩月 二〇〇四年跃居全国前十的网络作家。山东郯城人。作品有《男人如茶》、《许多人哭过》等。

从前,一个富人和一个穷人谈论什么是幸福。富人望着穷人破旧的茅舍和朴素的穿着,轻蔑地说:"这怎么能幸福?我有百间豪宅、千名奴仆、万两黄金,那才叫幸福呢!"后来,一把大火把富人的豪宅烧得片瓦不留,痛恨他的奴仆们抢了他的财物各奔东西。一夜间,富人沦为乞丐。一年夏天,汗流浃背的乞丐路过穷人的茅舍,穷人端来一大碗凉水,问他:"你现在认为什么是幸福?"乞丐眼巴巴地说:"幸福就是此时你手中的这碗水。"

使时间充实就是幸福。
——[美]爱默生

我把这个故事讲给我的一位朋友听的时候，他正在闹离婚。他是那种很不现实的男人，还存在许多和他年龄不相符的浪漫甚至是天真的想法。他的爱人很爱他，几乎把所有的时间放在了他的身上，她为他做饭、洗衣、织毛衣，时时刻刻为他着想，处处尽到了一个妻子的责任。他的表现不尽如人意，总是无理取闹。他下班后常和朋友一起出去喝酒夜不归宿，甚至对刚一岁多一点的孩子也不管不问。尤其不应该的是，他还常常怀疑妻子有外遇，不相信妻子是真心爱他，并以感情不和为由提出离婚。

　　在和他一次深谈之后，我问他："在你下班时，在你晚饭后，在你一身尘土出差回到家，她是不是总是给你端上一杯水？"他想了想，然后点了点头。我又问他："难道这不是幸福吗？其实，所谓的幸福，就像一杯水一样平淡而不易觉察，在你失去它的时候，你才会知道它的珍贵。"

　　富人在他腰缠万贯的时候，觉得自己是幸福的，他不了解一个穷人的幸福。穷人则认为，能够从始至终都拥有一碗水，不至于在口渴难忍的时候到别人门前等候赏赐，就是极大的幸福了。在感情上也是一样，我们不能抱怨自己的婚姻太平淡无味，当你厌倦了的时候，你应该问问自己，是否始终展示给对方一颗充满爱与责任的心，是否曾在他(她)需要关心和温暖的时候，给他(她)端上了一杯水，并且问一句："你怎么了？"

　　幸福就是一碗水，这碗水却比一杯陈酿还要香浓。

幸福是至善的

○ [古希腊] 亚里士多德

亚里士多德(前384~前322) 古希腊哲学家、科学家。生于古希腊北部的斯塔吉拉,曾师从柏拉图,是古希腊哲学家中最博学的人之一。著有《形而上学》、《论灵魂》、《论产生和毁灭》、《伦理学》等。

大家都知道幸福是至善。需要清楚解释的是,幸福的真正性质是什么?我们以为要答复此问题,最好首先研究人的功能是什么? 一个奏笛者,一个雕刻家,或任何技艺家,或任何有一功能或活动的人,他的至善和优点,就在于他的功能上,同理,若"人"有一定的功能,就是具有人的善。因此,木匠、皮匠既然都有某种功能或活动,"人"岂能说没有功能? 人的眼耳手足以及全身各部既然皆各有一功能,难道我们不能假定人也有一种不同于这些功能的某种专门的功能么?

然而人的功能是什么? 人的功能,绝不仅仅是生命。因为甚至植物也有生命。我们所探求的,乃是人特有的功能。因此,生长养育的生命,不能算做人的特殊功能。其次,有所谓感觉生命也不能算做人的特殊功能,因为甚至马、牛及一切动物也都具有。余下,即人的行为根据理性原理而具有的理性生活。这种理性原理有两部分,一是被动地服从理性指示的原理,一是主动地具有和行使理性能力的原理。因此,"理性生活"亦有两种意义。而我们必须指出的是:我们注意的是那种具有主动意义的生活。因为唯有这种意义的生活,才与理性生活这一名词的意义相符。

这样,人的功能,如果就是心灵遵循着或包含着一种理性原理的主动作用,如果一位操某种职业者的功能和一位善于操某种职业者的功能 (例如一位琴师和一位优良的琴师) 是同属一类,而且在一切情形下都无例外地,后者不过是在功能上多一优良之名 (因为琴师之功能在于弹琴,而优良琴师不过是弹得好而已),那么,人类的善,就应该是心灵符合于德行的活动。假如德行不止一种,那么,人类的善就应该是符合最好的和最完全的德行的活动。

严肃的人的幸福,并不在于风流、游乐与欢笑这种轻佻的伴侣,而在于坚韧与刚毅。

——[古罗马]西塞罗

只是，我们还必须加上"终身"一词。因为一只燕子和暖和的日子，绝不能造成春天；一日或一段时间，也不会使人变成幸福快乐的人。

……

是不是像梭伦所说的，人活着的时候不能称他是幸福的人，或者按照梭伦的说法，人死后才能称他是幸福的人呢？我们所说的所谓幸福乃是一种活动，这是不是谬说呢？如果梭伦不是这个意思，那么我们就不能说人死后才是幸福的。说人死后才是幸福的，意思是说从此疾病颠连不能及，但这种说法也行不通。人死没有什么不同，但死者并不知道。更进一步说，凡子孙从善的，他就可以得以善报，但也有子孙贤良，而报应却不相同。由此可知子孙后代与先世是有相关之处的。然而说死者能随其子孙后代时忧时乐，这种说法是荒谬的；说子孙后世所作所为与先世无关，这也是滥言。

但我们必须回答前面所说的难题，也许通过对当时问题的考察能解决它。如果我们只能在某人死后称他是有福的，则在他活着时，他享有的幸福就不能置而不论。但人活着时境遇变化无常，所以对大多数人来说，不能说他活着时就有幸福，因为幸福的意思是恒定不变的，而一个人境遇时有变化，时忧时乐，有福之人也像天上的云朵一样迁流无常。所以幸福之根据，善恶之评说不是境遇时运所能衡量的。境遇时运只是附带之物，只有以能力行德义才能称之为幸福，反之则为忧患。不过人的所作所为同德行并非一事，只有从事学术工作比较起来尚能延续久远，是百行之中最可宝贵的。所谓有福，大都指这一点，因为只有它能流传万世而长存。有福之人具备了这一点，说话、行动没有不合乎德行的，终身坚持，从而能成为完人，遇到什么变动也能泰然处之。小的变化不能使人生法度有所转移变化，大的变化就可增进人生的幸福，依此而定就是有德，反之则有碍于人生行事……人的所作所为足以决定人的命运，而有福之人必不做卑贱之事，因而不至于产生愁困……良将用兵，能用其所长，织工织布，能尽善尽美，推及百工都能如此，也就都能不产生愁困。所以人生虽遇种种境遇，也能保持不变，遇到小的祸害不受影响，遇到大的祸害，经过长期努力，也能恢复原状。

所以有福之人，所作所为符合于德。外界之善，不限于一时，能终身致力不变，且无论生死。虽然未来不可知，而福则为万事之圆满无缺之目的。如果这种说法是正确的，则人具有符合于德的行为，即为有福，而且是幸福之人。

如果幸福是符合于美德的活动，那么，它就应该符合于最高的美德，乃是很合理的，这将是我们之中最好的东西。不论这个被认为是我们的自然统治者和指导者，并思考着高贵和神圣事物的因素是理性还是别的东西，不论它本身是神圣的或只是我们之中最神圣的因素。总之，这因素符合于其本身的美德的活动,将是完满的幸福。至于这种活动乃是沉思的,这一点我们已经说过了。

　　现在,这好像既符合于我们前面所说的,又符合于实情。因为,第一,这种活动是最好的(既然不仅理性在我们乃是最好的东西,而且理性的对象也是可认识的对象中最好的东西)。第二,它是最有连续性的。因为,比起干任何别的事情来,我们都能持续不断地沉思真理,并且我们认为幸福总带有愉快之感,而哲学智慧的活动恰是被公认为所有有美德的活动中最愉快的。无论如何,追求哲学智慧是被认为能给人以愉快的,这种愉快因其纯粹和持久而更可贵,并且我们有理由认为那些有知识的人比那些正在研究的人会生活得更愉快。我们曾经提到的那种自足性,必定最为沉思的活动所具有。因为,虽说一个哲学家正像一个正直的人或一个具有其他任何一个不同的美德的人一样, 需要必需的生活条件,而当他们已经充分具备了这种东西之后,正直的人还需要那些对之作公正的行动的人们,而有节制的人、勇敢的人以及有其他美德的人也都是如此。但是,哲学家即使一个人的时候,也能够沉思真理,并且他越有智慧就越好,如果他有共同工作者,这事他也许能做得更好些,但是他总还是最自足的。好像只有这种活动才会因其本身而为人所爱,因为除了沉思之外,没有别的东西从它产生出来,而从实践的活动中,则除行为本身之外,我们或多或少总是有所得的。并且幸福被认为是凭借闲暇的, 因为我们之所以忙忙碌碌正是为了能够闲暇,从事战争正是为了和平度日。可是,实践的美德的活动都表现于政治的和军事的事务里面,而与这些事务有关的行为似乎都不是悠闲自在的。战争方面的行为是完全如此的 (因为没有人是为了要战争而选择投入战争或挑起战争的,任何一个人如果是为了要引起战争和屠杀而把自己的朋友变成敌人,那么,似乎只能说这个人是绝对的嗜杀成性),但是,政治家的行为也不是悠闲的,它(且不说政治行为本身)是以专权和名位为目的,或者至多也不过是以他自己和同胞们的幸福为目的——这种幸福乃是不同于政治行为的一种东西,并且显然是作为不同的东西来求取的。所以,如果在美德的行为里面,政治的和军事的行为的特色是在于其高贵和伟大,而这些行为乃是不悠闲自在的,并且是向着一个目标,而不是因其本身而可取的。反之,理性的沉思的活动则好像既有较高的严肃的价值,又不以本身之外的任何目的为目标,并且具有它自己本身所特有的愉快(这种愉快增强了活动),而且自足性、悠闲自适、持久不倦(在对于人是可能的限度内)和其他被赋予最幸福的人的一切属性,都显然是与这种活动相联系着的——如果是这样,就是人的最完满的幸福,如果它被准许和人的寿命一样长久的话(因为幸福的属性中没有一种是不完全的)。

　　但这样一种生活对于人来说恐怕是太奢侈了, 因为人并不是就其作为一

　　　　人类最大的幸福就在于每天能谈谈道德方面的事儿。无灵魂的生活失去了人的生活价值。

　　　　　　　　　　　　　　　　　　　　　　　——[古希腊]苏格拉底

个人这个资格而会这样生活，而是就他之中有某种神圣的东西存在，他才如此。而这些东西的活动胜过那种作为他种美德的运用的活动的程度，要看这种东西胜过我们复合的本性程度而定的。那么，如果与人比较起来，理性乃是神圣的，符合于理性的生活与人的生活比较起来就是神圣的。但是，我们应该不要听信有些人的话，这些人劝告我们，说我们既然是人，就应该去想人的事务，并且，作为有生有死的人，就应当去想有生有死的东西。我们应该尽力使我们自己不朽，尽力按照我们里面最好的东西来生活，因为即使它在量上很微小，但是在力量和价值上，却远远胜过一切东西。这东西似乎就是每个人本身，因为它是人的占统治地位的和更好的部分。所以，如果人不选择他自己的生活而选择别的东西的生活，那就太奇怪了。我们以前所说的，现在可以用得着了，即是：每一种东西所特有的，对于那种东西就自然是最好的和最愉快的。因此，对于人符合于理性的生活就是最好和最愉快的，因为理性比任何其他的东西更加是人。因此这种生活也是最幸福的。

论幸福生活（节选）

○ [古罗马] 塞涅卡

塞涅卡（约前4～65） 古罗马哲学家、戏剧家。他的伦理学对于基督教思想的形成起到了极大的推动作用，他的言论被《圣经》作者大量吸收，因此有了"基督教教父"之称。主要哲学著作有《论短促的人生》、《幸福的生活》、《论神意》等。另有悲剧《美狄西》、《俄狄浦斯》等传世。

1.我的兄弟嘎利欧①，我要告诉你每个人都想过幸福生活。可是，由于人们经常被生活中的假象所迷惑，所以他们往往不知道什么才是真正的幸福生活，从而也就很难获得幸福。假如有人走错了幸福之路，那么势必会出现这样一种

---

① 指 Annacus Novatus，塞涅卡的长兄，他后来被修辞学家 Iunius Gallio 收养，所以跟养父一样姓Gallio。51 年～52 年他任当时罗马帝国亚该亚行省总督，也是塞涅卡《论发怒》的收件人。

情况,即他越是想急于获得幸福却越是得不到,因为他走反了路,所以越走离幸福就越远。

因为这个缘故,所以我建议,在我们追求幸福之前,必须首先要搞清楚什么是幸福,然后才能去考虑如何追求幸福这个问题,看看走哪一条路才能使我们最快地到达目的地——幸福。假如我们走对了路,那么我们会发现在追求幸福的旅途中每天都会使我们所要走的总路程缩短一点,从而距离我们的最终目的地也越来越近。可是假如我们漫无目标地走,且没有向导指引,这时假如有许多人在不同的方向喊我们,我们都会朝他们走去的。因此,即使我们有可靠健全的智慧,也会走错路的。因此,我们在追求幸福时,既要知道什么是幸福,又要知道走哪一条路是对的,哪一条路是通往幸福的正确之路。至于哪一条路是通往幸福的正确之路,这就需要我们拥有一个知道我们所要走的路的有经验的向导,因为幸福生活之路与我们日常生活中所走的路情况不一样。在日常生活中,我们所走的路都是自己相当熟悉的,而且,即使走错了路,也可以问一下当地居民就可以纠正了。可幸福生活之路虽然经常有人走过,但这些路却很多都是靠不住的骗人的路,所以需要强调的是我们不应该像绵羊一样只是顺着我们前面人走过的路去走。别人所走的路不一定就是我们要走的正确之路,然而我们遇到的最大的难题就是:我们头脑中往往有这样一种信念作怪,即大多数人都赞同的就是最好的。在我看来,如果一个人按照这种信念生活,那他的生活一定不是有主见的理性的生活,而是纯粹摹仿别人的生活。打个比方说,如果有一大群人被堆得高高的,一个架一个,如果有一个人推一下,那么其他人便会一个接一个地倒下去。这种情况在生活中到处可见。一个人若出差错,那么受到伤害的不仅仅是他自己,还有无数受他影响的人。他既是别人犯错误的原因,又是别人犯错误的结果,因为一个人如果把他自己系在一大群人的后面,这是很危险的。如果我们大家都乐于相信别人,而不相信自己,那么我们就不会有任何主见了,而是一味地盲目相信别人。如果有一个人犯了错误,那么这个错误就会一个接一个地传到其他人身上,最后所有的人都犯这种错误,从而导致了我们共同的毁灭。这就是我们会被别人毁了的最好的说明。让我们把自己从群体中独立出来吧,这样我们才会成为一个真正的人。可在现实中,人们总是喜欢维护自己的不正确行为,这是与理性相违背的。我们也会在选举中看到同样的事情发生。民众的利益会随时随地发生变化的,同一个人,是他自己选出了执政官,可事后他又对自己所挑选的执政官感到不满意。同样一件事,一会儿对我们有利,可再过一会儿,却又对我们不利了,这就是我们的每项决定都追随大多数人选择的结果。

幸福是点点滴滴获得的,但幸福本身却绝不琐碎。

——[古希腊]芝 诺

2.假如你认为"什么是幸福生活"这个问题有争议,你会同意哪一种观点?是多数人的观点还是少数人的观点?是正确的观点还是错误的观点?比方说投票表决时,代表错误意见的一方占大多数,而代表有理性的正确意见的一方却占少数,你会同意哪一方?人类社会的事情往往并不是按照人们的正确意见去做的,因为大多数人都是乌合之众,最坏的选择就是乌合之众的选择。因此我们一定要知道,通常大多数人所做的选择不一定就是最好的选择。同样,对乌合之众有利的生活并不一定就是最幸福的生活,因为乌合之众可能对真理理解得最差。可是我所讲的乌合之众既指宫殿里的佣人,也指私人家中的佣人,因为他们喜欢以穿在人身上的衣服的颜色来区分人的等级。与他们相比,我的眼光较好、较有把握,因为我的眼光能分辨出真与假。让人的灵魂去发觉他自己的良心吧。假如人的灵魂曾有空暇吸气,并引退到它自身里面去,那它会给人带来什么样的自我折磨啊!假如他承认真理的话,他会这样对自己说:"迄今为止,我曾做过的和将要去做的都应该被取消,当我想到我曾说过的一切话时,我真希望自己是一个哑巴就好了;当我想到我曾祈求的一切时,我想咒骂曾经讨好过我的人,就像咒骂敌人一样;当我想到我曾害怕的一切东西时,啊,神来了!如果能去掉我所觊觎的负担,那该多么轻松啊!我和许多人结下了仇,因此,我想从此把仇恨抛在一边,去寻求和仇人结交友谊。如果恶人与恶人之间也有友谊,那该多好啊!我自己还没有进入这种状态呢。我已尽了全力,想把自己从乌合之众中独立出来,想凭借自己的一些天资和才能使自己出众。我成功了,除非把自己暴露在别人一心想伤害我的飞标以外,没有人看见飞标刺在我的哪个部位。观察一下你周围那些称赞你口才的人、那些追随你财富的人、那些追求你利益和赞扬你权力的人,所有这些人要么现在已是你的敌人,要么将来有可能成为你的敌人。要知道有多少人妒忌你,有多少人在羡慕你,为什么你不想去寻求真正的善?真正的善是只能感觉、无法言传的。那些在人们眼前停留的想吸引人们并令人惊奇地闪光的东西都是外表闪光而内里无价值的东西。"

3.我们追求的东西不应该仅仅是外表好看的东西,而应该是那些内里坚固的、永恒的、比外表更美丽的东西。这些东西其实并不难找到,它们就在我们的身边,伸手可及,就像我们在黑暗中摸索时,往往不会去摸离我们较近的伸手可及的东西,可这些东西却恰恰就是我们所想找的东西。

我不想讲得太多而使你不耐烦,所以我打算对其他哲学家们的观点不发表意见,因为如果把他们一一列举出来并统统加以驳斥,这将太冗长乏味了,可是你一定要听听我们斯多亚哲学家们的观点。当我说我们斯多亚哲学家时,你千万不要把我的观点和我们斯多亚哲学的少数头号人物的观点看做是一样的，因为我也有权谈自己的观点。我会追随某某某，会请教某某某问题，也许我也会同所有其他的斯多亚哲学家们一样，不批评我们前辈们的观点，然而我会说：“我只是想对我们斯多亚哲学补充许多观点。”可无论如何，我都会追随自然的指导——顺应自然。这种观点是我们所有的斯多亚主义者一致赞同的观点。不要违背自然，按照自然规律和模型来塑造自己，这才是真正的智慧。

因此，幸福的生活就是和自然协调一致的生活。要获得幸福的生活只有一种办法，这就是：首先，我们必须要有一个健全的思想，这种思想始终是明智的、稳定的。其次，它必须勇敢、精力充沛，同时还要坚忍不拔，在应付各种危急情况时要毫无焦虑、镇定自如。最后，也要重视一下有利于我们生活幸福的外部条件——物质财富，但是千万不能对其付出过多的爱，因为你是财富的主人，而不是财富的奴隶。即使我不再讲下去，你也会明白这个道理的。一旦我们驱散了灵魂中一切使我们兴奋或使我们害怕的东西，那么我们一定会镇定自如，因为快乐和恐惧都是罪恶的东西，一切恶行都是出自人身上的这种弱点和短处。当它们从人的灵魂中被赶走后，灵魂就没有琐碎的、脆弱的和有害的东西来作怪了，从而我们才能获得一种坚实的、不变的、无穷的幸福，这种幸福就是心灵的宁静、和谐，它既伟大又恬静。

幸福意味着自我满足

○ [法] 蒙　田　译/蒙　克

蒙田 (1533~1592)　文艺复兴时期法国思想家、散文作家。反对灵魂不朽之说，并认为人们的幸福生活就在今世。他的散文对培根、莎士比亚以及十七、十八世纪法国的一些先进思想家、文学家及戏剧家影响颇大。著有《散文集》三卷。

自给自足，自己就是一切，这就是幸福最主要的品质。我们无须过多重复亚里士多德的名言：“幸福意味着自我满足。”在商福特那措辞巧妙的话语中也

全部依靠自己，在自身内部拥有一切的人，不可能不幸福。

——[古罗马]西塞罗

出现过同样的思想："幸福绝非轻易获得的东西,在别处不可能找到,只有在我们身上才能发现。"

当一个人确信自己不能依靠其他任何人时,生活的重担和不利的处境、危险和烦恼就不仅难以计数,还不可避免。

追逐名利,饮酒狂欢,生活奢侈,所有这些都是通往幸福之路的最大障碍。它们会改变我们的生活,使我们享受到种种乐趣、欢快和愉悦,但它们同样也是导致期望和幻想的过程,而不断变幻的谎言将成为其不可避免的附属物。

一个社会必须包括成员之间的互相适应和社会对其成员的制约。这意味着社会的规模越大,越令人乏味。只有一个人独处时,他才是他自己。倘若他不喜欢独处,他便不热爱自由。只有当他孤独无依时,才真正是自由的。社会,常使人感到压抑和紧张,这种压抑感如同社会必然的附属品一样,使人无法摆脱。一个人的独立性越强,就越难成为与他人交往关系的牺牲品。对于独居,是欢迎、忍耐还是逃避,要根据个人价值的大小来决定。当一个人独处时,可怜的人体验到的是他的全部不幸,聪明人喜欢的却是独处的高尚和伟大。每个人都将成为他自己。如果一个人在自然禀赋中居于较高的地位,那么他感到寂寞冷落便是自然而然且不可避免的。如果他周围的环境干扰了这种感觉,那么,这个环境对他就不适宜。如果他不得不会见了许多性格迥异的人,他们将会对他施加种种影响,破坏他精神的宁静,他们将使他失去自我,却无法补偿这种损失。

关于幸福的真理

○ [法] 笛卡尔

笛卡尔(1596~1650) 法国哲学家、物理学家、数学家、生物学家。解析几何的创始人。主要著作有《形而上学的沉思》、《哲学原理》、《论世界》等。其《音乐提要》一书,对十八世纪音乐家拉摩影响颇大。

夫人:

当我挑选塞涅卡的《论幸福生活》建议殿下像与作者促膝谈心那样读他这

本书时,我只考虑到了作者的名气和书中内容的重要性,而没有注意到作者论述此种内容的方法。后来,我发现他的方法尚未正确到值得采纳的程度。为了使殿下比较容易地看出这一点,我将在这封信中解释一下,在我看来,像塞涅卡这样一个没有信仰而全凭天性行事的哲学家应当怎样论述这种题材才好。

　　他在书的开头说得很好:"大家都希望生活得很幸福,但大家压根儿不知道是什么使人生活得很幸福。"我们必须知道什么叫"幸福生活",我用法语说,就是"生活得很愉快"。此外,还须知道"幸运"和"真福"之间是有区别的,区别在于:"幸运"的获得,完全靠我们的身外之物,这就是为什么说,有些人虽被认为是很幸运,但他们为人并不贤明,他们没有付出什么努力就获得了一些财富。反之,我觉得,"真福"是指精神上的愉快和内心的满足,这两样,即使是最走运的人也并不一定总能得到,而贤明的人,即使没有运气的帮助,也能得到。因此,所谓"生活得很幸福",乃纯粹是指精神上的十分愉快和满足。

　　说明了以上几点之后,现在让我们来研究我们何以会生活得很幸福,也就是说,哪些东西能使我们获得最大的快乐? 我认为有两种东西:一种存在于我们自身,如美德和智慧;另一种则不是我们原本就有的,如荣誉、财富和健康。一个出生在殷实人家的人,只要没有病而又不缺少什么,则他和另一个又穷又有病而且身体畸形的人相比,尽管两人都同样聪明和同样有品德,他所享受的快乐,是一定比后者更加完美的。但是,正如一个小坛子尽管它装的酒比大坛子少,但也能像大坛子那样装得满满的。如果每一个人的快乐生活都是按照理智调节他的欲望之后获得的幸福和美满的话,我毫不怀疑,家道最穷的人和命运最不济的人与长相最难看的人,尽管他们的财产不多,他们也能和别人一样享受到最大的快乐和内心的满足。我们在这封信中要谈的正是这种快乐,因为另一种快乐不是凭我们的力量所能得到的,我们在信中谈它,就是多余的。

　　我觉得,每个人只要按照我在《方法论》中所说的三件符合道德规范的事情去做,他就能够自己使自己感到满意,而无须借助于外力。

　　第一件事情是,他经常要尽量开动自己的脑筋,分析在不同的生活环境中应该做什么和不应该做什么。

　　第二件事情是,他必须坚定不移地去做理智引导他去做的事,而不能让他的情欲和贪心使他背离。我认为,美德的实践,全靠这种坚定的决心(这一点,我还未曾听谁说过),我把这种决心分成好几类,而且,由于它们涉及的事物不同,所以还给它们以不同的名称。

　　　　一天的幸福能使一个人忘却他所有的不幸,而一天的不幸也能使他忘怀过去的全部幸福。
　　　　　　　　　　　　　　　　　　　　　　　　　　　　──《圣经》

第三件事情是,对于那些非他的能力所能获得的这样或那样的东西,他都要用理智去看待。这样做,他就可以逐渐抛弃想得到那些东西的欲望。我们之所以有不满足之感,其原因无他,就是因为我们心中有欲望、遗憾或懊悔,如果我们始终按我们的理智行事,即使事后发现我们有所失误,我们也不会懊丧,因为那不是我们的过错。我们有了胳臂和舌头,就不想再多有了,但有了健康和财富之后,却希望更健康和更富有,其原因,纯粹是由于我们认为,这些东西是可以经过我们的努力而获得的,或者因为我们想得到这些东西,是出自天性,还因为健康和财富与其他的东西是不一样的。这种看法,我们应当抛弃。因为,只要按照我们的理智的指引行事,凡是我们的力量所能得到的,我们是没有得不到的。对一个人来说,疾病和贫穷,亦如健康和财富,同样都是自然的。

　　并不是所有各种欲望都是和真福不可调和的,和真福不可调和的,只是那些急于求成和不到手便伤心的欲望。不必要求我们的理智绝对不失误,因此,只须我们在良心上觉得我们在做我们认为是好的事情时,我们不缺乏决心和毅力就行了;只要我们为人刚毅,就足以使我们对此生感到满意。不过,我们的毅力如果没有智慧启迪的话,那它就会用错的,这就是说,我们本来想而且决心要把我们认为是好的事情办好,结果却把事情办坏,喜悦的心情就不会持久。有些人把美德和享乐、贪欲、情欲对立起来,这样的看法,让人实践美德就难了。其实,只要我们正确运用理智,我们就可以真正了解什么是善行,从而防止错用我们的毅力,甚至可以把它用之于寻求法律许可的欢乐。把它运用得更加恰当,帮助我们认识我们的天性,使我们的欲望受到最大限度的约束,从而领悟到一个人的最大幸福是能正确运用他的理智。由此可见,我们研究如何运用我们的理智,这对我们是大有裨益的,这方面的工作,做起来也是很有趣的。

　　从以上所述来看,我觉得,塞涅卡应当教导我们的,是重大的真理。了解这些真理,将有助于正确使用我们的毅力,调整我们的欲望和情欲,从而使我们能够享受大自然赋予我们的至福。一个不信神的哲学家,要是从这个角度入手写他的书,他的书将写得更好和更有益于人。我这个看法,只是在这封信中随便说说,至于对不对,那就要由殿下来判断了。您看信后,如能惠函告诉我在哪些方面我还说得不够,我将十分感谢,并改正我说得不对的地方。

夫人殿下最谦卑的和最顺从的仆人　笛卡尔

一六四五年八月四日于埃格蒙

幸福的真谛

○ [法] 卢 梭

卢梭(1712~1778) 法国著名启蒙思想家、哲学家、教育家、文学家。出生于瑞士日内瓦。为《百科全书》撰稿人之一。主要著作有《论人类不平等的起源和基础》、《社会契约论》、《爱弥儿》、《忏悔录》和《漫步遐想录》等。

正由于我们力图增加我们的幸福,才使我们的幸福变成了痛苦。然而,如果你不是一个卑劣的小人,如果你的心灵里还有几星儿德行的火花在闪烁,如果像我所相信的那样,你还具有一些荣誉感的痕迹的话,我能相信你会恶劣到想滥用我在狂热中吐露的那致命的心里话吗?不会的,我很理解你。我软弱,你会给我以支持,你将成为我的保护者,你将保护我对抗我自己的心灵。你的道德是我的纯洁无辜的最后庇护所,我敢于将我的荣誉托付给你的荣誉,没有这一个,你便无法保全另一个。高贵的灵魂呀!把二者都保管好吧,至少为了你自己的爱情,劳你驾垂怜我吧。

我知道,在真正幸福的施予者跟前,获得我们所需要的幸福的最好方法,在于自己的争取而不只在于祈求。上帝呀!我是否过于卑躬屈膝了呢?我现在跪着给你写信,我的眼泪浸湿了我的信笺:我向你奉上我羞怯的恳求。可是别以为我不知道接受恳求的应该是我,而且为了让人服从我,我只需用可鄙的手段做些让步就行。朋友,接受这无谓的支配权吧,但把名誉留给我:我宁愿做你的奴隶,宁愿清白地生活,却不愿以败坏自己的名誉为代价来取得你的依附。假如你肯听取我的话,那么从你使之起死回生的人儿那里,你还有什么爱情、什么尊敬会得不到手啊!两个纯洁的灵魂的甜蜜地结合是何等的优美!你那些被克制的欲望将是你幸福的源泉,你将享受到的乐趣就是神仙也不过如此。

我相信,真正的幸福是不能描写的,它只能体会,体会得越深就越难加以

幸福似乎从来就应与人分享。

——[法]高乃依

描写，因为，真正的幸福不是一些事实的汇集，而是一种状态的持续。我也希望，一颗值得我全心全意眷恋的心，不会辜负我期望于它的高贵风度的；我还希望，如果它竟卑劣得滥用我的迷误和从我心中掏出来的招认，那么鄙夷和愤怒将恢复我已丧失的理智，我自己也不会懦弱到害怕一个我将为之感到羞愧的情人的。所有的人，都希望得到幸福，但为了要取得幸福，就必须首先知道什么是幸福。你将是有德行的，不然便是个遭人蔑视的；我将是受尊重的，或者是心病已痊愈的人。这便是我在死的希望以前所存的唯一希望。

幸福论（节选）

○ [德] 费尔巴哈

费尔巴哈（1804～1872）　德国哲学家，德国古典哲学中唯物主义的代表。其主要功绩是在唯心主义统治德国哲学界数十年之后，恢复了唯物主义的权威。费尔巴哈哲学是马克思主义哲学的来源之一。主要著作有《基督教的本质》、《未来哲学原理》、《黑格尔哲学批判》等。

凡是活着的东西就有爱，即使只爱自己和自己的生命。它希望生活，因为它活着；它希望存在，因为它存在着。但，要注意，它所希望的，只是健康和幸福，因为从有生命、有感觉、有愿望的生物的观点看来，只有幸福的存在才是存在，只有这种存在才是被渴望的和可爱的存在。凡是抱有希望的生物，便只希望对它有益、有利、有好处的东西，只希望使它获得福利，而不是祸害，只希望保存它的生命和促进它的生命，而不是限制和破坏它的生命，只希望不与感觉相抵触，而与感觉相适应。简言之，它只希望使它能够幸福，而不是使它不幸福，使它悲惨，自然，如果就人而言，在意志和意志的对象之间没有幻想、欺骗、错误或歪曲的话，加之淳朴的愿望和导致幸福的愿望即获得幸福的愿望是相互不可分离的，如果把意志的那种原始的、不受歪曲的、自然的规定及其自然的表现加以考虑，那么这两种愿望实质上是统一的。由此可知，意志就是对于幸福的追求。

一个幼虫经历了长时间的不成功的寻觅和紧张的流浪以后，终于安息在它所期望的适宜于它的植物上。是什么驱使它采取行动,是什么促使它做这样艰苦的流浪呢? 是什么强迫它的筋肉交互地紧缩又放松呢? 那只有意志,只有怕由于饥饿而极其悲惨地生病或疲惫不堪,更确切地说,只是对生命的爱、对自我保存的愿望、对幸福的追求。

对于幸福的追求是一切有生命和爱的生物、一切生存着的和希望生存的生物、一切呼吸着的和不以"绝对漠不关心的态度"吸进碳气和氮气而不吸进氧气、吸进致死空气而不吸进新鲜空气的生物的基本的和原始的追求。

但是,幸福[glückseligkeit 这一名词是由 glückselig (很幸福的) 这一字而来的,根据语言研究者的说法,glückselig 只是 glücklich (幸福的) 意义的加强,正如 armselig (赤贫的) 是 arm (贫穷的) 意义的加强一样]不是别的,只是某一生物的健康的正常的状态,它的十分强健的或安乐的状态。在这一种状态下, 生物能够无阻碍地满足和实际上满足为它本身所特别具有的并关系到它的本质和生存的特殊需要和追求。如果生物不能满足自己的追求,即使只是使自己的本质同其他生物不同和有所区别的追求,那么它还是会感觉不满意、忧郁、悲愁和不幸福。例如浣熊,纵然它在其他方面没有感觉什么不足,但当它缺乏足够的水来满足它所特有的好洁癖时,它就会是这样感觉的。

同其他一切有感觉的生物一样,人的任何一种追求也都是对于幸福的追求,因此追求可能把人支配到这种程度,以致满足这种追求对于他是唯一最大的幸福,因为人所期望的和努力追求的任何对象都是使人幸福的某种东西,因为这对象可以满足这种追求,满足这种愿望,并且也只是因为对象是人们所追求和愿望的那种样子。因此,意志最首要的条件是感觉。如果没有感觉,那就不会有苦恼、痛苦、疾病、不安乐,不会有贫困和悲哀,不会有不足和需要,不会有饥饿和口渴,简而言之,不会有不幸福,不会有祸害。而没有祸害的地方,也就不会有抵抗和对立,不会有追求,不会有排除祸害的努力和愿望,即不会有意志。对贫困和悲哀而说,反感——是最初的意志,借助于这种意志,有感觉的生物开始和维护自己的生存。

意志是不自由的,但它希望是自由的。不过所谓自由的,不是在我们的超自然主义的思辨的哲学家们所赋予意志的那种不确定的"无限性"和"无穷性"的意义上,也不是说不出名称来的和感觉不到的自由,而只是在追求幸福的意义上的自由和为了追求幸福的自由,也就是说在摆脱任何祸害上是自由的。每一个祸害、每一个得不到满足的追求、每一个落空了的愿望、每一个烦恼、每一个不足感、每一个损失都是带有兴奋性和刺激性的对于追求幸福的破坏,或是对于每个有生命有感觉的生物生来就有的追求幸福的否定, 而对于追求幸福

> 幸福属于满足的人们。
>
> ——[古希腊]亚里士多德

的肯定,即有意识地反抗和反作用于这种否定的肯定即是意志并称为意志。黑格尔说:"没有自由的意志,乃是无内容的空谈。"但是,没有幸福的自由,不能摆脱生活上应予消除的祸害,而毋宁使生活上最显著的灾难成为神圣不可侵犯的自由,这是德国人思辨式的自由,它的存在等于不存在,缺乏它不感觉为祸害,存在它不感觉为幸福,像这样的自由完全是毫无意义的空谈。如果已经不把祸害感觉为祸害,不把专制政治的压迫(不问是哪一种的压迫)感觉为压迫,那么,摆脱这种祸害、摆脱这种压迫也就不被感觉为幸福,对这种自由的追求也就不被认为是对幸福的追求。生物停止希望幸福,那么生物也就会整个停止希望,它也就会陷于愚昧和白痴。

"我希望"这一命题是说"我不想受苦难,我想得到幸福",在这一命题中我用最可能的简洁性和确切性来表示从来还没有注意到的意志与追求幸福之间的不可分离性,不过这一命题实质上不是某种新的东西,虽然也许按语文学的表现方法来说它是新的。爱尔维修在自己的著书《精神论》中说:"快乐的愿望是我们一切思想和行为的准绳,一切的人都不停地追求幸福,而不问这个幸福是真实的抑或只是假象的,因此,我们的一切有意志的行为都不过是这种追求的活动而已。"在爱尔维修以前,洛克和马勒伯朗士虽然不是那么简洁和明确,但也说过同样的话。实际上说来,马勒伯朗士在其主要的著作《真理的探求》中所表现的不过是宗教的或神学的爱尔维修而已。为了简明起见,这里应该注意马勒伯朗士的如此的命题:"不希望得到幸福是不在意志的领域以内的"。这除了说明幸福的愿望对于意志是必要的,这种愿望存在于意志的本质中,而不能使之与意志相分离以外,还会说明什么呢? 十八世纪德国的哲学家及其通俗化者都追随着洛克和爱尔维修做了同样的承认和解释,认为对于幸福的追求是人类意志的重要而普遍的追求。例如,费吉尔在他的著作《人类意志的研究》中对这种说法添加了实际上是多余的如次的批评,但为了消除粗暴的误解,这个批评现在也还是必要的, 他说:"并不能说似乎某种关于幸福的思想或只是关于快乐的思想是人类意志力最初表露的原因, 也不能说似乎任何一种继起的精神活动或甚至力量的每一无意的表露都是由这个抽象的思想引起的。这只能说明:人类意志的最切近的对象都是一些精神上的财产,这些财产一个一个地都保有福利这一名称,而在一定数量上就获得幸福的名称;而人的意志是这样被安排的,由于它(意志)有各种本质的意向和愿望,所以追求快乐、追求幸福和热爱自己,至少应该作为基本的天赋归入意志里去。"

只有伟大的德国思辨哲学家们才杜撰出某种与追求幸福不同的而且是独立的抽象的意志,某种只是想象的意志,虽然他们以康德为代表从所谓理论的理性中根除了一般的神学和形而上学——可是只用臆造的方法——然而他们却把形而上学引进意志中来,把意志转化为形而上学的本质或能力,转化为某种自在的东西,转化为本体。他们把与思维相对立的意志(因为即使意志实现了思维,那么意志还是希望纯粹思维的对立面,希望现实的感性的存在,而不希望只是思维的想象的存在),我再重说一遍,他们就这样把意志、思维的对立面与思维混为一谈,而在黑格尔身上——在这个思辨哲学的集大成者身上——则进而与好像无所假定和抽象掉一切的思维——"绝对的"亦即无对象的思维混为一谈;更有甚者,他们把意志看成与绝对物本身,与"不着边际的无限性、绝对抽象性、或普遍性"是同一的东西。黑格尔在他的名为"具体概念"的胃中,把最不能消化的东西加以消化,把最不能结合在一起的东西加以结合,并且在这种自相矛盾东西的结合中,他把基本的和本质的、不变的和真正普遍的东西,在这里亦即作为意志的对象的幸福,转化为阶段和"环节",再说一遍,在黑格尔那里,这个"能够抽象掉任何规定性的意志的绝对可能性"不过是意志的一个方面。但这是没有多大意义的,正如我说:消灭了一切颜色区别的、排除了一切观看可能性的黑暗只是光的一个方面;或如我说:混乱、暧昧只是明晰概念的一个方面、一个环节一样。

论幸福(节选)

○ [法] 阿 兰 译/施康强

阿兰(1868~1951) 原名爱弥尔·奥古斯特·夏提埃。法国哲学家、教育学家。提倡古典主义教育。认为对所有儿童应授予一种共同的课程,教育的基本任务在于磨炼学生坚强的意志和克服困难的能力,最终目的是培养"可信赖的公民"。著有《阿兰语录》、《文学论丛》、《政治论丛》等。

预 言

我认识一个人,他为了知晓自己的命运,就让一个算命的看手相。他跟我

幸福的生活存在于心绪的宁静之中。

——[古罗马]西塞罗

说他这么做只是好玩，并不是真的相信。如果他事先征求我的意见，我必定劝他别这么做，因为这是一个危险的游戏。什么预言还没有说出来的时候，你不相信当然不难。这个时候用不着你相信什么，可能谁也不会去相信。一开头持怀疑态度并不难，但是以后就不容易了。算命的很了解这一点。他们对你说："反正你不信，你又怕什么呢？"他们就是这样设置陷阱的，至于我自己，我怕我会相信他们，我又怎么知道他们会对我说些什么呢？

假设算命先生是相信自己的，因为如果他意在逗笑取乐，他就会用模棱两可的话预告一些平平常常、可以预见的事情："你会遇到一些麻烦，受到小小的挫折，但是最后你会成功的。有人跟你作对，但是总有一天他们会同你修好，而在这个期间自有忠诚的朋友带给你安慰。你不久会收到一封信，内容与你现在操心的事情有关……"诸如此类的话他可以说上一大篇，这对任何人都没有损害。

但是，如果这位术士相信自己真能预卜未来，他就会向你预告灾祸。你自以为超脱了世俗的见解，听了以后置之一笑。但是他的话还是留在你的记忆里，当你胡思乱想或做梦时会突然袭来，让你稍稍感到不安，直到某一天发生一些事情似乎与他的预言吻合，你就不那么容易把握住自己了。

我认识一位少女，有一天一位算命的看过她的手相以后对她说："你会结婚的。你将有一个孩子，但是过后你会失去这个孩子。"一个人的生命处于如日初升时，这个预言不会成为沉重的包袱。但是斗转星移，这位少女出嫁了，不久前又生下一个孩子。到这个时候，这个预言对她就不那么轻松了。假如这个孩子得了病，不祥的预言就会像钟声一样老在母亲耳际萦绕。可能她当初曾嘲笑这位看相的，现在轮到后者报复了。

这个世界上各种各样的事情都可能发生，所以不管人们的见解有多么坚定，碰上某些遭遇也会动摇。你听到一个不吉利的、难以置信的预言后可能会付之一笑，但如果这个预言部分应验了，你就不会有心情发笑了，即便是最勇敢的人遇到这种情况，他也会等待事态的发展。我们知道，我们的担心带来的痛苦不亚于灾祸本身造成的痛苦。也可能有两个预言家不谋而合地为你预言同一件事情，如果这一巧合并不使你感到特别不安，那么我对你十分钦佩。

至于我，我宁可不去多想未来，只注意眼前可能发生的。我不但不会请人看手相，而且不想从自然现象中寻找未来的预兆，因为不管我们有多大学问，我终不相信我们的目光能看得很远。我发现任何人遇到的重大事件都是他未曾预料，也不可能预料的。当人们治愈了好奇心以后，无疑也需要治愈过分的谨慎心。

向 远 处 看

对于忧郁者,我只有一句话要说:"向远处看。"忧郁者几乎都是读书太多的人。人眼的构造不适应近距离的书本,目光需要在广阔的空间得到休息。当你仰望星空或眺望海天相交处的时候,你的眼睛完全放松了。如果眼睛放松了,头脑便是自由的,而步伐就更加稳健,那么你的全身上下,包括内脏,无不变得轻松、灵活,但是你不必尝试用意志的力量达到放松全身的目的。当意志专注于自身的时候,效果适得其反,最终会使你十分紧张。不要想你自己! 向远处看。

忧郁确实是一种病,医生有时能猜到病因,开出药方。但是服药以后需要注意药力在体内的作用,还要遵守饮食规定,而你在这方面花费的心思正好抵消药力的效果。所以高明的医生会叫你去请教哲学家。但是你在哲学家家里又找到了什么呢? 一个读书太多,思想上患近视症,因而比你还要忧郁的人。

国家应该像开办医学院一样开办智慧学院,在这种学校里教授真知:静观万物,体会与世界一样博大的诗意。由于人眼的构造上的特点,广阔的视野能使眼睛得到休息,这就为我们揭示一个重要的真理:思想应解放肉体,把肉体交还给宇宙——我们真正的故乡。我们作为人的命运与我们的身体的功能有很深的联系。只要周围的事物不去打搅它,动物就躺下来睡觉,一睡就着。同样情况下,人却在思想。他的思想使他的痛苦和需要倍增,他用恐惧和希望折磨自己。于是,在想象力的作用下他的身体不断绷紧,无休止地骚动,时而冲动,时而克制;他总在怀疑,总在窥视周围的人和物。如果他想摆脱这种状态,他就去读书。书本的天地也是关闭的,而且离他的眼睛、离他的情绪太近。思想变成牢笼,身体受苦。说思想变得狭隘或者说身体自己折磨自己,其实是一回事。野心家做一千次相同的演说,情人做一千次祈祷。如果人们想使身体舒适,那么应该让思想旅行、游观。

学问能引导我们达到这个境界,只要这种学问没有野心,不饶舌,不急躁,只要它把我们从书本上领开,把我们的目光引向遥远的空间。这种学问应是感知和旅行。当你发现事物之间的真正关系时,一件事物能把你引向另一件事物,引向成千上万种别的事物,这种联系像一条湍急的河流把你的思想带向风,带向云,带向星球。真知绝不限于你眼皮底下的某一件小事,这是理解最小的事物怎样与整体相联系。任何一件东西的存在理由都不在它本身,所以正确的运动使我们离开我们自身,这对我们的身体和我们的眼睛同样有益。通过这种运动,你的思想在宇宙中得到休息,而整个宇宙才是思想的真正领域。思想同时与你身体的生命取得协调,而人体的生命也是与其他一切东西相联系的。

真正的幸福非外部发生,而由于内部的知识与道德。

——[古希腊]苏格拉底

基督徒爱说"我的故乡在天上",他无意中道出一个重要的真理。向远处看吧。

旅　行

时值假期,世界上到处都是从一地赶到另一地的旅客:他们显然想在很少的时间内看到很多东西。如果这是为了丰富话题,这样做也再好不过了,因为提到许多地名足佐谈资,可以占据谈话时间。但是,如果他们旅行是为了自己,为了真正多看到一些东西,我就不理解他们了。人们走马观花看到的东西差别不大,一道山涧不过是一道山涧。以高速度周游世界的人,倦游回来的脑子里保存的记忆不比他出发时丰富多少。

事物的丰富多彩体现于它们的细部。观看事物,这应是浏览各个细部,在每一细部上都稍作停留,然后重新用一瞥把握整体。我不知道别人能否很快做完上面这些事情,然后赶往另一个目标。我肯定做不到。卢昂[①]的居民是幸福的,因为他们每天可以对一件美丽的东西望上一眼,比如说他们可以像欣赏挂在家里的一幅画一样欣赏圣图昂大教堂。

反之,如果人们一次参观完毕某一博物馆或某一旅游地点,事后留下的印象几乎总是一片模糊,好像一幅线条不分明的灰色画。

按我的趣味,旅行应是一次只走一两米路,不时停下来再次察看同一事物呈现的新面貌。我经常离开正道,到左边或右边小坐片刻。观察的角度一变,一切跟着变化,而得到的收益则胜过走一百公里路。

如果我从一条山涧走向另一条山涧,我找到的总是同一条山涧;如果我从一块岩石走向另一块岩石,我每走一步同一条山涧会显示不同的面貌;如果我回到一件已经见过的东西上去,这件东西果真会比一件新的东西更加打动我,而且它确实变成一件新的东西了。问题仅在于选择一种丰富多彩的景色,以免因为习以为常而无动于衷。不过进一步应该说,随着人们学会更好地观察事物,平淡无奇的景色也会蕴藏无穷的快乐;再进一步说,无论什么地方,人们都可以看到星空,这个美丽的深渊。

雨　下

我们现实的不幸已经够多的了,可是偏偏还有人用想象去增添不幸。你每

---

① 法国历史名城,多艺术建筑。

天至少能碰到一个人抱怨他的职业,而他的诉苦总能打动人,因为对于任何事情我们总能挑出毛病,世上没有十全十美的东西。

你是教师,你说你教的一帮青年学生粗鲁野蛮,什么都不懂,又对什么都不感兴趣;你是工程师,你陷没在文件、图表的汪洋大海里;你是律师,你出庭时法官们不听你的辩护词,一味打瞌睡消化胃里的食物。我相信你们说的都是事实,这类事情必定是真的才经常被人说到。如果说,除此之外你有胃病,或者你的皮鞋进水,我就更能理解你了。这些事情足以使人诅咒人生,咒骂别人甚至上帝,假如你相信上帝存在。

但是请你注意,这样抱怨下去将没个完,而忧愁更会引起忧愁。因为,如果你这样抱怨命运,你就增加了自己的不幸,你事先剥夺任何能使你轻松发笑的希望,你的胃病只会因此加剧。假如你有一个朋友总是怨天尤人,你必定会努力劝导他,让他用另一种眼光去看待世界。那么为什么你不能成为你自己的好朋友呢?说真的,我认为人们应该爱一下自己,对自己友好。一切往往取决于人们最初采取的态度,一位古代作者说过,任何事情都有两端,选择会割破手的那一端不是聪明人的做法。俗话称那些在任何事情上都选择效果最好、最能振奋人心的言论的人为哲学家,这正是一语中的。要紧的是为自己辩护,而不是跟自己作对。我们每个人都有出色的辩护才能,只要我们愿意朝这个方向走,我们总能找到使自己高兴的理由。我经常观察到,人们因为一时说漏了嘴或出于礼貌才抱怨自己的职业,如果引导他们讲他们正在做的和正在发明的事情,而不是去讲他们正在承受的事情,他们就会变成兴高采烈的诗人。

天上下着小雨时你正在街上,你把雨伞打开就够了,犯不着去说:"真见鬼,又下雨了!"你这样说对于雨滴、对于云和风都不起作用。你倒不如说:"多好的一场雨啊!"我同意你说的,这句话对雨滴同样不起作用,但是它对你自己有好处。你于是抖一下身子,从而使全身发热。因为最微小的愉快动作也会产生这种效果。这样,你就不必担心自己会因为淋雨而感冒。

对待别人也可以像对待下雨一样。你说这可不容易,我说不然,这比对待下雨还容易。因为你的微笑对雨水不起作用,对于别人却能起到很大作用。仅仅由于他们效法你的微笑,这就使他们变得不那么忧郁,不那么讨厌。此外,如果你设身处地为他们想,你就不难原谅他们。马可·奥勒利乌斯[1]每天早晨说:"今天我要见到一个追慕虚荣者,一个说谎者,一个处事不公者,一个讨厌的饶舌者。他们之所以这样是因为他们无知。"

---

① 马可·奥勒利乌斯,罗马皇帝(公元161~180在位)。

快乐只不过是局部肉体的幸福而已。真正的、唯一的、彻底的幸福存在于全部灵魂的平衡之中。
——[法]巴斯加尔

不做一头幸福的猪

○ [俄] 舍斯托夫

舍斯托夫(1866～1938)　二十世纪俄国著名思想家、哲学家。曾与著名哲学家海德格尔、马克斯·舍勒、著名文学家纪德等交往,并在这种高层次的思想交流中充实和发展了自己的哲学。著有《雅典与耶路撒冷》等。

人们都说,我们无法在"我"和社会之间划出界线来。这是多么幼稚啊!鲁滨孙们不仅在荒无人烟的孤岛上,而且,就是在人烟密集的大都市里,也可以找到。当然啦,他们并没有穿兽皮衣,也没有黑腿的星期五做随从。正因为如此,任何人都不认得他们。可要知道,星期五和兽皮衣是最后一件道具,可使之成其为鲁滨孙的,并不是它们。孤独,被遗弃,无边无际的大海——我们这些现代人在如此这般的条件下生存得还不够吗?难道说这样的人还不是鲁滨孙吗?对他来说,人,已然变成了一种费力便无法把它与梦境区分开来的遥远的回忆。

做一个无可挽回的不幸者是一件可耻的事。一个无可挽回的不幸者往往得不到尘世法则的庇护。他与社会之间的所有关系,都被永远打断了。可是,由于或迟或早每个人都命定成为无可挽回的不幸者,所以,哲学所能说的最后一句话,就是孤独。

"宁做一个不幸福的人,也不做一头幸福的猪"——实用主义者想要通过这条金桥,跨越将他们与理想主义乐土隔离开来的深渊。可是,心理学来了,它粗野地报告说:"不幸福的人是没有的,而所有不幸福的人,都是猪。"陀思妥耶夫斯基笔下的地下室人、拉斯柯尔尼科夫、哈姆雷特等等,并不是不幸福的人,人们满可以选择他们的命运;至于那些个不幸福的猪,最重要的是,他们自己对此了解得十分清楚……一个人只要有耳朵,他就不可能听不见。

假如你想要人们羡慕你的悲伤甚至你的耻辱的话,你不妨装作你居然为此而自豪。假如你有足够的演技,你就放心吧,你很快就会成为风云人物。自从有了那则法利赛人和税吏的著名寓言以来,有多少无法在上帝面前履行其职责的人,成为福音书里的税吏,而引起了人们对自己的同情甚至嫉妒呀。

哲学家极其喜欢把自己的判断称作为"真理",因为,一戴上这样的头衔,判断便成为普遍必然的了。可是,每个哲学家都是亲自杜撰自己的真理的。这也就是说:他想让他的学生能被他杜撰的方法所欺骗,他把以特有方式行骗的权利,留给了自己,这又是为什么呢? 为什么就不能赋予每个人以其所愿有的方式而受骗的权利呢?

当桑蒂帕将一桶泔水往刚下了哲学课回来的苏格拉底头上泼下去时,据传说,那位哲学家只说了一句:"狂风之后总是要下雨的。""搞过一些哲学以后,你反正会觉得自己被浇了一头泔水",而桑蒂帕所做的,不过是苏格拉底内心活动的一种外在表现罢了,我不知道这么说,够不够得上真理(非智者,而是真理)的水准。象征并非总是那么漂亮美观。

论敌解释,说他之所以写了带有火气的文章,是因为他患了肝病和胃病的缘故,这使维尔奈非常生气。他觉得,为了恶在人世间居然大行其道而愤慨、而怒火填膺,要比因自己机体内偶有小恙而发火要高尚和崇高得多。撇开感伤成分,且看他是否正确,以及这样做是否更高尚?

只要在有教养的人民之间横亘着良心作为唯一可能有的中介者的话,就不可能有什么相互理解。良心要求供品,并且也只是要求供品而已。它对有教养者说:"你多么幸福,生活优裕,学富五车,而人民又是多么贫穷、愚昧而不幸啊。不妨放弃你的好运,或用谄媚的话蛊惑你的良心吧。只有那已然无可牺牲、已把自己的一切都丢弃掉了的人,才能以平等姿态走向人民。"

正因为如此,陀思妥耶夫斯基和尼采才不怕以自己的名义发言。而且,他们并未感到自己受到某种强制,也无需装腔作势、虚伪做作,以便能与人民站在同一条水平线上。

一个人要能够在自己的地位发生变化的时候毅然抛弃那种地位,不顾命运的摆布而立身做人,才说得上是幸福的。

——[法]卢梭

　　我们追求的东西不应该仅仅是外表好看的东西,而应该是那些内里坚固的、永恒的、比外表更美丽的东西。这些东西其实并不难找到,它们就在我们的身边,伸手可及,就像我们在黑暗中摸索时,往往不会去摸离我们较近的伸手可及的东西,可这些东西却恰恰就是我们所想找的东西。

我的幸福观

Wo   De   Xing   Fu   Guan

幸福的生活有三个不可缺的因素：一是有希望；二是有事做；三是能爱人。

回　家

○季羡林

季羡林 (1911～2009)　著名语言学家，文学翻译家，作家，梵文、巴利文研究专家。致力于东方学，特别是印度学的研究、开拓工作，被誉为东方学大师。著述主要有《中印文化关系史论丛》、《印度简史》、《罗摩衍那初探》、《印度古代语言论集》、《原始佛教的语言问题》等。散文作品有《牛棚杂忆》、《季羡林谈人生》等，译有两百万字的印度大史诗《罗摩衍那》。

从医院里拣回来了一条命，终于带着它回家来了。

由于自己的幼稚、固执、迷信"疥癣之疾"的说法，竟走到了向阎王爷那里去报到的程度。也许是因为文件盖的图章不够数，或者红色不够丰满，被拒收，又回来住进了三〇一医院。这所医德、医术、医风三高的医院，把性命奇迹般地还给了我，给了我一次名副其实的新生。

现在我回家来了。

什么叫家？以前没有研究过。现在忽然间提了出来，仍然是答不上来。要说家是比较长期居住的地方，那么在欧洲游荡了几百年的吉卜赛人住在流动不居的大车上。这算不算家呢？我现在不想仔细研究这种介乎形而上学和形而下学之间的学问。还是让我从医院说起吧。

这一所医院是全国著名的，称之为超一流，是完全名副其实的。我相信即使是最爱挑剔的人也绝不会挑出什么毛病来。从医疗设备到医生水平、到病房的布置、到服务态度、到工作效率等等，无不尽如人意。

就是这样一个地方，我初搬入的时候，心情还浮躁过一阵。我想到我那在燕园垂杨深处的家，还有我那盈塘的季荷和小波斯猫。但是住过一阵之后，我的心情平静了，我觉得住在这里就像是住在天堂乐园里一般。一个个穿白大褂的护士小姐都像是天使，幸福就在这白色光芒里闪烁。

我过了一段十分愉快的生活。约摸一个月以后,病情已经快达到了痊愈的程度。虽然我的生活仍然十分甜美,手脚上长出来的丑类已经完全消灭,笔墨照舞照弄不误,我的心情却无端又浮躁起来。我想到此地"信美非吾土"我又想到了我那盈塘的季荷和小波斯猫。我要回家了。

回到朗润园的时候已是黄昏时分。韩愈诗"黄昏到寺蝙蝠飞",我现在是"黄昏到园蝙蝠飞",空中确有蝙蝠飞着,全国还没有到灯火辉煌的程度。在薄暗中,盈塘荷花的绿叶显不出绿色,只是灰蒙蒙的一片。独有我那小波斯猫,不知是从什么地方蹿了出来,坐下惊愕了一阵,认出了是我,立即跳了上来,在我的两腿间蹭来蹭去,没完没了。它好像是要说:老伙计呀,你可是到哪里去了,叫我好想呀。我一进屋,它立即跳到我的怀里,无论如何也不离开。

第二天早晨,我照例四点多起床。最初,外面还是一片黑,什么东西也看不清。不久,东方渐渐白了起来,天亮了。早晨锻炼的人开始出来了,一个穿红衣服的小伙子跑步向西边去了,接着就从西面走来了那位挺着大肚子的中年妇女,跟在后面距离不太远的是那位寡居的教授夫人。这些人都是我天天早上必先见到的人物,今天也不例外。一恍神,我好像根本没有离开过这里。在医院里的四十六天,好像是在宇宙间根本没有存在过,在时间上等于一个零。

等到天光大亮的时候,我仔细观察我的季荷。此时绿盖满塘、浓碧盈空,看了令人精神为之一振。"心有灵犀一点通",中国人是相信人心是能相通的。我现在却相信,荷花也是有灵魂的,它与人心也能相通的。我的荷花掐指一算,我今年当有新生之喜,于是憋足了劲要大开一番,以示庆祝。第一朵花正开在我的窗前,是想给我一个信号。孤零零的一大朵红花,朝开夜合,确实带给了我极大的欢悦。可是荷花万没有想到,连我自己都没有想到嘛,我突然住进了医院。听北大到医院来看我的人说,荷花先是一朵,后是几朵,再后是十几朵、几十朵、上百朵、超过一百朵,开得盈塘盈池。红光照亮了朗润园,成了燕园中一道亮丽的风景线,可惜我在医院里不能亲自欣赏,只有躺在那里玄想了。

我把眼再略微抬高了一点,看到荷塘对岸的万众楼,依然雕梁画栋、金碧辉煌。楼名是我题写的,因为楼是西向的。我记得过去只有在夕阳返照中,才能看清楚那三个金光闪闪的大字。今天朝阳从楼后升起,楼前当然是黑的,但不知什么东西把阳光反射了回去,那三个大字正处在光环中依然金光闪闪。这是极细微的小事,但是我坐在这里却感到有无穷的逸趣。

与万众楼隔塘对峙是一座小山。出我的楼门,左拐走十余步就能走到。记得若干年前,一到深秋,山上的树丛叶子颜色一变,地上的草一露枯黄相,就给人以萧瑟凄清的感觉,这正是悲秋的最佳时刻。后来栽上了月季,据说一年能

能把自己生命的终点和起点连接起来的人是最幸福的人。

——[德]歌 德

开花十个月。前几年一个初冬，忽然下起了一场大雪，小山上的树枝都变成了赤条条毫无牵挂，长在地上的东西都被覆盖在一片茫茫的白色之下。令我吃惊的是，我瞥见一枝月季从雪中挺出，顶端开着一朵小花，鲜红浓艳，傲雪独立。它仿佛带给我灵感，带给我活力，带给我无穷无尽的希望。我一时狂欢不能自禁。

小山上，树木丛杂、野草遍地，是鸟类的天堂。当前全世界的人口爆炸，人与鸟兽争夺生存空间。燕园这一大片地带，如果从空中往下看的话，一定是一片浓绿，正是鸟类所垂青的地方。因此，这里的鸟类相对来说是比较多的。

每天早晨，最先出现的往往是几只喜鹊，在山上塘边树枝间跳来跳去，兴高采烈。接着出场的是成群的灰喜鹊，也是在树枝间蹦蹦跳跳，兴高采烈。

到了春天，当然会有成群的燕子飞来助兴，此时啄木鸟也必然飞来凑趣，把古树敲得砰砰作响，好像要给这一场万籁齐鸣的音乐会敲起鼓点儿。

空中又响起了布谷鸟清脆的鸣声，由远到近，又由近到远，终于消逝在太空中。

我感到遗憾的是，以前每天都看到乌鸦从城里飞向远郊，成百、上千，黑压压一片，今天则片影无存了。我又遗憾见不到多少麻雀，上个世纪五十年代被无端定为四害之一的麻雀，曾被全国人民群起而攻之，酿成了举世闻名的闹剧，现在则濒于灭绝。在小山上偶尔见到几只，灰头土脑，然而却惊为奇宝了。

幼时读唐诗，读了"西塞山前白鹭飞"、"两个黄鹂鸣翠柳，一行白鹭上青天"，曾向往白鹭青天的境界，只是没有亲眼看见过。一直到一九五一年访问印度，曾在从加尔各答乘车到国际大学的路上，在一片浓绿的树木和荷塘上面的天空里，才第一次看到白鹭上青天的情景，顾而乐之。

第二次见到白鹭是在前几年游广东佛山的时候，在一片大湖的颇为遥远的对岸上绿树成林，树上都开着白色的大花朵。最初我真以为是花，然而不久却发现，有的花朵竟然飞动起来，才知道不是花朵，而是白鸟。我又顾而乐之。

其实就在我入医院前不久，我曾瞥见一只白鸟从远处飞来，一头扎进荷叶丛中，不知道在里面鼓捣了些什么。过了许久，又从另一个地方飞出荷叶丛，直上青天，转瞬就消逝得无影无踪了。我难道能不顾而乐之吗？

现在我仍然枯坐在临窗的书桌旁边，时间是回家的第二天早上。我的身子确实没有挪窝儿，但是思想却是活跃异常。我想到过去，想到眼前，又想到未来，甚至神驰万里想到了印度。时序虽已是深秋，但是我的心中却仍是春意盎然。我眼前所看到的，脑海里所想到的东西，无一不笼罩上一团玫瑰般的嫣红，无一不闪出耀眼的光芒。

记得小时候常见到贴到大门上的一副对联"万物静观皆自得,四时佳兴与人同"现在朗润园中的万物,鸟兽虫鱼、花草树木、无不自得其乐。连这里的天都似乎特别蓝,水都似乎特别清。我眼睛所到之处,无不令我心旷神怡。思想所到之处,无不令我逸兴遄(chuán)飞。我真觉得,大自然特别可爱,生命特别可爱,人类特别可爱,一切有生无生之物特别可爱,祖国特别可爱,宇宙万物无有不可爱者。欢喜充满了三千大千世界。

现在我十分清醒地意识到,我是带着拣回来的新生回家来了。

我的家是一个温馨的家。

幸　福

○ [爱尔兰] 威廉·巴克莱

　　威廉·巴克莱(1909~1978)　　出生于苏格兰北部威克的一个教会家庭。一九二五年进入格拉斯哥大学研读神学,特别专注于《新约》的研究。一九五六年获得了爱丁堡大学授予的荣誉神学博士,一九六三年成为《圣经》批判学的教授。巴克莱一生写了六十多本关于《新约》的作品,十七本《新约》注释。丛书《每日读经》深受读者喜爱,销量达三百万册,而《圣经注释》在美国的销售量更高达五千万册。

幸福的生活有三个不可缺的因素:

一是有希望;

二是有事做;

三是能爱人。

有希望

亚历山大大帝有一次大送礼物,表示他的慷慨。他给了甲一大笔钱,给了乙一个省份,给了丙一个高官。他的朋友听到这件事后,对他说:"你要是一直这样做下去,你自己会一贫如洗。"亚历山大回答说:"我哪会一贫如洗,我为我

想象力安排好了一切。它造就了美、正义和幸福,而幸福则是世上的一切。

——[法]帕斯卡

自己留下的是一份最伟大的礼物。我所留下的是我的希望。"

一个人要是只生活在回忆中，却失去了希望，他的生命已经开始终结。回忆不能鼓舞我们有力地生活下去，回忆只能让我们逃避，好像囚犯逃出监狱。

有事做

一个英国老妇人，在她重病自知时日无多的时候，写下了如下的诗句：

> 现在别怜悯我，永远也不要怜悯我；
>
> 我将不再工作，永远永远不再工作。

很多人都有过失业或者没事做的时候，这时他就会觉得日子过得很慢，生活十分空虚。有过这种经验的人都会知道，有事做不是不幸，而是一种幸福。

能爱人

诗人白朗宁曾写道："他望了她一眼，她对他回眸一笑，生命突然苏醒。"

生命中有了爱，我们就会变得谦卑、有生气，新的希望油然而生，仿佛有千百件事等着我们去完成。有了爱，生命就有了春天，世界也变得万紫千红。

最完美的祷告，应该是："主啊，求你让我有力量去帮助别人。"

怎样才是生活的幸福

○何兆武

何兆武　一九二一年出生。一九三九年考入西南联大，先后就读于土木、历史、哲学、外文系。一九五六年至一九六八年任中国社会科学院历史研究所研究员。译有卢梭《社会契约论》、康德《历史理性批判文集》等，著有《历史与历史学》、《历史理性批判散论》、《上学论》等。

我在家乡住了一个多月，父亲带我去了长沙。从岳阳到长沙大概一百多公里的路，坐火车不过两个多小时，我们本来也是要坐火车的，可是那时候的车完全乱套了，车来了又挤不上去，所以两三天都没走成。父亲说："我们坐船去吧。"父亲是本地人，认得本地"红船局"的管事——"红船"是救生船，专门营救失事船只，它用很多的大石头压舱，所以那种船特别笨重，特别稳，可是走得非常慢。父亲借了一条船，船上有四个水手，我们就沿着湘江往上游去了长沙。

逆水行舟总要慢一些，而且那几天风也不顺，本来坐火车只需要两个小时，结果我们走了五天。正值深秋，我们坐着古代式的帆船，每天天一亮就开船，天黑了就停下来，一路的景色美极了，令人销魂，我一生都没有享受过几次。此外还有一些印象极深的，比如当时北方妇女的解放在某些方面不如南方，一般只做家务，不参加生产劳动，北京还算比较开通的地方，可是商店或者饭馆的服务员都是男的，偶尔有女服务员，还特别写上"有女招待"，多少有点相当于现在"三陪"的那种色彩。可是南方的妇女和男人一样从事生产，而且女服务员很多，是很平常的事，给我的感受颇为新鲜。

我们一路走，不但景色是最美的，毕生难忘，而且还让我联想到另一个问题，一个有点哲学或者历史学意味的问题：怎么样就算是进步？要说坐火车的话，我们两个小时就到了，可是坐船坐了五天，从这个角度讲，必须承认火车的优越性。可是从另外一个角度说，坐船不仅欣赏了景色的美，而且心情也极好，比坐火车美好得多，如果要我选择，我宁愿这么慢慢地走。多年以后，我读到哲学家 Santayana 的自传，他是西班牙人，后来定居美国。十九世纪的英美是先进国家，可是西班牙还非常落后，Santayana 的自传上有一段写了他十六岁时从西班牙到美国去的经历。他说要在西班牙旅行的话，一两个人不敢随便走的，至少也要凑上二三十人，年轻力壮的男子拿着枪在两边保护，老弱妇孺在中间。可是一到纽约，他的哥哥来码头接他，行李交给码头的工人，拿一个牌子就不用管了，Santayana 觉得非常奇怪。在西班牙，行李得自己押着，给别人能放心吗？他哥哥说："没有问题，这是美国，不是西班牙。"美国社会在许多方面的确先进，可是他觉得这次旅行缺少那种剑拔弩张的气氛，非常之失望。在西班牙，一说要去旅行那兴奋极了，好像冒险一样，可是在美国，这种气氛一点都没有了，一切都变得平淡无奇。再比如印度的甘地，甘地最反对近代社会工业化的生活，自己织布，保持传统的生活习惯。还有英国的哲学家、数学家罗素。也许是因为他古老的贵族情结，罗素对近代工业文明也是格格不入。

我在湘江上的时候刚好十六岁，当时我也想到：怎样才是生活的幸福或美满？如果单纯从物质上说，你比我快或者比我安全，这就是你的幸福；可是从另外一方面说，虽然我慢，可是我一路上的美好感受是你享受不到的，或者我的费事是你的那个省事所享受不到的，我虽然费事，可是精神上多兴奋呢，到你

我把这种人看成是幸福的：当别人问到他是否取得成功时，他总是在自己的工作中寻找答案。
——[美]爱默生

那儿就变成平淡无奇了。到底应该怎么衡量一个人的幸福或一个社会的进步呢？如果单纯从物质的角度讲似乎比较容易，可是人生不能单从物质的角度来衡量。比如你阔得流油，整天吃山珍海味，这就表示你幸福了？恐怕不单纯是这样，百万富豪不也有跳楼的吗？所以他们也有烦恼，也有痛苦。抗日战争时期，生活是艰苦的，可是精神却是振奋的，许多人宁愿选择颠沛流离的生活而不愿在日本人的统治下做亡国奴。

　　几年以后我读到那些十七、十八世纪的法国人性学者的书，《幸福论》、《爱情论》，他们喜欢谈论这些题材，我也曾想：将来我也要写一本《幸福论》，也写一本《爱情论》。人是个复杂的动物，不能单纯从物质角度衡量，或者单纯用金钱衡量。当然一个人离不开物质，没钱饿死了，活不成的。大跃进的时候我们实行过一阵吃饭不要钱，结果把食堂吃垮了，所以吃饭还得要钱，没有钱行不通的。可是反过来，是不是钱越多就越幸福？好像并不是那样。毕竟人的愿望是幸福，而不仅仅是物质或金钱的满足。

正直和公允使人幸福

○ [古希腊] 德谟克里特

德谟克里特 (约前 460～约前 370)　古希腊哲学家，与留基伯并称为原子论的创始人。出生于古希腊北部阿布德拉城。其思想涉及知识的各个领域。认为一切事物的本原是原子与虚空，运动为原子所固有。相传写有大量著作，现在仅存极少数断片。

　　卑劣地、愚蠢地、放纵地、邪恶地活着，与其说是活得不好，还不如说是慢性死亡。

　　追求对灵魂好的东西，是追求神圣的东西；追求对肉体好的东西，是追求凡欲的东西。

　　应该做好人，或者向好人学习。

使人幸福的并不是体力和金钱，而是正直和公允。

在患难时忠于义务，是伟大的。

害人的人比受害的人更不幸。

做了可耻的事而能追悔，就挽救了生命。

不学习是得不到任何技艺、任何学问的。

蠢人活着却尝不到人生的愉快。

蠢人是一辈子都不能使任何人满意的。

医学治好身体的毛病，哲学解除灵魂的烦恼。

智慧生出三种果实：善于思想、善于说话、善于行动。

人们在祈祷中恳求神赐给他们健康，却不知道自己正是健康的主宰。他们的无节制戕(qiāng)害着健康，他们放纵着情欲，自己背叛了自己的健康。

通过对享乐的节制和对生活的协调，才能得到灵魂的安宁。缺乏和过度惯于变换位置，将引起灵魂的大骚动。摇摆于这两个极端之间的灵魂是不安宁的。因此应当把心思放在能够办到的事情上，满足于自己可以支配的东西。不要光是看着那些被嫉妒、被羡慕的人，思想上跟着那些人跑。倒是应该将眼光放到生活贫困的人身上，想想他们的痛苦，这样，就会感到自己的现状很不错、很值得羡慕了，就不会老是贪心不足，给自己的灵魂造成苦恼。因为一个人如果羡慕财主，羡慕那些被认为幸福的人，时刻想着他们，就会不由自主地不断搞出些新花样。由于贪得无厌，终于做出无可挽救的违法行为。因此，不应该贪图那些不属于自己的东西，而应该满足于自己所有的东西，将自己的生活与那些更不幸的人比一比。想想他们的痛苦，你就会庆幸自己的命运比他们的好了。采取这种看法，就会生活得更安宁，就会驱除掉生活中的几个恶煞：嫉妒、眼红、不满。

最大的幸福在于我们的缺点得到纠正，我们的错误得到补救。

——[德]歌 德

头上的星空与心中的良善

○ [德] 康 德

康德(1724~1804)　德国哲学家,德国古典唯心主义的创立人。出生于东普鲁士的哥尼斯堡。毕业于德国哥尼斯堡大学。政治上,同情法国革命,主张自由平等。教育上,认为应重视儿童天性,养成儿童自觉遵守纪律的习惯。主要著作有《纯粹理性批判》、《判断力批判》、《未来形而上学导言》、《道德形而上学基础》等。

有两样东西,我们愈经常愈持久地加以思索,它们就愈使心灵充满始终新鲜不断增长的景仰和敬畏:在我之上的星空和居我心中的道德法则。我无需寻求它们或仅仅推测它们,仿佛它们隐藏在黑暗之中或在视野之外逾界的领域,我看见它们在我面前,把它们直接与我实存的意识连接起来。前者从我在外在的感觉世界所占的位置开始,把我居于其中的联系拓展到世界之外的世界、星系组成的星系以至一望无垠的规模,此外还拓展到它们的周期性运动,这个运动的起始和持续的无尽时间。后者肇始于我的不可见的自我,我的人格,将我呈现在一个具有真正无穷性但仅能为知性所觉察的世界里,并且我认识到我与这个世界(但通过它也同时与所有那些可见世界)的连接不似与前面那个世界的连接一样,仅仅是一种偶然的连接,而是一种普遍的和必然的连接。前面那个无数世界的景象似乎取消了我作为一个动物性创造物的重要性,这种创造物在一段短促的时间内(我不知道如何)被赋予了生命力之后,必定把它所由以生成的物质再还回行星(宇宙中的一颗微粒而已)。与此相反,后者通过我的人格无限地提升我作为理智存在者的价值,在这个人格里面道德法则向我展现了一种独立于动物性,甚至独立于整个感性世界的生命;它至少可以从由这个法则赋予我的此在的合目的性的决定里面推得,这个决定不受此生的条件和界限的限制,而趋于无限。

自　白

○ [德] 卡尔·马克思

卡尔·马克思 (1818~1883)　马克思主义的创始人,无产阶级革命导师。生于普鲁士莱茵省特里尔城一个律师家庭。参加青年黑格尔学派。其著作《资本论》论证了资本主义的必然灭亡和社会主义的必然胜利,从而把社会主义学说置于科学基础之上。

1. 您认为一般人最宝贵的品德?——"淳朴"。
2. 您认为男人的最好品德?——"刚强"。
3. 您认为女人最值得珍重的品德?——"柔弱"。
4. 您的特点?——"目标始终如一"。
5. 您对幸福的理解?——"斗争"。
6. 您对不幸的理解?——"屈服"。
7. 您能原谅的缺点?——"轻信"。
8. 您最厌恶的缺点?——"逢迎"。
9. 您讨厌的人?——"马丁·塔波尔"。
10. 您喜欢做的事?——"啃书本"。
11. 您喜爱的诗人?——"莎士比亚、埃斯库罗斯、歌德"。
12. 您喜爱的散文家?——"狄德罗"。
13. 您喜爱的英雄?——"斯巴达克、开普勒"。
14. 您喜爱的女英雄?——"甘泪卿"。
15. 您喜爱的花?——"月桂"。
16. 您喜爱的颜色?——"红色"。
17. 您喜爱的名字?——"劳拉、燕妮"。
18. 您喜爱的菜?——"鱼"。

人生至高的幸福,便是感到自己有人爱,有人为你是这个样子而爱你,更进一步说,有人不问你是什么样子而仍旧一心爱你。

——[法]雨　果

19．您喜爱的格言？——"人所具有的我都具有"。
20．您喜爱的座右铭？——"怀疑一切"。

我的幸福观

○雷洁琼

雷洁琼 (1905～2011)　一九三一年获得美国南加州大学社会学系硕士学位，并获中国留学生最优秀学习成绩奖。曾任中国社会学会副会长。主要著作有《关于社会学的几点意见》、《中国婚姻家庭问题》、《社会学与社会改革》、《雷洁琼文集》等。

什么是幸福？古今中外，还没有定论，每个人由于历史条件、生活环境、文化教育以及社会影响不同，对人生观、幸福观的理解和认识也各不相同，综合起来，可以分为两种类型，一种人是把幸福建立在利己主义的基础上，一切以我为中心，他们为了满足个人的欲望，追求个人名利，不惜损害他人和国家的利益，他们陷入了个人主义的深渊，这种人的幸福观认为满足个人的欲望就是幸福。

另一种人却相反，他们为了他人，为了集体，为了人民，为了国家的利益，甘愿或多或少地作出自我牺牲，自己从中得到满足，得到快乐，从而得到人们的尊敬和爱戴，我认为这是最高的荣誉，是最大的幸福。

马克思说："那些为大多数人们带来幸福的人，经验赞扬他们为最幸福的人。"今天，在我们建设社会主义的新时代，在我国各个角落，默默无闻、忘我无私为人民为国家作贡献的人们，是最受人们敬重的。我认为他们是最幸福的人。只有为人民，为社会，为国家不断奉献的人，才能真正领悟到人生的价值。理解人生价值的人，才是真正幸福的人。

不断地追求，不断地奉献，从而得到满足和快乐，这就是我最大的幸福。

橱窗里的幸福

○ [意] 莫拉维亚　译/吕同六

莫拉维亚(1907～1990)　意大利作家。曾任新闻记者和杂志主编,并曾任国际笔会主席。成名作《冷漠的人们》后遭法西斯当局禁印。代表作有短篇小说集《瘟疫集》、《罗马故事》、《天堂》、《另一种生活》,长篇小说《期待成空》、《假面舞会》、《主义》、《愁闷》等。作品内容注重心理分析,对人物的两重性格和病态心理倾注较多的笔墨。

每天,傍晚时分,退休的老公务员米隆内就带上体态肥胖的老伴儿埃尔米妮,以及已是青春年华,但心情忧郁、脸色苍白的女儿乔万娜,走出家门到大街上去蹓跶。

一家三口,顺着埃尔米妮笨重、蹒跚的步子,从他们居住的自由广场出发,沿着长长的科拉·迪·里安佐大街的人行道,慢慢悠悠地逛去,认真地欣赏着每一家商店的橱窗。蹓到复兴广场,便转向对面的人行道,仍然仔细地观赏着商店的橱窗,折回到自由广场。

这样的散步每次大约持续两个小时,回到家里恰好是晚餐的时间。对于经济拮据、已很久没有福分进电影院和咖啡店的米隆内一家来说,这种散步成了他们生活中最主要的乐趣。

一天,像往常那样,他们沿着科拉·迪·里安佐大街蹓跶。快要走到复兴广场的时候,突然三个人的注意力不约而同地被一家新开张的商店吸引住了。嗨,奇怪! 这儿昨天分明还是一片尘土飞扬的破木栅。橱窗里射出来的炫目的光辉,使人难以瞧清楚里面陈列的商品。三人紧走几步,一言不发,在这家商店橱窗前摆开了半圆形的阵势。

现在可以清清楚楚地看到出售的商品了:幸福。

米隆内一家,和世上所有的人一样,对这种货物闻名已久,却至今未有缘

追求幸福,免不了要触摸痛苦。

——[美]霍尔特

分真正见识过。可不是,早就听人传说,这玩意儿极为罕见,如同神话中的奇珍异宝,难怪许多人怀疑它是否确实存在。不错,那些畅销全球的明星画报不时发表关于它的大块文章、照片,并且断言说,在美利坚合众国,幸福虽未达到比比皆是的地步,但至少也是谁都能够买得起的商品。不过,谁都知道,美利坚远在天边,况且新闻记者们常常以造谣惑众为能事。又听人传说,在上古时代,幸福倒是一种谁都不稀罕甚至过剩的货物。然而,凭米隆内活到这大把年纪,却从来不曾亲见。

万万没有想到,踏破铁鞋无觅处,如今,在这家商店里,人人都可随意买到幸福了,好像是购买皮鞋、锅碗一样平常、方便。米隆内一家三人在橱窗前伫立时流露出了痴痴发呆的神情,这确实是不难理解的。

还得补充一点,这家商店的装潢十分讲究:宽敞的玻璃橱窗,四周用华丽的大理石镶边,闪烁出异样的光彩;招牌、柜台是最摩登的式样,所有的内部装饰都镀上了一层漂亮的镍。两三个装束华美、年轻机灵的店员在招徕顾客,他们的诱人的仪表迫使那些犹豫不决的顾客也打消了顾虑。在橱窗里边,幸福犹如无数复活节的鸡蛋,按大小一一陈列,真是花色繁多,品种齐全,有小型的,有中等的,有大号的。有一种最大的,看来是摆在那儿做广告的样品,并非真货。每一只幸福的样品都附着精致的标签,上面用优雅的笔迹标明售价。

终于,米隆内老头用长辈的口气,说出了共同的感想:

"唉,我……无论如何没有想到……"

"为什么,爸爸?"女儿稚气地问道。

"嗨,你问为什么?"老头儿有点儿生气了,说道,"多少年了,我们听人说,意大利没有幸福,幸福在我们这儿供不应求,从国外进口又贵得要命……说也奇怪,现在却突然开了一爿(pán)专门出售幸福的商店。"

"也许是发现了新的幸福产地。"女儿说道。

"什么新的产地?在哪里?"这会儿老头儿冒火了,"不是一直向我们宣传什么意大利地下资源贫乏吗?没有石油,没有铁砂,没有煤炭,没有幸福……不,这样的事情是瞒不了人的。你想一想,要真是那样,报纸不早就吹开了:诸如昨日某君漫步卡多雷山,无意中发现一优质幸福蕴藏地,长若干,深若干,储藏量若干,等等……这完全可以料想到的。不,不……这一定是外国货。"

"不过,"母亲温和地说,"这有什么不好呢?他们那里幸福太多,而我们这儿一点儿没有,所以向我们输出……不是很平常的事情吗?"

老头子愤怒地耸了耸肩膀:

"女人家的浅薄之见……可你知道什么是进口?这意味着要用宝贵的外汇

去交换……这些外汇应当用来购买粮食……如今大家在饿肚子……粮食乃是最急需的东西……不，太太，不能这样，才积累了这么一星半点的美元，却糟蹋掉去换这种商品：幸福！"

"可是幸福我们也需要啊。"女儿从旁边提醒。

"奢侈品！"老头儿回答道，"最要紧的是考虑吃饭糊口……先面包，后幸福……在这个国家里却本末倒置，先幸福，后面包。"

"不值得这么大动肝火，"妻子善意地劝解，"好吧，就算你不需要幸福……但也并不是所有的人都像你一样呀。"

"譬如说我……"女儿大胆地插了进来。

"譬如说你……"父亲用威胁的声调狠狠打断了她的话。

"正是，譬如说我吧，"女儿几乎绝望地硬是说了下去，"真想亲眼看一看，幸福这东西究竟是用什么做成的。我多么想买这样一只小小的幸福呀。"

"走啦！"老头儿阴沉而又坚决地说道，"走啦！"

埃尔米妮和乔万娜驯服地迈动了脚步。

老头儿还余怒未消：

"乔万娜，我实在没有料到，你竟会这样放肆。"

"为什么？爸爸。"

"你也知道，像幸福这类货色只有投机商人、大亨、百万富翁才买得起……一个小小的公务员无力也不该贪图幸福……你说你想买它一只，这证明你至少是太无知无识了……再说，我们的房子是花钱租的，退休金死活不管总是到月初才能领到。而你……唉！你一点儿也不知道体贴我，丝毫不懂人情世故。"

女儿的眼睛慢慢润湿起来，灌满了泪水。

母亲开始为女儿打抱不平：

"你瞧，你这是干什么？你老是伤她的心。她年纪轻轻的，什么世面都没有见过，想买只幸福又有什么可大惊小怪的？"

"自然没有什么大惊小怪的，可她的爸爸没有幸福也对付着过了一辈子，她没有幸福也照样能活下去。"

他们走到了复兴广场。老头子一反惯例，硬要顺着原来的人行道走回去。再一次踱到幸福商店跟前的时候，他停了下来，久久地盯着橱窗，然后断然说道：

"你们可知道，我在想什么？——这是假造的商品！"

"什么？"

"嗨！我昨天刚在报上看到一条消息，说是最小号的一只幸福在美国，是的，正是在美国，价值数百美元……在这儿用这样低贱的价格出售，那怎么可能呢？光运费也比这贵好几倍……这是假的幸福，人造货……一点儿也不错。"

"可是许多人都在购买。"母亲怯生生地说。

"世上有什么东西人不拿来做买卖的？……买到家里过几天，他们就会后悔的……骗子！"

散步在继续。乔万娜在悲伤地哽咽，可是她心里仍然坚持着：她需要幸福，纵然它是假的。

幸福的篮子

○ [俄] 沃兹涅先斯卡娅　译/伊　芙　尚　实

有段时间我曾极度痛苦，几乎不能自拔，以至于想到了死。那是在安德鲁沙出国后不久。在他临走时，我两第一次，也是最后一次在一起过夜。我知道，他永远不会回来了，我们的鸳鸯梦再也不会重温了。我也不愿那样，但我还是郁郁寡欢，无精打采。一天，我路过一家半地下室式的菜店，见一美丽无比的妇人正踏着台阶上来——太美了，简直是拉斐尔《圣母像》的再版！我不知不觉放慢了脚步，凝视着她的脸——因为起初我只能看到她的脸。但当她走出来时，我才发现她矮得像个侏儒，而且还驼背。我奔拉下眼皮，快步走开了。我羞愧万分……瓦柳卡，我对自己说，你四肢发育正常，身体健康，长相也不错，怎么能整天这样垂头丧气呢？打起精神来！像刚才那位可怜的人才是真正不幸的人……

我永远也忘不了那个长得像圣母一样的驼背女人。每当我牢骚满腹或者痛苦悲伤的时候，她便出现在我的脑海里。

我就是这样学会了不让自己自怨自艾。而如何使自己幸福愉快却是从一位老太太那儿学来的。那次事件以后，我很快又陷入了烦恼，但这次我知道如何克服这种情绪。于是，我便去夏日乐园漫步散心。我顺便带了件快要完工的刺绣桌布，免得空手坐在那里无所事事。我穿上一件极简单、朴素的连衣裙，把头发在脑后随便梳了一条大辫子。又不是去参加舞会,只不过去散散心而已。

来到公园,找个空位子坐下,便飞针走线地绣起花儿来。一边绣,一边告诫自己:"打起精神!平静下来!要知道,你并没有什么不幸。"这样一想,确实平静了许多,于是就准备回家。恰在这时,坐在对面的一个老太太起身朝我走来。

"如果你不急着走的话,"她说,"我可以坐在这儿跟您聊聊吗?"

"当然可以!"

她在我身边坐下,面带微笑地望着我说:"知道吗,我看了您好长时间了,真觉得是一种享受。现在像您这样的可真不多见。"

"什么不多见?"

"您这一切!在现代化的列宁格勒市中心,忽然看到一位梳长辫子的俊秀姑娘,穿一身朴素的白麻布裙子,坐在这儿绣花!简直想象不出这是多么美好的景象!我要把它珍藏在我的幸福之篮里。"

"什么,幸福之篮?"

"这是个秘密!不过我还是想告诉您。您希望自己幸福吗?"

"当然了,谁不愿自己幸福呀。"

"谁都愿意幸福,但并不是所有的人都懂得怎样才能幸福。我教给您吧,算是对您的奖赏。孩子,幸福并不是成功、运气甚至爱情。您这么年轻,也许会以为爱就是幸福。不是的。幸福就是那些快乐的时刻,一颗宁静的心对着什么人或什么东西发出的微笑。我坐在椅子上,看到对面一位漂亮姑娘在聚精会神地绣花,我的心就向您微笑了。我已把这一时刻记录下来,为了以后一遍遍地回忆,我把它装进我的幸福之篮里了。这样,每当我难过时,我就打开篮子,将里面的珍品细细品味一遍,其中会有个我取名为'白衣姑娘在夏日乐园刺绣'的时刻。想到它,此情此景便会立即重现,我就会看到,在深绿的树叶与洁白的雕塑的衬托下,一位姑娘正在聚精会神地绣花。我就会想起阳光透过椴树的枝叶洒在您的衣裙上;您的辫子从椅子后面垂下来,几乎拖到地上;您的凉鞋有点磨脚,您就脱下凉鞋,赤着脚;脚趾头还朝里弯着,因为地面有点凉。我也许还会想起更多,一些此时我还没有想到的细节。"

"太奇妙了!"我惊呼起来,"一只装满幸福时刻的篮子!您一生都在收集幸福吗?"

"自从一位智者教我这样做以后。您知道他,您一定读过他的作品。他就是阿列克桑德拉·格林。我们是老朋友,是他亲口告诉我的。在他写的许多故事中也都能看到这个意思。遗忘生活中丑恶的东西,而把美好的东西永远保

没有别的痛苦比在苦难中回忆幸福的往日更痛苦。

——[美]霍尔特

留在记忆中。但这样的记忆需经过训练才行，所以我就发明了这个心中的幸福之篮。"

我谢了这位老妇人，朝家走去。路上我开始回忆童年以来的幸福时刻。回到家时，我的幸福之篮里已经有了第一批珍品。

关于幸福

○王安忆

王安忆 女，一九五四年出生于南京。当代著名作家。主要著作有《小鲍庄》、《小城之恋》、《69届初中生》、《长恨歌》(获茅盾文学奖)等。作品曾多次获得全国优秀小说奖，一九九八年获得首届当代中国女性创作奖。

幸福是什么？幸福就是自己觉得幸福。

也许这只是一句人人皆知的落后了的大白话，而我却知道，有不少人，甚至很多人并非为了自己的感觉，而是为了他人的观瞻而建设自己的人生与生活。因而窥察别人的生活与家庭，便成了我们生活的另一部分。

我们的生活好像就是以这两个部分组成的：一是生活给人看；二是看别人生活。我们同情别人生活不幸而自己觉着幸福，我们评价着别人的是非长短而深觉自己既高尚又美好。于是，我们也无法不提高了警惕想到，人家将对我们的生活怎么说。

这是一个极大的困扰，我们无法解脱这个困扰，我们很沉重，无法轻装上阵。因为这个困扰与顾虑，我们自己的感受反倒下降，反倒被我们自己忽略。

我们心里充满了奇特的自尊与自卑。别人的目光对于我们是那么重要，使我们不安。如果得不到公众的承认与肯定，我们再幸福也不幸福了，我们再快乐也不快乐了。我们自己无法证明自己的幸福，我们的幸福无法由我们自己验明。我们被动地生活，寻找幸福，我们常常寻找不到，因为我们出发时就迷了路。

谁是最可爱的人

○ 魏　巍

魏巍(1920~2008)　当代诗人,著名散文作家、小说家。河南郑州人。曾任《解放军文艺》副总编、解放军总政治部创作室副主任等职。先后发表了《蝈蝈,你喊起他们吧》、《好夫妻歌》等诗歌作品。曾在一九五〇年至一九五八年间三次赴朝鲜,写下了奠定其文学地位的散文《谁是最可爱的人》。长篇小说《东方》荣获一九八二年中国首届"茅盾文学奖"。

在朝鲜的每一天,我都被一些东西感动着;我的思想感情的潮水在放纵奔流,它使我想把一切东西都告诉给我祖国的朋友们。但我最急于告诉你们的,是我思想感情的一段重要经历,这就是:我越来越深刻地感觉到谁是我们最可爱的人!

谁是我们最可爱的人呢? 我们的战士,我感到他们是最可爱的人。

也许还有人心里隐隐约约地说:你说的就是那些"兵"吗? 他们看来是很平凡、很简单的哩,既看不出他们有什么高深的知识,又看不出他们有丰富细致的感情。可是,我要说,这是由于他跟我们的战士接触太少,他还不了解我们的战士,不知道他们的品质是那样的纯洁和高尚,他们的意志是那样的坚忍和刚强,他们的气质是那样的淳朴和谦逊,他们的胸怀是那样的美丽和宽广!

让我来说一段故事吧。

还是在二次战役的时候,有一支志愿军的部队向敌后猛插,去切断军隅里敌人的逃路。当他们赶到书堂站时,逃敌也恰恰赶到那里,眼看就要从汽车路上开过去。这支部队的先头连就匆匆占领了汽车路边一个很低的光光的小山冈,阻住敌人。一场壮烈的搏斗就开始了。敌人为了逃命,用三十二架飞机、十多辆坦克和集团冲锋向这个连的阵地汹涌卷来,整个山顶的土都被翻了过来,汽油弹的火焰把整个阵地烧红了。但勇士们在这烟与火的山冈上高喊着口号,一次又一次把敌人打死在阵地前面。敌人的死尸像谷个子似的在山前堆满了,血也把这山冈染红了。可是敌人还是要拼死争夺,想使自己的主力不致覆灭。

造福于人,无疑是千真万确的幸福。

——[瑞士]艾米尔

这场激战整整持续了八个小时。最后,勇士们的子弹打光了。蜂拥上来的敌人占领了山头,把他们压到山脚。飞机掷下的汽油弹烧着了他们身上的衣服。这时候,勇士们是仍然不会后退的呀,他们把枪一摔,身上帽子上呼呼地冒着火苗,向敌人扑去,把敌人抱住,让身上的火把占领阵地的敌人烧死……据这个营的营长告诉我,战后,这个连的阵地上,枪支完全摔碎了,机枪零件扔得满山都是。烈士们的遗体,保留着各种各样的姿势,有抱住敌人腰的,有抱住敌人头的,有掐住敌人脖子把敌人按在地上的,和敌人倒在一起,烧在一起。还有一个战士,他手里还紧握着一个手榴弹,弹体上沾满脑浆;和他死在一起的敌人,脑浆迸裂,涂了一地。另一个战士,嘴里还衔着敌人的半块耳朵。在掩埋烈士遗体的时候,由于他们两手扣着,把敌人抱得那样紧,分都分不开,以致把有些人的手指都弄断了……这个连虽然伤亡很大,他们却打死了三百多敌人,更重要的是,他们使得我们部队的主力赶上来,聚歼了敌人。

这就是朝鲜战场上一次最壮烈的战斗——松骨峰战斗,或者叫书堂站战斗。假若需要立纪念碑的话,让我把带火扑敌和用刺刀跟敌人拼死在一起的烈士们的名字记下吧。他们的名字是:王金传、邢玉堂、王文英、熊官全、王金侯、赵锡杰、隋金山、李玉安、丁振岱、张贵生、崔玉亮、李树国。还有一个战士,已经不可能知道他的名字了。让我们的烈士们千秋万世永垂不朽吧!

这个营的营长向我叙说了以上的情形,他的声调是缓慢的,他的感情是沉重的。他说在阵地上掩埋烈士的时候,他掉了眼泪。但他接着说:"你不要以为我是为他们伤心,我是为他们骄傲! 我觉得我们的战士太伟大了,太可爱了,我不能不被他们感动得掉下泪来。"

朋友,当你听到这段英雄事迹的时候,你的感想如何呢? 你不觉得我们的战士是可爱的吗? 你不以我们的祖国有着这样的英雄而自豪吗?

我们的战士对敌人这样狠,而对朝鲜人民却是那样的仁义,充满国际主义的深厚感情。

在汉江北岸,我遇到一个青年战士,他今年才二十一岁,名叫马玉祥,是黑龙江青冈县人。他长着一副微黑透红的脸膛,高高的个儿,站在那儿,像秋天田野里一株红高粱那样淳朴可爱。不过因为他才从阵地上下来,显得稍微疲劳些,眼里的红丝还没有退净。他原来是炮兵连的。有一天夜里,他被一阵哭声惊醒了,出去一看,是一个朝鲜老妈妈坐在山冈上哭。原来她的房子被炸毁了,她在山里搭了个窝棚,窝棚又被炸毁了。回来,他马上到连部要求调到步兵连去,正好步兵连也需要人,就批准了他。我说:"在炮兵连不是一样打敌人吗?""那不同! "他说,"离敌人越近,越觉着打得过瘾,越觉着打得解恨! "

在汉江南岸的日日夜夜里,有一天他从阵地上下来做饭。刚一进村,有几架敌机袭过来,打了一阵机关炮,接着就扔下了两个大燃烧弹。有几间房子着了火,火又盛,烟又大,使人不敢到跟前去。这时候,他听见烟火里有一个小孩子哇哇哭叫的声音。他马上穿过浓烟到近处一看,一个朝鲜的中年男人在院子里倒着,小孩子的哭声还在屋里。他走到屋门口,屋门口的火苗呼呼的,已经进不去人,门窗的纸已经烧着。小孩子的哭声随着那滚滚的浓烟传出来,听得真真切切。当他叙述到这里的时候,他说:"我能够不进去吗?我不能!我想,要在祖国遇见这种情形,我能够进去,那么,在朝鲜我就可以不进去吗?朝鲜人民和我们祖国的人民不是一样的吗?我就踹开门,扑了进去。呀!满屋子灰洞洞的烟,只能听见小孩哭,看不见人。我的眼也睁不开,脸烫得像刀割一般。我也不知道自己的身上着了火没有,只是在地上乱摸。先摸着一个大人,拉了拉没拉动;又向大人的身后摸,才摸着小孩的腿,我就一把抓着抱起来,跳出门去。我一看,是挺好的一个小孩啊。他穿着小短裤儿,光着两条小腿儿,小腿儿乱蹬着,哇哇地哭。我心想:不管你哭不哭,不救活你家大人,谁养活你哩!这时候,火更大了,屋子里的家具什物也烧着了。我就把他往地上一放,就又从那火门里钻进去。一拉那个大人,她哼了一声,再拉又不动了。凑近一看,见她脸上流下来的血已经把胸前的白衣染红了,眼睛已经闭上。我知道她不行了,才赶忙跳出门外,扑灭身上的火苗,抱起这个无父无母的孩子……"

朋友,当你听到这段事迹的时候,你的感觉又如何呢?你不觉得我们的战士是最可爱的人吗?

谁都知道,朝鲜战场是艰苦些。但战士们是怎样想的呢?有一次,我见到一个战士,在防空洞里,吃一口炒面,就一口雪。我问他:"你不觉得苦吗?"他把正送往嘴里的一勺雪收回来,笑了笑,说:"怎么能不觉得?我们革命军队又不是个怪物。不过咱们的光荣也就在这里。"他把小勺儿干脆放下,兴奋地说:"就拿吃雪来说吧。我在这里吃雪,正是为了祖国的人民不吃雪。他们可以坐在挺豁亮的屋子里,泡上一壶茶,守住个小火炉子,想吃点什么就做点什么。"他又指了指狭小潮湿的防空洞,说:"再比如蹲防空洞吧,多憋闷得慌哩,眼看着外面好好的太阳不能晒,光光的马路不能走。可是我在这里蹲防空洞,祖国的人民就可以不蹲防空洞啊,他们就可以在马路上不慌不忙地走啊。他们想骑车子也行,想走路也行,边溜达边说话也行。那是多么幸福呢!"他又把雪放到嘴里,像总结似的说:"我在这里流点血不算什么,吃这点苦又算什么哩!"我又问:"你想不想祖国啊?"他笑起来:"谁不想哩,说不想,那是假话,可是我不愿意回去。如果回去,祖国的老百姓问:'我们托付给你们的任务完成得怎么样啦?'我怎

世界上没有什么比冥想和幻想更使我们幸福,这正是现代人最易忘却的东西。衣食不足,不减其乐,而以智者的态度享受眼与心灵时刻遇到的无数神奇,这样的人好似神仙下凡。

——[法]罗 丹

么答对呢?我说'朝鲜半边红半边黑',这算什么话呢?"我接着问:"你们经历了这么多危险,吃了这么多苦,你们对祖国对朝鲜有什么要求吗？"他想了一下,才回答我:"我们什么也不要。可是说心里话——我这话可不一定恰当啊,我们是想要这么大的一个东西……"他笑着,用手指比个铜子儿大小,怕我不明白,"一块'朝鲜解放纪念章',我们愿意戴在胸脯上,回到咱们的祖国去。"

朋友们,用不着繁琐地举例,你们已经可以了解我们的战士是怎样一种人,有怎样一种品质,他们的灵魂多么的美丽和伟大。他们是历史上、世界上第一流的战士,第一流的人!他们是世界上一切善良的爱好和平的人民的优秀之花!是我们值得骄傲的祖国之花!我们以我们的祖国有这样的英雄而骄傲,我们以生在这个英雄的国度而自豪!

亲爱的朋友们,当你坐上早晨第一列电车走向工厂的时候,当你扛上犁耙走向田野的时候,当你喝完一杯豆浆、提着书包走向学校的时候,当你安安静静地坐在办公桌前开始这一天工作的时候,当你往孩子嘴里塞着苹果的时候,当你和爱人散步的时候……朋友,你是否意识到你是在幸福之中呢?你也许很惊讶地说:"这是很平常的呀!"可是,从朝鲜归来的人,会知道你正生活在幸福中。请你意识到这是一种幸福吧,因为只有意识到这一点,你才能更深刻了解我们的战士在朝鲜奋不顾身的原因。朋友!你是这么爱我们的祖国,爱我们的领袖,你一定会深深地爱我们的战士——他们确实是我们最可爱的人!

个人的不幸算什么

○谌　容

谌(chén)容　女,一九三六年生。当代作家。一九八○年因发表中篇小说《人到中年》而蜚声中外,获中国作家协会第一届全国优秀中篇小说一等奖,由她改编的同名电影曾先后获金鸡奖、文化部优秀影片奖和百花奖。出版有长篇小说《万年青》、《光明与黑暗》,小说集《永远是春天》、《赞歌》等。

我曾经是一个天真的女孩子,一个热爱生活的共青团员。我曾经站在柜台里卖过书,坐在编辑部里拆阅过读者来信。我曾经是新中国最早的一批调干大学生,我曾经在中央的大机关里当过音乐编辑,做过俄文翻译。美好的生活对我来说刚刚开始。

然而不幸,我晕倒在打字机旁,被人抬到救护车里。一次又一次,间隔越来越短,不能承担工作的担子了。于是,我被机关精简了。

对于这样的对待,我没有说一句多余的话,没有哀求,没有走后门。办完简单的调离手续,我从大机关来到中学。

一次又一次,我仍然晕倒在讲台上。我成了到处不受欢迎的人。别人休病假,需要医生证明。我却相反,只有医生开出证明才能安排工作。可是没有一个医生能够证明我不会再晕倒了。

于是,我开始了漫长的病榻生涯。

那似乎是一种不治之症:死过去又活过来。死过去时一无所知,活过来时却又异常清醒。精神需要寄托,心灵渴望工作。不争气的身体,好强的心,斗争着,矛盾着。我总要做一点事情呀!

我集邮。四方形的、长方形的、三角形的,各种各样的邮票曾给我那寂寞的日子带来多么微弱的乐趣啊!

我习画。宣纸上的游虾,水墨丹青的情趣,何能减少半点心中的愁苦?

我看戏。话剧、京戏、昆曲、评弹、川戏,什么都看。可是,我只能两小时生活在剧情里,暂时忘却了自己,而走出剧场,等待着我的仍然是病魔。

我跳舞。我操持家务。当然,我也读书。感谢那时的空闲,我读了那么多书。外国的和中国的,古典的和现代的,吞噬的真不少。对书的贪恋,还是从儿时就有癖好。但,细细的咀嚼和品味,却是在这时。这,大概也就无形中肥沃了我后来自己写书的土壤。

不记得自己以前写过什么东西。病中无事,记过日记,搞过翻译,也写过小说。好像是写大学生活的。写了两章,自己觉得索然无味,也就付之一炬了。不过,这试验倒给我那黑暗的日子带来了点亮光。病体不能坚持八小时上班,有一小时的健康还不能写点什么?

写什么呢?我不屑为自己的病痛呻吟。天地对我来说是这般的狭小,我不能坐在屋子里编造种种人间的故事。我觉得自己对社会生活缺乏足够的了解。对人,各种各样的人,知道得太少。我应该想办法到社会中去,到生活中去,进一次高尔基的大学。

感谢那些好心的朋友们,帮我找到了一个去处,让我在吕梁山下一个小小的村子里安身。

一个人如果不修自己的德行,他就不可能成为一个幸福的人。

——[英]欧 文

第一次和农民们朝夕相处。日出而作,日没而息。农民们是那样的淳朴,那样的真诚,他们不追寻我的苦痛,不盘查我的遭遇,不打听我的不幸。在这里,我得到了灵魂的憩息。大城市住久了,好像太阳、月亮都看不见。一到农村才感到初升的太阳是那么瑰丽,夜空中的明月是那么皎洁。也才感到天地的广阔,生活的活力。乡间的小路是那么宁静,田野的空气是那么新鲜。一切都是蓬蓬勃勃的、强健的、有力的。

是淳朴的乡亲们医治了我心灵的创伤,把我的精神从绝境中拯救出来。是春种秋收,循环不已的田间作物,给了我生活的希望和追求。是大自然无限的生命力,给了我新的勇气和力量。个人的不幸比起大自然的永生算得什么呢?

生活的海洋是那样广阔,那样深邃,那样神秘。时而风平浪静,进而波涛汹涌。我在这大海中遨游,接触到形形色色的人。从农民到社队干部,从看林人到地、县委书记。他们的欢欣和忧虑,他们的成功和失败,都倾泻到我的心田。我觉得自己充实起来,田间轻微的劳动也帮助我恢复着健康。一种新的力量在我血液中奔流,触发了那沉睡在我心的深处的创作灵感。于是,我开始写了……

爱 的 幸 福

○ [英] 雪 莱

雪莱(1792～1822) 英国著名民主诗人,和拜伦齐名的欧洲浪漫主义诗人。其作品热情而富哲理思辨,诗风自由不羁,惯用梦幻象征手法和远古神话题材。代表作品有《麦布女王》、《伊斯兰的起义》、《自由颂》、《西风颂》、《解放了的普罗米修斯》等。

你垂询什么是爱吗?当我们在自身思想的幽谷中发现一片虚空,从而在天地万物中呼唤、寻求与身内之物的通感对应之时,受到我们所感、所惧、所企望的事物的那种情不自禁的、强有力的吸引,就是爱。倘使我们推理,我们总希望能够被人理解;倘若我们遐想,我们总希望自己头脑中逍遥自在的孩童会在别人的头脑里获得新生；倘若我们感受，那么，我们祈求他人的神经能和着我们的一起共振，他人的目光和我们的交融，他人的眼睛和我们的一样炯炯有神；我们祈愿漠然麻木的冰唇不要对另一颗火热的心、颤抖的唇讥诮嘲讽。这就是爱，这就是那不仅连接了人与人而且连接了人与万物的神圣的契约和债券。

我们降临世间，我们的内心深处存在着某种东西，自我们存在那一刻起，就渴求着与它相似的东西。也许这与婴儿吮吸母亲乳房的奶汁这一规律相一致。这种与生俱来的倾向随着天性的发展而发展。在思维能力的本性中，我们隐隐约约地看到的仿佛是完整自我的一个缩影，它丧失了我们所蔑视、嫌厌的成分，而成为尽善尽美的人性的理想典范。它不仅是一帧外在肖像，更是构成我们天性的最精细微小的粒子组合。它是一面只映射出纯洁和明亮的形态的镜子。它是在其灵魂固有的乐园外勾画出一个为痛苦、悲哀和邪恶所无法逾越的圆圈的灵魂。这一灵魂同渴求与之相像或对应的知觉相关联。当我们在大千世界中寻觅到了灵魂的对应物，在天地万物中发现了可以无误地评估我们自身的知音（它能准确地、敏感地捕捉我们所珍惜并怀着喜悦悄悄展露的一切），那么，我们与对应物就好比两架精美的竖琴上的琴弦，在一个快乐的声音的伴奏下发出音响，这音响与我们自身神经组织的震颤相共振。这——就是爱所要达到的无形的、不可企及的目标。正是它，驱使人的力量去捕捉其淡淡的影子；没有它，为爱所驾驭的心灵就永远不会安宁，永远不会歇息。因此，在孤独中，或处在一群毫不理解我们的人群中（这时，我们仿佛遭到遗弃），我们会热爱花朵、小草、河流以及天空。就在蓝天下，在春天的树叶的颤动中，我们找到了秘密的心灵的回应。无语的风中有一种雄辩，流淌的溪水和河边瑟瑟的苇叶声中，有一首歌谣。它们与我们灵魂之间神秘的感应，唤醒了我们心中的精灵去跳一场酣畅淋漓的狂喜之舞，并使神秘的、温柔的泪盈满我们的眼睛，如爱国志士胜利的热情，又如心爱的人为你独自歌唱之音。因此，斯泰恩说，假如他身在沙漠，他会爱上柏树枝的。

爱的需求或力量一旦死去，人就成为一个活着的墓穴，苟延残喘的只是一副躯壳。

能为别人减轻负担的人在这个世界上都是有用的。

——[英]狄更斯

幸福的柴门

○栖 云

栖云 辽宁省沈阳市人。当代作家。著有随笔集《幸福的柴门》、《在指缝间歌唱》等。

假如通往幸福的门是一扇金碧辉煌的大门,我们没有理由停下脚步,但假如通往幸福的门是一扇朴素的简陋的甚至是寒酸的柴门,该当如何?

我们千里迢迢而来,带着对幸福的憧憬、热望和孜孜不倦的追求,带着汗水、伤痕和一路的风尘,沧桑还没有洗却,眼泪还没有揩干,沾满泥泞的双足拾级而上,凝望着绝非梦想中的幸福的柴门,滚烫的心会陡然间冷却吗?失望会笼罩全身吗?

我绝不会收回叩门的手。

岁月更迭,悲欢交织,命运的跌打,令我早已深深懂得什么是生命中最最值得珍惜的宝贝。

只要幸福住在里面,简陋的柴门又如何,朴素的茅屋又如何! 幸福的笑容从没因身份的尊卑贵贱失去它明媚的光芒。我跨越山川大漠,摸爬滚打追求的是幸福本身,而不是幸福座前的金樽、手中的宝杖。

幸福比金子还珍贵,这是生活教会我的真理。

磨难，人生的一份财富

○许文红

追求生活的圆满是人生的美好愿望，然而真正实现这个愿望，又何其难啊！漫漫人生失缺和倾斜几乎是永远的。于是出现了不满足，出现了痛苦。在形式上，你有满意的爱人和美满的家庭，但事业不一定顺利；你事业上大有作为，却不免失去家庭的温馨；你有平稳的家庭生活，不一定懂得爱；你拥有爱，但并非拥有幸福。人生之路，常常受到意想不到的磨难。在内涵上，你当怎样把握生活的哲理命题？你当怎样直面严肃的人生？面对生活的考验，你当怎样摆放自己的位置？

人不怕痛苦，只怕丢掉刚强，人不怕磨难，只怕失去希望。面对风风雨雨，有这样的路可走——去认识大海。这是人生旅途中一条清醒畅通的路。在广阔的海洋里，你能清醒地认识恼、恨、忧、愁。把经过的每次大风浪，看做是生活的一个新尝试，看做是生命的一个新光环；把遇到的每次大冲击，当成人生的新课题。每冲破一次危机，你便增加一份生活的勇气，每征服一个难题，你就赢得一个成功。

何谓痛苦？我理解痛苦是超出人的承受能力之外的东西。痛苦和磨难是人生的宝贵财富，生活中没有阻力，人的价值就体现不出来，旅途上没有艰险，人生就没有滋味。人生还有一条路会让你丰富多彩，那就是："走访"艺术之乡。这是另一个美丽的世界。"人禀七情，应物斯感，感物吟志，莫非自然。"残山剩水，枯藤老树，夕阳西下，景触情，情触景，你会领略到自然之韵。

"莫道不消魂，帘卷西风，人比黄花瘦。""君不见，黄河之水天上来，奔流到海不复回。君不见，高堂明镜悲白发，朝如青丝暮成雪。"你惊叹人的奇想俏喻。

不管是豪放的画笔，还是细腻的雕刻，无论是"斗牛舞曲"还是"二泉映月"……一句话，只要是有魅力的艺术，就会给你一分享受、一分轻闲、一丝深悟、一丝蕴藉。经过艺术浓缩的生活，给人启迪和鼓舞。它用历史的和现实的角

任何一个人只要自己的自然需要不能无忧无虑地得到满足，就不可能成为幸福的人。

——[英]欧 文

度衡量社会生活的美、丑、喜、怒、悲,指导人们更深刻地看待昨天、今天和昨天。

没有什么比生活更富有、更生动、更崇高的了,心中有了这杆秤,还怕称不出失意、坎坷、痛苦、磨难的分量!

笑傲磨难吧——那是属于你自己的一份财富。

幸福与财富

○张汝伦

张汝伦　一九五三年生于上海。现为复旦大学哲学系教授,博士生导师。主要著作有《思考与批判》、《激情的思想》、《中国现代思想研究》、《现代西方哲学十五讲》、《诗的哲学史》等。

我有一大学同学,已是一家荷兰银行的高层管理人员,但因为是学院出身,不能完全忘情于校园,因而也在荷兰一所大学兼些财政金融方面的课,讲课费对他来说是微不足道了。一次他在课堂上问一学生:"钱是什么?"该学生立刻回答:"钱是一切。"我那同窗又问:"钱能买到学位否?能买到知识否?"该生顿时语塞。其实,在一个物质主义(实际应该是"唯物主义",怕引起误解,故不用)成为人们普遍的世界观和价值观的时代,那位荷兰学生的回答并不令人感到奇怪。现在有很多应该感到奇怪的事早就没人感到奇怪了。比如,对一个伟大的艺术家,吸引我们的应该是她或他的艺术造诣,可我们的传媒感兴趣的却是她或他的身价,即出场费是多少,有多少钱。同样,对于一个在三大网球公开赛中夺冠的球星,人们首先关心的不是她或他的球技,而是她或他这次能拿多少奖金。这样一种本末倒置的关心使得人们越来越相信"有钱能使鬼推磨"的"真理",以为什么东西都是金钱刺激,一抓就灵。看看中国足球,就知道这个办法到底灵不灵了。可听说有人还想用巨款来培养学术大师或诺贝尔奖得主。若此传闻不虚,则要为我们这古老民族一哭。如果连人的能力、天分、意志、才情、境界、心胸与钱基本没有关系都不知道,还算是一个智慧的民族吗? 如果钱能培养大师和诺贝尔奖得主,那恐怕除了少数赤贫国家外,哪个国家都有个把诺贝尔奖得主了。孔孟老庄,李白杜甫,莎士比亚和贝多芬,隔个几年就能出一个了。可惜不是这样,人们可以用巨额金钱去购买天才的遗作,但无法用金钱创造天才。

　　然而,正是上述这种物质主义的荒唐想法,使得人们对财富的理解越来越片面。《福布斯》或《财富》之类杂志的富人排行榜,更使人觉得财富就是金钱的代名词。然而,这却是对财富绝对片面的理解。金钱是财富的一种,但不是全部,而且是比较低级的一种。因为财富可分为有价和无价,金钱再多,还是有价,但这世界上毕竟还有不少无价之宝,比如健康,比如生命。没有哪个人会不知道这些远比金钱重要,是钱所无能为力的东西。虽说这个世界上有不少人在做着用健康和生命换钱的蠢事。

　　什么是财富? 财富就是一个人拥有,并能使自己幸福的东西。按这个定义来看,健康当然应该算是财富,身心愉快也应该算是财富,家庭和睦、事业有成,乃至一个人的天赋和特殊才能,都可以算是财富,而且都是无价的财富。除此之外,通常人们都会承认有精神财富,虽然很多人实际上并不把精神财富当做财富。但是,精神财富却是最持久、最可靠、也最有生产力的财富。第二次世界大战结束时,德国是一片废墟,一贫如洗。但她并未陷入万劫不复的境地,相反,仅仅二十年的工夫,她又成为世界上一个繁荣富强的国家,甚至比战胜国英、法发展得更快。在德国奇迹中,她的精神财富,即她的文化传统、民族精神、国民素质、教育水准、经济和社会管理思想等等,都起了重大甚至关键的作用。我国古人也懂这个道理。《国语》中讲过这样一件事:周景王想铸一套编钟,遭到反对。他去问司乐大夫伶州鸠,后者告诉他:"圣人保乐而爱财,财以备物,乐以殖财……用物过度妨於财,正害财匮妨於乐。"意思是说,乐关风土人情,有助于财富增殖,适当花费一点财物铸钟是必要的,但耗费过多则适得其反。很显然,对于伶州鸠来说,乐是比一般的财更重要的精神财富,它关系到物质财富的增加。

　　对于一个国家、一个民族或一个社会,精神财富一般指历史文化、国民素质、教育水平、文明程度和民族精神等等。而对于个人来说,精神财富则是他的人生境界、天赋才能、思维能力、意志品行、人格修养,以及心理素质等等。不怨天,不尤人,通达洒脱,乐观开朗,明智仁爱等等,在这个锱铢必较的时代都是难得的精神财富。它们可以使人生变得快乐而有意义。一般而言,精神财富是无法剥夺的财富,除非财富的拥有者自己要将它抛弃。这是精神财富和物质财

能把自己生命的终点和起点连接起来的人是最幸福的人。

——[德]歌　德

富明显不同的地方。人们常说，钱是身外之物，但精神财富不是这样，它们往往与人的生命相始终，是生命的一部分。

　　尽管如此，物质财富和精神财富有一点是相同的，就是与生命本身相比，它们都是手段，而不是目的。对于人生来说，最终的目的只有一个，就是幸福。什么是幸福，从古至今，这就是一个看似容易，实际很难回答的问题。有些人可能认为，这个问题一点也不复杂，有钱有势就幸福，因为可以为所欲为。这就是说，在这些人看来，能为所欲为就幸福。可是在生活中，我们很容易发现，有权的人不一定幸福，有钱也买不来幸福。有人活得很长，但一点也不幸福。幸福并不与财富的增加成正比。龙应台一次看到上海街头下棋打扑克的老人兴高采烈的样子后很感慨地对我说，德国的老人虽然有很好的社会福利保障，不少人有房有车，但他们的幸福程度或幸福感不一定比上海的老人高。幸福的确不在于外在物质的占有，而在于一种心态。中国人以前常说的知足者常乐，其实也间接说明了这个道理。这当然不是说物质财富对于幸福生活不重要，而是说它只是幸福的必要条件，而不是它的充分条件。

　　但精神财富就不一样，它不但是幸福的必要条件，而且也是它的充分条件。我们不能设想一个心胸狭隘，见不得别人比他强的人是幸福的；我们也不能设想一个家庭分裂，妻离子散的人是幸福的。一个没有自己事业，靠继承大笔遗产过着醉生梦死生活的人，充其量只是行尸走肉，谁也不会将幸福与他联系在一起。而一个傻瓜就算腰缠万贯，又怎么能算是幸福？至于毫无仁爱之心，对世界对别人充满仇恨的人，当然更不会幸福。那么，什么人算是幸福的？鼓盆而歌的庄子是幸福的，因为他懂得人贵适志。不为五斗米折腰的陶渊明是幸福的，因为他"坦万虑以存诚，憩遥情于八遐"、"聊乘化以归尽，乐乎天命复奚疑"。"天子呼来不上船"的李白是幸福的，因为他不愿"摧眉折腰事权贵，使我不得开心颜"。"先天下之忧而忧，后天下之乐而乐"的范仲淹是幸福的，因为他"不以物喜，不以己悲"。"纵一苇之所如，凌万顷之茫然"的苏东坡是幸福的，因为在他眼里，"唯江上之清风，与山间之明月，耳得之为声，目遇之而成色，取之无尽，用之不竭，是造物者之无尽藏也，而吾与子之所共适"。当代大哲维特根斯坦，晚年身患喉癌，弥留之际，还让身边守候的人告诉世人："我度过了多么美好的一生。"在一般人看来，上述往圣先贤的一生都算不上幸福。他们不是不够显达，就是默默无闻；不是屡经坎坷，就是身罹恶疾。然而，他们却享有一般人难得的幸福，更享有一般人难得的财富——不朽。

　　何为财富？金钱、房产、股票、珠宝收藏，一句话，拥有的物质财产？当然。但这只是财富之一种。相对于精神财富来说，它比较不重要。单单它不能使人幸福。单单它也不能使一个国家幸福。物质财富也不一定能转化为精神财富。一个愚蠢的百万富翁不可能成为一个天才。相反，精神财富却可以产生物质财富。民间所谓"家有良田万顷，不如薄技在身"，说的就是这个道理。因此，精神财富(天分、才能、聪慧、通达等等)丰富的人一般不会一贫如洗。真到那一步，也能"回也不改其乐"。还是要比拼命挣钱、甚至拿命换钱的人幸福得多。

总之，财富是使我们幸福的手段，是幸福的必要条件，也是幸福的充分条件。但它本身不是目的。无论是物质财富还是精神财富，都只是手段而不是目的，它们都不能和幸福划等号；但是，比起物质财富，精神财富更为幸福所必需。当然，对于那些财迷心窍的人，他们永远也不会知道什么是幸福。而对于将幸福作为自己人生的终极目的的人来说，至少应该像追求物质财富一样去追求精神财富，尽管后者可能更不容易获得。否则，就永远不可能幸福。

但什么是幸福？自古以来，这就是一个看似容易，实际艰难的问题。人们可能对它永远也不会有一致的答案。但有一点是可以肯定的，就是它是人最难拥有，也最希望拥有的财富。世上任何财富都是手段，唯独这种财富，是我们生命的目的。

金钱是最好的仆人也是最坏的主人

○钟 伟

钟 伟 北京师范大学金融研究中心主任，中国社会科学院国际金融研究中心研究员，中国国际金融学会理事。主要专著与合著有《通货膨胀的国际传导和背景》、《金融资本全球化论纲》、《感恩之心》(随笔集)等。

我的金钱观是简单而传统的。

第一，钱是清白的，不清白的是人的内心。据说中国和犹太的传统道德是世上仅有的不仇视金钱的两种传统道德。《论语·子罕篇》中，子贡问孔子："有

只有整个人类的幸福才是你的幸福。

——[德]狄慈根

美玉于斯,韫椟而藏诸?求善贾而沽诸?"孔子说:"沽之哉!沽之哉!我待贾者也。"可见儒学渊源并不将固守清贫和富贵对立起来;《国语》中说"言义必及利",强调"义以生利,利以丰民";《晏子春秋》中说"义厚则敌寡,利多则民欢"。连中国的佛教也并不认为金钱是不好的,指出佛其实要的不是清贫如洗,而是富贵严华,那种苦修戕身的做法,从来在中国善男信女中没有什么市场。中国的民俗也是如此,例如我们常常说,点文采武艺,是要卖于帝王家的,又说书中自有黄金屋。因此,本身无疑是清白的。

既然五千年的传统是这样,为什么迄今知识分子对谈论金钱如虎狼之畏呢? 大约是近五十年来中华文化遭受了深重的突然断裂所致。君子可以不重利,但发展到羞耻于言利的程度,离伪君子也就不遥远了。不否认知识分子中有不以贫困为苦的,例如孔子的弟子颜回就能"居陋巷,一箪食,一瓢饮,人不堪其忧,回也不改其乐",但应该看到,颜回是那种"素富贵行乎富贵;素贫贱行乎贫贱"之人,他是随遇而安,知足常乐,虽然不以贫困为苦,但却也并不以富贵为耻。人的"动物性的过去"使得真正能从贫困中得到莫大欢乐的人少之又少,而即使如此也并不排斥知识分子可以在义利之辩的基础上过得相对宽裕一些。视金钱如洪水猛兽者和中国传统无关,仅仅和其内心的局促和焦虑有关。无产阶级革命的目的很大程度上就是"对剥夺者的剥夺",就是消灭无产阶级自身,使之摆脱"被剥夺者"的悲惨角色。同样将知识分子和金钱对立起来,也和高风亮节全然无关,仅仅是内心的一种扭曲而已。

第二,君子爱财,取之有道。知识分子必然不是社会分层中最为富裕的群体,但也不是最困窘的群体。作为高校教师,我享受着尚能接受的工资和种种福利,还可以挣一些稿费养家糊口,因此内心是平和的。佛陀在《善生经》中为善生童子开示生存之道时说:"先当学技艺,而后获财富。"一个人在社会上立足,必须有一定的谋生之道,即使拥有福报,也还需要通过相应的技能才能得以实现。我们现在靠写字谋生,也算是安守本分吧!应该警惕的是,君子爱财并不能作为知识分子道德堕落的借口。迄今为止,"穷则独善,达则兼济天下"仍是我们在义利之辩的同时,应有理欲之分的准则。

如果是取之有道,那么,如果那些金钱果然是我在灯下寂寞地阅读、思考、写作而得,虽分毫也不应该羞于接受;如果那些金钱并非诚实劳动所得,那么就应该看开些,不应让贪欲迷惘了自己,所谓"不义,虽利勿动"也。记得佛经中记载着这样一个故事:佛陀与弟子阿难外出乞食,看到路边有一块黄金,就对阿难说:"毒蛇",阿难也回应道:"毒蛇"。正在附近干农活的父子俩闻言前来观看,当他们发现佛陀和阿难所说的毒蛇竟然是黄金时,立刻欣喜若狂地将其占为己有,可结果却是引来杀身之祸?黄金没有给他们带来富贵,反而使他们陷入国库被盗的案件之中。刑场上,父子俩才追悔莫及地想到"毒蛇"的真正意义。我们内心的毒蛇比路上偶遇的毒蛇要多得多,所以时时反省是必要的,这样即使不能保证时时走在正途,也可避免堕入万劫不复的深渊吧!

第三,金钱是最好的仆人,却是最坏的主人。当你的生活为追求金钱所主宰时,你就迷失了自我;而当你的金钱为你的生活所主宰时,你就接近幸福。金钱对守财奴而言,是一串数字而已;而对有理智的人而言,应该是随时可以打发的仆人。因此,在青春年少的时候,金钱仅仅是身边可以流淌的东西,即使做不到"五花马,千金裘,呼儿将出换美酒"的豪爽,也应该少一些为风烛残年敛财的计划。我们的命运总是随波逐流的,谁都无法预言三年后自己的生存状态,因此为什么要在三十岁时考虑六十岁的事情呢?

我们如何才能成为金钱的主人?《佛经》里把人类分成三种:第一种是盲人,这种人不知如何使自己拥有的财富增长,不知如何获得新的财富,他们也无法区分道德上的好坏;第二种是独眼人,他只有一只金钱眼,而无道德之慧眼,这种人只知道如何使自己拥有的财富增长和创造新财富,但不知道如何培养好的道德品质;第三种是双眼者,他既有金钱眼,又有道德之慧眼,他既能使他已有的财富增长,并获得新财富,又能培养良好的道德品质,做一个有德而富,富而有德的有两只眼睛的人,如果不是我们已达成的现实,至少可作为一种追求的境界和目标。

第四,不要让金钱拖累后代。福特说,所谓美好人生,就是"俭朴的生活,健康的身体,勤奋的工作"。在万科论坛上,一位朋友说:"如果你有一张床,一口饭,就已经比世界上大多数人幸福。"幸福往往并不是我们拥有的时候所珍藏的,而是在失去之后才追悔莫及的那种东西,就像空气、水一样拥抱着我们的人生。因此,如果有一点点金钱,不要为儿孙考虑太多,儿孙自有儿孙福,金钱只会拖累而不会哺育后代,这就是所谓"寒门多俊彦,纨绔少伟男"的道理。

世上最不幸的人就是除了金钱一无所有的人。在今年中央电视台的一档特别节目中,主持人让企业精英们、学界大腕们从零到九这十个数字中挑选出自己的幸运数。有人选八,说二〇〇三年中国经济增长率将是百分之八,有人选六,说明年他的个人财产就将超过六亿,有人选五,说是中国明年经济规模能排全球第五……我在昏昏欲睡中,听到一个人选择了零,他说希望精英的聚会不要忘记,世界上还有那些一无所有的弱势群体们。我在这刹那间意识到我拥有的一切,包括金钱,是我在天堂中的另一天。您问我那时选择的是什么数?我沉默的内心选择的是一,就是希望天下一家,愿所有的人都能有一口饭吃。

幸福是在于为别人而生活。

——[俄]列夫·托尔斯泰

只要幸福住在里面，简陋的柴门又如何，朴素的茅屋又如何！幸福的笑容从没因身份的尊卑贵贱失去它明媚的光芒。我跨越山川大漠，摸爬滚打追求的是幸福本身，而不是幸福座前的金樽、手中的宝杖。

　　幸福比金子还珍贵，这是生活教会我的真理。

第三辑

幸福在哪里

钱并不等于幸福,幸福的宝塔并不是用钱堆起来的。人生真正的幸福和欢乐浸透在亲密无间的家庭关系中。

幸福的秘密

○ [巴西] 保罗·科埃略　译/孙成敖

保罗·科埃略　一九四七年出生于巴西里约热内卢。当今巴西拥有读者最多的一位作家。代表作为寓言小说《牧羊少年奇幻之旅》。多次获得法国、意大利、美国、澳大利亚、南斯拉夫、爱尔兰等国颁发的文学奖。一九九六年被法国政府授予"艺术与文学骑士"勋章,一九九八年被巴西政府授予"里约布兰科骑士"勋章。

有位商人,把儿子派往世界上最有智慧的人那里,去讨教幸福的秘密。这位少年历尽艰辛,走了四十天终于找到了智者那美丽的城堡。

我们的主人公走进了城堡,没有遇到一位圣人,相反,却目睹了一个热闹非凡的场面:商人们进进出出,每个角落都有人在进行交谈,一支小乐队在演奏轻柔的乐曲,一张桌子摆满了那个地区的美味佳肴。智者正一个个地同所有的人谈话,所以少年必须要等上两个小时才能轮到。

智者认真地听了少年的来访原因,但说此刻他没有时间向少年讲解幸福的秘密。他建议少年在他的宫殿里转上一圈,两个小时后再来找他。

"与此同时我要求你办一件事,"智者边说边把一个汤匙递给少年,并在里面滴进了两滴油,"当你走路时,拿好这个汤匙,不要让油洒出来。"

少年开始沿着宫殿的台阶上上下下,眼睛始终盯着汤匙不放。两个小时之后,他回到了智者面前。

"你看到我餐厅里的波斯地毯了吗? 看到园艺大师花了十年心血创造出来的花园了吗? 注意到我图书馆那些美丽的羊皮卷文献了吗?"智者问道。

少年感到十分尴尬,坦率承认他什么也没看到,他当时唯一关注的只是智者交付给他的事,即不要让汤匙里的两滴油洒出来。

"那你就转回去见识一下我这里的种种珍奇之物吧,"智者说道,"如果你不了解一个人的家,你就不能信任他。"

少年轻松多了,他拿起汤匙重新回到宫殿里漫步。这一次他注意到了天花板和墙壁上悬挂的所有艺术品,观赏了花园和四周的山景,看到了花儿的娇嫩和每件艺术品都被精心摆放在恰当的位置上。当他再回到智者面前时,少年仔细地讲述了他所见到的一切。

"可是我交给你的两滴油在哪里呢?"智者问道。

少年朝汤匙望去,发现油已经洒光了。

"那么,这就是我要给你的唯一忠告,"智者说道,"幸福的秘密在于欣赏世界上所有的奇观异景,同时永远不要忘记汤匙里的两滴油。"

我们生来都是旅人

○ [印度] 泰戈尔 译/白开元

泰戈尔(1861~1941) 印度著名诗人、作家、艺术家和社会活动家。他的创作成就极高,一生共写了五十多部诗集,其中包括《吉檀迦利》、《园丁集》、《飞鸟集》等。十余部中篇小说和长篇小说,一百多篇短篇小说,二十多部剧本。此外,还写了很多歌曲,其中《人民的意志》于一九五〇年被定为印度国歌。获一九一三年诺贝尔文学奖,英国政府封他为爵士。

我在路边坐下来写作,一时想不起该写些什么。

树阴遮盖的路。路畔是我的小屋,窗户敞开着,第一束阳光跟随无忧树摇颤的绿影,走进来立在我面前,端详我片刻,扑进我怀里撒娇。随后溜到我的文稿上面,临别的时候,隐隐留下金色的吻痕。

黎明在我作品的四周崭露。原野的鲜花,云霓的色彩,凉爽的晨风,残存的睡意,在我的书页里浑然交融。朝阳的爱抚在我手迹周遭青藤般地伸延。

我前面的行人川流不息。晨光为他们祝福,真诚地说:"祝你们一路顺风。"鸟儿在唱吉利的歌曲。道路两旁,希望似的花朵竞相怒放。启程时人人都说:

人要想得到幸福,就必须使自己所有的才能、力量和志趣按照自己的本性得到很好的发展,并在自己一生各个相应的阶段得到适当的应用。
——[英]欧 文

"请放心，没有什么可怕的。"

浩茫的宇宙为旅行顺利而高歌。光芒四射的太阳乘车驶过无垠的晴空，整个世界仿佛欢呼着上帝的胜利出现了。黎明笑吟吟的，臂膀伸向苍穹，指着无穷的未来，为世界指路。黎明是世界的希冀、慰藉、白昼的礼赞，每日开启东方金碧的门户，为人间携来天国的福音，送来汲取的甘露；与此同时，仙境奇花的芳菲唤醒凡世的花香。黎明是人世旅程的祝福，真心诚意的祝福。

人世行客的身影落在我的作品里。他们不带走什么。他们忘却哀乐，抛下每一瞬间的生活的负荷。他们的欢笑悲啼在我的文稿里萌发幼芽。他们忘记他们唱的歌谣，留下他们的爱情。

是的，他们别无所有，只有爱。他们爱脚下的路，爱脚踩过的地面，企望留下足印。他们离别洒下的泪水沃泽了立足之处。他们走过路的两旁，盛开了新奇的鲜花。他们热爱同路的陌生人，爱是他们前进的动力，消除他们跋涉的疲累。人间美景和母亲的慈爱一样，伴随着他们，召唤他们走出心境的黯淡，从后面簇拥着他们前行。

爱情若被锁缚，世人的旅程即刻中止。爱情若葬入坟墓，旅人就是倒在坟上的墓碑。就像船的特点是被驾驭着航行，爱情不允许被幽禁，只允许被推着向前。爱情的纽带的力量，足以粉碎一切羁绊。崇高爱情的影响下，渺小爱情的绳索断裂，世界得以运动，否则会被本身的重量压瘫。

当旅人行进时，我倚窗望见他们开怀大笑，听见他们伤心哭泣。让人落泪的爱情，也能抹去人眼里的泪水，催发笑颜的光华。欢笑、泪水、阳光、雨露，使我四周"美"的茂林百花吐艳。

爱情不让人常年垂泪。因一个人的离别而使你潸然泪下的爱情，把五个人引到你身边。爱情说："细心察看吧，他们绝不比那离去的人逊色。"可是你泪眼矇眬，看不见谁，因而也不能爱。你甚至万念俱灰，无心做事。你向后转身木然地坐着，无意继续人生的旅程。然而爱情最终获胜，牵引你上路，你不可能永远把脸俯贴在死亡上面。

拂晓，满心喜悦动身的旅人，前往远方，要走很长很长的路。沿途没有他们的爱，他们走不完漫长的路。因为他们爱路，迈出每一步都感到快慰，不停地向前；也因为他们爱路，他们舍不得走，腿抬不起来，走一步便产生错觉：已经获得的大概今后再也得不到了。然而朝前走又忘掉这些，走一步消除一分忧愁。起初他们啜泣是由于惶恐，除此别无缘由。

你看，母亲怀里抱着婴儿走在人世的路上。是谁把母子联结在一起？是谁通过孩子引导着母亲？是谁把婴儿放在母亲怀里，道路便像卧房一样温馨？是爱使母亲脚下的蒺藜变为花朵! 可是母亲为什么误解? 为什么觉得孩子意味着她"无限"的终结呢?

漫长的路上,凡世的孩子们聚在一起娱乐。一个孩子拉着母亲的手,进入孩子的王国——那里储藏着取之不竭的安慰。因着一张张细嫩的脸蛋,那里像天国乐园一般。他们快活地争抢天上的月亮,处处荡漾着欢声笑语的波澜。但是,你听,路的另一侧,可爱无助的孩子在啼哭! 疾病侵入他们的皮肤,损坏花瓣似的柔软肢体。他们纤嫩的喉咙发不出声音,他们想哭,哭声消逝在喉咙里。野蛮的成年人用各种办法虐待他们。

我们生来都是旅人。假如万能的上帝强迫我们在无尽头的路上跋涉,假如严酷的厄运攥着我们的头发向前拖,作为弱者,我们有什么法子? 启程的时刻,我们听不到威胁的雷鸣,只听见黎明的诺言。不顾途中的危险、艰苦,我们怀着爱心前进。虽然有时忍受不了,但有爱从四面八方伸过手来,让我们学会响应不倦的爱情的召唤,不陷入迷惘,不让惨烈的压迫用锁链将我们束缚!

我坐在络绎不绝的旅人的哀泣和欢声的旁边,凝望着,沉思着,深爱着。我对他们说:"祝你们一路平安,我把我的爱作为川资赠给你们。因为行路不为别的,是出于爱的需要。愿大家彼此奉献真爱,旅人们在旅途互相帮助。"

片面的人生观得不到幸福

○傅 雷

傅雷(1908~1966) 别名怒庵,著名翻译巨匠。早年留学法国,几乎译遍法国重要作家如伏尔泰、巴尔扎克、罗曼·罗兰的所有重要作品。数百万言的译作形成"傅雷体华文语言"。著有《贝多芬的作品及其精神》、《傅雷家书》等。

亲爱的孩子,八月二十日报告的喜讯使我们心中有说不出的欢喜和兴奋。你在人生的旅途中踏上一个新的阶段,开始负起新的责任来,我们要祝贺你、

人类的幸福只有在身体健康和精神安宁的基础上,才能建立起来。

——[英]欧 文

祝福你、鼓励你。希望你拿出像对待音乐艺术一样的毅力、信心、虔诚来学习人生艺术中最高深的一课。但愿你将来在这一门艺术中得到像你在音乐艺术中一样的成功！发生什么疑难或苦闷，随时向一二个正直而有经验的中、老年人讨教（你在伦敦已有一年八个月，也该有这样的老成的朋友吧），深思熟虑，然后决定，切勿单凭一时冲动。只要你能做到这几点，我们也就放心了。

对终身伴侣的要求，正如对人生一切的要求一样不能太苛刻。事情总有正反两面：追得你太迫切了，你觉得负担重；追得不紧了，又觉得不够热烈。温柔的人有时会显得懦弱，刚强了又近乎专制。幻想多了未免不切实际，能干的管家太太又觉得俗气。只有长处没有短处的人在哪儿呢？世界上究竟有没有十全十美的人或事物呢？抚躬自问，自己又完美到什么程度呢？这一类的问题想必你考虑过不止一次。我觉得最主要的还是本质的善良，天性的温厚，开阔的胸襟。有了这三样，其他都可以逐渐培养，而且有了这三样，将来即使遇到大大小小的风波也不致变成悲剧。做艺术家的妻子比做任何人的妻子都难，你要不预先明白这一点，即使你知道"责人太严，责己太宽"，也不容易学会明哲、体贴、容忍。只要能代你解决生活琐事，同时对你的事业感兴趣就行，对学问的钻研暂时不必期望过奢，还得看你们婚后的生活如何。眼前双方先学习相互的尊重、谅解、宽容。

对方把你作为她整个的世界固然很危险，但也很宝贵！你既已发觉，一定会慢慢点醒她，最好旁敲侧击而勿正面提出，还要使她感到那是为了维护她的人格独立，扩大她的世界观。倘若你已经想到奥里维的故事，不妨就把那部书叫她细读一二遍，特别要她注意那一段插曲。像雅葛丽纳那样只知道爱、爱、爱的人只是童话中的人物，在现实世界中非但得不到爱，连日子都会过不下去，因为她除了爱一无所知，一无所有，一无所爱。这样狭窄的天地哪像一个天地！这样片面的人生观哪会得到幸福！无论男女，只有把兴趣集中在事业上、学问上、艺术上，尽量抛开渺小的自我，才有快活的可能，才觉得活得有意义。未经世事的少女往往会存一个荒诞的梦想，以为恋爱时期的感情的高潮也能在婚后维持下去。这是违反自然规律的妄想。古语说"君子之交淡如水"，又有一句话说"夫妇相敬如宾"，可见只有平静、含蓄、温和的感情方能持久；另外一句的意义是说，夫妇到后来完全是一种知己朋友的关系，也即是我们所谓的终身伴侣。未婚之前双方能深切领会到这一点，就为将来打定了最可靠的基础，免除了多少不必要的误会与痛苦。

你是以艺术为生命的人，也是把真理、正义、人格等看做高于一切的人，也是以工作为乐生的人；我用不着唠叨，想你早已把这些信念表白过，而且竭力灌输给对方的了。我只想提醒你几点：第一，世界上最有力的论证莫如实际行动，最有效的教育莫如以身作则；自己做不到的事千万勿要求别人；自己也要犯的毛病先批评自己，先改自己的。第二，永远不要忘了我教育你的时候犯的许多过严的毛病。我过去的错误要是能使你避免同样的错误，我的罪过也可以减轻几分；你受过的痛苦不再施之于他人，你也不算白白吃苦。总的来说，尽管指点别人，可不要给人"好为人师"的感觉。奥诺丽纳的不幸一大半是咎由自取，一小部分也因为丈夫教育她的态度伤了她的自尊心。凡是童年不快乐的人都特别脆弱（也有训练得格外坚强的，但只是少数），特别敏感，你回想一下自己，就会知道对付你的恋人要如何小心，如何谨慎了。

我相信你对爱情问题看得比以前更郑重、更严肃了，就在这考验时期，希望你更加用严肃的态度对待一切，尤其要对婚后的责任先培养一种忠诚、庄严、虔敬的心情！

幸福在哪里

○ [古罗马] 马可·奥勒留

马克·奥勒留（121～180） 古罗马皇帝。祖籍西班牙，生于罗马，是皇帝安敦尼·庇阿的养子和女婿。一六一年即位后长期对外作战，竭力保持帝国疆界。奥勒留是新斯多葛派哲学的代表人物，其一生艰苦征战，保持着罗马帝国的辉煌。

这一反思也有助于消除对于虚名的欲望，即像一个哲学家一样度过你的整个一生或至少度过你从青年以后的生活，这已不再在你的力量范围之内了，你和许多别的人都很明白你是远离哲学的。然后你落入了纷乱无序，以致你得到一个哲学家的名声不再是容易的了，你的生活计划也不符合它。那么如果你真正看清了问题的所在，就驱开这一想法吧。你管别人是怎样看你呢，只要你将以你的本性所欲的这种方式度过你的余生你就是满足

人在幸福的时候愿意把他的快乐分给大家，这是人之常情，正像遭逢不幸的人需要向别人诉苦那样。

——巴 金

的。那么注意你的本性意欲什么，不要让任何别的东西使你分心，因为你有过许多流浪的经验却在哪儿都没有找到幸福：在三段法中没有，在财富中没有，在名声中没有，在享乐中没有，在任何地方都没有找到幸福。那么幸福在哪里？就在于做人的本性所要求的事情。那么，一个人将怎样做它呢？如果他拥有作为他的爱好和行为之来源的原则。什么原则呢？那些有关善恶的原则，即深信没有什么东西对于人是好的——如果它不使人公正、节制、勇敢和自由，没有什么东西对人是坏的——如果它不使人沾染与前述品质相反的品质。

在采取每一个行动时都问自己，它是怎样联系于我呢？我以后将后悔做这事吗？还一点点时间我就要死，所有的都要逝去。如果我现在做的事是一个有理智的人的工作，一个合社会的人的工作，一个处在与神同样的法之下的人的工作，那么我还更有何求呢？

亚历山大、盖耶斯①和庞培与第欧根尼、赫拉克利特、苏格拉底比较起来是什么人呢？由于他们熟悉事物，熟知他们的原因（形式）、他们的质料，这些人的支配原则都是同样的，但在后者看来，他们必须照管多少事物，他们是多少事情的奴隶啊！

考虑一下，人们无论如何也要做同样的事情，即使你将勃然大怒。

主要的事情在于：不要被打扰。因为所有的事物都是合乎宇宙本性的，很快你就将化为乌有，再也无处可寻，就像赫德里安、奥古斯都那样。其次，要聚精会神地注意你的事情，同时记住做一个好人是你的义务，无论人的本性要求什么，做所要求的事而不要搁置；说你看来是最恰当的话，只是要以一种好的气质、以谦虚和毫不虚伪的态度说出来。

宇宙的本性有这一工作要做，即把这个地方的事物移到那个地方，改变它们，把它们从此处带到彼处。所有事物都是变化的，但我们没有必要害怕任何新的东西。所有的事物都是我们熟悉的，而对这些事物的分配也保持着同样。

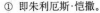

① 即朱利厄斯·恺撒。

幸福的寄托

○ [法] 霍尔巴赫

霍尔巴赫 (1723～1789)　法国启蒙思想家、哲学家、无神论者。为狄德罗《百科全书》的主要撰稿人之一。反对有神论,认为宗教是万恶之源,主张打倒神权;也反对泛神论和自然神论,认为后二者是"对宗教的妥协"。主要著作有《自然体系》、《被揭穿了的基督教》等。

在现在的世道下,德行远不能使实践它的人得到安乐,反而会使他们时常陷入不幸,给他们的幸福安置些连续不断的障碍。这些都常常被人们说,并在实践中已证明了的。

我们常常看见德行是得不到报答的,我说什么呢? 我这样回答:"我承认由于人类迷误的必然结果,德行很少被引向那些能寄托幸福的事物上去。"大多数社会,常常被那些由于无知、诌媚、偏见、权力的滥用,以及罪而不罚等共同使之成为德行之敌的人们所统治, 这些人不惜把他们的尊重和恩惠给予那些不肖的属下,他们只对浅薄而有害的才能给予奖赏,决不给有功劳的人以公平的待遇。

每个人的幸福依赖于他在一些人 (使命使他处于这些人当中) 的内心引起并培养起来的种种情感。显赫的身世固然足以使人头晕目眩,威权和力量固然足以取得别人并非出自心愿的敬意, 家资豪富固然可以贿买那些低下和卑劣的灵魂,然而,唯有人道、慈惠、同情和公正,才能使那些亲切的、深情的、尊重的情感被毫不费力地给予有理性的人。

追求幸福永远是激励人们的动力。

——[英]欧 文

生命要从美中结出硕果

——致歌德的信

○ [德] 黑格尔

黑格尔(1770~1831) 德国哲学家,古典唯心主义的集大成者。主要著作有《精神现象学》、《逻辑学》、《哲学全书》、《法哲学原理》、《哲学史演讲录》和《历史哲学》等。创立了欧洲哲学史上最庞大的客观唯心主义体系,并极大地发展了唯心辩证法。黑格尔哲学是马克思主义哲学的来源之一。

阁下:

承蒙惠赐您所公开发表的《自然科学新编》,弥足珍贵。我原想等到假日有闲,对您所惠厚礼再次享受,然后向您对此大作略陈个人的一得之见,或者至少是向您证明我对所赐发生之兴趣。当时我曾计划,待到彼时,再向阁下表示我铭感之忱。因为我想您定可惠予谅解,您深悉我对阁下所赐念之情若何珍重,您之大作使我所受之教益若何深广。您那些感人的天才表述,更是沁人心脾,清新入骨,特别令人神往,难于忘怀。所以,我才敢于将回信予以推迟,延误至今。

但现在情况有所改变,看来不需再等待那些有闲的日子到来,才能对您奉复。我不再长期推延下去,一直不对您表示谢意。

在这一编的丰富内容中,我感到《要素》部分特别富有教益。在这里您向我们指出了通向散射色的门径。对这一章内容,布局和顺序我都十分赞同,非常满意。尽管搞了各式各样的器械和实验来作这个题目,或者甚至可以说,正是由于搞了这些东西,我们这些枉自称为教父和生父的人,对于马卢斯的第一个实验以及随之发生的那现象并无所理解。但是,至少在我看来理解却比一切都重要。枯燥的现象之所以有趣味,只不过是由于它唤醒了对它的理解,如此而已,岂有它哉。

在《要素》中还提到了在几个术语上我对您有所帮助。不过事情很清楚,对一个孩子教父到底能起多大作用,所以,从现在起就把所谓教父这个身份免除了吧。同时,由于《要素》中指出这件事情,我就应该当众宣布,那样的提法,并不意味着这方面我提供了什么值得称道的帮助,或者在下面做了有益的事情。这种提法,只不过是一种比喻,人皆尽知,用来作比喻的东西,其本身并不具有什么历史价值,不过有着偶然的共同之点,取以为喻而已。甚至可以这样说,那所提到的事情,完全是个别的,微不足道的。更进一步说,倘若所指的是另外一件事情,而在这件事情和那件事情,两件事情之间并无共同之处,那么它们自身就全然互不相干了。现在的情况也正是这样,在讨论光和色的时候,只在用词和标点上提了点儿可取的意见,这要看做完全是微不足道的。也可以经常碰到这里所说的类似的事情。有那么一些人,他们之所有和所知的一切,就整体而言,不是指哪一个用词而言,都受益于《要素》,然而,在如今若使在某一点上有进一步发挥,却俨然像是有了什么独创之见似的。这种例子,恰恰证明了人们的无知,他们接受的很少,仅仅享用了那么一点点,所以只能零零星星地加以发挥,没有能力从基本原理上来加以理解。事实证明,在《要素》自身之内就有能力,能从材料的堆集中,把形式引导出来,并且通过真正教父所能起的作用,把灵气吹到那进一步发挥出来的东西的鼻孔里去。这种我个人所愿闻,同时也就是唯一值得品味的灵气,也就是在散射色现象散发出的,使我享有最大快乐的那种气息。您把被您很中肯地称之为原始现象的,单纯的被其他现象分离开的东西放在首要地位,并且指出,那些具体现象是由进一步发展和周围环境所带来的附加条件引起的。同时,依照由简单到复杂的原则,您把顺序安排得井井有条。于是,通过分析,您把那混淆的内容清楚明澈地摆在人们面前。我认为,原始现象的搜寻,把它从对它说是相异的,非本质的条件中解脱出来,如我们所说那样抽象地把握它,是精神性自然感觉的一种伟大的举动。而这全部进程也是这个领域内真正的认识科学。在我看来,与此相反,牛顿和他整个的学派只是东鳞西爪地抓到了一点点复合现象,而深深地陷于其中不能自拔。在这里,他所从事研究的,就是那些和事情的原始状况毫不相干的细枝末节。"缘木求鱼"这句成语在这里到正用得着。这些也许就是那些他们吃力地向上爬着去求鱼的,倒霉的树木。他们把这些当做事情的条件,费尽心机把前后左右一切能找得到的东西,都勉强地塞进一个框子里去。他们也不放弃"原始"这个字眼,他们把一个形而上学的抽象带了进来,作为创造精神的化身,他们给现象创造

一切幸运并非没有烦恼,而一切厄运也并非没有希望。

——[英]培 根

了一个创造物,创造了一个称心如意的内在物。他们把这个内在物当做中心,在这里享用着荣耀和愉悦,都像是所罗门圣殿的石匠们①那样吃苦耐劳的人。

关于原始现象,我还记起一种被《要素》补充在光学理论里的情况。您已经见到,拿着迅速跑下楼梯的毕特耐分光镜,照到墙上还是白的,除了白墙之外什么也看不到。这种情况给我打开了研究颜色理论的方便之门,我经常可以弄到全部材料,让原始现象显现于我的面前。《要素》用毕特耐分光镜来考察白墙,除白色之外什么也看不到。我们应该进一步,我们应该以我们哲学家对这样高明的一种原始现象所必须具备的兴趣来探讨《要素》。这就是说,在条件允许的情况下,把《要素》所有的设备直接应用来研究哲学! 我们已经给原本是银灰、深灰或者您认为黑色的绝对通了点儿气,透了点儿光,最后它对此感到了迫切需要。我们须大开门户,以便把它完全暴露在阳光之下。如果,我们要把我们那些幻影搬到色彩斑斓的现实世界的总汇中去,那么,它们就会变成雾气而消散。在这里,散射要素的原始现象对我教益匪浅。在这种光的双重性中,两个世界——深藏在我们内部的世界和显现于外的现存事物的世界——相互拥抱了。通过光的单一性,它们在精神上、概念上相互拥抱;通过光的可感性,它们在可见和可触上相互拥抱。要素还给我们提供了矿石,从金属矿到花岗石,它们都有三度向量,我们容易把它们抓住拉到身边,但是这些是一些具体化了的种,我们要想寻找出它们的类就不那么容易了。

长期以来,我们就满怀感激地看到,您已经证实植物自身和我们之间的同一性。骨块、云层,总而言之,您让我站在一个更高的水平上观察一切。倘若我也和那位, 认为把诸如此类的重要材料从玄武岩之类的注释中删去还不够的诺斯②一样, 现在发现我们作为根据,并想尽力以此为根据为您的观点作辩护,作解释;或如人们所说,作推演,作论证,作补绽的要素所展示的领域,是个几乎无法研究,不可理解的领域;那么,我同样知道,即使没有我们在这方面的帮忙,您能够在《要素》里把您的观点,以至把自然哲学这个绰号制订出来。我们只需遵循您所规定下来的方式,按照不同情况来做就是了。您的遭遇总不是最不顺当的,我但愿要素是辨别人的型式的要素,在这里,有一种人是踏实、干

---

① Freimaurer,现称共济会,原意是自由石匠,本来是中世纪做散活的石匠们的一种行会组织,他们自己传说是源自于所罗门王的神庙建造,他们所用的标记是锤子、罗盘等石匠们的工具。参加行会的石匠们凭着这些标记相互扶助,可以自由地到处游走,在会友的帮助下,随地都可找到工作。

② 诺斯,卡尔·威廉(Nose,Karl Wilhelm 1753~1835)医生和矿物学家。歌德在赠送给黑格尔的著作中指出,诺斯只是在玄武岩类的注释中才提出了重大的问题:在一个人发现某事物是不可理解的,因而必须后退或停步之前,人们能够在多大范围内宣布 个不可研究的东西是不可研究的。

练,另一种却是为从您这里搞到点什么才跑来的。而我们哲学家和那些要素已经有了共同的敌人,就是形而上学。牛顿早就敲过警钟,物理学,当心形而上学啊!不幸的是,他把这一福音传给他的门徒,而他们忠实地传布了这一福音,只是他和他们除了不断重复那个英国人的准则,其他就无事可做了。这个英国人自己并不理解,自己正在搞形而上学。虽然这个人终于懂得了,但那些人一时还不知道,他是命定了要搞形而上学的,而且是坏的形而上学。我之所以提起此事,因为我想为了摧毁他们这种形而上学,需要和物理学家们谈一谈。我还要回到有关要素的一个学说,因为我难以自制向您表示,对您关于双重折光物体的观点所感到的高兴和同意。事物自身这种相对的映现,一次通过外在的机械手段表现出来,另一次是通过内部的交错结构。在我们看来,这无疑是一个最可能的合理设想。这种交错的编织物要光和暗的手进一步编织着。生命要从美中结出丰硕果来。美是要结果的。一切都难以尽善尽美,我的烦恼是,我还不能按照《要素》的提示,以最大的热诚用我的肉眼统观现象系列。我相信,在将来还不断会有这种好机会,想到这点我就化悲为喜。为了不让冗长的漫谈把《要素》弄得令人难耐,让我最后在此对您所惠的怀念和教益向您表示最真诚的谢意!

黑格尔
一九二一年二月二十四日于柏林

人类幸福论（节选）

○ [英] 格　雷

> **格雷**(1798～1850)　英国早期空想社会主义者。著有《人类幸福论》,此书被认为是早期社会主义最卓越的文献之一。

现在我们回过来谈商店的伙计,他们的不幸(不是过错)在于他们处在这样的地位。为了帮助他们能够得到幸福和安宁,应当使他们有可能参加一两次

在所有的日常琐事中感受着下地狱的痛苦。
——[日]芥川龙之介

会议,讨论讨论自己的处境。让他们好好地想一想,他们是怎样的人,他们能够成为怎样的人。只要能够让他们知道自己目前的实际处境就好了。他们想摆脱这种处境的努力将随着他们的知识而增加。少数人做出了榜样,许多人立刻仿效他们,这样,那些目前属于商店伙计这个没有多大作用和意义的阶级的人们,就将变成社会上明智的、有知识的、有用的人,变成像他们所呼吸的空气一样自由的人。

但是如果说不真诚和奴隶状态是伴随现代商业制度而产生的罪恶,那么,这种制度必然产生的冷酷无情比这种罪恶更要坏得多。

在使用资本方面的利益的竞争,本身就已足够使人们消除一切善良的感情,使人们的性格变得比野兽更坏,使人们变成最无情的生物。

在我们国家里找不到一个这样的人,他的生活一点不依赖于商业,他在事业上没有成千上万个敌人。找寻工作的工人甚至在应当成为他们的朋友的人中间也经常会遇到敌手,他能得到的工作可能被他的亲友找去了。在各种企业中间也充满了这种罪恶。零售商、批发商、手工业者,每一个人都可能把在与自己相同的部门中工作的人当做敌人。乞丐也很清楚,如果他不需要跟无数竞争者竞争,那么他的求乞就会更少遭到拒绝。这样,人就成了人们普遍的敌人,人的本性叫他要爱人,现在却只有让别人倒下去,他才能得到胜利。一个人的毁灭成了另一个人的幸福。因此在人的心中就产生了妒忌、憎恨、怨恨、私仇以及对别人的不幸漠不关心的感情。这些特性是目前制度的必然的、不可避免的结果,而且——不管这是多么奇怪和不可思议——我国有十一万六千人(包括妇女和儿童)实际上都在互相效尤地来破坏几乎为一切社会规章所产生和培养的东西。目前的社会状态几乎在一切地方都适于在自私和博爱之间造成对立。你们这些加剧苦难的人们,你们这些愿意改变不幸的果实而却在培育着不幸的根源的人们,你们仔细地看一看这种情况吧!你们了解一下这种情况,把它铲除掉吧,如果那时候人们还会与自己的幸福相违抗,那么再去责怪人类的天性吧!但是只要这种情况还存在着,要想期待幸福的到来,就好比等待雪地上的松球开花一样!

整个人类的幸福才是你的幸福

○ [德] 约瑟夫·狄慈根

约瑟夫·狄慈根 (1828~1888) 德国作家、哲学家。曾侨居美国和俄国。著有《人脑活动的本质》、《一个社会主义者在认识论领域中的漫游》和《哲学的成就》等。

亲爱的欧根！苏格拉底说："当我们行走的时候，走并不是我们的目的；当我们站立的时候，站也不是我们的目的；我们总是有更远的目标。"依此推论，到最后可知我们的一切行为的真实目标是全体幸福，即"善"。如果你做进一步的观察，你就会看到：你个人的善或幸福，即所谓利己主义的善或幸福是远远不够的。

你不仅与父母、兄弟姊妹，亲戚和朋友有关系，而且与社会或国家也有关系，并无疑与整个人类有着世界性联系。他们的幸福才是你的幸福，只有整个人类的幸福才是你的幸福。

我知道目光短浅的人的眼界并不比他们从教堂顶上所能看到的范围更宽广。他们以这样一句拙劣的格言为思维的准则：衬衣比外衣更贴身。如果我必须作出抉择，或穿衬衣或穿外衣，我宁可穿外衣而不愿光穿一件衬衣而成为大家取笑的对象。如果一个老人种一棵树，而预计他活不到树结果的时候，那么他就不是一个目光短浅的人，否则他就会撒下当年夏天就能结实的种子了。

在这里，我们必然会想起苏格拉底派，他们以善的名义去寻求绝对，但仅从道德的专属于人类的角度，而终究未能从宇宙的角度来考虑这个问题，就这一点而言，他们是浅陋的。正如健康和财富是联系在一起的，而且这二者远不能使人幸福，此外还需要一切社会美德和政治美德，同样，善并不包括在全体人类的联系之中，而是超过这种联系，与全部世界联系在一起的。没有世界联系，人类就不存在。没有光线，人就没有眼睛；没有声音，人就没有耳朵；没有物

如果你能成功地选择劳动，并把自己的全部精神灌注到它里面去，那么幸福本身就会找到你。
——[俄]乌申斯基

理,人就没有伦理。人并不是万物的尺度,而人与万物的多少有些广泛而密切的联系倒是全体人类的尺度。狭隘的道德不是最高意义的善,不是绝对的善、纯正、真、美,不是理性;宇宙,至高无上者才是最高意义的善,才是绝对的善、纯正、真、美,才是理性。

在前一封信中,我提到普遍的合理性,说不仅人的头脑是合理的,而且山和谷、森林和田野以及傻瓜和恶棍都是合理的。你一定知道《谁从山上来》这首流行的歌,知道在这首歌中,一切都是皮革做的。其中有一座皮革的山,一个皮革的车夫,一封皮革的信,甚至连爸爸、妈妈和姊妹都是皮革做的。我提到这首歌,是为了说明我很清楚,如果不想引起语言的混乱,我们就应当说皮革是不合理的和理性不是皮革的,这种混乱的语言与不合理的咿咿呀呀的乱叫没有区别。语言仅当它以名称来区分世界、以不同的名字来辨别事物时才是合理的。

这一点不难理解,但是那些未受过逻辑训练而乱用理性的人夸大区别而忽视联系的错误却不易看出来。一切事物不仅是分开的,而且也是相连的。然而逻辑至今没有努力阐明一切事物的这种联系,这是它应该受到指责的地方。理性科学常常把理性和经验当做两件有区别的、不具备共同性质的东西。因此我必须强调:正像没有经验就没有理性一样,没有理性也就没有经验。

那些大肆争论理性和语言究竟谁先谁后的语言学家都同意理性和语言是联系在一起的。我们不能进行没有理性的演说和没有意义的谈话,因为咿咿呀呀和唧唧喳喳绝不是语言。反之,不用名字区分世界上的事物,不辨别皮革的小姐、理性与经验,也不会出现理性。

当然皮革的小姐的说法不过是一种幼稚的滥用,可是它很适于用来说明一切名称与事物、一切主辞与宾辞的辩证交流,从而表明:按照正确的理解,理性仅存在于人类的头脑之中,但如果不明白和不坚持人类的头脑和一切头脑联系在一起,理性和全部世界联系在一起,因而整个现有的存在按"合理的"一词的最高意义而言是合理的,并且只有整体是合理的,那么,认为理性仅存在于人类的头脑之中就是错误的理解。

如果你想在研究一切对象时都能合理地运用你的理性,那么你就要知道:全世界是同一性质的,连皮革和姊妹也如此。皮革和姊妹之间显然有极大的距离,但二者都受同样材料和力量的主宰,正像黑马和白马都受同一种马性支配一样。因此在歌中唱皮革的姊妹和姊妹的皮革并无错误。当然,这种话听起来十分离奇,但我必须说得如此夸张,以便充分强调一切现有的存在的绝对的唯一自然,因为它是合理地应用理性的不可缺少的基础。

现在我们举一个悬而未决的时事问题作例子。在群众政治运动中,目前有两股潮流得势。一股潮流称为行动的宣传,这种宣传在俄罗斯和爱尔兰是以甘油炸药、火药和子弹来进行的。另一股潮流鼓吹语言的宣传、投票的宣传和合法的煽动宣传。如果人们在争论这两种方式的优劣时不从对于谁,怎么样和在什么地方这种方式或那种方式是合适的这个角度出发而从党派的狂热出发,那么每一方都会把自己的相对真理当做绝对真理。如果你已经懂得一些应当怎样思考真理的方法和正确的思维方法,那么你就会在这里或在今天支持这一党,而在明天或在那里支持那一党,并且会认识到条条道路通罗马。如果有些同志偶然得的票数超过你,你仍要把这些对手当做朋友,而你的斗争,即使是肉搏的斗争,也仍然不过是相对的斗争,不过是通过理性来使用短刀。

我们的人民逻辑是宽宏大量的,不是狂热的。人民逻辑既非无感情的理性,亦非无理性的感情。它并不抹杀朋友和敌人、真实和虚伪、理智和非理智之间的区别,可是平息那种夸大区别的狂热,它的最高命题是:只有一个绝对,一个万有。

你必须记住:如果认为万有之外或万有之上还有任何别的东西,那么这种万有概念就是比木的铁更加不合理的概念。因此,你同时要认识到:一切区别都具有一种共同的性质,它不允许两种事物或两种意见之间存在不可逾越的鸿沟,因为宇宙是唯一最高的本质,所以一切区别以及一切意见的区别都是极非本质的。

由于你学习的是逻辑,我请你时常把本质的区别明确地当做你的思考对象,并且在这件事上利用你日常有机会获得的思考经验。

我们通过我们的逻辑学会了神的语言,而在这种语言中,只有一个事物,即普遍存在或一般存在。反之,在人类语言中,却称这个事物的每一细小部分为一个"事物",这样的事物自然只能是相对的事物。

麦田中的每一个麦穗,牛皮上的每一根牛毛,甚至麦穗和牛毛上的每一细小部分都是一个相对的事物。但是相对的事物同时也是非本质的事物或无关紧要的、无意义的东西。因此,世界上各细小事物之间的一切区别既是本质的又是非本质的,换言之,它们具有相对的本质,它们仅构成至高无上者的部分,而与至高无上者相比,它们就是绝对非本质的。你是一个好人还是一个坏人,你的祖国是繁荣的还是贫困的,是自由的还是受压迫的,这对你和我来说是重大的,但是对于伟大的绝对整体来说却是无关紧要的。在宇宙的历史中,一个民族的命运并不比我头上的一根头发有更大的意义,我的头发并非一一约略计算而是全体总计的。由此可见,把一切事物孤立起来便毫无意义,而一切事物在相互联系之中就成了一个必要的、合理的、有意义的、神圣的分子。

现在我们就得出了历史的教训。逻辑研究的专门对象人类的理性参与一

上帝进入我的体内并通过我寻找幸福。上帝的幸福会是什么样呢?只能是成为他自己。

——[波兰]安杰勒斯

般存在,它不是孤立的事物;如果它是孤立的,那么它就毫无价值,根本不可能产生任何认识。智力不仅与物质的头脑联系在一起,而且也与普遍的宇宙联系在一起,只有在联系中,智力才是活的、才能活动。不是头脑在思维,而是整个人在思维;思维不仅需要人,而且还需要宇宙联系。理性不能显示出真理。借理性之助而显示的真理是一般存在的启示,是绝对的启示。

我的孩子,如果你这样来考虑理性,那么你对于世界的思考就是合理的,你的思想就是哲学的、逻辑的和得法的。

一个人的幸福

○ [日] 川端康成

川端康成(1899~1972)　日本小说家。曾任记者、杂志编辑、大学讲师、日本笔会会长等职。作品有印象主义色彩,语言洗练质朴,意境新颖,注重抒情和主观感觉的描写;创作思想受佛教影响较深,常带有消极悲观情调。主要作品有《雪国》、《古都》、《伊豆的歌女》等。获一九六八年诺贝尔文学奖。

敬启者,久疏问候。姐姐安好吗?纪伊近来气候也相当寒冷了吧?这里天天都在零下二十多度。家家户户的玻璃窗都成了毛玻璃似的。我很健康,只是手皲了,脚也皲裂了,走路相当困难。这也是很自然的。每天清晨五点起床,做饭、烧水、煮酱汤,六点左右开早饭。早饭毕,就拾掇碗筷,所有这一切都要用水。学校九点上课,每天的家务,我得干到八点半。其中最难熬的,就是打扫屋内外和厕所。这些活计当然也都要用水。

放学时间有时是两点半,有时是三点。两点半放学就必须在三点以前,三点放学就必须在三点半以前回到家里,否则用晚餐时就得挨骂。一回到家中,首先要打扫屋内卫生,然后开始劈第二天清晨使用的柴火。有时候，大风呼啸，雪花纷扬，伸手不见五指。手冻僵，脚也冻僵，疼痛难忍。寒峭的雪花从衣领灌了进来。看着手上的皲裂渗出了鲜血，不禁潸然泪下。劈完柴火，开始准备晚饭，五点左右做好晚饭，然后又是拾掇厨房，然后还得哄三郎，直到他入睡才罢。丝毫没有学习的余暇时间。

星期天，洗自己的衬衫、裤子，有时还洗父母的布袜子、手套，都是用冰冷的水来洗的。一有空闲，又得照料三郎。就这样每天周而复始。假使要钱购买日常学习用品，甚至要挨骂二十遍才把钱拿到手，即使这样，还是欠缺许多学习用品。所以常遭老师的责备，最近学习成绩下降，身体也衰弱多了。

今年过年，也是成天忙不迭地干家务活儿。父母他们吃了许多他们爱吃的东西。我呢？过年的三天里只给我唯一的一只蜜柑，平常就更不用说了。正月初二这一天，我把饭给烧糊了，挨了劈头盖脸一顿毒打，甚至连火筷子都被打弯了。头部挨了这顿痛打，至今仍经常发作剧痛。

回想起来，六岁时什么也不知道，便离开了叔叔婶婶，被带到像魔鬼般的父亲身边。在寒冷的满洲整整度过了痛苦的十个春秋。我为什么是这样一个不幸的孩子呢？每天每天我都挨父亲的棍棒，挨父亲的烟袋锅，就像殴打牲畜一样。我没有做什么坏事啊！

这都是由于母亲瞎告我的状。不过，再过一个月我就要毕业，我将告别这个可怕的家回到大阪去，白天当公司的勤杂工，晚间上夜校专心地学习。

祝胜子姐姐生活快乐。请代我向熊野的爷爷奶奶问好。再见。

他从胜子那里硬抢过这封信来阅读，胜子纹丝不动地坐着。
"也让男孩子干这种活儿吗？"
"我一直以为不会让男孩子干这种活儿呢，可是……"
"也让男孩子干这种活儿吗？"
他又重复了一遍同样的话。他把所有的同情都倾注在这句话里。
"你在满洲也过着这样的生活吗？"
"我更悲惨了。"
这时，他才懂得胜子十三岁只身从满洲回到纪州时的心情。这之前，他只是惊愕于这少女的胆量。

世上的幸福并不牢靠——无论是身高，无论如花似玉。无论权势和财富，无论什么，都在劫难逃。
　　　　　　　　　　　　　　　　　　　　　　——[俄]普希金

"那么,你打算怎么样生活呢? "

"我要供弟弟上学。不管我会怎么样,我都要供弟弟上学。"

"那么,马上把旅费寄去,叫他回来好啰。"

"现在不行,就是坐上了火车,也会在中途站被抓起来的。乘联络船也肯定会被逮住的。今年春天弟弟高小毕业后,父亲就将他卖掉。我每天都受到威胁'要把你卖掉!要把你卖掉!'我想把钱寄到弟弟被卖的地方,把弟弟赎回来。"

"这就更糟糕啰。倘使在满洲被卖掉,谁知道会被送到什么地方,会变成什么样子呢? "

"没法子啊。要是中途被抓回去,就会遭杀害的啊! "

于是,胜子把脑袋耷拉下来。

他生病,胜子看护他,照料他的生活已经整整一年了。他对胜子产生了难以分离的感情。他已有妻室,可他如今更爱慕胜子,这样将会使胜子陷入不幸,这是社会常见的事。他已下定决心,即使让胜子陷入不幸,他也在所不惜。就在这时,她的弟弟来信了。他接到她的弟弟这封信,脸颊都变得冰凉。童年时代胜子的生活比她的弟弟更加不幸,她才拼死地逃到遥远的地方来,对于这样一个胜子来说,不能再让她承受不幸的未来了,不是吗? 于是,他抑制住自己的感情。但是,他的病痊愈了。

对,自己到满洲去! 从她的继母手中把她的弟弟夺回来,并且供他上学。

他高兴极了。假使能够照顾胜子的弟弟的生活,也就能够经常接触胜子,接触胜子的生活。再说,凭自己的力量使一个少年获得幸福,也确是相当光明的。一个人在一生中哪怕能使一个人获得幸福,也是自己的幸福。

幸福在哪里

○ [科威特] 穆尼尔·纳素夫 译/解传广

穆尼尔·纳素夫 科威特著名作家兼记者。在科威特、阿拉伯各国和中东地区颇具声名,重点撰写有关妇女解放和家庭生活题材的文章。文笔尖锐、泼辣而中肯,代表了现代科威特作家直言不讳的作风。

人间的幸福在哪里?

是在充斥衣兜、箱柜的钱堆里,还是在显赫的权位上? 或者在花天酒地的吃喝玩乐中?

不,不,都不是。美国哲学家艾玛尔逊说:

"幸福用钱是买不到的,它是蕴藏在男女内心深处的一种珍贵的感情。这种感情可以在任何时候、任何地方感觉得到。它与金钱及权势并无必然的联系。"

真正的幸福只有当你真实地认识到人生的价值时,才能体会到。用金钱买来的爱情不会长久,用诚挚的感情培植的爱情花朵才会永开不谢。

有一个青年,婚后有了孩子,在别人眼里,这是个多么美满幸福的小家庭呀,然而,他总觉得自己的家庭与他见到的豪门望族相比,显得太土气了。于是,他告别了妻儿老小,终年在各地谋生,处心积虑地挣钱,年长日久,他妻子感到家庭毫无生气,尽管有了更多的钱财,却无异于生活在镶金镀银的墓中。小孩子长大了,却不知道叫爸爸。后来,爸爸终于回来了,可是,却成了一个衣衫褴褛、垂头丧气的人。他在一次大赌博中破了产。孩子望着这位泪流满面的"叔叔",惊异地说:"要饭的,我妈妈不在家,待会儿,她买好吃的回来了,再给你吃吧! "

妻子回来了。她是位忠厚、贤惠的妇人。丈夫走时除了留下些钱外,留给她的更多的是无尽的牵挂。孩子醒时,她要精心照看;孩子睡了,她把含泪的目光

世界上最大的幸福,就是和平和安静。
——[奥地利]茨威格

定格在天花板上，心被空虚和担心吞噬着。别人的家庭笑语欢声，而她的家里却冷清沉寂。她那失神的目光落在丈夫的脸上，无需一句话，一切都明白了。

丈夫像孩子似的扑进妻子的怀里，泣不成声地说：

"完了，一切都完了，我的心血全被那帮赌徒吸干榨尽了，我没有活路了，我的路走完了，我后悔死了。"

妻子仔细听完了丈夫详尽的叙述和痛心疾首的表白后，用手轻抚他的头发，脸上露出了几年来从未有过的微笑，说：

"不，你的心终于回来了。这是我们全家真正幸福生活的开始。只要我们辛勤劳动、安居乐业，幸福还会伴随我们。"

是的，幸福与诚恳老实是分不开的，而任何企图搞邪门歪道的人，都休想踏进幸福的大门。从此以后，夫妻二人带着孩子辛勤劳动，用自己的汗水换来了丰硕的成果，共同努力克服了生活中的重重困难。尽管他们的生活并不奢华，但爱的心愿充溢着他们的心房，欢乐的歌声在屋内回荡，幸福涌满胸怀，美好的前程宽广无量。太阳的光辉照亮了大地，他们打开了窗户，让绚丽的阳光射进小屋，这是幸福的阳光，它照亮了人们的心房。然而，只有懂得生活真正含义的人，才会感受到它的温暖。

英国有位倾国倾城的美貌少女，因一心迷恋钱财，贪图安逸的生活，答应嫁给一个大商人。这个大商人跟她爷爷一般大，整天只知道发财赚钱，只是把她当做花瓶。新婚后，她过着纸醉金迷、花天酒地的生活。久而久之，她的内心十分空虚，豪华宫殿、盛大宴会再也提不起她的精神了，整天只有泪水洗面，悲苦难言。她的朋友后来问她：

"你这么年轻貌美，生活一定很幸福吧？"

"哪里，事事不顺心，事事拧着。"

"难道就没有一致的时候吗？"

"有，那次家里失火，我们倒是一齐跑出来的。"

所以，钱并不等于幸福，幸福的宝塔并不是用钱堆起来的。人生真正的幸福和欢乐浸透在亲密无间的家庭关系中。

新　青　年

○陈独秀

陈独秀(1879~1942)　字仲甫,号实庵,安徽怀宁十里铺人。中国共产党的创始人和早期领导人。早年留学日本。他积极提倡民主与科学,提倡文学革命,反对封建的旧思想、旧文化、旧礼教,是五四新文化运动的主要领导人之一。主要著作收入《独秀文存》。

青年何为而云新青年乎? 以别夫旧青年也。同一青年也,而新、旧之别安在? 自年龄言之,新、旧青年固无以异;然生理上、心理上,新青年与旧青年,固有绝对之鸿沟,是不可不指陈其大别,以促吾青年之警觉。慎勿以年龄在青年时代,遂妄自以为取得青年之资格也。

自生理言之,白面书生,为吾国青年称美之名词。民族衰微,即坐此病。美其貌,弱其质,全国青年,悉秉蒲柳之资,绝无桓武之态。艰难辛苦,力不能堪。青年堕落,壮无能为,非吾国今日之现象乎? 且青年体弱,又不识卫生,疾病死亡之率,日以加增。浅化之民,势所必至。倘有精确之统计,示以年表,其必惊心触目也无疑。

世界各国青年死亡之病因,德国以结核病为最多,然据一九一二年之统计,较三十年前减少半数。英国以呼吸器病为最多,据今统计,较之十余年前,减少四分之一。日本青年之死亡,以脑神经系之疾为最多,而最近调查,较十年前,减少六分之一。德之立教,体育殊重,民力大张,数十年来,青年死亡率之锐减,列国无与伦比;英、美、日本之青年,亦皆以强武有力相高竞舟、角力之会、野球、远足之游,几无虚日,其重视也,不在读书、授业之下。故其青年之壮健活泼,国民之进取有为,良有以也。

而我之青年则何如乎? 甚者纵欲自戕以促其天年,否亦不过斯斯文文一白面书生耳! 年龄虽在青年时代,而身体之强度,已达头痛齿豁之期。盈千累万之

宁愿做个牧人,吃着家常的乳酪,喝着葫芦里的淡酒,睡在树阴底下,清清闲闲,无忧无虑,也不愿当那高贵而不得安宁的国王。

——[英]莎士比亚

青年中,求得一面红体壮、若欧美青年之威武凌人者,竟若凤毛麟角。人字吾为东方病夫国,而吾人之少年、青年,几无一不在病夫之列。如此民族,将何以图存? 吾可爱可敬之青年诸君乎! 倘自认为二十世纪之新青年,首应于生理上完成真青年之资格,慎忽以年龄上之伪青年自满也!

更进而一论心理上之新青年何以别夫旧青年乎? 充满吾人之神经,填塞吾人之骨髓,虽尸解魂消,焚其骨,扬其灰,用显微镜点点验之,皆各有"做官发财"四大字。做官以张其威,发财以逞其欲,一若做官发财为人生唯一之目的。人间种种善行,凡不利此目的者,一切牺牲之而无所顾惜;人间种种罪恶,凡有利此目的者,一切奉行之而无所忌惮。此等卑劣思维,乃远祖以来历世遗传之缺点(孔门即有干禄之学),与夫社会之恶习,相演而日深。无论若何读书明理之青年,发愤维新之志士,一旦与世周旋,做官发财思想之触发,无不与日俱深。浊流滔滔,虽有健者,莫之能御。人之侮我者,不曰"支那贱种",即曰"卑无耻"。将忍此而终古乎? 誓将一雪此耻乎? 此责任不得不加诸未尝堕落、宅心清白我青年诸君之双肩,彼老者、壮者及比诸老者、壮者腐败堕落之青年,均无论矣。吾可敬可爱之青年诸君乎! 倘自认为二十世纪之新青年,头脑中必斩尽涤绝彼老者、壮者及比诸老者、壮者腐败堕落诸青年之做官发财思想,精神上别构真实新鲜之信仰,始得谓为新青年而非旧青年,始得谓为真青年而非伪青年。

青年之精神界欲求此除旧布新之大革命,第一当明人生归宿问题。人生数十寒暑耳,乐天者荡,厌世者偷,唯知于此可贵之数十寒暑中,量力以求成相当之人物为归宿者得之。准此以行,则不得不内图个性之发展,外图贡献于其群。岁不我与,时不再来,计功之期,屈指可俟。一切未来之责任,毕生之光荣,又皆于此数十寒暑中之青年时代十数寒暑间植其大本。前瞻古人,后念来者,此身将为何如人,自不应仅以做官求荣为归宿也。

第二当明人生幸福问题。人之生也,求幸福而避痛苦,乃当然之天则。英人边沁氏,幸福论者之泰斗也。举人生乐事凡十余,而财富之乐居其一;举人生之痛苦亦十余事,而处分财富之难,即列诸拙劣痛苦之内。审是,金钱虽有万能之现象,而幸福与财富,绝不可视为一物也明矣。幸福之为物,既必准快乐与痛苦以为度,又必兼个人与社会以为量,以个人发财主义为幸福主义者,是不知幸福之为何物也。

吾青年之于人生幸福问题,应有五种观念:一曰毕生幸福,悉于青年时代造其因;二曰幸福内容,以强健之身体、正当之职业、称实之名誉为最要,而发财不与焉;三曰不以个人幸福损害国家、社会;四曰自身幸福,应以自力造之,不可依赖他人;五曰不以现在暂时之幸福,易将来永久之痛苦。信能识此五者,则幸福之追求,未尝非青年正当之信仰。若夫沉迷于社会、家庭之恶习,以发财与幸福并为一谈,则异日立身处世,奢以贼己,贪以贼人,其为害于个人及社会、国家者,宁有纪极!

夫发财本非恶事,个人及社会之生存与发展,且以生产置业为重要之条件,唯中国式之发财方法,不出于生产置业,而出于苟得妄取,甚至以做官为发财之捷径。猎官摸金,铸为国民之常识,危害国家,莫此为甚。发财固非恶事,即做官亦非恶事,幸福更非恶事,唯吾人合做官、发财、享幸福三者以一贯之精神,遂至大盗遍于国中。人间种种至可恐怖之罪恶多由此造成。国将由此灭,种将由此削!吾可敬可爱之青年!倘留此龌龊思想些微于头脑,则新青年之资格丧失无余;因其精神上之龌龊下流,与彼腐败堕落之旧青年无以异也。

予于国中之老者、壮者,与夫比诸老者、壮者之青年,无论属何社会,隶何党派,于生理上、心理上,十九怀抱悲观,即自身亦在诅咒之列。幸有一线光明者,时时微闻无数健全洁白之新青年,自绝望消沉中唤予以兴起,用敢作此最后之哀鸣!

幸　福

[新加坡] 尤　今

尤今　女,一九五〇年出生于马来西亚。新加坡著名作家。现为新加坡《联合早报》、马来西亚《淑女》杂志等报刊撰写专栏文章,作品散见于中国台湾、香港、大陆和泰国及欧洲等地报刊。一九八二年、一九九二年分别以游记《沙漠中的小白屋》和小说集《燃烧的狮子》获新加坡书业发展理事会"书籍奖"。

什么是幸福?

年轻的时候,觉得这个词儿玄虚而又抽象,接触不着而又把握不到。

有一回,和报界一位年过半百而阅历极广的老前辈谈天。他对"幸福"所下

真正的哲学家一直忙于进行死的实践,因此,他们最感觉不到死的可怕。

——[古希腊]柏拉图

的定义是：

"能走、能睡、能吃、能屙。"

听这话时，还处在"不识愁滋味"的年龄，心里不由得纳闷地想：只要是人，便能走、能睡、能吃、能屙，又怎么可以把这归纳为幸福的定义呢？人世间的幸福，应该是比这复杂、比这有内涵的呀！

年事渐长，经历渐多时，才刻骨铭心地感觉到：世间的幸福，原来真的是蕴藏在那几个字当中的！走、睡、吃、屙，这四件事，看似原始而简单，然而，它们并不是人人能求、人人可得的！只有当心境绝对地安恬、当身体绝对地健康，才能怡然地享有它们！

最近接读女作家琦君的来信，谈及修身养性之道时，她引用了慧能和尚的话："饥来吃饭困来眠，如此修行玄更玄，说与世人浑不解，都从身外学求仙。"

这不正说明了"能吃能眠"便是幸福的真谛吗？

现在，每每想到自己是个"能走、能睡、能吃、能屙"的人，我心里便充满了一种幸福绝顶而又快乐无比的感觉。令人遗憾的是：许多滋润在这种幸福当中的人，还整天逢人渲染自己刻意制造出来的不快乐！

幸福就是……

○（台湾）龙应台

龙应台 女，台湾作家，一九五二年出生于台湾高雄。一九七四年毕业于台南成功大学外文系，后获美国堪萨斯州立大学英文博士学位。曾任教于美国、中国台湾、德国多所大学；曾任台北市"文化局局长"。作品有《野火集》、《孩子你慢慢来》等。

幸福就是，生活中不必时时恐惧。开店铺的人天亮时打开大门，不会想到是否有政府军或叛军或饥饿的难民来抢劫。走在街上的人不必把背包护在前胸，时时刻刻戒备。睡在屋里的人可以酣睡，不必担心自己一觉醒来发现房子已经被拆,家具像破烂一样被扔在街上。到杂货店里买婴儿奶粉的妇人不必担心奶粉是不是假的,婴儿吃了会不会死。买廉价的烈酒的老头不必担心买到假酒,假酒里的化学品会不会让他瞎眼。小学生一个人走路上学,不必顾前顾后提防自己被骗子拐走。江上打鱼的人张开大网用力抛进水里,不必想江水里有没有重金属,鱼虾会不会在几年内死绝。到城里闲逛的人,看见穿着制服的人向他走近,不会惊慌失措,以为自己马上要被逮捕。被逮捕的人看见警察局不会晕倒,知道有律师和法律保护着他的基本权利。已经在牢里的人不必害怕被社会忘记,被历史消音。到机关办什么证件的市井小民不必准备受气受辱。在秋夜寒灯下读书的人,听到巷子里突然人声嘈杂,拍门呼叫他的名字,不必觉得大难临头,把所有的稿纸当场烧掉。幸福就是,从政的人不必害怕暗杀,抗议的人不必害怕镇压,富人不必害怕绑票,穷人不必害怕最后一只碗被没收,中产阶级不必害怕流血革命,普通大众不必害怕领袖说了一句话,明天可能有战争。

理想与幸福

○ [苏联] 奥斯特洛夫斯基

奥斯特洛夫斯基(1904~1936) 苏联作家。十六岁参加红军,二十岁加入苏共。在国内战争中受重伤,全身瘫痪。在病榻上写成长篇小说《钢铁是怎样炼成的》;另一长篇小说《暴风雨所诞生的》反映了乌克兰人民在内战时期保卫苏维埃政权的斗争,但因作者逝世未能全部完成。

车子、房子、票子、妻子、儿子,这些在我的理想之中所占比重较小。对我来说,最大的幸福莫过于做一名战士。个人的一切都不会永葆青春,都不能像公共事业那样万古长存。在为实现人类最大幸福的斗争中,要做一名永不掉队的战士,这就是我一直视为最崇高的目标。

最该死的人是自私自利者。须知,他只是为了自己才孤独寂寞地活在这个世界上。一旦抹掉了他们这个"我"字,他们也就形同枯槁,活着对他来说,再也

幸福乃是一种善:每个人的幸福对这个人是一种善,因此,普遍幸福对所有的人也是一种善。

——[英]密 尔

没有任何意义了！但是，如果一个人不是为了自己而活着，而是为了整个社会呕心沥血，那他就可获得永生。因为，如要他灭亡，就首先要毁灭他周围的一切，毁灭整个国家和整个社会。我个人的死亡，只是自己生命的消失，可是我们的大军却一直向前，势不可挡。一个战士，即使他在镣铐锁身的情况下死去，但当他听到自己部队那胜利的欢呼声，他也会得到一种最终的、而且是至高无上的安慰。

拿我为例，活着的每一天都意味着要和巨大的苦痛作斗争。我是在说这十年来的日子。也许你们会说，怎么会天天看到我的微笑？这是发自内心的，饱含着幸福和欢乐的微笑。尽管我忍受着自己病躯的种种苦痛，但我仍然为我们国家的每一个胜利而欢欣鼓舞。因为这对于我来说，是最令我感到快乐的事，虽然活着是非常美好的，但不能单单只为了活着，我们还要斗争，还要赢得胜利！

现在，我觉得自己像冰雪融化那样越来越虚弱了。因此，我要比以往更加珍惜时间，趁我现在还能感到生命之火在心头燃烧，大脑神经还在闪光跳动。我虽经受了身体的巨大悲哀和不幸：双目失明，全身瘫痪，遍体疼痛。但是我仍然感到自己十分幸福。这倒不是因为政府奖赏了我。不，没有这些，我同样是快乐和幸福的！要知道，我所追求的绝不是这些加在我身上的物质的东西，我所追求的是比这高得多的幸福。

冉阿让的幸福

○陆星儿

陆星儿 (1949～2004)　女，当代作家。一九八二年毕业于中央戏剧学院戏剧文学系。著有长篇小说《留给世纪的吻》、《精神科医生》、《我儿我女》，中短篇小说集《天生是个女人》，散文集《一个女人的内心世界》、《我是母亲》等。小说《今天没有太阳》获一九八九年《十月》文学奖，《同一屋顶下》获一九九〇年上海文学奖。

去大剧院看美国百老汇来上海演出的歌剧《悲惨世界》。

也许,是女人、是母亲的缘故,看冉阿让的悲惨故事,最触动我的一条脉络,是冉阿让和柯赛特的父女关系。冉阿让收养这个小女孩,相依为命,这使他凄凉孤苦的一生有了一份最温暖的感情。但是,渐渐长大的柯赛特像所有的花季少女,情窦初开,有了自己相爱的人。在歌剧的尾声部分,有一大段戏,刻画日渐衰老的冉阿让眼看柯赛特有了自己心爱的小伙子而幸福地沉醉于爱恋之中,他难以弃舍又必须忍痛割爱地退出父女之情的内心独白,冉阿让反复对自己说:"你应该去上帝的怀抱、去天堂寻找自己的幸福。"当冉阿让时而高亢、时而低吟的唱词映现在舞台上端的字幕上,我的心仿佛顿时被烙痛了,那一个个醒目的大字,犹如烧红的火炭。我伤感,我激动,因为,我太能体会这种"忍痛割爱"与"回归自己"的清醒抉择。而这种抉择,是人类情感中最无奈、最悲壮、最神圣、最崇高的一部分,是生活的本质和人生的归宿。

冉阿让苦难、悲惨一生,完成了最后的升华,给我们留下了隽永的意味和启示。

其实,我们每个做父母的,早晚都要面临"割舍"与"回归"的考验。每个家庭的情况有所不同,考验有大有小。而生活对我的考验,当然远不如冉阿让那么严酷,唯一相同的是,我和儿子也相依为命。在我生命中,第一位的是儿子,可以说,抚育和培养儿子长大成人,始终是我生活的最核心、最重要的内容。一晃二十年过去了,儿子长成小伙子了,他也像柯赛特一样,把感情和兴趣转移给另一个突然出现的"恋人"身上。再过几天就是暑假,儿子已经预订了去北京的火车票,他已经是迫不及待了,他打回电话说,从学校回家的当天晚上就动身,和一些北京的同学一起上路,而我这个家,就像道上的驿站。一位朋友看不过去,不平地对我说:"这暑假不同以往,你现在有病,你儿子应该在家陪你。"

我却不置可否。说心里话,我不是没有过这样的想法,我当然希望有儿子在身边守着,至少,每天傍晚出门散步,有人陪伴,有说有笑,尽管天气炎热,心是安宁的、清凉的。但这样的"希望"如同泡影,在我眼前只是一闪而过。泡影是美丽的,可泡影也是脆弱的。而现在的我,已心平如镜,不会再为"泡影"所左右、所干扰。我能够想象,要求儿子为我牺牲去北京的约会,他会是一个怎样的表情,他会一口答应,但他不会快活。我爱他,他快活,我才快活。这是我真实的感受,我不愿意看到他一脸克制的表情。克制的应该是我。儿子恋爱、交友,展开了他的世界、他的生活,我只能远远地关注他、祝福他,我不止一次地对自己说:"你只能这样想,儿子已经陪了你二十年。过去二十年,我们母子的相依相伴,是他成长所需要的,而以后二十年,他对感情、对生活的需求,已经不是我这个母亲所能给予的。任何一种感情都是有限的,再伟大的母爱,也不能代替

幸福与美都是副产品。

——[英]萧伯纳

一切……"

　　走出大剧院,走在夜晚的星空下,遥望那几颗亮在黑色天幕上的小星星,我的心绪也舒展、辽阔了。也许,是因为父亲给我的名字与"星星"挂上钩,我对"星星"便怀有特别的感觉,我愿意把星星想成是天使的眼睛,藏着很多的秘密、很多的遐想、很多的洞察,还有很多的忧伤、哀愁和感怀,却静静的、闪烁的,那么平和,那么清淡,你可以久久地和那些"眼睛"对视,默默诉说你的心事。有了这样的"对视"和"诉说",我的心也自会安宁。而一个能把自己融会于天际而获得安宁的人,大概就是冉阿让所说的投入了"上帝的怀抱",拥有"自己的幸福"的人。

什么都快乐

○（台湾）三　毛

　　三毛(1943~1991)　女,台湾著名作家。本名陈平,浙江定海人。曾定居西属撒哈拉沙漠迦纳利岛,并以当地的生活为背景,写出一连串脍炙人口的作品。生平著作和译作十分丰富,共有二十四种。著作有《撒哈拉的故事》、《稻草人手记》、《梦里花落知多少》等。

　　清晨起床,喝冷茶一杯,慢打太极拳数分钟,打到一半,忘记如何续下去,从头再打,依然打不下去,干脆停止,深呼吸数十下,然后对自己说:"打好了!"再喝茶一杯,晨课结束,不亦乐乎!

　　静室写毛笔字,磨墨太专心,墨成一缸,而字未写一个,已腰酸背痛。凝视字帖十分钟,对自己说:"已经写过了!"绕室散步数圈,擦笔收纸,不亦乐乎!

　　枯坐会议室中,满堂学者高人,神情俨然。偷看手表指针几乎凝固不动,耳旁演讲欲听无心,度日如年。突见案上会议程式数张,悄悄移来折纸船,船好,轻放桌上推来推去玩耍,再看腕表,分针又移两格,不亦乐乎!

　　山居数日,不读报,不听收音机,不拆信,不收信,下山一看,世界没有什么变化,依然如我,不亦乐乎!

　　数日前与朋友约定会面,数日后完全忘却,惊觉时日已过,急打电话道歉,发觉对方亦已忘怀,两不相欠,亦不再约,不亦乐乎!

　　雨夜开车,见公路上一男子淋雨狂奔,刹车请问路人:"上不上来,可以送你?"那人见状狂奔更急,如夜行遇鬼。车远再回头,雨地里那人依旧神情惶然,见车停,那人步子又停并做戒备状,不亦乐乎!

　　四日不见父母手足,回家小聚,时光飞逝,再上山来,惊见孤灯独对,一室寂然,山风摇窗,野狗哭夜,而又不肯再下山去,不亦乐乎!

　　逛街一整日,购衣不到半件,空手而回。回家看见旧衣,备觉件件得来不易,而小偷竟连一件也未偷去,心中欢喜,不亦乐乎!

　　夜深人静叩窗声不停,初醒以为灵魂来访,再醒确定是不识灵魂,心中惶然,起床轻轻呼唤,说:"别来了! 不认得你。"窗上立即寂然,蒙头再睡,醒来阳光普照,不亦乐乎!

　　匆忙出门,用力绑鞋带,鞋带断了,丢在墙角。回家来,发觉鞋带可以系辫子,于是再将另一只拉断,得新头绳一副,不亦乐乎!

　　厌友打电话来,喋喋不休,突闻一声铃响,知道此友居然打公用电话,断话之前,对方急说:"我再打来,你接!"电话断,赶紧将话筒搁在桌上,离开很久,不再理会。二十分钟后,放回电话,凝视数秒,厌友已走,不再打来,不亦乐乎!

　　上课两小时,学生不提问题,一请二请三请,满室肃然。偷看腕表,只一分钟便将下课,于是笑对学生说:"在大学里,学生对于枯燥的课,常常会逃。现在反过来了,老师对于不发问的学生,也想逃逃课,现在老师逃了,再见!"收拾书籍,大步迈出教室,正好下课铃响,不亦乐乎!

　　黄昏散步山区,见老式红砖房一幢孤立林间,再闻摩托车声自背后羊肠小径而来。主人下车,见陌生人凝视炊烟,不知如何以对,便说:"来呷蓬!"客笑摇头,主人再说:"免客气,来坐,来呷蓬!"陌生客居然一点头,说:"好,麻烦你!"举步作入室状。主人大惊,客始微笑而去,不亦乐乎!

　　每日借邻居白狗一同散步,散完将狗送回,不必喂食,不亦乐乎!

　　交稿时期已过,深夜犹看《红楼梦》。想到"今日事今日毕"格言,看看案头闹钟已指清晨三时半,发觉原来今日刚刚开始,交稿事来日方长,心头舒坦,不亦乐乎!

　　晨起闻钟声,见校方同学行色匆匆赶赴教室,惊觉自己已不再是学生,安然浇花弄草梳头打扫,不亦乐乎!

　　每周山居日子断食数日,神智清明。下山回家母亲看不出来,不亦乐乎!

真正的幸福绝不定居于一处,探寻无着,又无往不在;金钱买不到,却又唾手可得。

——[英]波　普

求婚者越洋电话深夜打到父母家，恰好接听，答以："谢谢，不，不能嫁，不要等！"挂完电话蒙头再睡，电话又来，又答，答完心中快乐，静等第三回，再答。又等数小时，而电话不再来，不亦乐乎！

有录音带而无录音机，静观录音带小匣子，音乐由脑中自然流出来，不必机器，不亦乐乎！

回家翻储藏室，见童年时玻璃动物玩具满满一群安然无恙，省视自己已过中年，而手脚俱全，不亦乐乎！

归国定居，得宿舍一间，不置冰箱，不备电视，不装音响，不申请电话。早晨起床，打开水龙头，发觉清水涌流，深夜回室，又见灯火满室，欣喜感激，但觉富甲天下，日日如此，不亦乐乎！

幸福的源泉

○ [美] 沃弗得·皮特森

沃弗得·皮特森　美国作家，代表作是《优哉游哉》。本文即选自此书。

有人说："幸福就是能得到爱。"

有人说："幸福就是没有挫折和烦恼。"

有人说："幸福就是能干自己愿意干的事情。"

不管怎样，幸福都是如此令人感到奇怪：如果你极力追求幸福，你反而得不到幸福；而当你为帮助他人而忘却了自己的幸福之时，幸福却又悄然而至，幸福在有意无意之间。

有一句古老的印度格言深刻地表达了幸福的哲理：当你帮助同伴的船摆渡过河时，你自己已到达了幸福的彼岸。幸福就如同香水——你不会把它喷洒于人而自己却毫无所染。

没有一本如何幸福的手册能给人以幸福，它们只是给你以方法。真正的幸福存在于思想丰富的精神之中,存在于你自己感情充沛的心里。

林肯说过:"当我们决心去干一件事时,我们就获得了幸福。"幸福是一种心灵的状态,它来自于你积极的参与之中,随遇而安并不会给你以幸福,它最多能给你以廉价的安宁,而真正的幸福必须依靠你面对生活的难题,依靠你的参与和创造。

幸福不仅仅来自于完成自己愿意完成的事情,征服自己不得不完成的工作将会使你获得更大的喜悦。当你全身心投入到这种奋斗之中时,那种奋斗的欢乐将不仅在投入的过程中也存在于成功之后,轻松的工作并不一定就能使人获得快乐。相反,当我们尽最大努力达到成功后的满意的体验却常常就是一种幸福。我们常常把幸福看做是一种十分崇高的追求,而忘却了在细微生活中就有很多幸福:婴儿的微笑,朋友的来信,鸟儿的歌唱,窗口的阳光,所有这一切都是幸福生活必不可少的因素。"当你以你的热情去生活时,一石一鸟都能赋予你欢乐。"

在这个世界上充满了不幸,不懂得幸福的人不能理解这些不幸,而不能够对不幸给予同情的人同样也不能理解幸福。对他人的友好、同情、理解、帮助和宽容永远是自身幸福的保证。

在追求人生幸福的过程中,最重要的是排除自身心灵的痛苦,至于肉体的享乐却是次要的,因为人的价值并不在肉体而在思想和灵魂中。卢梭这个曾饱尝痛苦的人就谆谆地告诫我们把那些使我们痛苦,但又徒劳无益地去过问的令人伤心的事统统从心底抹去。自身的内省使自己丧失对痛苦的感受,你可以亲身体会到真正的幸福源泉就在我们自己身上。

我们应该记住:万事万物都是为了那些热爱幸福的人的幸福而生。人人都可以成为自身幸福的建筑师。

一个人为了自己的幸福而必须学习的东西为数并不多,但不管数量多少,这些东西都是永远属于他的财富。这种财富人人共有,谁要是给了别人,自己也并不会因此而感到匮乏,这种即使给了别人也不会减少的东西本身就是一种幸福。

幸福,就在于创造新的生活,就在于为改造和重新教育那个已经成了国家主人的、社会主义时代的伟大的智慧的人而奋斗。

——[苏联]奥斯特洛夫斯基

生命是一张弓

○ [法] 罗曼·罗兰

罗曼·罗兰 (1866～1944)　法国作家、音乐评论家、社会活动家。生于法国克拉姆西。二十世纪初连续写了《贝多芬传》、《米开朗琪罗传》、《托尔斯泰传》等名人传记,并发表长篇小说《约翰·克利斯朵夫》,该小说于一九一三年获法兰西学院文学奖,由此被认为是法国当代最重要的作家。一九一五年被授予诺贝尔文学奖。

生命是一张弓,那弓弦是梦想。箭手在何处呢?

我见过一些俊美的弓,用坚韧的木料制成,了无节痕,和谐秀逸如神之眉,但仍无用。

我见过一些行将震颤的弦线,在静寂中战栗着,仿佛从动荡的内脏中抽出的肠线。它们绷紧着,即将奏鸣了……它们将射出银矢——那音符——在空气的湖面上拂起涟漪,可是它们在等待什么?终于松弛了。永远没有人听到乐声了。

震颤沉寂,箭枝纷散。

箭手何时来捻弓呢?

他很早就来把弓搭在我的梦想上。我几乎记不起何时我曾躲过他。只有神知道我怎样地梦想! 我的一生是一个梦。我梦着我的爱,我的行动和我的思想。在晚上,当我无眠时;在白天,当我幻想时,我心灵中的谢海莱莎特就解开了纺纱竿,她在急于讲故事时,把她的梦想的线索搅乱了。我的弓跌到了纺纱竿一面。那箭手,我的主人,睡着了,但即使在睡眠中,他也不放松我。我挨近他躺着。我像那把弓,感到他的手放在我光滑的木杆上。那只丰美的手、那些修长而柔软的手指,它们用纤嫩的肌肤抚弄着在黑夜中奏鸣的一根弦线。我使自己的颤动融入他身体的颤动中,我战栗着,等候苏醒的瞬间,那时神圣的箭手就会把我搂入他的怀抱里。

所有我们这些有生命的人都在他的掌中,灵智与身体,人,兽,元素——水与火——气流与树脂——一切有生之物……

生存何足道! 要生活,就必须行动。你在何处,primns movens? 我在向您呼吁,箭手! 生命之弓在您脚下横着。俯下身来,拣起我吧! 把箭搭在我的弓弦上,射吧!

我的箭如飘忽的羽翼,嗖地飞去了。那箭手把手挪回来,搁在肩头,注视着向远方消失的飞矢,而渐渐地,已经射过的弓弦也由震颤而归于凝止。

神秘的发泄! 谁能解释呢? 一切生命的意义就在于此——在于创造的刺激。

万物都在期待着这刺激的状态中生活着。我常观察我们那些小同胞,那些兽类与植物奇异的睡眠——那些禁锢在茎衣中的树木、做梦的反刍动物、梦游的马、终生懵懵懂懂的生物。而我在它们身上却感到一种不自觉的智慧,其中不无一些悒(yì)郁的微光,显出思想快形成了:

"究竟什么时候才行动呢?"

微光隐没。它们又入睡了,疲倦而听天由命……

"还没到时候呢。"

我们必须等待。

我们一直等待着,我们这些人类,时候毕竟到了。

可是对于某些人,创造的使者只站在门口。对于另一些人,他却进去了。他用脚碰碰他们:

"醒来! 前进! "

我们一跃而起。咱们走!

我创造,所以我生存。生命的第一个行动是创造的行动。一个新生的男孩刚从母亲子宫里冒出来时,就立刻洒下了几滴精液。一切都是种子,身体和心灵均如此。每一种健全的思想是一颗植物种子的包壳,传播着输送生命的花粉。造物主不是一个劳作了六天而在安息日上休憩的有组织的工人。安息日就是主日,那伟大的创造日。造物主不知道还有什么别的日子。如果他停止创造,即使一刹那,他也会死去。因为"空虚"会张开两颚等着他……颚骨,吞下吧!别作声! 巨大的播种都散布着种子,仿佛流泻的阳光,而每一颗洒下来的渺小种子就像另一个太阳。倾泻吧,未来的收获,无论肉体或精神的! 精神或肉体,反正都是同样的生命之源泉,"我的不朽的女儿,刘克屈拉和曼蒂尼亚……"我产生我的思想和行动,作为我的身体的果实……永远把血肉赋予文字……这

我爱你们,人们啊,当你们感觉到我爱的时候,我是幸福的。

——[捷克]伏契克

是我的葡萄汁,正如收获葡萄的工人在大桶中用脚踩出的一样。

因此,我一直创造着……

从一个微笑开始

○刘心武

刘心武 当代著名作家。一九四二年出生于四川成都。以短篇小说《班主任》成名,该作被视为"伤痕文学"的代表作。长篇小说《钟鼓楼》获第二届茅盾文学奖。二○○五年出版《刘心武揭秘〈红楼梦〉》,引发国内新一轮《红楼梦》热潮。

又是一年春柳绿。春光烂漫,心里却丝丝忧郁绞缠,问依依垂柳,怎么办?不要害怕开始,生活总把我们送到起点,勇敢些,请现出一个微笑,迎上前!

一些固有的格局打破了,现出一些个陌生的局面,对面是何人?周遭何冷然?心慌慌,真想退回到从前,但是日历不能倒翻。当一个人在自己的屋里,无妨对镜沉思,从现出一个微笑开始,让自信、自爱、自持从外向内,在心头凝结为坦然。

是的,眼前将会有更多的变数,更多的失落,更多的背叛,也会有更多的疑惑,更多的烦恼,更多的辛酸。但是我们带着心中的微笑,穿过世事的云烟,就可能学着应变、努力耕耘、收获果实,并提升认知、强健心弦,迎向幸福的彼岸。

地球上的生灵中,唯有人会微笑,群体的微笑构筑和平,他人的微笑导致理解,自己的微笑则是心灵的净化剂。忘记微笑是一种严重的生命疾患,一个不会微笑的人可能拥有名誉、地位和金钱,却一定不会有内心的宁静和真正的幸福,他的生命中必有隐蔽的遗憾。我们往往因成功而狂喜不已,或往往因挫折而痛不欲生,当然,开怀大笑与号啕大哭都是生命的自然悸动,然而我们千万不要将微笑遗忘。唯有微笑能使我们享受到生命底蕴的醇味,超越悲欢。

　　他人的微笑,真伪难辨。但即使虚伪的微笑,也不必怒目相视,仍可报以一粲;即使是阴冷的奸笑,也无妨还以笑颜。微笑战斗,强似哀兵必胜,那微笑是给予对手的包含怜悯的批判。

　　微笑毋庸学习,生而俱会,然而微笑的能力却有可能退化。倘若一个人完全丧失了微笑的心绪,那么,他应该像防癌一样,赶快采取措施,甚至对镜自视,把心底的温柔、顾念、自惜、自信丝丝缕缕捡拾回来。从一个最淡的微笑开始,重构自己灵魂的免疫系统,再次将胸怀拓宽。微笑吧!在每一个清晨,向着天边第一缕阳光;在每一个春天,面对着地上第一株新草;在每一个起点,遥望着也许还看不到的地平线……

　　相信吧,从一个微笑开始,那就离成功很近,离幸福不远!

　　人生的幸福大而分之,可归为两种:一种是因欲望的满足而感到的幸福,另一种是生命自体的跃动和充实感所产生的幸福。

　　　　　　　　　　　　　　　　　　　　——[日]池田大作

　　是的，幸福与诚恳老实是分不开的，
而任何企图搞邪门歪道的人，都休想踏进
幸福的大门。

人生就是追求幸福

哪些才是心灵的享受呢?就是
真善美三种价值。学问、艺术、道德
几无一不是心灵的活动,人如果在
这三方面达到最高的境界,同时也
就达到最幸福的境界。

工作与家庭感情

○ [美] 亨利·孟肯

亨利·孟肯(1880~1956)　美国著名报人、评论家、语言学家,美国当代最有名的散文家之一。曾任报社记者。主要作品有论著《萧伯纳及其剧本》、《尼采的哲学》,杂文《偏风集》(六卷)及学术专著《美国语言》等。

我为什么要继续工作? 我的人生中得到哪些满足? 我之所以要继续工作,正与母鸡继续生蛋的理由相同。每一个活的生灵里都潜藏着一种天生的强大的、要积极行动的冲力。生命要求你积极地生活。无所作为对于一个健康的生物体来说既痛苦又有害,事实上几乎是不可能的,除非是一项新旧工作交替之间的间歇。唯有垂死的人才能真正地懈怠!

我认为,获取幸福的手段除满意的工作以外,就要数赫胥黎所谓的家庭感情了,那是指与家人、朋友的日常交往。我的家庭曾遭受过重大的痛苦,但从未发生过严重的争执,也没有经历过贫困。我和母亲和姐妹在一起感到完全幸福;我和妻子在一起也感到完全幸福。经常和我交往的人大多是我多年的老朋友。我和其中一些人已有三十多年的交情了。我很少把结识不到十年的人视为知己。这些老朋友使我愉快。当工作完成时,我总是怀着迫切的心情去找他们。我们有着共同的情趣,对世事的看法也颇为相似。他们中的大多数都和我一样爱好音乐。在我的一生中,音乐给我带来了许多的欢愉,也给我的业余生活带来了巨大的满足。

人生最高目的是幸福

○朱光潜

朱光潜(1897~1986)　现代美学家,安徽桐城人。一九二五年先后赴英国、法国研习心理学、哲学和艺术史,获博士学位,回国后曾在北京大学等高校任教,曾任中华全国美学学会名誉会长。主要著作有《文艺心理学》、《悲剧心理学》、《给青年的十二封信》等。

每个人都不免有一个理想,或为温饱,或为名位,或为学问,或为德行,或为事功,或为醇酒妇人,或为斗鸡走狗,所谓"从其大体者,为大人,从其小作者为小人"。这种分别究竟以什么为标准呢?哲学家们都承认:人生最高目的是幸福。什么才是真正的幸福? 对于这问题也各有各的见解。积学修德可被看成幸福,饱食暖衣也可被看成幸福。究竟谁是谁非呢? 我们从人的观点来说,人之所以高贵于禽兽者在他的心灵。人如果要充分地表现他的人性,必须充实他的心灵生活。幸福是一种享受。享受者或为肉体,或为心灵。人既有肉体,即不能没有肉体的享受。我们不必如持禁欲主义的清教徒之不近人情,但是我们也须明白:肉体的享受不是人类最上的享受,而是人类与鸡豚狗彘所共有的。人类最上的享受是心灵的享受。

哪些才是心灵的享受呢? 就是真善美三种价值。学问、艺术、道德几无一不是心灵的活动,人如果在这三方面达到最高的境界,同时也就达到最幸福的境界。一个人的生活是否丰富,这就是说,有无价值,就看他对于心灵或精神生活的努力和成就的大小。如果只顾衣食饱暖而对于真善美不感兴趣,他就成为一种行尸走肉了。这番道理本无深文奥义,但是说起来好像很迂阔。灵与肉的冲突本来是一个古老而不易化解的冲突。许多人因顾到肉遂忘记灵,相习成风,心灵生活便被视为怪诞无稽的事。尤其是近代人被"物质的舒适"一个观念所迷惑,大家争着去拜财神,财神也就笼罩了一切。

> 人的幸福不是遗产,既不能留下,也不能继承。
>
> ——[苏联]苏霍姆林斯基

一片阳光

○林徽因

林徽因 (1904～1955)　现代著名的建筑学家和作家,二十世纪三十年代初,与丈夫梁思成用现代科学方法研究中国古代建筑,成为这个学术领域的开拓者。代表作有《你是人间四月天》,小说《九十九度中》等。曾做过三件大事:第一是参与国徽设计;第二是改造传统景泰蓝;第三是参加天安门人民英雄纪念碑设计。

将午未午时候的阳光,橙黄的一片,由窗棂横浸到室内,晶莹地四处射。我有点发怔,习惯地在沉寂中惊讶我的周围。我望着太阳那湛明的体质,像要辨别它那交织绚烂的色泽,追逐它那不着痕迹的流动。看它洁净地映到书桌上时,我感到桌面上平铺着一种恬静,一种精神上的豪兴,情趣上的闲逸,即或所谓"窗明几净",那里默守着神秘的期待,漾开诗的气氛。那种静,在静里似可听到那一处琤琮(chēng cōng)的泉流,和着仿佛是断续的琴声,低诉着一个幽独者自娱的音调。看到这同一片阳光射到地上时,我感到地面上花影浮动,暗香吹拂左右,人随着晌午的光霭花气在变幻,那种动,柔谐婉转有如无声音乐,令人悠然轻快,不自觉地脱落伤愁。至多,在舒扬理智的客观里使我偶一回头,看看过去幼年记忆步履所留的残迹,有点儿惋惜时间,微微怪时间不能保存情绪,保存那一切情绪所曾流连的境界。

奢华与幸福

○ [英] 大卫·休谟

大卫·休谟 (1711～1776)　英国哲学家、历史学家、经济学家、美学家。近代不可知论的著名代表。著有《人性论》、《人类理智研究》和逝世后出版的《论灵魂不死》等。

奢华是一个含义不确定的词,既可作为褒义词用,也可作为贬义词用。一般说来,它指的是在满足感官需要方面的大量修饰铺张。各种程度的奢华既可以是无害的,也可以是受人指责的,这要看时代、国家和个人的种种环境条件而定。在这一方面,美德与恶行的界限无法严格划定,甚于其他的种种道德问题。要说各种感官上的满足,各种精美的饮食衣饰给予我们的快乐本身就是丑恶的,这种想法是绝不可能被人接受的,只要他的头脑还没有被狂热弄得颠倒错乱。我确实听说有一位外国僧侣,他因为房间的窗户是朝一个神圣的方向开的,就给自己的眼睛立下誓约:决不朝别处看,决不要见到任何使肉体感到欢乐的东西。喝香槟酒或勃艮第葡萄酒也是罪过,不如喝点淡啤酒、黑啤酒好。如果我们追求的享乐要以损害美德如自由或仁爱为代价,那就确实是恶行;同样,如果为了享乐,一个人毁了自己的前程,把自己弄到一贫如洗甚至四处求乞的地步,那就是愚蠢的行为。如果这些享乐并不损害美德,而是给朋友和家庭以宽裕豁达的关怀,是各种各样适当的慷慨和同情,它们就是完全无害的;在一切时代,几乎所有的道德家都承认这是正当的。在奢侈豪华的餐桌上,如果人们品尝不到彼此交谈志向、学问和各种事情的愉快,这种奢华不过是无聊没趣的标志,同生机勃勃或天才毫无关系。一个人花钱享乐如果不关心、不尊重朋友和家人,就说明他的心是冷酷无情的。但是如果一个人匀出足够的时间来从事有益的研究讨论,拿出富裕的金钱来做仗义疏财的事,他就不会受到任何的指责。

幸福绝不是别人赐予的,而是一点一滴在自己生命之中筑造起来的。

——[日]池田大作

由于奢华既能看做是无害的，又可视为不好的事，所以人们会碰到一些令人惊讶的荒谬意见。例如一些持自由原则的人甚至对罪恶的奢华也加以赞美，认为它对社会有很大好处；另一方面，有些严厉的道德君子甚至对最无害的奢华也加以谴责，认为它是一切腐化、堕落、混乱，以及公民政治中很容易产生的派别纷争的根源。我们想努力纠正这两种极端的意见。首先，我要证明讲究铺张修饰的时代是最使人幸福的，也是最有美德的；其次我要证明，只要奢华不再是无害的，它也就不再是有益的，如果搞得过分，就是一种有害的行为，虽说它对政治社会的害处也许算不上是最大的。

　　为了证明第一点，我们只需考虑私人的和公共的生活这两方面铺张修饰的效果就行了。照最能为人接受的观念来看，人类的幸福是由三种成分组成的，这就是：有所作为，得到快乐，休息懒散。虽然这些成分的安排组合应当看每个人的具体情况有不同的比例，可是决不能完全少了其中任何一种，否则，在一定程度上，这整个的幸福的趣味就会给毁掉。待在那里休息，确实从它本身来看似乎对我们的欢乐说不上有什么贡献，可是一个最勤勉的人也需要睡眠，软弱的人类本性支持不住不间断的忙碌辛劳，也支持不住无休止的欢乐享受。精力的急迅行进，能使人得到种种满足，但终于耗费了心力，这时就需要一些间隙来休息；不过这种休息只能是一时的才适当，如果时间拖得过长就会使人厌烦乏味，兴趣索然。在心灵的休息变换和心力的恢复上，教育、习俗和榜样有巨大的影响力，应当承认，只要它们能增进我们行动和快乐的兴趣，对人的幸福就是非常有益的。在产业和艺术昌盛的时代，人们都有稳定的职业，对他们的工作和报酬感到满意，也有种种愉快的享受作为他们劳动的果实。心灵得到了新的活力，扩展了它的力量与能力。由于勤恳地从事受人尊重的工作，心的自然需要就得到满足，同时也预防了不自然的欲望，那通常是由安逸怠惰所引起和滋长起来的。如果把这些生活的艺术从社会里驱逐掉，就剥夺了人们的作为和快乐，剩下来的就只是无精打采而已；不仅如此，甚至连人们对休息的趣味也给毁掉了，它不再是使人欣慰的休息，因为只有在劳动之后，在花费了气力、感到相当疲劳之后，使精力得到恢复的休息才是使人感到舒适的。

　　现在我们来谈谈打算说明的第二点，因为无害的奢华，或一种技艺上的精美，生活上的便利，是有益于社会公众的，所以只要奢华不再是无害的，也就不再有益。如果超出一定限度，就会成为对政治社会有害的东西，即使它还算不上是最有害的。

　　让我们想想我们称之为罪恶的奢华是什么。能满足人们需要的东西，即使是满足肉欲的，它们本身也不能被看做是罪恶的。只有这样一种满足需要的行为才能看做是罪恶的：它耗尽了一个人的金钱，使他再也没有能力尽到按他的地位应尽的职责，无力实现照他财产状况本来应当有的对他人的关怀帮助。假如他改正了这个毛病，把部分钱用来教育孩子，帮助朋友，救济穷人，这对社会有什么不好呢？反之如果没有奢华，这些花销也还是要的。如果这时使用的劳动只能生产少量满足个人需要的东西，它也能济穷，满足许许多多的需要。在圣诞节的餐桌上只能摆出一碟豆子的穷苦人，他们的操心和辛劳也能养活全家六个月。有人说，没有罪恶的奢华，劳动就不会全部运用起来，这只不过是说人性中有另一些缺点，如懒惰、自私、不关心他人。对于这些，奢华在某种意义上也提供了一种救治，就像以毒攻毒那样。但是美德同使人健康的食物一样，总比有毒的东西要好。

现在我提出一个问题，假如大不列颠现在的人口数目不变，土壤气候也不变，由于在生活方式上达到了可以想象的最完美的地步，由于伟大的改革以其万能的作用改变了人们的气质习性，这些人们是否会更幸福呢？要断言并非如此，似乎显得荒谬可笑。只要这片土地能养活比现在还多的居民，他们在这样一个乌托邦里除了身体疾病（这在人类的灾难里还占不到一半）外就不会感到有什么别的坏事。所有别的弊端都来自我们自己或他人的罪恶，甚至我们的许多疾病灾祸也来自这种源泉。去掉道德上的罪恶，坏事也就没有了。但是，人们必须仔细地克服一切罪恶，如果只克服其中一部分，情况恐怕更糟糕。驱逐了坏的奢华而没有克服懒惰和对别人的漠不关心，那就只不过是消灭了这个国家里的勤劳，对人们的仁爱和慷慨大度一点也没有增益。因此还不如满足于这样的观点：在一个国家里，两个对立的恶可能比单单只有其中之一要好些，但是这绝不是说恶本身是好的。一个作家如果在一页上说道德品质是政治家为了公共利益而提出来的，在另外一页又说恶对社会有利，这并不能算前后非常矛盾。真正说来，这似乎只是在道德体系论说里用词上的矛盾，把一个一般说来有益于社会的事情说成是恶而已。

为了说明一个哲学上的问题，我想讲这些道理是必要的。这个问题在英国有许多争议，我把它叫做哲学的问题，而不叫做政治的问题。因为无论人类会获得怎样奇迹般的改造，比如他们能得到一切美德，摒弃一切罪恶，这总不是政治长官的事情。他只能做可能做到的事情，他不能靠美德来取代和治疗罪恶。他能做到的时常只是以毒攻毒，用一种恶来克服另一种恶，在这种场合他应做的只是选择对社会危害较轻的那一种恶。奢华如果过分就成为许多弊病之源，不过一般说来它总还是比懒惰怠慢要好一点，而懒惰怠慢通常是比较顽固的，对个人和社会都有害。如果怠惰占了统治地位，一种毫无教养的生活方

幸福常常是这样得来的：宽恕，永远宽恕所有的人，即使有人把你劈成两半，也要宽恕他。

——[西班牙]鲁维奥

式在个人生活领域里普遍流行,社会就难以生存,也没有任何欢乐享受可言。在这种情况下,统治者想从臣民那里得到的贡献就寥寥无几,由于该国的生产只能满足劳动者生活的必需,也就不能给从事公务的人提供任何东西。

论蔑视肉体者

○ [德] 尼 采 译/黄明嘉

尼采(1844~1900) 德国哲学家,唯意志论和生命哲学的主要代表之一。主要著作有《悲剧的诞生》、《查拉图斯特拉如是说》和《强力意志》等。他的思想反映了当时正在形成的垄断资产阶级的要求和愿望,其学说预示了西方社会进入了价值观念根本变化的时代。

我要对蔑视肉体者说说我的意见。我们不应该为我而改学或改教什么,只愿他们和自己的肉体告别——变得如此哑然无语。

"我是肉体,也是灵魂。"——小孩这样说,可人们为何不像孩子们一样说话?

但醒者和知者说:"我完全是肉体,不再是别的什么,灵魂只是肉体上某个东西的代名词罢了。"

肉体是一种伟大的理性,是具有某种意义的复合体,是战争与和平,是畜群和牧人。

我的兄弟,被你称为"精神"的小理性也是肉体的工具,是你的伟大理性的小工具和小玩具。

你说"我"这个词并以此自豪。然而,比这更伟大的是你的肉体,以及肉体的伟大理性,这,你是不愿相信的。这理性不说"我",但做"我"。

感官所感觉的、思想所认识的永无止境,但感官和思想都想说服你,它们是所有事物的终点,它们是如此虚荣。

感官和思想是工具和玩具,它们后面站着"自己","自己"也用感官的眼睛寻找,也用思想的耳朵听闻。

"自己"总是在听、在找,它比较、强逼、征服、破坏,它统治着,但也是"我"的统治者。

我的兄弟呀,在你的思想和感觉后面站着一个强有力的统治者,一个不知名的智者,他名叫"自己"。他住在你的体内,他就是你的肉体。

你肉体内的理性多于你最佳智慧里的理性。可谁知道,你的肉体为何恰恰需要你的最佳智慧呢?

你的"自己"取笑你的"我",取笑"我"的骄傲的跳跃。"对我来说,思想的跳跃和飞翔是什么呢?""自己"自言自语道,"是一条通到我的目的地的弯路。我是'我'的襻(pàn)带①及教给'我'各种概念的人。"

"自己"对"我"说:"这儿我感到痛!"它痛苦并思考怎样不再痛苦——为此目的它应该思考。

"自己"对"我"说:"这儿我感到快乐!"它快乐并思考怎样才经常快乐——为此目的它应该思考。

我要对肉体蔑视者说一句话。他们的蔑视恰好造成他们的尊敬。造成尊敬、蔑视、价值和意志的东西是什么呢?

富于创造性的"自己"为自己制造尊敬和蔑视、快乐和痛苦。富于创造性的肉体作为它的意志之手为自己创造了思想。

你们这些肉体的蔑视者,在你们的愚昧和蔑视里,你们是为你们的"自己"服务的。我要对你们说:"你们的'自己'本身想死并想抛弃人生。"

你们的"自己"已不能再做它最愿意做的事了——超越自己而创造,那本是他最愿意做的事,是他的全部热情。

但这对他为时太晚,所以,你们的"自己"决意走向毁灭,你们这些肉体蔑视者呀!

你们的"自己"决意毁灭,所以你们成了肉体的蔑视者!因为你们不再能够超越自己而创造。

所以你们愤恨生命和尘世,一种不自觉的嫉妒夹杂在你们蔑视的乜(miē)斜目光里。我不走你们的路,你们这些蔑视肉体者呀! 你们不是我达到超人的桥梁!

———————————————————
① 提携小儿学步之带。——译注

人生就是追求幸福

○ [俄] 列夫·托尔斯泰　译/倪蕊琴

列夫·托尔斯泰(1828～1910)　十九世纪末二十世纪初俄国最伟大的文学家,世界文学史上最杰出的作家之一。长篇小说《战争与和平》是他前期的创作总结。《安娜·卡列尼娜》代表他创作的第二个里程碑。《复活》是他长期思想探索的艺术总结。其创作登上了当时欧洲批判现实主义文学创作的高峰。

人生就是追求幸福。人企求什么,就得到什么。

当人把自己的动物肉体存在的规律看做自己生命的规律的时候,他就会看到以死亡和痛苦的形式表现出来的恶。只有当火降低到动物的水平的时候,他才会看到死亡和痛苦。死亡和痛苦,像一群吓人的东西从四面八方向他袭来,把他赶到一条为他开启的、服从理性规律,表现在爱中的人生道路上去。死亡和痛苦只是人违背自己的生命规律的行为。对于遵照自己的规律生活的人来讲,既没有死亡,也没有痛苦。

"凡劳苦担重担的人,可以到我这里来,我就使你们得安息。"

"我心里柔和谦卑,你们当负我的轭,学我的样式。这样你们心里就必得享安息。"

"因为我的轭是容易的,我的担子是轻省的。"

人生就是追求幸福。人只要追求,就得到:不能成为死亡的生命和不能成为祸的福。

幸福是可能的吗

○ [英] 伯特兰·罗素

伯特兰·罗素 (1872~1970)　英国哲学家、数学家、逻辑学家。曾就读于剑桥大学三一学院，一八九三年获数学荣誉学士学位一级，后改学哲学，次年获道德哲学荣誉学士学位一级。获一九五〇年诺贝尔文学奖。晚年反对帝国主义的侵略战争，曾参与召开国际战争罪审判法庭。著有《自传》等。

现在我们开始讨论有关幸福的人这一饶有趣味的话题。从我的一些朋友的言论和著作中，我几乎就要得出下面的结论了：幸福，在现代世界，已经是不可能的了。然而，通过反思、到外国旅行以及和我的花匠聊天，我发现这种观点被驱散得无影无踪了。

幸福有两种，当然，这中间还有许多层次。我说的这两类，也可以被称做现实的和幻想的，或肉体的和精神的，或理智的和情感的。当然，在这些不同的名称中选择一种恰当的名称，这主要视论点而定，在这儿，我不打算证明任何论点，而仅仅打算去描述。也许描述这两种幸福的差异的最简单方法是：一类幸福是对所有的人都敞开胸怀，另一类幸福则对能读会写的人情有独钟。当我还是个小孩子时，我认识一个掘井工，在他身上充满了幸福。他身材极为高大，肌肉极为发达，但是既不会读又不会写。当他在一八八五年得到一张国会选票时，他才有生以来第一次知道有这么一个机构存在。他的幸福并不来自于知识，也不是基于对自然法则、物种完善、公共设施公有权、安息日会①的最终胜利，或知识分子认为的人生乐趣所必不可少的任何信条，而只是基于躯体的活力、足够的劳作和对石块这类并非难以逾越的障碍的征服。我那位花匠的幸福也是与此同种类型的，他一年四季与野兔作战，他说起这些小动物，就像伦敦警察厅提起布尔什维克分子一样。他认为它们行事诡秘、诡计多端、凶恶残忍，只有同样精明伶俐的对手才能和

---

① 安息日会：全称"基督教复临安息日会"。基督教新教派别之一。十八世纪四十年代产生于美国，该会宣称基督即将再度降临人间，主张遵守以"第七日"（指星期六）为安息日的规定，故名。

人找到生活的意义才是幸福的。
——[苏联]尤里·邦达列夫

它们作一较量。正像那些聚集在凡尔哈拉[①] 大厅里的英雄们，他们每天都在追捕一头野猪，这头野猪每天晚上被他们杀死，可是第二天早上又奇怪地复生了。我的花匠也能捕杀其死敌，而并不担忧第二天那死敌重新复生。那花匠虽然已经有七十多岁的年纪了，可他从不停息，为了干活，他还得每天骑车跑上十六英里的山路，但欢乐之泉是取用不尽的，那源头恰恰来自"那些兔崽子们"。

你也许会说，像我们这类读书人，是体验不到这种单纯的快乐的。如果我们对兔子这般小的动物发动战争，我们能从中体味出什么快乐来呢？在我看来，这种观点实在肤浅———只兔子要比黄热病杆菌大得多吧，而一个拥有知识的人从与黄热病杆菌的搏斗中都能得到快乐呢。从情感的内容这一方面说，那些受过最高教育的人的快乐，与我的花匠体验到的快乐并无不同：教育造成的差异仅仅是快乐的形式不同而已。成功的快乐需要困难跟随，即使在最后这种困难得以克服，但它必须使得成功在开始时没有把握。这也许就是别对自己的能力估计过高乃是幸福的源泉之一的原因了。那种自我评价偏低的人不断地为自己的成功感到惊奇，反之，那种自我评价过高的人则往往为自己的失败感到惊奇。前一种惊奇是令人高兴的，后一种则令人沮丧。因而明智的做法是既不无端地自负，也不自卑得连进取心都没了。

在那些受过更高级的教育的社会成员当中，现在最幸福的要数科学家了。他们中间许多最杰出的人在情感上是淳朴的，他们能够从自己的工作中获得一种满足，这是一种非常深刻的满足，甚至吃饭、结婚对他们来说都是乐不可言的了。艺术家们和文人学士将其婚姻生活中的愁眉苦脸当成是礼仪上的需要，而科学家则往往能充分享受这古老的天伦之乐，其原因在于，他们智力中的较高部分完全被自己的工作所占用，而不允许侵入到自己无能从事的领域。在他们的工作中，他们感到幸福，因为在如今的时代，科学发展迅速、力大无比，因为这一工作的重要性既不被他们自己也不被外人所怀疑。因此，他们没有必要拥有复杂的情感，因为简朴的情感已经遇不到阻力了。复杂的情感像河水上的泡沫———平缓流动的河水遇上障碍便产生泡沫。只要生机勃勃的水流没有受阻，那么它便不会泛起小小的浪花，粗心的人则往往对其蕴藏的力量视而不见。

在科学家的生活中，幸福的全部条件都得到了实现。他有一种能充分展示自己的能力的活动，他获得的成就，不管是对他自己来说，还是对那些甚至有时并不理解他们的普通大众来说，都是很重要的。在这一点上，他比艺术家幸运。当公众不能理解一幅画或一首诗歌时，他们的结论往往是：这是一幅糟糕的画或这是

---

① 凡尔哈拉：斯堪的纳维亚神话传说中的天上的一座大厅，阵亡英雄们的灵魂在该厅宴饮作乐。

一首糟糕的诗。而当他们不能理解相对论时,他们却下结论说,这倒在理,他们受的教育不够。结果便是:爱因斯坦受到景仰,而画家却在阁楼中饥肠辘辘;爱因斯坦是幸福的,而画家则是不幸福的。以一贯的我行我素来对抗公众的怀疑态度,在这种生活中,很少有人是真正幸福的,除非他们能把自己关在一个排外的小圈子内,忘记外面的冷漠世界。而科学家,由于除了同事,其他的人都器重自己,因而不需要小圈子。相反,艺术家则处于要么选择被人鄙视,要么处于痛苦不堪的处境之中。如果这位艺术家具有惊人的才华,那么他必定会招致非此即彼的厄运:如果他施展了自己的才华,结局便是前者;如果他深藏不露,结局便是后者。当然事情并非永远如此。曾经有过这样的一个时期,那时优秀的艺术家们,甚至在他们年纪尚轻时,便为人们所尊重。裘力斯二世①虽说可能对米开朗琪罗是不公平的,但他从不贬低米开朗琪罗的绘画才能。现代的百万富翁,他可以给才华耗尽的老艺术家万贯钱财,但他绝不会认为,艺术家所从事的活动与他的一样重要,也许这些情况与下述事实有关,即:一般而论,艺术家比科学家更不幸福些。

我认为,必须承认以下事实:在西方国家,许多知识阶层中的年轻人,由于发现没有合适的职业适合自己的才能,从而越来越感到不幸,然而,这种情况并不见于东方国家。现在,世界其他地方的年轻人大概都不如苏联的知识青年们那么幸福,苏联的年轻人要去建立一个崭新的世界,因而相应地具有一种热诚的信仰。老年人有的被处死了,有的被饿死了,有的被放逐了,有的被清除了,这样,他们便不能强迫年轻人在要么行凶为恶,要么无所事事之间做出唯一的选择,就像在所有的西方国家里一样。对有教养的西方人来说,苏联青年的信仰也许是无情的,可是对于信仰,他们除此之外还能提出什么异议呢?这些青年人确实在建立一个崭新的世界,一个符合人们意愿的世界,这世界一旦建成,它几乎毫无疑问将使普通的苏联人比起革命前来要幸福得多。这一世界,也许并不适合于有文化的西方知识分子居住,但他们也并不非得去那里生活才行。因而,无论从哪一个实际的角度来判断,苏联青年的信仰是持之有据的,除了基于理论的种种批评之外,对这一信仰进行的谴责——说它是非人道主义的——实在是毫无道理。

在印度、中国和日本,外部的政治环境扰乱了青年知识分子的幸福,但不存在像西方国家那样的内部障碍。许多活动对于年轻人来说是极为重要的,如果这种活动能够取得成功,那么青年人便会感到幸福。他们觉得自己在国家以

———————————

① 裘力斯二世:意大利人,一五〇三年成为教皇,一五一三年去世。他曾建立了梵蒂冈博物馆,并开始了圣彼得大教堂的建筑,邀请了拉斐尔、米开朗琪罗等伟大的艺术家参加。

建筑在别人痛苦上的幸福不是真正的幸福。

——[苏联]阿·巴巴耶娃

及民族生活中具有举足轻重的作用，他们有着日思夜盼的目标——虽说这种目标的实现面临着重重困难，但并不是无法实现的；而西方受过高等教育的年轻人，在日常生活中，常表现出玩世不恭的态度，这种态度乃是安逸和软弱的糅合物，软弱使人感到一切忙碌劳作都是不值得的，安逸则使这一痛苦的感受变得可以容忍。在整个东方，大学生们能希望对公众舆论有很大的影响，而这在西方却是不可能的。不过，东方大学生发财的机会比西方大学生要少得多。正因为既不软弱又不安逸，他才成为一个改革家或革命者，而不是一个玩世不恭的人。改革家或革命者的幸福有赖于公共事业，哪怕在面临死神的时候，他或许比那些玩世不恭的人享受的幸福还多、还实在。我记得有一个年轻的中国人，他来我校做客，并打算回去在反动势力的区域内建立一所与我校相似的学校。虽然这样做的结果也许会使他的脑袋落地，但他是那般平静和幸福，以至于我也不得不暗自称羡。

然而，我并不是主张，只有这些平凡的幸福才是可能的。实际上，只有少数人才能拥有它们，因为它们需要一种极不寻常的能力和广博的兴趣。并不是只有杰出的科学家才能从自己的工作中获得乐趣，也并不是只有大政治家才能从其鼓吹的事业中获得愉悦。工作的乐趣对所有具备特殊才能的人都是敞开的，只要他能够从自己的技能的使用中获得满足，而不是要求全世界的赞誉就行。我曾经认识一位少年时双腿已残废的男子，在以后的漫长岁月里，他非常宁静、幸福。他之所以会这么幸福，是因为他创作了一部长达五卷关于玫瑰花枯萎病的专著。在我眼里，他是这方面的第一流专家。我无缘结识一大批贝壳学家，但是从认识他们的人那儿，我知道研究贝壳确实给那些乐此不疲的人带来了幸福。我还认识一位世界上最优秀的排字工，他是所有那些有志于创新字体的人的榜样。但是，那些有声望的人对他的尊重所给予他的快乐，远不及他运用自己的技巧时获得的真正的快乐——这一快乐与优秀的舞蹈家从跳舞之中获得的快乐大体相当。我也认识另外一些排字能手，他们能排数学字体、景教手稿、楔形文字，或任何冷僻和困难的文稿。我并没有去专门研究和考察这些人的私生活是否幸福，但我相信，在工作时间里，他们建设性的本能是得到了充分的满足的。

人们习惯于认为，在我们的机器时代，技术性工作所提供的快乐比过去的手工时代更少了。我根本不相信这是真的。确实，今天技术工人所从事的工作与那些中世纪行会热衷的活动迥然不同，但是在机器经济中，他仍然具有举足轻重、不可或缺的地位。那些制造科学仪器和精密机器的人，那些设计师，那些飞机工程师、司机以及其他许多人，从事的仍然是一种几乎可以让技能得到无限发展的职业。就我以往的观察，在相对落后的地区，农业工人和农民并不如汽车或火车司机幸福,在自己土地上耕作的农民,时而犁地,时而播种,时而收获,这种工作确实丰富多彩,但这得看老天爷的脸色行事,而且这些农民也确信这一点。但是,对于制造现代机械的人来说,他能意识到自己的力量,他能感到人类是自然的主人,而不是奴隶。当然,对于那些仅仅看管机器的人来说,这种工作是极端乏味的,因为他们机械地重复着同样的操作,很少有变化,而且工作越乏味,他们就越有可能让机器来操纵。机器生产的最终目的——我们的确远未达到这一阶段——在于建成这样一种体制:机器从事一切乏味的工作,人类则从事变化多端和创造性的工作。在这样的世界上,比起农业时代来,工作将变得不再乏味,不再令人压抑。在开始从事农业的时候,人类便习惯于枯燥无味的生活,以便摆脱饥饿的威胁。当人们依靠狩猎能获得食物的时候,工作便成了一种乐趣。关于这一点,人们不难从富人们仍以这些祖先的职业为乐事的现象中找到证明。但是,自从引入了农业生产方式以后,人类便进入了毫无生趣、忧郁沉闷和疯狂愚蠢的漫长时期。直到今天,我们才凭借机器的有益的操作得到了解放。感伤主义者当然可以大谈什么与泥土的亲密关系、哈代笔下的世故农民的老辣智慧等,但是每个乡村青年的愿望之一,便是要摆脱甘心忍受风雨旱涝的奴役、寂寞长夜的境地。他们到城里找活儿干,因为工厂和电影院里的气氛是实在的、亲切的。一般人的幸福的基本成分,包含着友谊与合作,人们能从工业中,而不是农业中更多地得到它们。

对于大多数人来说,对事业的信仰是幸福的源泉之一。我并不仅仅只考虑革命家、社会主义者、民族主义者,以及其他的受压迫国家中的诸如此类的人,我还考虑到了许多更为卑微的信仰。我认识的那些相信英格兰是十个失传部落的后裔的人,几乎总是幸福的,而那些相信英格兰只是埃弗雷姆和马纳塞部落①的人,也会感到同样的幸福。可是,我并不希望读者对此产生信仰,因为我不会去鼓吹任何对于我来说是基于虚假信仰之上的幸福。出于同样的原因,我也不会去怂恿读者相信,人应该仅仅依靠喜好生活,虽然在我看来,这一信仰总能给人带来美满的幸福,但是要想发现一些并不是异想天开的事情也是容易的,并且那些对此事真正感兴趣的人们,则在闲暇时光也拥有了一种满足,它足以排解人生空虚的感受。

与献身平凡事业相近的是沉溺于某一爱好。在活着的最杰出的数学家当中,有一位将他的时间平均分为两部分,一部分用于数学,一部分致力于集邮。

---

① 埃弗雷姆和马纳塞部落:《圣经·旧约》中的故事,散见于《创世记》(第四十一、四十八章)、《士师记》等书。

人在履行职责中得到幸福。就像一个人驮着东西,可心头很舒畅。人要是没有它,不尽什么职责,就等于驾驶空车一样,也就是说,白白浪费。
——[苏联]罗佐夫

我想当他在前一部分中没有取得进展时，后一部分也许就能够起到一种安慰作用。当然，证明数学理论中的命题的困难，并不是集邮能够解决的，邮票也不是能被收集的唯一物品。试想，古老的瓷器、鼻烟壶、罗马硬币、箭镞以及石器所展示的境界，该使你多么欣喜若狂、心旷神怡？但是，我们当中的许多人都对这些淳朴的平凡的快乐不置可否。虽然在小时候体验过它们，但后来出于某种原因，我们都认为它们与人的成熟不相干，这实在是大错特错。我认为，任何对他人不造成危害的幸福和快乐都应得到珍惜。就我而言，我收集河流：我从顺伏尔加河而下中，从逆扬子江而上中获得快乐，并且一直为没有见过亚马孙河和奥里诺科河① 而遗憾万分。这些情感是极为淳朴的，但是我并不为这些感情而羞怯惭愧。让我们再看一下棒球迷的亢奋的快乐吧。这些棒球迷们用热情而又贪婪的眼光注视着手中的报纸，电台正在转播那扣人心弦的场面。我认识一位美国第一流的文学家，他的作品以前给我的印象是极端忧郁的，但是自从我们见过第一次面后，结果就不一样了。记得当时电台正在报道一场生死攸关的棒球赛的结局，这位文学家忘了我，忘了文学，忘了世俗生活中的一切烦恼，他高兴得狂叫起来，因为他所钟爱的球队赢得了胜利。从此以后，我在读他的作品的时候，从书中人物的不幸中再也感受不到那种压抑的感觉了。

然而，狂热和爱好在许多情况下，也许是绝大多数的情况下，都不是根本的幸福之源，而只是对现实的逃避，只是对某些极端痛苦的、难以面对的时刻的忘却。根本的幸福最有赖于对人和物的友善的关怀。

对人的友善的关怀是情感的一种形式，但不是那种贪婪的、掠夺的和非得有回报的形式。后者极有可能是不幸的源泉。能够带来幸福的那种形式是：喜爱观察人们，并从其独特的个性中发现乐趣，而不是希望获得控制他们的权力或者使他们对自己极端崇拜。如果一个人抱着这种态度对待他人，那么他便找到了幸福之源，并且成了别人友爱的对象；他与别人的关系，无论密切还是疏远，都会给他的兴趣和感情带来满足；他不会由于别人的忘恩负义而郁郁寡欢，因为他本来就不图回报，也将很少得到这种回报。在另一个人心里感到怒不可遏、暴跳如雷的特性，在他那儿，反而成了乐趣的来源，他平心静气地对待这些特性。别人苦苦奋斗才能获得的成就，在他则是举手之劳，不费吹灰之力。他幸福，所以他将是个愉快的伙伴，而这反过来又给他自己增添了许多幸福。但是，这一切必须出自内心，源自诚意，它绝不能产生源自责任感的自我牺牲的想法。在工作中，它却是糟糕的，人们只希望彼此喜欢，而不想忍耐、顺从。自

---

① 奥里诺科河：位于南美洲北部。

然而然地、不耗心计地喜欢很多人，也许就是个人幸福的最大源泉。

　　在前面的文字中，我还谈到了所谓的对物的友善的关怀。这一说法也许听起来有点儿勉强，也许应当说对物的友善感是不可能的。尽管如此，在地质学家对石块和考古学家对遗址所具有的兴趣中，还是存在着与友善类似的东西的，这兴趣也应当成为我们对待个人和社会的态度的一个因素，人们不可能对敌对的而不是友善的事物感兴趣。一个人因为讨厌蜘蛛，为了住到它们较少光顾的地方，也许会收集有关蜘蛛习性的资料。但是这种兴趣绝不会产生像地质学家从石块中获得的那种快乐，虽然对无生命的东西所表现出来的兴趣，不如对待自己的同胞的友善态度在日常幸福的成分中那么有价值，但是它仍然是很重要的。世界广袤无垠，而我们自身的力量却是有限的，如果我们把所有的幸福都局限于自身之内，那么不向生活索取更多的东西就是很困难的，而贪求的结果，一定会使你连应该得到的那一份也落空。一个人，如果能凭借一些真正的兴趣，例如曲伦特会议①或星辰史等，而忘却自己的烦恼，那么当他漫步回到一个无关个人的世界时，一定会发现自己觅得了平衡与宁静，使他能用最好的方法去对付自己的烦恼，同时得到真正的、哪怕是短暂的幸福。

　　幸福的秘诀在于：使你的兴趣尽量广泛，使你对那些自己感兴趣的人和物尽量友善，不是敌视。

幸　福

○ [波兰] 解特玛尔

　　我们将不说我们现在所热烈渴望着的幸福，我们将不说它……
　　幸福，好像一只可爱的小鸟似的……容易将它一下惊去。
　　我们将静静地等着，我们将不说它，甚至于并不想……在我们心的僻地，

_____

① 曲伦特会议：十六世纪时的一种宗教会议。

不就范于不幸就是极大的幸福。
——[德]谢　伐

在我们心的深处,我们将热望着幸福,现在由于个人意思将这种热望隐起。因为幸福好像界于乌云中的亮光:显现一分钟,一闪便又迅速地躲去。

我们将不召唤幸福,我们将不热力追寻,我们将不为它而战争;我们好像梦见在圣诞节的夜晚,基督带着赠礼向他们跟前走近一般,他们颤惊地、静静地等待着他,在不可耐的恐惧里——我们也等待着。

如果应当来,它是要来的……

幸福,好像那仅只生活一日的花儿们所默想的太阳一样……你们不能向它走近,你们期待着它。如果日子是光明的,它将要来到……如果乌云遮蔽着天空,你们空空地等待……你们将衰萎而且看不见太阳……暮晚的时候,在死的一刹那,你们说道:"我们空空地向它展开了自己的花萼。"——它没有来……

我们将静静地等待着幸福……它对于心,也就好像太阳对于仅只生活一日的花们一样……如果应当来……它是要来的。

我们将不说我们现在所热烈渴慕着的幸福,我们将不说它……它惊怯得好像一只小鸟似的。

生命的归宿

○ [奥地利] 弗洛伊德

弗洛伊德(1856~1939) 奥地利心理学家、精神病医师、精神分析学派创始人。他把人的心理分为意识、潜意识和无意识,后又分为意识和无意识(包括被压抑的无意识和潜伏的无意识)。其学说被西方哲学和人文学科各领域吸收和运用。主要著作有《释梦》、《精神分析引论》和《精神分析引论新编》等。

我们当然有着思想准备,把死亡看成生命的必然归宿,从而同意这样的说法:每一个人都欠大自然一笔账,人人都得还清账——一句话,死亡是自然的,不可否认的,无法避免的。而实际上,我们则习惯于用言行表明:情况不是这样。我们表现出一种明确的倾向，试图"暂缓考虑"死亡，或者从生活中将它排除掉。我们总是想把死亡藏起来，秘而不宣。我们甚至还有这么一个说法："想到某种事就像我们想到死亡一样。"当然，这是提倡自己死亡时，自己能看得到，我们实际上是作为一个旁观死亡的人而活着。

至于他人之死，文明人都小心翼翼地不当着别人的面提起。只有儿童不顾忌这些条条框框，他们肆无忌惮地互相威胁对方会死、甚至当着心爱者的面谈论死亡。比如："亲爱的妈妈，你死了太可惜。不过，你死了之后，我会做这、做那。"如果别人对自己不坏，文明人是不会谈论甚至想到别人死亡的，除非他是一个以同死亡打交道为职业的医生、律师或者类似的人。如果他人之死会给自己带来自由、金钱、地位方面的好处，文明人更不会谈论这人的死。当然，我们对死亡的这种敏感仍无力捉住死神之手。当死神之手落下之时，我们在感情上会受到震动，仿佛我们完全被破灭打垮了。于是，我们习惯于强调死亡的偶然性——事故、疾病、感染和衰老，这种习惯暴露了我们修正死的含义的努力，将必然性修改为偶然性。众多人同时死去对我们来说特别可怕。我们对死者本人采取了一种特殊态度，就像是向某个完成了特别困难任务的人表达出敬意一样。我们对死者的评价往往也是扬长避短，提出这样的要求：对于死者宜隐恶而扬善。因而无论在悼词中还是墓碑上，只写下对被怀念者有利的话语。这似乎也是理所应当的了。死者已不需什么尊敬，但在我们看来，对死者的尊敬比对真理的崇敬更为可贵，甚至胜过对生者的尊敬。

文明人这种惯常的对死的态度在自己心爱的人——妻儿、兄弟、姐妹、亲朋好友——死去的时候，达到了高潮。此时，我们往往痛不欲生，我们的一切希望、自尊、快乐都随着死者进入了坟墓，任何事情都不能给我们以安慰，任何东西都不能弥补爱人之死给我们造成的损失。这种行为表明，我们似乎也像阿什拉部族的原始人一样，心爱的人死去，自己也必须跟着去死。

我们对死亡的这种态度也深深影响着我们的生活。如果我们不能在生活的游戏之中对生活本身孤注一掷，生活便显得贫乏，毫无意义，平淡而肤浅。这正像美国人调情一样，从一开始双方就知道一切都会十分顺畅。这样的调情与欧洲大陆式的谈情说爱刚好形成对照，在欧洲大陆，谈情说爱的双方一开始就须记住引起爱情的严重后果。我们易于受到感情的束缚，人死之后，往往悲痛欲绝，这使我们不愿意想到自己会有危险，也不愿设想同自己有关的人会遭到什么不幸。我们不敢从事带有危险性然而又是必须做的工作，诸如在空中飞行，远征到他国，实验爆炸物等等。我们不敢设想自己会遭到不幸，因为，如果灾难降临，谁能弥补母亲失去儿子，妻子失去丈夫，

幸福越与人共享，它的价值越增加。

——[日]森村诚一

孩子失去父亲这样重大的损失？我们总是从一切事情中排除死亡，也随之排斥了很多东西。

所有一切的必然结果，便是我们力图从虚构的世界中，从文学和戏剧中，寻求某种东西，给贫乏生活以补偿。在这里，我们见到了知道该怎样去死的人，以及能够杀死他人的人。只有在这里，我们才将自己同死亡协调起来，经历了人世沧桑，我们自己却仍然安然无恙。人生就像是弈棋，一步失误，全盘皆输，这真是令人悲哀之事；而且人生还不如弈棋，不可能再来一局，也不能悔棋。在文学的领域之中，我们找到了我们所渴望的那种多样化的生活。我们似乎随着某一特定人物的去世而死去，而实际上，他死了，我们还活着。我们随时准备着在下一个人物死去时，自己再次象征性地死去。

"性福"和幸福

○ [英] 劳伦斯

劳伦斯(1885～1930)　二十世纪英国最独特和最有争议的作家之一。一生中创作了四十余部小说、诗歌、游记等作品，对二十世纪的小说写作产生了广泛影响。著有《儿子与情人》、《虹》、《爱恋中的女人》和《查特莱夫人的情人》等。

在儿童和青年这两个人生阶段中，恶作剧、顽皮和违反禁令是自然的、本能的、用不着大惊小怪的现象，除非这些现象过于严重，但是成年人对于那种违反性禁令的行为总是采取一种完全不同于违反其他规定时所采取的态度。因此，孩子们觉得违反性禁令的行为属于一个截然不同的范畴。如果孩子从食品柜中偷了水果，你也许会感到气恼，也许会大声斥责他，但是你不会感到道德上的恐怖，而且也不会使孩子感到他犯了大错误；在另一方面，如果你是一个老派的人，而且你发现孩子在手淫，你就会发出他从未听到过的声音。这声音会产生巨大的恐怖，而且这恐怖还会不断加剧，因为孩子很可能会发现他无法免除这种引起你呵斥的行为。你那诚挚之至的样子给孩子留下极为深刻的印象,他毫不怀疑手淫和你描述的一样可怕。尽管如此,他还是一如既往地手淫。他的病根就这样种下了,这病也许会伴随他一生。从他幼年时起,他就把自己视为一个罪人。他很快就能学人秘密犯罪的方法,并感到这能使他聊以自慰,因为没有人会知道他的罪孽。由于极为苦恼,他就寻找机会向世界复仇,去惩罚那些对此类罪孽隐瞒得不如他巧妙的人。由于儿时养成了骗人的习惯,他在以后的生活中会肆无忌惮地行骗。因此,虽然他的父母企图使他成为一个纯洁的人,但由于方法不当,这孩子反而成了一个有病态内向性格的伪君子和迫害狂。

内疚、羞耻和恐怖不应当在孩子的生活中居于支配地位。孩子应当是活泼、愉快、自然的。他们不应当为自己的冲动感到恐怖,他们不应当害怕探索自然的事实,他们不应当把他们的本能生活隐藏在黑暗之中,他们不应当把他们所不能自制的冲动埋葬在无意识的深处。如果要让他们成长为正直的男女,在知识方面是诚实的,在社会方面是无畏的,在行动方面是有力的,在思想方面是宽容的,我们必须从小就训练他们,使这些结果成为可能。我们一直把教育想象得和训练跳舞的熊一样。每个人都知道会跳舞的熊是怎样训练出来的。人们把熊放在灼热的地板上,使它们不得不跳舞,因为如果它们静止不动,它们的脚掌就会被烫坏。与此同时,人们还向这些熊播放音乐。一段时间之后,就是没有灼热的地板,但只要有音乐,它们就会跳舞。孩子情况也是如此。当孩子意识到他的性器官时,大人就斥责他。以后,这种意识总是使他想到大人的斥责,使他按照大人的斥责声舞蹈。结果,健康而幸福的性生活的可能性就全部被破坏了。

在下一个阶段,即青年时代,对待性的传统做法所造成的痛苦,比童年时代要大得多。许多男青年最初经历遗精时,由于不知道所以然,感到十分恐惧。他们感到自己充满了被大人视为极其邪恶的冲动。这种冲动十分强大,以至日夜包围着他们。在那些比较出色的青年人中,同时还存在着一种对于美和诗歌,以及与性毫无关系的理想爱情的极端理想主义的冲动。由于基督教中那些摩尼教①的成分,青年人的理想主义的冲动和肉体的冲动在我们中间成了风马牛不相及的事,甚至是水火不相容的事。关于这一点,我也许可以引用我的一位富有理智的朋友的自白,他是这样说的:"我相信,我的青年时代是很典型的,因为它鲜明地展示了这种不同。我每天用数小时阅读雪莱的诗,而且会产生一种感伤之情:

---

① 三世纪波斯人摩尼创立的一种说教,认为人的身体为暗的产物,灵魂为明的产物。

吃亏是福。

——[清]郑 燮

'飞蛾对于星光的渴望，
黑夜对于黎明的幻想。'

接着我会突然离开这崇高的情感，想要偷窥那正在脱衣的女仆。后一种冲动使我十分羞愧，但前一种冲动是一种无聊的表现，因为它的理想主义是对于性的盲目恐惧的正面。"

众所周知，在青年时代，神经错乱是一件极平常的事，而且一个在其他时间情绪很稳定的人，在这期间却很容易失去平衡。米德小姐在她的《萨摩亚的未来时代》一书中说，青年人神经错乱的现象在这个岛上鲜为人知，她认为这是由于那里盛行性自由的缘故。的确，传教活动多少减少了这种性自由。她调查了一些住在传教士家中的姑娘，这些姑娘在青年时代只进行手淫和同性恋，而那些住在其他地方的姑娘则还有异性恋活动。在这方面，英国的大多数著名男校和萨摩亚传教士家里的情形并无多大区别，但是这种情形对于萨摩亚人的行为并没有心理上的损害，然而对于英国学生的行为却具有心理上的损害，因为英国学生可能会发自内心地信从那些传统的说教，而萨摩亚人却认为那传教士不过是个具有一些可笑的特殊嗜好的白人。

大多数青年在他们刚刚成年的时候都会在有关性的问题上经历一些不必要的烦恼和痛苦。如果年轻人是纯洁的，他在压制性欲时所经历的痛苦可能会使他成为一个胆怯而忧郁的人，以至当他结婚的时候，他仍然不能摆脱他过去多年形成的自制力，除了突发的兽性行为之外，这使他失掉了对于他妻子的情侣能力。如果他和妓女来往，那种开始于青年时代的肉体的爱和理想的爱的离异就永远存在，结果，他和女人的关系从此要么是柏拉图式的，要么在他的信念中是卑鄙的。此外，他还冒着染上花柳病的巨大危险。如果他和他自己阶层的女人发生关系，危害固然要少得多，但那种保密的需要是有害的，因为它会妨碍稳定关系的发展。部分由于势利，部分由于认为婚姻应当立刻产生孩子，人们不大容易早婚。另外，在离婚非常困难的地方，早婚具有很大的危险性，因为两个在二十岁时彼此很中意的人，到了三十岁就很可能彼此不中意了，对很多人来说，他们在获得各种经验之前，是很难具有稳定的关系的。如果我们对于性的观念是明智的，我们就应当允许大学生暂时结婚，不生孩子也行。他们通过这种方式可摆脱性的纠缠，因为性的纠缠现在正在极大地干扰着他们的学业。他们应当从其他人那里获得性经验，因为这可以为他们将来有孩子的庄重的夫妻生活做好准备。而且，他们还应当可以自由恋爱，而无须勾心斗角、偷偷摸摸和害怕生病，因为这类现象现在正在使青年人走上歧途。

对于那些在目前形势下永远也嫁不出去的女人来说，传统道德是痛苦的，而且在大多数情况下也是有害的。和大家一样，我认识一些具有传统道德的未婚女人，她们无论从哪个角度上看都是非常值得称赞的。但是我认为，事实上总的说来并不是这样，一个从未有过性经验，而且认为这对于保持道德很有必要的女人，她的行为是消极的，并且具有恐怖的色彩，因此总的说来，她是胆怯的。与此同时，一种本能的和无意识的妒忌使得她对于正常的人充满怨恨，极想去惩罚那些享受着她所享受不到的东西的人。知识上的胆怯是漫长的处女生活的普遍现象。的确，我认为，妇女目前在知识上的贫乏主要是由于性恐怖所造成的对于好奇心的约束。那些找不到专有丈夫的女人，她们终生的处女生活是苦闷而空虚的。现在这种情况非常普遍，这是以前的婚姻制度所不会产生的，因为那时两性的数量大体相等。毫无疑问，目前许多国家的女子数量已经大大超过男子，这充分证明了改革传统道德的必要性。

那种被人们默认为是性发泄的婚姻，由于严酷的道德而蒙受着巨大痛苦。儿童时代产生的变态心理，男人嫖妓的经历，为保持青年女子的贞洁而注入她们心中的性反感，所有这些都给婚姻幸福造成了障碍。一个在优越的生活环境中长大的姑娘，如果她的性冲动是强烈的，那么当她追求时，她将无法把真正的情投意合与单纯的性吸引区别开。她很容易嫁给那第一个唤醒她的性的男人，而当她的性欲得到满足之后，她才知道她和那男人毫无共同之处，但为时已晚。以前所受到的教育使女子在性问题上过于胆怯，而又使男子过于唐突。男女双方在性问题上都缺少应有的知识，他们起初往往失败的原因就在于无知，这使得双方永远不能从婚姻中得到性满足。此外，精神的肉体的伴侣关系也成了一件困难的事情。女人不习惯随意谈论性问题，男人也不例外，除非他的谈话对象是男人或妓女。在与他们共同生活最有关系、最重要的问题上，他们总是显得腼腆而畏缩，甚至完全无话可说。妻子老觉得不满意，可又不知道她缺少的是什么。男人也有同样的感受，起初只是隐隐约约，但后来就逐渐趋于明朗，以至于认为娼妓比他的合法妻子更能使他得到满足。有时妻子感到很痛苦。而他又不知道怎样才能使她高兴起来，结果，妻子的冷淡使他产生了厌恶之心。所有这些都是我们沉默寡言和一本正经的结果。

总之，从童年时代、少年时代、青年时代直到结婚，旧的道德一直在毒害着我们的爱情，它使我们的爱情充满了忧郁、恐怖、误会、悔恨和神经紧张，把性的肉体冲动和理想爱情的精神冲动分为两个不同的部分，使前者成为兽性的，使后者成为无生育的。生活不应当成为这个样子。动物的天性和精神的天性不应当发生冲突。两者之间绝非水火不相容，而且它们只有彼此结合，才能达到

不再指望幸福的人，可以说已经抓住了幸福。

——[德]齐　尔

完美的地步。男女之间完美的爱是自由而无畏的,是肉体和精神的平等结合,它不应当由于肉体的缘故而不能成为理想的,也不应当由于肉体会干扰理想而对肉体产生恐怖。爱犹如一棵树,它的树根深置于地下,但它的树枝却可参天。但是,如果爱被忌讳和迷信的恐怖、斥责的话语和可怕的沉默所束缚,它是不会根深叶茂的。男人与女人之间的爱和父母与孩子之间的爱,是人的情感生活中的两个主要事实。传统道德在削弱一种爱的同时,又声称要加强另一种爱,但是实际上,父母对于子女的爱正是由于父母彼此之间的爱的削弱而蒙受着极大损失。如果孩子是快乐和相互满足的产物,他们所得到的爱将是健康的、热烈的、自然的、无条件的、直接的、合乎动物本能的、无私的和有成效的,这是那些饥饿而渴望在可怜的孩子中得到他们在婚姻中所得不到的营养的父母无法给予的,这样的父母将使孩子的思想产生偏差,并为下一代奠定同样痛苦的基础。害怕爱情就是害怕生活,而害怕生活的人则已经死去了大半。

对幸福的追求

○ [日] 池田大作

池田大作　生于一九二八年。日本创价学会名誉会长、国际创价学会会长。被誉为世界著名的佛教思想家、哲学家、教育家、社会活动家、作家、桂冠诗人、摄影家、世界文化名人,国际人道主义者。一九八三年获联合国奖,一九九九年获爱因斯坦和平奖,在中国获得中日文化交流贡献奖。

池田　人——不论是什么人,都会追求自己的幸福。所谓幸福,极端地说,就是欲望和要求得到满足,也可以说是"满意"或"充实感"吧。但是,抱有什么样的欲望和要求,会因人而异。即使是同一个人,也会因其所处的状况而有种种变化。

饥饿的人得到食物就会感到幸福,口渴的人得到水时感到幸福。病魔缠身的人首先希望恢复健康,这个愿望达到时就会感到幸福。对于投身于研究、探求真理的人来说,能够探明寻求的真理就是幸福。对于愿意为人们的幸福、为社会作出贡献的人来说,能够获得这样的机会和条件就是幸福。

尽管"幸福"的内容实际上千差万别,但如果用"幸福"这样一个词来表现,而且在大家都认为有追求自身"幸福"的权利的思想统治着现代社会的时候,我认为有一个根本性的问题。

具体地说,看一看"幸福"的各种内容就会了解,无限地追求自己的幸福在很多情况下是不能允许的。如物质的欲望、肉体的欲求以及社会的和权力的欲望等,如果无限地追求,就会造成他人的牺牲。因而,放纵地追求这些欲望,就会引起激烈的争斗,就会给弱者带来痛苦而不顾,就会使人增长兽性。

而且对大部分人来说,占最大比重的正是这种物质的、肉体的和社会的欲望。随着人口的剧增和资源的逐渐枯竭,斗争肯定会愈演愈烈。人类应当为调整人口的增长、防止资源的枯竭和建立再生利用资源的体制而作出最大的努力。为了这些,我认为掌握正确的"幸福"观也是必不可少的。

罗古诺夫 关于"幸福"的内容,恐怕是一两句话很难解释清楚的。不过,称之为人,我认为重要的是从事具有吸引力的工作。这种工作的规模并不一定要很大。

人生因人而异。拿我来说,最重要的是研究工作。一旦埋头于研究,我就不感到时间的过去,也不知道疲累。学术组织的活动也是我的工作。从事研究工作的人休息时间一般都在森林中散步、打猎、钓鱼,或者在朋友们中间度过。我和大家不一样,完成了大学的工作和自己的社会活动——最高苏维埃代表会议的工作,我又回到研究工作。我这么做感到十分满足。而且我还有和我同甘共苦的家庭,这使我感到更加充实。

池田 是吗,太好了。康德曾经在他的著作《道德哲学》中说:"他人的幸福和自我的完成是人的目的,同时也是义务",并加以说明说,不能把它颠倒过来,去追求"自己的幸福"和"他人的完成"。因为把"自我的幸福"当做目的,就会陷于利己主义;追求"他人的完成",只能得到不满。

康德看到了人们容易陷入的倾向,才特意做了这样的说明。我认为这是至理名言。不把满足自己的物质的和肉体的欲望的"幸福"当做最高目的,而把这种幸福让给他人,为人们的幸福而努力——这种人生态度也就是佛教中所说的慈悲精神。

就自己来说,康德主张应当以"完成"为目的。可以说这也和佛教把"成佛"当做理想的教义如出一辙。因为佛的位置是"极尊的众生",是指最完美的境界。

希望为他人的幸福和全社会作出贡献,以及争取自我完成,也许可以说是广义的"欲望"。如果是这样,那么,重要的问题将不是否定"欲望"本身,而是以什么样的欲望为根本。所以,由于欲望的性质不同,"幸福"的内容及其深度、高度也不一样。

因此我认为，人既然是个生命体，当然就不可能消除物质的和肉体的欲望，而且也不应当有否定这些欲望的想法。起码就欲望和幸福来说，也有各种不同的内容。作为一个人生活下去，应当重视什么样的欲望和幸福，要有一个明确的考虑，我认为这个问题愈来愈显得重要。

罗古诺夫 对于人来说，重要的是要懂得一点什么，学会一点什么。即使在某些领域，在这个人之前已经有许多人做过努力，并就这个问题思考过，这样的目的也是可能达到的。甚至还有这样的情况，比如说某个人在一个领域里长期工作过，这个人最初认为他已经通晓了这个领域，早就弄清了一切。可是，这个人突然在旧的情况中发现了新的侧面，事物更加明朗，这个人对该事物的理解更加深刻了，于是产生了新的问题，出现了新的转机。重读托尔斯泰的作品时，我自己就经常有这样的体验。我每隔一定的时间就重读一下他的作品，而每读一次我都会发现一些新的东西。这样，人生就变得更有趣味、更有意义、更有内容。一个人如果能认真地从事某项工作，为此付出很多的劳动，其结果一定会领会到某些东西。不，即使没有什么领会，这个人也会通过什么途径而越过某种新的知识阶段。这种新的知识阶段有可能使这个人建立新的理念和方向。

总的来说，在学术上，所研究的东西并不一定都有用。就某个问题开始思考时，往往甚至不知道这种思考会朝什么方向发展，但最初没有发现的道路会逐渐地开始露出清晰的轮廓。所以根据我的想法，不论是科学还是其他的劳动，最需要的是劳动能力，这是大前提。我想顺便提一下，我觉得自己从父母，特别是母亲身上继承了这种素质。我的母亲具有惊人的劳动能力。

重要的是要有适应性——也可以说是才能。这是不用多说的。有了适应性，人就不会无法应付工作，就不需要推着他去工作，不需要总是给他指定方向或对他进行强制。他会以自然的方式进入劳动状态，就不会认为自己的存在可以没有劳动。所以这里重要的是要在人生中做出正确的选择。选择应当在什么样的岗位或领域工作，为什么而努力，应当把自己的一生、自己的一切献给什么。这是每个人的问题，也是整个人类的问题。人类如果解决了这个问题，就会接近于人类太古以来所一向争取的和睦的目标。

不过，我还要重复说一遍，干任何事情都需要大量的劳动和顽强性。不管有多大的才能，如果没有劳动——没有紧张的劳动，是不可能取得成果的。人的最大的幸福、最大的痛苦是在劳动之中，首先在人的力量之中，在他的热情和失意之中，在胜利和失败之中。所以我要再次强调的是，人的幸福是在投身于所喜爱的工作的时候，是家庭的一切都平安顺利的时候。

天使原来是这样的

○ [英] 南希·麦克奎尔   译/韩冬梅

三四岁的时候,我被妈妈故事中的天使迷住了。妈妈说,在我身边时刻都有着守护天使的陪伴。我对妈妈的话深信不疑。

坐在椅子上的时候,我总是设法挤出些地方给天使,躺在床上的时候,我和天使说着悄悄话,希望有一天能见到她。我脑子里清清楚楚地浮现着她的形象:身着轻柔的白纱裙,有一对美丽的翅膀,浑身笼罩着神秘的光环。

六岁的时候,我在学校参加了耶稣降生宗教剧的演出,我对天使的迷恋在这一时期达到了顶点。妈妈在我脑子里填满的那些奇妙的人物故事,使我在爱尔兰老家度过了一个欢乐的童年,并使我日后成为一个白日梦者和乐观主义者。

相反,我的外婆根本不信这一切,她只知道不停地劳作,日复一日地为全家人操心吃喝。妈妈温柔而美丽,外婆则很刚强,只是看上去总是疲惫不堪。她是那时我所见到的最慈祥但却最不可理喻的女人:只相信行动,从不轻信言语。当我们隔壁邻居的女人半夜因小产而大出血时,妈妈陪在那个女人身旁,不停地哭泣,而外婆立刻跑到一英里半以外去找医生。

外婆是左邻右舍心目中的主心骨,人们免不了需要这样那样的帮助,而她则乐意帮助每一个人,我常常看到她给一些人家送去牛奶和食物。她自然、直率的慷慨,使接受帮助的人没有丝毫的难堪。她设法给我们做衣服,在毫无希望的时候,像变戏法一样给我们做出每一顿饭。

长大以后,我把对天使的迷恋转移到对天使的认真研究上来了,试图证明天使的真实存在。我约见那些声称见到过天使的人,听他们讲他们是如何从严重病症中恢复过来,或如何奇迹般地躲过灾祸的。

有一个小男孩因为在全家人上火车前不停地拼命嚎哭,使全家都耽误了上火车,后来,那趟火车出了事。男孩说,在这之前,他看到了天使,她对他说,不要上那列火车。

想不付出任何代价而得到幸福,那是神话。

——徐特立

外婆不相信这个故事,她说:"如果真是这样的话,那么天使为什么不救每一个人呢?"

九年前,外婆死了。我心中似乎有什么东西崩塌了,她带走了被称之为生命力或活力的那种东西。没有人能代替她留给我的这种感觉。

日常报道中充斥的净是罪恶、谋杀和痛苦,即使是在白天,我也时常感到脆弱和胆怯。我常常想象我三岁的女儿可能会遭到绑架或被人谋杀。我尽可能使她在我的监护之下。

外婆去世约一年后的某一天,我去加油站加油,交钱时发现皮夹不翼而飞。是丢了还是被偷了?眼泪不知不觉在我的眼眶里打转,这时,站在我身后的一个男子把一张十镑的纸币放到柜台上,安慰我说:"别难过,这种事谁都有可能碰上。"还没等我明白过来对他说声谢谢,他就快步走开了。

这件事对我来说是个转折点,我发现我证明天使存在的立足点似乎摆错了。

生活中,天使无处不在。她会带着慈爱和真情在朋友、家庭或陌生人中间偶尔出现。当你意识到这点以后,你就能经常看到她,并受到感染和鼓舞。

天使没有美丽的翅膀,也不一定穿着柔和的纱裙,她肯定不是我孩提时想象的那个样子。她看上去也许是个餐馆招待员、教师或加油站的机械修理工。他们的行为像……对了,就像我的外婆那样。

我的女儿有时候问到我的外婆。前不久,她说:"你的外婆现在变成天使了吗?"我说:"亲爱的,她一直就是个天使。"

哦!冬夜的灯光

○ [法] 莫里斯·吉布森

我和我的妻子珍妮抛下我们自己的诊所,离开我们的舒适可爱的家,来到八千公里外的加拿大西部,一个名叫奥克托克斯的荒凉小镇。这里十分偏僻,天气很冷,但是我们感觉到:虽然我们生活的地方辽阔无垠,空旷荒寂,但这里有的是温暖、友谊和乐观。

记得一个冬日之夜，有个农民打电话来说只有他一个人在家，而婴儿正在发高烧，虽然汽车里有暖气，但他也不敢冒险带婴儿上路。他听说我不管多么晚也肯出诊，因此请我上门去给他的婴儿治病。

他的农场在十五公里外，我要他告诉我怎样走法。

"我这里很容易找到：出镇向西走六公里半，转北走一公里半，转西走三公里，再……"

我给他搞得糊里糊涂，虽然他把到他家的路线又说了一遍，我还是弄不清楚。

"我知道该怎么办了。医生，我会打电话给沿途农家。叫他们开亮电灯，你看着灯光开车到我这里来，我会把开着车头灯的卡车放在大门口，那样你就找得到了。"他在电话里告诉我这个办法，我觉得不错。

启程前，我出去观察了一下阿尔伯达上空广阔无边的穹隆。在冬季里，我们随时都要提防风暴，而山上堆积的乌云，可能就是寒天下雪的征兆。每一年，都有人猝不及防地在车里冻僵，没有经历过凶猛的荒原风雪袭击的人，是不知道它的危险性的。

我开着车上路，车窗外面寒风呼呼地怒吼着。果然，正如那位农民所说的，沿途农家全部把灯开亮了。平时，一入夜荒野总是漆黑一片，因为那时候农家夜里用灯是很节约的。一路的灯光指引着我，我终于找到了那个求医的人家。我急忙给婴儿检查病情。这婴儿烧得很厉害，不过没有生命危险。我给婴儿打了针，又配了一些药，然后向那农人交代怎样护理，怎样给孩子服药。当我收拾药箱的时候，我心里在想，那么复杂的乡村夜路，我怎能认得回去的路呢？

这时候，外面已经下大雪了。那农人对我说，如果回家不方便，可以在他家过一夜。我婉言谢绝了。我还得赶回去，说不定深夜还会有人来求诊。我壮着胆子启动引擎，把汽车徐徐地驶离这户人家的门口，说实话，我的心里充满着恐惧。但是，车子在道路上开了一会儿，我就发觉我的恐惧和忧虑是多余的。沿途农家的灯都依然开着，通明闪亮的灯光仿佛在朝着我致意，人们用他们的灯光送我前行。我的汽车每驶过一家，灯光随后就熄灭，而前面的灯光还闪亮着，在等待着我……我沿途听到的，只是汽车发动机不断发出的隆隆声，以及风的哀鸣和车轮碾雪的声音。可是我绝不感到孤独，那种感觉就像在黑暗中经过灯塔一样。

这时我开始领悟到了阿瑟·查普曼写下这几句诗时的意境：

　　　哪里的握手比较有力，
　　　哪里的笑容比较长久，
　　　那就是西部开始的地方。

　　　　　　幸福永远存在于人类不安的追求中，而不存在于和谐与稳定之中。
　　　　　　　　　　　　　　　　　　——鲁迅

幸福的门槛

○林　夕

林夕　原名梁伟文,一九六一年生于香港,一九八四年毕业于香港大学文学院,主修翻译。毕业后曾任大学助教、报刊编辑、亚洲电视节目创作主任等职。作品有《似是故人来》、《约定》、《少女的祈祷》、《盛世边缘》等。

朋友乔迁新居,星期天约我去他家玩。新居装饰得豪华典雅,一进门,是一个三十平方米的大厅,宽敞明亮,摆放着红木家具、高档电器。左侧是两间卧室,大人孩子各一间,杏黄色的落地窗帘一直垂到木色地板,温馨宜人。右侧是一间书房,一面墙是书柜,对面是电脑桌、装饰射灯,书房连着阳台,阳光从窗子射进来,照在光亮的地板上,很有种现代家居的格调。厨房和卫生间,也都很现代,充满时尚感。

看朋友的新居,再看朋友阳光灿烂满脸幸福的样子,很自然就联想到自己的。一想到自己那只有几十平方米的旧式蜗居,心里就有一种说不出的失败感。什么时候,我才能有这样宽敞气派的大房子?

从朋友家出来,我没有像往日那样急着回家。而是绕道去了滨海路。沙滩上游人渐少,我漫无目的地在沙滩上漫步,不时踩到一些游人丢弃的纸袋垃圾。走着走着,突然旁边传来一个声音:"阿姨,请你绕到旁边走好吗?别踩坏了我的城堡。"

我转过头一看,一个小男孩坐在沙滩上堆沙子,旁边已堆好了几座小山,每个小山顶上插着一个冰果棍。我一看,忍不住笑了:"哟,这些小房子都是你的!"

"它们是城堡,阿姨。"男孩骄傲地说。

"对,是城堡,你就住在这里,是吗?"我蹲下身,看着他堆城堡。

"不是住,是拥有!"男孩仰起纯真的小脸,看看我,很幸福的样子。

落日的余晖映照在海滩上,泛着红色的光芒。我望着男孩和他的城堡,有些感慨:人类的欲望是与生俱来的,我们从小孩子起就知道拥有是一种幸福,会用我们拥有的物质的多少来比较我们幸福的程度。可是小孩子的幸福来得简单,在沙滩上堆一个城堡就很幸福了,而我们大人想要的幸福总也达不到:有六十平方米就想,住一百平方米的房子才算幸福。有一处房子的想:看人家有两处多好!很多时候,我们感觉不到幸福,是因为我们把幸福的门槛建得很高,把自己挡在了幸福的门外。

追 求 幸 福

○ [美] 莉安·彼得斯

"你幸福吗"我问弟弟伊恩。"幸福又不幸福。全看你指的是什么。"他答道。

"那你告诉我,"我说,"你上一次感觉幸福是在什么时候?"

"一九六七年四月。"他说。

得到这样的答复算我活该,我本来就不该问一个如此说笑不恭的人一个如此严肃的问题。然而伊恩的回答提醒了我,我们一想到幸福,通常就是想到一件非比寻常的事,一种无可比拟的愉悦,而人越老,这类无可比拟的经历好像就越难求。

对儿童来说,幸福是很神奇的东西。在新割的禾草堆里躲起来,在树林里玩兵捉贼,在学校里被选中饰演一个有台词可念的角色,都会使我雀跃万分。当然,孩子也有垂头丧气的时候。不过,只要他们赢了赛跑,或是得到一辆崭新的脚踏车,那种无上的愉快又毫无保留地完全表现出来了。

到了十几岁,幸福的概念改变了,一下子变得需视许多其他因素而定,诸如:够不够刺激,有没有爱情,是不是受人欢迎,以及青春痘能不能赶及在学校舞会以前消失。我少年时曾因未获邀出席一个几乎人人都有份参加的聚会,感到十分沮丧,如今想起来,伤痛仍有如新创。但是,我也记得有一次,自己在众

幸福是人类最后的目的和至善的总和,它赋予人类生命以真正的意义。

——(台湾)柏　杨

多女孩子中被一位英俊男士看中邀请共舞,那份陶醉,现在仍觉甜丝丝。

成年后,带来深远欢乐的事情例如生儿育女、爱情、婚姻等等,往往同时也带来责任,以及可能得而复失的忧虑。爱情可能不持久,性爱并不总是美满,心爱的人可能死去,对成年人说来,幸福是错综复杂的,字典把幸福解释为"走运"或"幸运",但我以为"享受乐趣的能力"是更好的释义。我们越能享受实际拥有的一切,便越幸福,而人往往会忽略爱人及被爱的乐趣,忽略友伴之乐,忽略可按照自己心意自由择地而居,以及身体健康所带来的喜悦。

今天,我把一天之中每一点愉快的时刻总结了一下。首先是在我弄好孩子的最后一个午餐盒,打发他们去上学,全家只留下我一人之后,所感到的单纯的快乐。接着,整个上午我专心笔耕,完全没有人打扰。等到快要清静地过完一天,孩子放学回来喧喧闹闹,我又满心欢喜。到了晚上,家里复归宁静,孩子和我享受另一种乐趣——亲厚温馨。有时候,光是知道他需要我,我就无穷喜乐。

你无从预知幸福下一次将在何处出现。我询问朋友什么使他们觉得幸福,一些人提到了看似琐屑的小事。其中一位说:"我讨厌上街购物,可是有个健谈的店员常逗得我心情开朗。"另一位朋友喜欢电话。"每当电话铃响了,我就知道有人在想我。"我自己则喜欢开车。昨天,我把车停下来让路给一辆校车,那司机朝我把大拇指一翘,咧嘴而笑。突然间,在前后左右发疯般抢道的驾车人中间,我们两人成了盟友,我也为此莞尔。我们大家都会经历这样的时刻,虽然很少有人会认为这就是幸福,铭记于心。心理学家说,要活得快乐,我们既要有惬意的休闲时间,又要有合意的工作。这两个条件,我怀疑我的曾祖母都不大具备:因为她养育了十四个孩子,还在家给人洗衣。但她有一批密友和家人,或许这就是她满足的泉源。如果说她满足于她拥有的一切,不如说她从没想过一种截然不同的生活。

另一方面,我们由于选择多了,又受到巨大压力要在各方面都力求表现突出,所以把幸福看成又一种"非拥有不可"的东西。我们对自己享有幸福的"权利"如此执著,结果反而苦恼不堪。就这样,我们追逐幸福,并把幸福等同于财富和成就,而没有想到拥有财富和获得成就的人未必更幸福。

虽然幸福对我们这一代说来内涵插可能较为复杂,问题的本质却和以往任何时候一样,没有改变。幸福并不涉及发生在我们身上的事情,而在于我们如何看待这些事情。这是一种善于在每一负面事情中找出正面意义、把挫折视做挑战的本领。幸福并不意味企求我们所没有的种种,而是尽享眼前拥有的一切。

快乐与幸福

只有当我们在缺少快乐就感到痛苦时，快乐才对我们有益处。当我们不再痛苦时，我们也就不再需要快乐了。正是因为此，我们说快乐是幸福生活的开端和目的，因为我们认为快乐是首要的好，以及天生的好。

论 快 乐

○钱钟书

钱钟书(1910~1998) 江苏无锡人。现当代著名学者、作家、文学史家、古典文学研究家。著有散文集《写在人生边上》,短篇小说集《人·兽·鬼》,长篇小说《围城》,文论集《七缀集》、《谈艺录》及《管锥编》等。

在旧书铺里买回来维尼(Vigny)的《诗人日记》,信手翻开,就看见有趣的一条。他说,在法语里,喜乐(bonheur)一个名词是"好"和"钟点"两字拼成,可见好事多磨,只是个把钟头的玩意儿。我们联想到我们本国话的说法,也同样的意味深长,譬如快活或快乐的快字,就把人生一切乐事的飘瞥难留,极清楚地指示出来。所以我们又慨叹说:"欢娱嫌夜短!"因为人在高兴的时候,活得太快,一到困苦无聊,愈觉得日脚像跛了似的,走得特别慢。德语的"沉闷"(langweile)一词,据字面上直译,就是"长时间"的意思。《西游记》里小猴子对孙行者说:"天上一日,下界一年。"这种神话,确反映着人类的心理。天上比人间舒服欢乐,所以神仙活得快,人间一年在天上只当一日过。从此类推,地狱里比人间更痛苦,日子一定愈加难度。段成式《酉阳杂俎》就说:"鬼言三年,人间三日。"嫌人生短促的人,真是最快活的人;反过来说,真快活的人,不管活到多少岁死,只能算是短命夭折。所以,做神仙也并不值得,在凡间已经三十年做了一世的人,在天上还是个未满月的小孩。但是这种"天算",也有占便宜的地方:譬如戴君孚《广异记》载崔参军捉狐妖,"以桃枝决五下",长孙无忌说罚得太轻,崔答:"五下是人间五百下,殊非小刑。"可见卖老祝寿等等,在地上最为相宜,而刑罚呢,应该到天上去受。

"永远快乐"这句话,不但渺茫得不能实现,并且荒谬得不能成立。快过的决不会永久;我们说永远快乐,正好像说四方的圆形,静止的动作同样的自相矛盾。在高兴的时候,我们的生命加添了迅速,增进了油滑。像浮士德那样,我们空对瞬息即逝的时间喊着说:"逗留一会儿罢!你太美了!"那有什么用?你要永久,你该向痛苦里去找。不讲别的,只要一个失眠的晚上,或者有约不来的下午,或者一课沉闷的听讲——这许多,比一切宗教信仰更有效力,能使你尝到什么叫做"永生"的滋味。人生的刺,就在这里,留恋着不肯快走的,偏是你所不留恋的东西。

快乐在人生里,好比引诱小孩子吃药的方糖,更像跑狗场里引诱狗赛跑的电兔子。几分钟或者几天的快乐赚我们活了一世,忍受着许多痛苦。我们希望它来,希望它留,希望它再来——这三句话概括了整个人类努力的历史。在我们追求和等候的时候,生命又不知不觉地偷渡过去。也许我们只是时间消费的筹码,活了一世不过是为那一世的岁月充当殉葬品,根本不会想到快乐。但是我们到死也不明白是上了当,我们还理想死后有个天堂,在那里——谢上帝,也有这一天!我们终于享受到永远的快乐。你看,快乐的引诱,不仅像电兔子和方糖,使我们忍受了人生,而且仿佛钓钩上的鱼饵,竟使我们甘心去死。这样说来,人生虽痛苦,却不悲观,因为它终抱着快乐的希望;现在的账,我们预支了将来去付。为了快活,我们甚至于愿意慢死。

穆勒曾把"痛苦的苏格拉底"和"快乐的猪"比较。假使猪真知道快活,那么猪和苏格拉底也相去无几了。猪是否能快乐得像人,我们不知道;但是人会容易满足得像猪,我们是常看见的。把快乐分肉体的和精神的两种,这是最糊涂的分析。

一切快乐的享受都属于精神的,尽管快乐的原因是肉体上的物质刺激。小孩子初生了下来,吃饱了奶就乖乖地睡,并不知道什么是快活,虽然它身体感觉舒服。缘故是小孩子时的精神和肉体还没有分化,只是混沌的星云状态。洗一个澡,看一朵花,吃一顿饭,假使你觉得快活,并非全因为澡洗得干净,花开得好,或者菜合你口味,主要因为你心上没有障碍,轻松的灵魂可以专注肉体的感觉,来欣赏,来审定。要是你精神不痛快,像将离别时的宴席,随它怎样烹调得好,吃来只是土气息、泥滋味。那时刻的灵魂,仿佛害病的眼怕见阳光,撕去皮的伤口怕接触空气,虽然空气和阳光都是好东西。快乐时的你一定心无愧怍。假如你犯罪而真觉快乐,你那时候一定和有道德、有修养的人同样心安理得。有最洁白的良心,跟全没有良心或有最漆黑的良心,效果是相等的。

发现了快乐由精神来决定,人类文化又进一步。发现这个道理,和发现是非善恶取决于公理而不取决于暴力一样重要。公理发现以后,从此世界上没有可被武力完全屈服的人。发现了精神是一切快乐的根据,从此痛苦失掉它们的可怕,肉体减少了专制。精神的炼金术能使肉体痛苦都变成快乐的资料。于是,烧了房子,有庆贺的人;一箪食,一瓢饮,有不改其乐的人;千灾百毒,有谈笑自若的人。所以我们前面说，人生虽不快乐，而仍能乐观。譬如从写《先知书》的所罗门直到做《海风》诗的马拉梅(Mallarme)，都觉得文明人的痛苦，是身体困倦。但是偏有人能苦中作乐，从病痛里滤出快活来，使健康的消失有种赔偿。苏东坡诗就说："因病得闲殊不恶，安心是药更无方。"王丹麓《今世说》也记毛稚黄善病，人以为忧，毛曰："病味亦佳，第不堪为爆热人道耳！"在看重体育的西洋，我们也可以找着同样达观的人。工愁善病的诺凡利斯(Novalis)在《碎金集》里建立一种病的哲学，说病是"教人学会休息的女教师"。罗登巴煦的诗集《禁锢的生活》里有专咏病味的一卷，说病是"灵魂的洗涤(puration)"。身体结实、喜欢活动的人采用了这个观点，就对病痛也感到另有风味。顽健粗壮的十八世纪德国诗人白洛柯斯(B.H.Brockes)第一次害病，觉得是一个"可惊异的大发现"。对于这种人，人生还有什么威胁？这种快乐，把忍受变为享受，是精神对于物质的最大胜利。灵魂可以自主——同时也许是自欺。能一贯抱这种态度的人，当然是大哲学家，但是谁知道他不也是个大傻子？

是的，这有点矛盾。矛盾是智慧的代价。这是人生对于人生观开的玩笑。

寻 找 快 乐

○李国文

李国文　一九三〇年生于上海，原籍江苏盐城。当代作家。著作《月蚀》、《危楼纪事》获全国优秀短篇小说奖，长篇小说《冬天里的春天》获首届茅盾文学奖。出版短篇小说集《第一杯苦酒》。

人，活在这个世界上，到底是快活的时候多呢？还是不那么快活的时候多呢？没人做过这方面的统计。但是我想，"人生识字忧患始"，如果不是那么十分浑浑噩噩的话，稍稍有一点头脑，"不如意事常八九"，大概是一种比较准确的状态描写。快活并不是每个人都有幸运碰上的，不快活则是随时随地在等待着你。

就拿一些极日常的事情来说吧！

假如你一早睁开眼，天气不好，恐怕不会太开心。其实这是常事，而且说实在的，除非下刀子，天气似乎无关紧要。但晴朗和阴霾对人的情绪怎么也有影响，老天爷总不开脸，铅灰色的云层，像一块砖头压在心上，能痛快吗？

接着，你皱着眉头吃完老样子的早餐，从果腹这个角度看，也许无可挑剔。但人终究和吃饲料的动物有所不同，胃口大小、心情好坏，乃至于咸淡、干稀都有些个人的讲究。于是，就有喜欢与不喜欢的分别。"嗟来之食"固然难以下咽，"守着多大的碗，吃多大的饭"也影响食欲，想到终日奔忙，只是为了糊这张嘴，也就开不起这份心了。

人，就是这样，顺的时候少，不顺的时候多，这几乎是绝大多数人的命运。

随后，就该穿衣出门了。这就更麻烦，你在那儿脱来换去，大半不是从个人舒适出发，更多是从顺应别人的眼睛考虑。你捉摸不透马路上这股服装潮流，一会儿这么变，一会儿那么变，不知何时是个头？而且变过来变过去，弄得人无所适从，就更为苦恼。你纯粹是在为别人穿衣服，还得十分小心谨慎。超前了，怕人家说你，落在后面，又怕被讪笑，多没劲啊，做人真难啊！

穿衣服如此，其他让你掣肘、伤脑筋，自己当不了自己的家，诸如此类的烦恼，简直不胜枚举。好了，这就该上班去了。搭乘公共汽车也好，或者骑自行车也好，出了门，一个挤字，就把你的情绪全给败坏了。这世界好大好大，按说不会多你一个，但从别人连一块立锥之地也不想给你留下的挤劲，你会为你自己的多余或别人的多余而无法快活了。

还有比衣食住行更简单，更普通，人人都逃脱不了的事吗？

以此类推，你踏进让人焦头烂额的社会，不知会有哪些坑坑洼洼，等着你去跌个鼻青脸肿呢？所以，越寻思越觉得活在这个世界上，太累了。

怎么办呢？

如果你不想精神崩溃，不想自杀；如果你又不想去大打出手，做一个斗士，改变自己的命运；如果你并不甘心像蚕一样束缚在茧里，被不快活弄得愈来愈不是自己，那么，最佳之计，你一定要努力寻找快乐，去追求你心目中的世界。

千万别跟自己过不去。

记住，你的世界和你的快乐只属于你！

一个人有了远大的理想，就是在最艰苦难的时候，也会感到幸福。

——徐特立

懒惰哲学趣话

○ [德] 赫·伯尔　译/韩耀成

　　赫·伯尔(1917～1985)　德国小说家。一九五一年起专事文学创作。曾任联邦德国笔会和国际笔会主席。主要作品有短篇小说集《流浪人,你来斯巴……》,长篇小说《亚当,你在哪里?》、《一声不吭》、《没有看门人的房子》等。获一九七二年诺贝尔文学奖。

　　欧洲西海岸的某港口泊着一条渔船,一个衣衫寒碜的人正躺在船里打盹儿。一位穿着入时的旅游者赶忙往相机里装上彩色胶卷,以便拍下这幅田园式的画面:湛蓝的天,碧绿的海翻滚着雪白的浪花,黝黑的船,红色的渔夫帽。"咔嚓。"再来一张:"咔嚓。"好事成三嘛,当然,那就来个第三张。这清脆的、几乎怀着敌意的声音反把打盹儿的渔夫弄醒了,他慢吞吞地支支腰,慢吞吞地伸手去摸香烟盒;烟还没有摸着,这位热情的游客就已将一包香烟递到了他的面前,虽说没有把烟塞进他嘴里,但却放在了他的手里,随着第四次"咔嚓"声打火机打着了,真是客气之至,殷勤之极。这一连串过分殷勤客气的举动,真有点莫名其妙,使人颇感困窘,不知如何是好。好在这位游客精通该国语言,于是便试着通过谈话来克服这尴尬的场面。

　　"您今天一定会打到很多鱼的。"

　　渔夫摇摇头。

　　"听说今天天气很好呀。"

　　渔夫点点头。

　　"您不出海捕鱼?"

　　渔夫摇摇头,这时游客心里则感到有点郁悒了。

　　毫无疑问,对于这位衣衫寒碜的渔夫他是颇为关注的,并为渔夫耽误了这次出海捕鱼的机会而感到十分惋惜。

"噢，您觉得不太舒服？"

这时渔夫终于不再打哑语，而开始真正说话了。"我身体特棒"，他说，"我还从来没有感到像现在这么精神过。"他站起来，伸展一下四肢，仿佛要显示一下他的体格多么像运动员。"我的身体棒极了。"

游客的表情显得越来越迷惑不解，他再也抑制不住那个像要炸开他心脏的问题了："那么您为什么不出去打鱼呢？"

回答是不假思索的，简短的。"因为今天一早已经出去打过鱼了。"

"打得多吗？"

"收获大极了，所以用不着再出去了。我的筐里有四只龙虾，还捕到二十几条青花鱼……"

渔夫这时完全醒了，变得随和了，话匣子也打开了，并且宽慰地拍拍游客的肩膀。他觉得，游客脸上忧心忡忡的神情虽然有点不合时宜，但却说明他是在为自己担忧呀。

"我甚至连明天和后天的鱼都打够了"，他用这句话来宽慰这位外国人的心。"您抽支我的烟吗？"

"好，谢谢。"

两人嘴里都叼着烟卷，随即响起第五次"咔嚓"声。外国人摇着头，往船沿上坐下，放下手里的照相机，因为他现在要腾出两只手来强调他说的话。

"当然，我并不想干预您的私事"，他说，"但是请您想一想，要是您今天出海两次，三次，甚至四次，那您就可以捕到三十几条，四十多条，五六十条，甚至一百多条青花鱼……请您想一想。"

渔夫点点头。

"要是您不只是今天"，游客继续说，"而且明天、后天、每个好天气都出去捕二三次，或许四次——您知道，那情况将会是怎么样？"

渔夫摇摇头。

"不出一年您就可以买辆摩托，两年就可再买一条船，三四年说不定就有了渔轮；有了两条船或者那条渔轮，您当然就可以捕到更多的鱼——有朝一日您会拥有两条渔轮，您就可以……"他兴奋得一时间连话都说不出来了，"您就可以建一座小冷库，也许可以盖一座熏鱼厂，随后再开一个生产各种渍汁鱼罐头厂，您可以坐着直升机飞来飞去找鱼群，用无线电指挥您的渔轮作业。您可以取得捕大马哈鱼的特权，开一家活鱼饭店，无需通过中间商就直接把龙虾运往巴黎——然后……"外国人兴奋得又说不出话了。他摇摇头，内心感到无比忧虑，度假的乐趣几乎已经无影无踪。他凝视着滚滚而来的排浪，浪里鱼儿在

终身幸福！这是任何活着的人都无法忍受的，那将是人间地狱。

——[英]萧伯纳

欢快地蹦跳。"然后",他说,但是由于激动他又语塞了。

渔夫拍拍他的背,像是拍着一个吃呛了的孩子。"然后怎么样?"他轻声地问。

"然后嘛",外国人以默默的兴奋心情说,"然后您就可以逍遥自在地坐在这里的港口,在太阳下打盹儿——还可以眺览美丽的大海。"

"我现在就这样做了",渔夫说,"我正悠然自得地坐在港口打盹儿,只是您的'咔嚓'声把我打搅了。"

这位旅游者受到这番开导,便从那里走开了,心里思绪万千,浮想联翩,因为从前他也曾以为,他只要好好干一阵,有朝一日就可以不用再干活了;对于这位衣衫寒碜的渔夫的同情,此刻在他心里已经烟消云散,剩下的只是一丝羡慕。

快乐是幸福的开端和归宿

○ [古希腊] 伊壁鸠鲁　译/包利民

伊壁鸠鲁 (前341～前270)　古希腊哲学家。前三一〇年起在小亚细亚讲授哲学。前三〇七年重返雅典,在一座花园里建立学校,史称"伊壁鸠鲁花园"。相传学生中有妇女和奴隶,这在古希腊是一个创举。著作多已亡佚,仅在第欧根尼·拉尔修的《名哲言行录》中保存有致友人书三篇和主要箴言。

伊壁鸠鲁向梅瑙凯问好!

不要因为年轻就耽搁了学习哲学,也不要因为年纪大而感到学习哲学太累。因为一个人在灵魂的健康上既不会时机尚未成熟,也不会时机已过。说还没有到学习哲学的时候或是说时机已经错过的人,就等于在说在获得幸福上时机未到或已经错过一样。所以,无论青年人还是老年人,都应当学习哲学。对于老年人,可以通过美好的经历而立即变得年轻;对于青年人,则可以由于不再对未来惧怕而变得成熟。我们要关注的是在一切实践中追求幸福。如果我们获得了它,我们就有了一切;如果尚未获得,我们就要尽一切努力去获得它。

幸福的前提

我一直向你们谆谆嘱咐的事情,你们要去做,要明白它们是美好人生的基本原则。首先,要认识到神是不朽的和幸福的生物,正如关于神的通常观念所相信的那样;你不要把那些与不朽和终极幸福格格不入的事情归之于神。要用你的一切力量维护神的永恒幸福的观念。神是确实存在的,因为这一知识是清楚明白的。但是,它们不是大众所认为的那样,因为大众不知道在这件事上首尾一贯地坚持自己的看法。不虔敬的人不是否认大众关于神的看法的人,而是信奉大众关于神的看法的人。因为那些看法不是真实概念,只是错误的假设,比如他们认为神会给恶人带来最大的恶,会给好人带来最大的好处,因为神垂青自己的同类,喜欢与自己近似的人,而排斥和自己不一样的人,视其为异己。

要习惯于相信死亡与我们无关,因为一切的好与坏都在感觉之中,而死亡是感觉的剥夺。只要正确地认识到死亡与我们无关,我们就能甚至享受生命的有死性一面——这不是依靠给自己添加无穷的时间,而是依靠消除对于永生不死的渴望。对于彻底地、真正地理解了生命的结束并不是什么坏事的人,在他活着的时候也不惧怕。有些人说自己之所以害怕死亡,不是因为其到来会使人伤心,而是在想到其将要到来时感到伤心,这种人是十分愚蠢的。所有实际来临后不会使人烦恼的事情,在人们的事前展望中引起的悲伤也都是空洞不实的。所以,所有坏事中最大的那个——死亡——与我们毫不相干,因为当我们活着的时候,死亡还没有来临;当死亡来临的时候,我们已经不在了。所以死亡既与活着的人无关,又与死去的人无关;因为对于生者,死还不存在;至于死者,他们本身已经不存在了。

大众有的时候把死亡当成最大的坏事而拼命逃避,有的时候又选择死亡,把它看成生活中的悲惨遭遇的避难所。贤人既不苦苦求生,也不惧怕生活的终止。生活对于他既非一种障碍,死亡也不被他看成是一种恶。就像在食品当中,他不会只是选择更多数量的,而是选择更为令人愉快的。同样,贤人在采摘时间之果上,也不是挑选那些更长的时间,而是更加愉快的时刻。那些宣讲年轻人应当好好生活,老年人应当善终天年的人,是头脑简单的,这不仅是因为生活是有价值的,而且因为对好好生活和善终天年的关

唯独革命家,无论他生或死,都能给大家以幸福。

——鲁 迅

心与实践本来就是一回事。至于那些说最好不要出世到人间的人,那就更差劲了。这些人有诗云:

一旦出生了,就尽快进入冥府之门。

如果说这话的人当真相信这一看法,他为什么不立即结束生命?因为如果他一定要这么做,他立马就可以办到。如果他只是说说而已,那么他就蠢了,因为人们不再会相信他。

要记住:未来既不是完全在我们的掌握之中, 也不是完全不受我们的把握。因此,我们既不要绝对地相信未来一定会如此发生,也不要丧失希望,认为它一定不会如此发生。

美 好 生 活

要认识到:在各种欲望中,有的是自然的,有的是空虚的。在自然的欲望中,有的是必要的,有的仅仅是自然的。在必要的欲望中,有的有助于幸福,有的有助于身体的摆脱痛苦,有的有助于维系生活本身。在所有这些中,正确无误的思考会把一切选择和规避都引向身体的健康和灵魂的无烦恼,既然这是幸福生活的终极目的。我们做的其他一切事情,都是为了这个目的:免除身体的痛苦和灵魂的烦恼。当我们获得这一切后,灵魂的所有风暴就平息了,人们就不再被匮乏所驱动而四处寻找其他什么"好事"来满足灵魂和身体。所以,只有当我们在缺少快乐就感到痛苦时, 快乐才对我们有益处。当我们不再痛苦时,我们也就不再需要快乐了。正是因为此,我们说快乐是幸福生活的开端和目的,因为我们认为快乐是首要的好,以及天生的好。我们的一切追求和规避都开始于快乐,又回到快乐,因为我们凭借感受判断所有的好。

正是因为快乐是首要的好和天生的好,我们不选择所有的快乐,反而放弃许许多多的快乐,如果这些快乐会带来更多的痛苦的话。而且,我们认为有许多痛苦比快乐要好,尤其是当这些痛苦持续了长时间后带来更大快乐的时候。所有的快乐从本性上讲都是人的内在的好,但是并不是都值得选择。就像所有的痛苦都是坏的,但并不都是应当规避的。主要是要互相比较和权衡,看它们是否带来便利,由此决定它们的取舍。有的时候我们把好当做坏,有的时候又把坏当成好。

我们认为独立于身外之物的自足是重大的好,但并不因此就只过拮据的生活。我们的意思是：当我们没有很多物品时，我们可以满足于少许的物品，因为我们真正相信：只有最不需要奢侈生活的人才能最充分地享受奢侈的生活。一切自然的，都是容易获得的；一切难以获得的，都是空虚无价值的(不自然的)。素淡的饮食与奢侈的宴饮带来的快乐是一样的，只要由缺乏引起的痛苦被消除。面包与水可以带给一个人最大的快乐，如果这个人正好处于饥渴之中的话。习惯于简单而非丰盛的饮食，就能给人带来健康，使人足以承担生活中的必要任务，使我们在偶尔遇上盛宴时能更好地对待，使我们不惧怕命运的遭际。

　　当我们说快乐是目的的时候，我们说的不是那些花费无度或沉溺于感官享乐的人的快乐。那些对我们的看法无知、反对或恶意歪曲的人就是这么认为的。我们讲的是身体的无痛苦和灵魂的无烦恼。快乐并不是无止境的宴饮狂欢，也不是享用美色，也不是大鱼大肉什么的或美味佳肴带来的享乐生活，而是运用清醒的理性研究和发现所有选择和规避的原因，把导致灵魂最大恐惧的观念驱赶出去。

　　所有这一切中的首要的和最大的"好"是明智，所以，明智甚至比哲学还更为可贵。一切其他的德性都是从理智中派生出来的，它教导人们：如果不是过一个明智、美好和正义的生活，就无法过上愉快的生活；如果不是过一个愉快的生活，也不可能过一个明智、美好和正义的生活。德性与快乐的生活一道生长，两者不可分离。

　　你认为谁能比这样的人更好呢？——这个人关于神有虔敬的观念，对于死毫不惧怕；他仔细思考过自然的目的，知道"好"的生活很容易获得；他知道坏事不会持续很久，强度也不会很大；他嘲笑被人们视为万物的主宰的东西——所谓命运。他认为有的事情由于必然性而发生，有的来自偶然性，有的是因为我们自己。他看到必然性消除了我们的责任，偶然性或运气则变化无常，而我们自己的行为是自由的，一切批评和赞扬都必须与此关联。即使追随神话关于神的意见也比受自然哲学家的"命运"观念的奴役要好得多，前者至少还给人以一丝希望：如果我们敬拜神、祈求神，就有可能免遭灾难，而后者讲的必然性是无法向它祈求，使它发生任何改变的。再者，他也不像许多人那样认为偶然性或运气是一个神，因为神不会做混乱无序的事情；偶然性也不是事物的一个不确定的原因，因为偶然性不可能给人们带来好事与坏事，让人生活得幸福，虽然大的坏事和好事可以开始于某种偶然事故。应当认为：运气不好但是智慧的人胜过幸运的蠢人，因为在行为中拥有正确的判断的人即使没有成功，也比借助偶然机遇成功的非理性的人要好。

　　你以及你的同道要日日夜夜思索这些道理以及相似的道理，这样，无论你

醉心于某种癖好的人是幸福的。

——[英]萧伯纳

是在醒的时候还是在睡着的时候，就都不会感到烦恼，而是像神一样生活在人当中。因为一个生活在不朽的福祉中的人已经不再像有死的生物了。

极乐生活指南（节选）

○ [德] 费希特

费希特(1726～1814)　德国哲学家,德国古典唯心主义主要代表之一。他在唯心主义范围内看到了人的能动作用,看到了理论认识与实践活动的统一性,这种辩证法思想曾对黑格尔产生影响。主要著作有《知识学的基础》、《论学者的使命》、《人的使命》等。

我这里开始的演讲,已经预告过,题目是极乐生活指南。为了适应通俗的看法——如果不先从这种看法出发，人们就不能修正它——我们不得不这样来表达我们的意思,尽管按照本真的观点,在极乐生活这一表达中有某种多余的东西。就是说,生活必然是极乐的,因为它就是极乐,反之,一种不幸生活的思想则包含着一种矛盾。不幸就是死亡。因此,如果要严格表达我的意思的话,我本来应当将我准备要做的演讲称为生活指南或生活论,或者,如果从另一个角度来理解这一概念，我本来应当将这些演讲也称为极乐指南或极乐论。同时,远非所有显得活的东西都是极乐的,这一论断的根据在于,这种不幸实际上也并非在生活,相反的,就它的大量组成部分而言,它已经陷入了死亡,陷入了非存在。

我说,生活本身就是极乐。它不可能是别的,因为生活就是爱,生活的全部形式和力量都在于爱,产生于爱。——通过刚才所说的,我已经说出了最深刻的知识命题之一。然而我认为,任何一个稍微真正聚精会神的人,都会立刻明白这一命题。爱把本身僵死的存在仿佛分割为双重的存在,把存在置于自己面前,并由此将它变成一个直观自己、知道自己的自我。一切生活都植根于这种自我性。反过来,爱又把被分割的自我极其密切地统一与连接起来,而如果没有爱,被分割的自我就只能冷静地、淡泊地直观自己。这后一种统一性,在不能由此排除,而是永远保持着的二重性中,就是生活。对于这一点,那些稍微想深刻思考被扬弃的概念而又把它们贯通起来的人,必定会立刻明白。这样就可以进一步说,爱是自足自满、自我快乐与自我享受,因而是极乐。所以很显然,生活、爱与极乐是绝对同一的。

　　其次,我说过,并非所有显得活的东西实际上都是活的。由此可知,在我看来,生活可从双重的观点来看,并且是由我来看的;这就是说,部分地从真理的观点来看,部分地从假象的观点来看。这时我们就会首先明白,后一种单纯假象的生活,假如它不以某种方式得到本真的存在的支撑,如果本真的生活——因为只有生活是本真在场的或具体存在的——不以某种方式进入这种单纯显现的生活并相互混合,那么,甚至不能显现出来,而会完全停留在虚无之中。绝不可能有任何纯粹的死亡,也绝不可能有任何纯粹的不幸,因为如果假定有这类东西,那就承认了它们的在场,但是,只有本真的存在与生活才可能在场。因此,一切不完满的存在仅仅是死的东西与活的东西的混合。关于这种混合一般是以什么方式发生的,甚至在最低级的生活阶段,本真生活的不可根除的体现是什么,我们将在下面立即指出。然后应当说明,就连这种单纯假象的生活在每一时刻所处的位置与核心,也都是爱。请你们理解我下面的意思:就像我们很快进一步看到的那样,假象可以是用千差万别、无限多样的方式形成的。如果从假象的观点来谈,那么,显现的生活的各种不同形态则都是一般的生活;或者,如果严格按照真理来说,那么,这些形态就显现为一般的生活。但这时如果进一步出现一个问题:究竟是什么东西,使这种大家共同的生活在其特殊形态中成为不同的? 或者说,是什么东西赋予每一个体的特殊生活以独一无二的特征? 那么,我对此的回答是:它就是特殊的个体生活之爱。——告诉我,当你期望发现你的真正自我享受的时候,什么是你真正爱的,什么是你以你的全部渴望探索和追求的;这样,你就向我表明了你的生活。你的生活是你之所爱。正是这种爱构成了你的生活,构成了你的生活的根基、驻地与核心。而你的其他一切冲动,只有当它们指向这个唯一的核心时,才是生活。对很多人来说,回答前面所提的问题可能并不容易,因为他们根本不知道什么是他们之所爱,这只能证明,他们本来就无所爱,正因为如此,他们也不生活,因为他们并不爱。

幸福是勇气的一种形式。
——[英]杰克逊

美腿与丑腿

○ [美] 富兰克林

富兰克林(1706～1790)　美国启蒙运动的开创者、科学家、实业家，独立革命的领导人之一，参与起草《独立宣言》，美国的缔造者之一。马克思指出："他是首先发现价值的真正实质的人中的一个。"

这世上有两种人，他们拥有着同样的健康、财富以及其他生活上的享受，但是，一种人快乐，另一种人却烦恼。这很大程度上来源于他们对事物观点的不同，比如对人和对事，因此产生了快乐和烦恼的分歧。

人无论处于什么境地，总是会遇到"幸"或"不幸"。不管在什么场合，接触到的人和进行的交流，总有让他开心或烦心的；无论在什么样的餐桌前吃饭，酒肉总有对味和不对味的，餐具也总有精致和粗糙的；无论在什么气候下，他们总能遭遇好天气和坏天气；无论哪个政府统治，法律条文总有好坏之分；再伟大的诗句或著作中，总能挑出精彩的和平庸的；差不多每一个人的脸上，都有美丽和难看的地方，每一个人，也总有优点和缺点。

在这种情况下，上面所说的两种人注重的东西刚好相反。快乐的人，总是看着事物的长处：交谈中愉快的部分，食物的精致，酒的美味，美好的天气等等，并且满心欢喜地享受这一切。那些不快乐的人，却站在对立的一面，因此他们总是对自己不满意，他们说的话在社交场合很扫兴，既得罪了别人，也让自己闷闷不乐。如果这种性格与生俱来，那么真值得同情；可是如果是盲目模仿别人，最后不知不觉成了习惯的，那么他们应该深信不疑这种恶习将对他们幸福的人生产生怎样的影响，即使这种恶习已经很顽固，也还是可以根除的。我希望这点忠告可以给他们一点帮助，改变这不好的习惯。或许这习惯主要作用于心理上，但是却能给生活造成恶劣的影响，带来一些现实的悲伤与不幸。因为总是得罪人，大家都不喜欢他，顶多出示一些必不可少的礼节，甚至连最起码的尊重都不会给他。这会使他们的生活缺乏情趣,而且会引起各种矛盾和争执。如果他们想增加财富,没有人会祝福他们好运,没有人愿意为他们出谋划策。如果他们招致公众的责难和羞辱,也没有人出来为他们辩护或谅解,有的人甚至夸大其词地攻击他们,使他们变得更讨厌。如果这些人不改变这些坏习惯,对那些人们认为美好的事物不屑一顾,一天到晚怨天尤人,那么大家还是少和他接触好,因为这种人很难相处,而且当你卷进他们的争吵,你会有更大的麻烦。

　　我有一个哲学家老朋友,经历过很多人情世故,按照他的阅历,行为谨慎,尽量避免和这种人打交道。和其他的哲学家一样,他也有一个显示气温的温度计和一个预报天气好坏的气压计;但世上没有人发明一种仪器可以预测人的这种坏习惯,因此,他就利用自己的两条腿来测验。他的一条腿长得很好看,另一条腿因为意外事故而成了畸形。如果陌生人初见他时,对他的丑腿比对他的美腿更专注,那么他就会有所疑虑。如果那人只谈论那条丑腿,而不注意他的好腿,那我的朋友就会很快决定不再与他深交。不是每个人都有这样一双腿作为测量仪器,但只要稍加留意,每个人都能看出点那种挑三拣四的人的劣迹,从而避免和这种人交往。所以,我奉劝那些爱挑剔、爱发牢骚、整天愁眉苦脸的人,如果想受人尊敬并且想自己找乐子的话,就不要总是盯着别人的丑腿看。

写作的乐趣

○ [英] 温斯顿·丘吉尔

温斯顿·丘吉尔(1874～1965)　前英国首相 (1940～1945,1951～1955)。第二次世界大战爆发后,复任海军大臣。一九四〇年组织战时联合内阁,领导英国对德作战。著有《第二次世界大战回忆录》、《英语民族史》等。获一九五三年诺贝尔文学奖。

　　在我看来,世上幸运的人——唯一真正幸运的人,是那些以工作为乐的人。这类人并不多,起码不如人们常说的那么多;并且,作家也许是其中最重要的

幸福不在于拥有金钱,而在于获得成就时的喜悦以及产生创造力的激情。

——[美]罗斯福

组成部分之一。从幸运这个角度来说，他们至少享受着生活中真正的和谐之乐。我觉得以工作为乐，是人们值得为之奋斗的一种崇高荣誉；别人会羡慕这些幸福的人，这也不足为奇，因为他们在快乐的激情里找到了生活的方式，对他们而言，工作一小时，也就是享受一小时，休息——甭管多么有必要——都是让人厌烦的插曲，甚至连休假也差不多是一种损失。一个人写得好坏与否，写得或多或少，如果他喜爱写作的话，就会享受其中谋篇布局的乐趣。在一个阳光明媚的清晨，伏案写作，不受任何人打扰地坐上四个时辰，加上有足够的上好白纸，还有一支"挤压式"妙笔——这才是真正的幸福。能有一份愉快的职业让人全身心地投入——此愿足矣！管它外面发生什么事！下议院尽管做想干的一切，上议院也可随便，异教徒或许在世界各个角落怒火汹汹；美国市场大可一泻千里，证券下跌；女权运动兴起——所有这些都别管，无论怎样，我们有四个小时可以逃脱这无趣病态专制混乱的尘世，用想象的钥匙开启藏有大千世界所有宝物的橱柜。

　　如果说作家没有自由，那么又有几个人是自由的？倘若他没有安全感，又有几人是安全的？作家的工具再普通不过了，极为廉价，几乎没有什么商业价值。他不需要庞大的原材料，不需要精密仪器，不需要别人鞍前马后地服务。他的职业只靠自己，不靠任何人；只操心自己，任何事都无所谓。他就是一国之君，自给自立。没有人能没收他的资产；没有人能剥夺他从业的资本；没有人能强迫他把自己的才华施展在他不情愿的地方；没有人能阻止他按自己的选择发挥天赋。他的笔就是人类和各个民族的救世主。任何束缚都无法禁锢，任何贫困都阻挡不了，任何关税也无法限制，他任凭思想自由驰骋，甚至"泰晤士图书俱乐部"也只能对他的收获有节制地施加打击。只要尽力而为了，不管作品的结果是好是坏，他都会觉得很开心。我总相信在风云变幻、令人头疼的政治生涯中，有一条通向宁静富饶之地的退路，那是任何无赖都到达不了的地方，我永远不会感到失败的沮丧，也永远不会空虚无聊，哪怕没有权势。的确，在那时，我虔诚地感谢自己生来就爱好写作；在那时，我无比感激每个时代、每片疆土上的所有勇士，是他们作出的斗争确立了现在写作无可争议的自由。

　　英语是一种多么高尚的语言！我们每写下一页，都沉浸在母语的柔韧灵活、博大精深为我们带来的不容置疑的喜悦中。如果一位英国作家，不能用练达的英语说出他必须说的话，那么那句话或许不值得说。倘若没有深入研究英语，那是何等的憾事！我不是要攻击古典教育。凡是自信对文学有点鉴赏力的人，都不可能漠视希腊文、罗马文。但我得承认，我深深地忧虑我国目前的教育制度。我难以相信这个制度是好的，甚至是合理的，因为它把只有少数特权人物和天才才能欣赏的东西,展示在不情愿接受又大惑不解的大众面前。对大多数公学的学生来说,古典教育始终都是些冗长无用和没有什么意义的陈词滥调。如果有人告诉我,古典课程是学习英语的最好准备,那我就回答说,迄今为止,大多数学生已完成学业,然而这个准备阶段仍然未完成,也没有收获任何预期的优势。

那些无缘成为大学者而又对古代作家有所了解的人,难道可以说他们已经掌握了英语吗?那些从大学和公学毕业的年轻人,有几人能把一段拉丁诗文娴熟地写下来,足以让坟墓中的古罗马人为之动情!而能够写出几行连珠妙语的人就更少了,更不用说用英语简洁练达地写出几个精彩的段落!不过,我倒是非常羡慕古希腊人——当然我得听别人讲述他们的情形——我很乐意见到我们的教育家至少能在一个方面效仿古希腊人。古希腊人如何运用自己的语言,使之成为人类迄今所知最高雅、最简练的表达方式呢?他们是否用了毕生的时间学习在此之前的语言?他们是否不知疲倦地潜心研究某个已不复存在的世界里的原始方言了?根本没有!他们只学习希腊语。他们学习自己的语言。他们热爱它,珍惜它,修饰它,拓展它,因此,它才能得以延续,其楷模和乐趣供所有后人享用。毫无疑问,对我们来说,既然英语已经为自己在现代世界里赢得了这般举世无双的地位,我们至少能从古希腊人那里吸取些训导,在多年的教育中稍微操点心,抽空去学习一种也许在人类未来发展中起到主导作用的语言。

让我们记住了,作家永远可以发挥最大的努力。他找不出任何托辞不这样做。板球明星也许会发挥失常。将军在决战之日也许会牙疼,也许他的部队很糟糕。舰队司令也可能会晕船——作为晕船者我满意地想到了那意外。卡鲁索可能会得黏膜炎,哈肯施米特也会得流感。对于一位演说家来说,仅仅是想得好和想得正确是不够的,他还得脑筋转得快。速度至关重要,随机应变越来越成为优秀演说家的标志。所有这些活动都需要行动者在一个特定的时刻全心全意地付出,而无法掌控的各种事态也许决定着这一时刻。作家的情况就不需要这样。他可以等到一切准备就绪时再出场。他永远可以把他的最大潜能发挥出来。他并不依赖于自己在某一天的最佳时刻。他可以把二十天的最佳时刻攒起来。他没有理由不尽最大的努力。等待他的机会多,赋予他的责任也很重大。有人说过这样的话——我忘了是谁说的——"言语是唯一恒久的东西"。我以为这永远是绝妙的思想。人类用石块垒起的如此坚固的大厦,是人类力量最伟大的结晶,也可能会被夷为平地,而那一闪而过的言辞,那思绪飞扬时即逝的表达却延续了下来,但它不是历史的回音,不是纯粹的建筑奇迹或令人肃然起

与其说人类的幸福来自偶尔发生的鸿运,不如说来自每天都有的小实惠。

——[美]富兰克林

敬的遗迹,但它的力量依旧强大,生命依旧鲜活,有时候远比当初说出来的时候更加坚强有力,它穿越了三千年的时光隧道,为生活在现在的我们照亮了世界。

人生的乐趣

○林语堂

林语堂(1895～1976)　现代作家。福建龙溪人。曾先后就读于上海圣约翰大学、美国哈佛大学、德国莱比锡大学,专攻语言学。曾为《语丝》主要撰稿人之一,主编《论语》,创办《人间世》、《宇宙风》。作品有《吾国与吾民》、《京华烟云》、《风声鹤唳》等文化著作和长篇小说。

我们只有知道一个国家人民生活的乐趣,才会真正了解这个国家,正如我们只有知道一个人怎样利用闲暇时光,才会真正了解这个人一样。只有当一个人歇下他手头不得不干的事情,开始做他所喜欢做的事情时,他的个性才会显露出来。只有当社会与公务的压力消失,金钱、名誉和野心的刺激离去,精神可以随心所欲地游荡之时,我们才会看到一个内在的人,看到他真正的自我。生活是艰苦的,政治是肮脏的,商业是卑鄙的,因而,通过一个人的社会生活状况去判断一个人,通常是不公平的。我发现我们有不少政治上的恶棍在其他方面却是十分可爱的人,许许多多无能而又夸夸其谈的大学校长在家里却是绝顶的好人。同理,我认为玩耍时的中国人要比干正经事情时的中国人可爱得多。中国人在政治上是荒谬的,在社会上是幼稚的,但他们在闲暇时却是最聪明最理智的。他们有着如此之多的闲暇和悠闲的乐趣,这有关他们生活的一章,就是为愿意接近他们并与之共同生活的读者而作的。这里,中国人才是真正的自己,并且发挥得最好,因为只有在生活上他们才会显示出自己最佳的性格——亲切、友好与温和。

既然有了足够的闲暇,中国人有什么不能做呢?他们食蟹、品茗、尝泉、唱戏、放风筝、踢毽子、比草的长势、糊纸盒、猜谜、搓麻将、赌博、典当衣物、煨人参、看斗鸡、逗小孩、浇花、种菜、嫁接果树、下棋、沐浴、闲聊、养鸟、午睡、大吃二喝、猜拳、看手相、谈狐狸精、看戏、敲锣打鼓、吹笛、练书法、嚼鸭肫、腌萝卜、捏胡桃、放鹰、喂鸽子、与裁缝吵架、去朝圣、拜访寺庙、登山、看赛舟、斗牛、服春药、抽鸦片、闲荡街头,看飞机、骂日本人、围观白人、感到纳闷儿、批评政治家、念佛、练深呼吸、举行佛教聚会、请教算命先生、捉蟋蟀、嗑瓜子、赌月饼、办灯会、焚净香、吃面条、射文虎、养瓶花、送礼祝寿、互相磕头、生孩子、睡大觉。

这是因为中国人总是那么亲切、和蔼、活泼、愉快,那么富有情趣,又是那么会玩儿。尽管现代中国受过教育的人们总是脾气很坏,悲观厌世,失去了一切价值观念,但大多数人还是保持着亲切、和蔼、活泼、愉快的性格,少数人还保持着自己的情趣和玩耍的技巧。这也是自然的,因为情趣来自传统。人们被教会欣赏美的事物,不是通过书本,而是通过社会实例,通过在富有高尚情趣的社会里的生活。工业时代,人们的精神无论如何是丑陋的,而某些中国人的精神——他们把自己的社会传统中一切美好的东西都抛弃掉,而疯狂地去追求西方的东西,可自己又不具备西方的传统,他们的精神更为丑陋。在全上海所有富豪人家的园林住宅中,只有一家是真正的中国式园林,却为一个犹太人所拥有。所有的中国人都醉心于什么网球场、几何状的花床、整齐的栅栏、修剪成圆形或圆锥形的树木,以及按英语字母模样栽培的花草。上海不是中国,但上海却是现代中国往何处去的不祥之兆。它在我们嘴里留下了一股又苦又涩的味道,就像中国人用猪油做的西式奶油糕点那样。它刺激了我们的神经,就像中国的乐队在送葬行列中大奏其"前进,基督的士兵们"一样。传统和趣味需要时间来互相适应。

古代的中国人是有他们自己的情趣的。我们可以从漂亮的古书装帧、精美的信笺、古老的瓷器、伟大的绘画和一切未受现代影响的古玩中看到这些情趣的痕迹。人们在抚玩着漂亮的旧书、欣赏着文人的信笺时,不可能看不到古代的中国人对优雅、和谐和悦目色彩的鉴赏力。仅在二三十年之前,男人尚穿着鸭蛋青的长袍,女人穿紫红色的衣裳,那时的双绉也是真正的双绉,上好的红色印泥尚有市场。而现在整个丝绸工业都在最近宣告倒闭,因为人造丝是如此便宜,如此便于洗涤,三十二元钱一盎司的红色印泥也没有了市场,因为它已被橡皮图章的紫色印油所取代。

古代的亲切和蔼在中国人的小品文中得到了极好的反映。小品文是中国人精神的产品,闲暇生活的乐趣是其永恒的主题。小品文的题材包括品茗的艺术、图章的刻制及其工艺和石质的欣赏、盆花的栽培,还有如何照料兰花、泛舟

对于大多数人来说,他们认定自己有多幸福,就有多幸福。
——[美]林 肯

湖上、攀登名山、拜谒古代美人的坟墓、月下赋诗，以及在高山上欣赏暴风雨——其风格总是那么悠闲、亲切而文雅，其诚挚谦逊犹如与密友在炉边交谈，其形散神聚犹如隐士的衣着，其笔锋犀利而笔调柔和，犹如陈年老酒。文章通篇都洋溢着这样一个人的精神：他对宇宙万物和自己都十分满意；他财产不多，情感却不少；他有自己的情趣，富有生活的经验和世俗的智慧，却又非常幼稚；他有满腔激情，而表面上又对外部世界无动于衷；他有一种愤世嫉俗般的满足，一种明智的无为；他热爱简朴而舒适的物质生活。这种温和的精神在《水浒传》的序言里表述得最为明显，这篇序文委托给该书作者，实乃十七世纪一位批评家金圣叹所作。这篇序文在风格和内容上都是中国小品文的最佳典范，读起来像是一篇专论"悠闲安逸"的文章。使人感到惊讶的是，这篇文章竟被用作小说的序言。

在中国，人们对一切艺术的艺术，即生活的艺术，懂得很多。一个较为年轻的文明国家可能会致力于进步；然而一个古老的文明国度，自然在人生的历程上见多识广，它所感兴趣的只是如何过好生活。就中国而言，由于有了中国的人文主义精神，把人当做一切事物的中心，把人类幸福当做一切知识的终结，于是，强调生活的艺术就是更为自然的事情了。但即使没有人文主义，一个古老的文明也一定会有一个不同的价值尺度，只有它才知道什么是"持久的生活乐趣"，这就是那些感官上的东西，比如饮食、房屋、花园、女人和友谊。这就是生活的本质，这就是为什么像巴黎和维也纳这样古老的城市有良好的厨师、上等的酒、漂亮的女人和美妙的音乐。人类的智慧发展到某个阶段之后便感到无路可走了，于是便不愿意再去研究什么问题，而是像奥玛开阳那样沉湎于世俗生活的乐趣之中了。于是，任何一个民族，如果它不知道怎样像中国人那样吃，如何像他们那样享受生活，那么，在我们眼里，这个民族一定是粗野的，不文明的。

在李笠翁(十七世纪)的著作中，有一个重要部分专门研究生活的乐趣，是中国人生活艺术的袖珍指南，从住宅与庭园、屋内装饰、界壁分隔到妇女的梳妆、美容、施粉黛、烹调的艺术和美食的导引，富人穷人寻求乐趣的方法，一年四季消愁解闷的途径，性生活的节制，疾病的防治，最后是从感觉上把药物分成三类："本性酷好之药"、"其人急需之药"和"一生钟爱之药"。这一章包含了比医科大学的药学课程更多的用药知识。这个享乐主义的戏剧家和伟大的喜剧诗人，写出了自己心中之言。我们在这里举几个例子来说明他对生活艺术的透彻见解，这也是中国精神的本质。

李笠翁在对花草树木及其欣赏艺术作了认真细致而充满人情味的研究之

后,对柳树作了如下论述:

> 柳贵乎垂,不垂则可无柳。柳条贵长,不长则无袅娜之致,徒垂无益也。此树为纳蝉之所,诸鸟亦集。长夏不寂寞,得时闻鼓吹者,是树皆有功,而高柳为最。总之种树非止娱目,兼为悦耳。目有时见而不娱,以在卧榻之上也;耳则无时不悦。鸟声之最可爱者,不在人之坐时,而偏在睡时。鸟音宜晓听,人皆知之;而其独直于晓之故,人则未之察也。鸟之防弋。无时不然。卯辰以后,是人皆起,人起而鸟不自安矣。虑患之念一生,虽欲鸣而不得,欲亦必无好音,此其不宜于昼也。晓则是人未起,即有起者,数亦寥寥,鸟无防患之心,自能毕其能事。且扪舌一夜,技痒于心,至此皆思调弄,所谓"不鸣则已,一鸣惊人"者是也,此其独宜于晓也。庄子非鱼,能知鱼之乐;笠翁非鸟,能识鸟之情。凡属鸣禽,皆当以予为知己。种树之乐多端,而其不便于雅人者亦有一节:枝叶繁冗,不漏月光。隔蝉娟而不使见者,此其无心之过,不足责也。然匪树木无心,人无心耳。使于种植之初,预防及此,留一线之余天,以待月轮出没,则昼夜均受其利矣。

在妇女的服饰问题上,他也有自己明智的见解:

> 妇人之衣,不贵精而贵洁,不贵丽而贵雅,不贵与家相称,而贵与貌相宜……今试取鲜衣一袭,令少妇数人先后服之,定有一二中看,一二不中看者,以其面色与衣色有相称、不相称之别,非衣有公私向背于其间也。使贵人之妇之面色不宜文采,而宜缟素,必欲去缟素而就文采,不几与面色为仇乎?……大约面色之最白最嫩,与体态之最轻盈者,斯无往而不宜:色之浅者显其淡,色之深者愈显其淡;衣之精者形其娇,衣之粗者愈形其娇……然当世有几人哉?稍近中材者,即当相体裁衣,不得混施色相矣。

> 记予儿时所见,女子之少者,尚银红桃红,稍长者尚月白,未几而银红桃红皆变大红,月白变蓝,再变则大红变紫,蓝变石青。迨鼎革以后,则石青与紫皆罕见,无论少长男妇,皆衣青矣。

李笠翁接下去讨论了黑色的伟大价值。这是他最喜欢的颜色,它是多么适合于各种年龄、各种肤色,在穷人可以久穿而不显其脏,在富人则可在里面穿

痛苦的秘密在于有闲功夫担心自己是否幸福。

——[英]萧伯纳

着美丽的色彩，一旦有风一吹，里面的色彩便可显露出来，留给人们很大的想象余地。

此外，在"睡"这一节里，有一段漂亮的文字论述午睡的艺术：

> 然而午睡之乐，倍于黄昏，三时皆所不宜，而独宜于长夏。非私之也，长夏之一日，可抵残冬二日，长夏之一夜，不敌残冬之半夜，使止息于夜，而不息于昼，是以一分之逸，敌四分之劳，精力几何，其能噉此？况暑气铄金，当之未有不倦者。倦极而眠，犹饥之得食，渴之得饮，养生之计，未有善于此者。午餐之后，略逾寸晷，俟所食既消，而后徘徊近榻。又勿有心觅睡，觅睡得睡，其为睡也不甜。必先处于有事，事未毕而忽倦，睡乡之民自来招我。桃源，天台诸妙境，原非有意造之，皆莫知其然而然者，予最爱旧诗中，有"手倦抛书午梦长"一句。于书而眠，意不在睡；抛书而寝，则又意不在书，所谓莫知其然而然也。睡中三味，唯此得之。

只有当人类了解并实行了李笠翁所描写的那种睡眠的艺术，人类才可以说自己是真正开化的、文明的人类。

快 乐 吧

○ [英] 劳埃德·莫里斯

劳埃德·莫里斯 (1613～1680)　英国作家，作品富于机智幽默。著有《格言集》等。

快乐的日子，使我们聪明。

——约翰·曼斯斐尔

第一次读到英国桂冠诗人曼斯斐尔这行诗的时候，我非常惊讶：它真正的寓意是什么呢？不仔细考虑的话，我一直认为这句诗倒过来才对。不过他的冷静与自信却俘获了我，所以我一直无法忘记这句诗。

终于，我好像可以领会他的意思，意识到其中蕴含着深刻的观察思考。快乐带来的智慧存在于清晰的心灵感觉中，不因忧虑、担心而困惑，不因绝望、厌烦而迟钝，不因惶恐而出现盲点。

跃动的快乐——不仅是满足或惬意——会突然到来，就像四月的春雨或是花蕾的绽放。然后你发觉智慧已随快乐而来。草儿更绿，鸟儿的歌声更加美妙，朋友的缺点也变得更加可以理解、原谅。快乐就像一副眼镜，可以修正你精神的视力。

快乐的视野并不受你周围事物的局限。只不过当你不快乐的时候，思想便转向你感情上的苦恼，眼界也就被心灵之墙隔断了。而当你快乐的时候，这道墙便崩塌了。

你的眼界更宽了。脚下的大地，身旁的世界——人们、思想、情感、压力——现在都融进了一个更加宏伟的情境中，每件事都恰如其分。这就是智慧的开端。

快　　乐

○梁实秋

梁实秋（1902～1987）　原名治华，浙江余杭人，生于北京。现代散文家、文学评论家、翻译家。创作以小品文著称，《雅舍小品》为其代表作。另有文字评论集《浪漫的与古典的》、《文字的纪律》，译著有《莎士比亚全集》。主编《远东英汉大辞典》。

常言道，"境由心生"，又说"心本无生因境有"。总之，快乐是一种心理状态。内心湛然，则无往而不乐。吃饭睡觉，稀松平常之事，但是其中大有道理。大珠《顿悟入道要门论》："有源律师来问：'和尚修道，还用功否？'师曰：'用功'。

人间最大的幸福莫如既有爱情又洁白无瑕。

——［法］卢　梭

曰:'如何用功'？师曰:'饥来吃饭,困来即眠。'曰:'一切人总如是,同师用功否？'师曰:'不同。'曰:'何故不同？'师曰:'他吃饭时不肯吃饭,百种须索,睡时不肯睡,千般计较。所以不同也。'律师杜口。"可是修行到心无碍,却不是容易事。我认识一位唯心论的学者,平凤昌言意志自由,忽然被人绑架,系于暗室十有余日,备受凌辱,释出后他对我说:"意志自由固然不诬,但是如今我才知道身体自由更为重要。"常听人说烦恼即菩提,我们凡人遇到烦恼只是深感烦恼,不见菩提。

快乐是在心里,不假外求,求即往往不得,转为烦恼。叔本华的哲学是:苦痛乃积极的实在的东西,幸福快乐乃消极的根本不存在的东西。所谓快乐幸福乃是解除苦痛之谓。没有苦痛便是幸福。再进一步看,没有苦痛在先,便没有幸福在后。梁任公先生曾说:"人生最快乐的事,莫过于看着一件工作的完成。"在工作过程之中,有苦恼也有快乐,等到大功告成,那一份"如愿以偿"的快乐便是至高无上的幸福了。

有时候,只要把心胸敞开,快乐也会逼人而来。这个世界,这个人生,有其丑恶的一面,也有其光明的一面。良辰美景,赏心乐事,随处皆是。智者乐水,仁者乐山。雨有雨的趣,晴有晴的妙,小鸟跳跃啄食,猫狗饱食酣睡,哪一样不令人看了觉得快乐？就是在路上,在商店里,在机关里,偶尔遇到一张笑容可掬的脸,能不令人快乐半天？有一回我住进医院里,僵卧了十几天,病愈出院,刚迈出大门,陡见日丽中天,阳光普照,照得我睁不开眼,又见市廛(chán)熙攘,光怪陆离,我不由得从心里欢叫起来:"好一个艳丽盛装的世界！"

"幸遇三杯酒美,况逢一朵花新？"我们应该快乐。

笑 口 常 开

○贾平凹

贾平凹 原名贾平娃。当代作家。陕西丹凤人,一九五二年生。毕业于西北大学中文系。著有长篇小说《废都》、《秦腔》、《商州》、《白夜》、《浮躁》、《腊月·正月》、《天狗》、《高老庄》、《怀念狼》等。

著作得以出版,殷切切送某人一册,扉页上恭正题写:"赠×××先生存正。"一月过罢,偶尔去废旧书报收购店见到此册,遂折价买回,于扉页上那条题款下又恭正题写:"再赠×××先生存正。"写毕邮走,踅进一家酒馆坐喝,不禁乐而开笑。

大学毕业,年届三十,婚姻难就,累得三朋四友八方搭线,但一次一次介绍终未能成就。忽一日,又有人送来游园票,郑重讲明已物色着一位姑娘,同意明日去公园××桥第三根栏杆下见面,黎明早起,赶去约会,等候的姑娘竟是两年前曾经别人介绍见过面的。姑娘说:"怎么又是你?!"转身而去。木木在桥上立了半晌,不禁乐而开笑。

好友××君,编辑十五年杂志,清苦贫困,英年早逝。保存下那一枝笔和一副深度近视镜。租三轮车送亡友去火葬场火化,待化的队列冗长,忽见墙上张贴有"本场优待知识分子",立即返回取来编辑证书,果然火化提前,免受尸体臭烂,不禁乐而开笑。

入厕所大便完毕,发现未带手纸,见旁边有被揩过的一片脏纸,应急欲用,却进来一个人蹲坑,只好等着那人便后先走。那人也是没手纸,为难半天,也发现那片脏纸,企图我走后应急。如此相持许久,均心照不宣。后同时欲先下手为强,偏又进来一人,背一篓,拄一铁条,为拣废纸者;铁条一点,扎去脏纸入篓走了。两人对视,不禁乐而开笑。

居住于 A 城的伯父,沉沦于二十年右派生涯,早妻离子散,平反后已垂垂暮老,多回忆早年英武及故友。我以他大学的一位女生名义去信慰藉,不想他立即复信，只好信来信往，谈当年的友情，谈数十年思念，谈现在鳏(guān)寡人的处境，及至发展到黄昏恋。我半月一封，连续四年不断，且信中一再说要去见他，每次日期将至又以患病推延。伯父终老弱病倒，我去看他，临咽气说："我等不及她来了。她来了，你把这个箱子交她。"又说一句："我总没白活。"安详瞑目。掩埋了伯父，打开箱子，竟是我写给他的近百封信，得意为他在爱的幸福中度过晚年，不禁乐而开笑。

陪领导去某地开会，讨论席上，领导突然脖子发痒，用手去摸，摸出一个肉肉的小东西，脸色微红，旋又若无其事说："我还以为是个虱子哩！"随手丢到地上。我低头往地上瞅，说："噢，我还以为不是个虱子哩！"会后领导去风景区旅游，而我被命令返回，列车上买一个鸡爪边嚼边想，不禁乐而开笑。

有了妻子便有了孩子，仍住在那不足十平方米的单间里。出差马上就要走了，一走又是一月，夫妻想亲热一下，孩子偏死不离家。妻说："小宝，爸爸要走了，你去商店打些酱油，给你爸爸做一顿好吃的吧！"孩子提了酱油瓶出门，我说："拿这个去。"给了一个大口浅底盘子，"别洒了啊！"孩子走了，关门立即行动。毕，赶忙去车站，于巷口远远看见孩子双手捧盘，一步一小心地回来，不禁乐而开笑。

夜里正在床上半醒半睡，有人影推门闪进来，在立柜里翻，翻出一堆破衣服和书报，扔了；再往架板上翻，翻出各类米袋子、面袋子和书报，扔了；在桌斗里又翻，是一堆读书卡片，凑眼前看了看，扔了。咕囔了一句顺门便走，我在床上说："朋友，把门拉上，夜里有风的。"小偷把门拉上了。天明起来整理房间，一地乱书乱报，竟发现找了好久未找着的一份资料，不禁乐而开笑。

上大街回来，挤了一身臭汗，牢骚道："用枪得在街十字路口扫一通！"回家一杯茶未喝尽，楼梯上步声杂乱，巷中有人呼："大街上有人用枪打死几十人了！"遂也往街上跑，街上人山人海，弯腰往里挤，问："尸体在哪儿？"一熟人说："不是说是你讲的吗？"忽记得那一句顺口的牢骚，不禁乐而开笑。

剧场里巧和一位官太太邻座，太太把持不住放一屁，四周骚哗。骂问："谁放的？不文明！"太太窘极不语，骂问声更甚。我站起说："我放的！"众人骚哗即息，却以手作扇风状，太太也扇，畏我如臭物，回望她不禁乐而开笑。

出外，突然有人迎面过来打招呼，立即停下，作疑惑状："你不认识我了？""怎不认识！"于是握手，互问哪儿来，到哪儿去，互问老人康健孩子可乖，互说又胖了，又瘦了，半天的淡而无味的话。分手了，终想不起这是谁，不禁乐而开笑。

弄文学的穷朋友来家侃山，酒瘾发而酒瓶仅能空出一杯酒，取马鬃四根，各人蘸呋，却大声划拳："三匹马，五魁手……你一盅(鬃)！我一盅(鬃)！"窗外卖茶蛋的老妪对老翁说："怪不得咱出钱让人家写文章宣传咱不干，人家钱多酒量也大,喝了整晌也未醉!"听着不禁乐而开笑。

路过一条小巷,忽见有长队排出,以为又在出售紧俏物件子,急忙列入其中,排到跟前,方见是巷口唯一的厕所,居民等候出恭,不禁乐而开笑。

去给孩子买一双袜子,昨日看时价是一元,今日是一元二角,怏怏出店门,打响一个喷嚏,喷带出一口痰。正想是售货员在嘲笑我,我方有喷嚏打出,一位戴"卫管员"袖章的人却斥责我吐了痰要罚五角钱。掏出那一元钱,卫管员没零钱找,遂再当地吐一口,愤愤而走,走过十步,不禁乐而开笑。

出差去旅社住宿,服务员开发票,将"作协"写成"做鞋",不禁乐而开笑。

夏月偏停电,爬十二层楼梯去办公室,气喘吁吁到门口了,门钥匙却和自行车钥匙系在一起,遗忘在车子锁孔了,不禁乐而开笑。

路遇一女子,回望我嫣然一笑,极感幸福,即趋而前去搭话,女子闪进一家商店,尾随入店,玻璃上映出自己衣服纽扣错位,不禁乐而开笑。

名字是自己的,别人却用得最多,不禁乐而开笑。

写完《笑口常开》草稿,去吸一根烟,返身要誊写时,草稿不见了。妻说:"是不是一大页写过的纸,我上厕所用了。"惊呼:"那是一篇散文!"妻说:"白纸舍不得用,我只说写过的纸就没用了。"急奔厕所,幸而已臭但未全湿,捂鼻子抄出此份,不禁乐而开笑。

狂欢的解剖

○茅 盾

茅盾(1896~1981) 本名沈德鸿,字雁冰,浙江桐乡人。现代小说家、文学评论家、社会活动家。主要作品有《幻灭》、《动摇》、《追求》三部曲,长篇小说《腐蚀》、《霜叶红似二月花》,剧本《清明前后》,散文集《时间的纪录》等,还发表了《林家铺子》、《春蚕》等现实主义作品及一些散文随笔。其长篇小说《子夜》,为现代文学史上杰出的作品之一。

从前欧洲中世纪"黑暗时代",十三世纪那时候,有些青年人——大都是那

生活中最大的幸福是坚信有人爱我们。

——[法]雨 果

时候几个新兴商业都市新设的大学校的学生，是很会寻快乐的。流传到现在，有一本《放浪者的歌》，算得是"黑暗时代"这班狂欢者的写真。

《放浪者的歌》里收有一篇题为《于是我们快乐了》的长歌，开头几句是这样的：

> 且生活着吧，快活地生活着，
> 当我们还是年轻的时候；
> 一旦青春成了过去，而且
> 潦倒的暮年也走到尽头，
> 那我们就要长眠在黄土荒丘！

朋友，也许你要问：这班生在"黑暗时代"的年轻人有什么可以快乐的？他们寻快乐的对象又是什么呢？这个，哦，说来也好像很不高明，他们那时原没有什么可以快乐的，不过他们觉得犯不着不快乐，于是他们就快乐了，他们的快乐的对象就是美的肉体（现世的象征）——比之"红玫瑰是太红而白玫瑰又太白"的面孔，"闪闪地笑着……亮着"像黑夜的明星似的眼睛，"迷人的酥胸"，"胜过珊瑚梗的朱唇"。

一句话，他们什么也不顾，狂热地要求享有现实世界的美丽，然而他们不是颓废。他们跟他们以前的罗马人的纵乐，所谓罗马人的颓废，本质上是不同的；他们跟他们以后的十九世纪末年的要求强烈刺激，所谓世纪末的颓废，出发点也是完全不同的。他们的要求享乐现世，是当时束缚麻醉人心的基督教"出世"思想的反动，他们唾弃了什么未来的天堂——渺茫无稽的身后的"幸福"，他们只要求生活得舒服些，像一个人应该有的舒服生活下去。他们很知道，当他们的眼光只望着"未来的天堂"的时候，那几千个封建诸侯把这世界弄得简直不像人住的。如果有什么"地狱"的话，这"现世"就是！他们不稀罕死后的"天堂"，他们却渴求消灭这"现世"的活地狱，他们的寻求快乐是站在这样一个积极的出发点上的。

他们的"放浪的歌"是"心的觉醒"，而这"心的觉醒"也不是凭空掉下来的。他们是趁了十字军过后商业活动的涨潮起来的"暴发户"，他们看得清楚，他们已经是一些商业都市里的主人公，而且应该是唯一的主人公。他们这种"自信"，这种"有前途"的自觉，就使得他们的要求快乐跟罗马帝国衰落时代的有钱人的纵乐完全不同，那时罗马的有钱人感得大难将到而又无可挽救，于是"今日有酒今日醉"了；他们也和十九世纪的"世纪末的颓废"完全不同，十九世纪末的"颓废"跟"罗马人的颓废"倒有几分相似。

所谓"狂欢"也者,于是也有性质不同的两种:向上的健康的有自信的朝气蓬勃的作乐,以及没落的没有前途的今日有酒今日醉的纵乐。前者是"暴发户"的意识,后者是"破落户"的心情。

这后一意味的"狂欢"我们也在"世界危机"前夜的今年新年里看到了。据路透社的电讯,今年欧美各国"庆祝新年"的热烈比往年"进步"得多。华盛顿、纽约、罗马、巴黎这些大都市,半夜里各教堂的钟一齐响,各工厂的汽笛一齐叫,报告一九三五年"开幕"了;几千万的人在这些大都市的街上来往,香槟酒突然增加了消耗的数量……真所谓满世界"太平景象"。然而同时路透社的电讯却又报告了日本通告废除《华盛顿海军条约》,美国也通过了扩充军备的预算,二次世界大战的"闹场锣鼓"是愈打愈急了。在两边电讯的对照下,我们明明看见了"今日有酒今日醉"那种心情支配着"今日"还能买"酒"的人们在新年狂欢一下。

我记起阳历除夕"百乐门"的情形来了。约摸是十二时半吧,忽然音乐停止,跳舞的人们都一下站住,全场的电灯一下都熄灭,全场是一片黑,一片肃静,一分钟,两分钟,突然一抹红光,巨大的"1935"四个电光字!满场的掌声和欢呼雷一样的震动,于是电灯又统统亮了,音乐增加了疯狂,人们的跳舞欢笑也增加了疯狂。我也被这"狂欢"的空气噎住了,然而我听去那喇叭的声音,那混杂的笑声,宛然是哭,是不辨哭笑的神经失了主宰的号啕!

我又记起废历年的前后来了。这一个"年关"比往年困难得多,半个月里倒闭的商店有几十,除夕上一天,又倒闭了两家大钱庄,可是"狂欢"的气势也比往年"浓厚"得多。下午两点钟,几乎所有的旅馆全告了客满。并不是上海忽然多了大批的旅客,原来是上海人开了房间作乐。除夕下午市场上突然流行的谣言——日本海军陆战队要求保安队缴械的消息,似乎也不能阻止一般市民疯狂地寻求快乐,不,也许因此他们更需要发狂地乐一下。影戏院有半夜十二时的加映一场,有新年五日内每日上午的加映一场,然而还嫌座位太少。似乎全市的人只要袋里还有几个钱娱乐的,哪怕是他背上有千斤的债,都出动来寻强烈刺激的快乐。在他们脸上的笑纹中(这纹,在没有强笑的时候就分明是愁纹,是哭纹),我分明读出了这样的意思:"今天不知明天事,有快乐能享的时候,且享一下罢,因为明天你也许死了!"

而这种"有一天,乐一天"的心理并不限于大都市的上海啊!废历新年初六以后的报纸一边登着各地的年关难过的恐慌,一边也就报告了"新年热闹"的胜过了往年。"越穷是越不知道省俭啊!"这样慨叹着。不错,从不穷而到穷,明明看见没有前途的"破落户",是不会"省俭"的,他们是"得过且过";现在还没"穷",然而

一切幸福,都是由生命热血换来的。

——王烬美

恐怖着"明天"的"不可知"的人们，也是不肯"省俭"的，他们是"有一天，乐一天"！例外的只有生来就穷的人，饿肚子的人，他们跟发疯的"狂欢"生不出关系。

我又记起废历元旦瞥见的一幕了。那是在"一二八"火烧了的废墟上，一队短衣的人们拿着钢叉、关刀、红缨枪，带一个彩绘的布狮子。他们不是卖艺的，他们是什么国术团的团员，有一面旗子。我看见他们一边走，一边舞他们的布狮子，一边兴高采烈地笑着叫着。我觉得他们的笑是"除夕"晚上以及"元旦"这一日我所听到的无数笑声中唯一的例外。他们的，没有"今日有酒今日醉"的音调，然而他们的笑，不知怎的，我听了总觉得多少是原始的、蒙昧的，正像他们肩上闪闪发光的钢叉和关刀！

"今日有酒今日醉"的"狂欢"，时时处处在演着，不过时逢"佳节"更加表现得尖锐罢了。我好像听见这不辨悲喜的疯狂的笑，从伦敦，从纽约，从巴黎、柏林、罗马，也从东京，从大阪……我好像看见他们看着自己的坟墓在笑。然而我也听得还有另一种健康的有自信心的朝气的笑，也从世界的各处在震荡；我又知道这不是为了"现世"的享乐而笑，这是为了比《放浪者的歌》更高的理想，因为现在到底不是"中世纪"了。

快乐的真谛

○ [美] 诺宾·基尔福德

在日常的生活中，我们往往见到有人乐观，有人悲观。为何会这样？其实，外在的世界并没有什么不同，只是个人内在的处世态度不同罢了。

最能说明这个问题，是我在一家卖甜甜圈的商店面前见到的一块招牌，上面写着："乐观者和悲观者的差别十分微妙：乐观者看到的是甜甜圈，而悲观者看到的则是甜甜圈中间的小小空洞。"这个短短的幽默句子，透露了快乐的本质。事实上，人们眼睛见到的，往往并非事物的全貌，只看见自己想寻求的东西。乐观者和悲观者各自寻求的东西不同，因而对同样的事物，就采取了两种不同的态度。

　　有一天，我站在一间珠宝店的柜台前，把一个装着几本书的包裹放在旁边。当一个衣着讲究、仪表堂堂的男子进来，也开始在柜台前看珠宝时，我礼貌地将我的包裹移开，但这个人却愤怒地看着我，他说，他是个正直的人，绝对无意偷我的包裹。他觉得受到侮辱，重重地将门关上，走出了珠宝店。我感到十分惊讶，这样一个无心的动作，竟会引起他如此的愤怒。后来，我领悟到，这个人和我仿佛生活在两个不同的世界，但事实上世界是一样的，所差别的是我和他对事物的看法相反而已。

　　几天后的一个早晨，我一醒来便心情不佳，想到这一天又要在单调的例行工作中度过，便觉得这个世界是多么枯燥、乏味。当我挤在密密麻麻的车阵中，缓慢地向市中心前进时，我满腔怨气地想：为什么有那么多笨蛋也能拿到驾驶执照？他们开车不是太快就是太慢，根本没有资格在高峰时间开车，这些人的驾驶执照都该吊销。后来，我和一辆大型卡车同时到达一个交叉路口，我心想："这家伙开的是大车，他一定会直冲过去。"但就在这时，卡车司机将头伸出车窗外，向我招招手，给我一个开朗、愉快的微笑。当我将车子驶离交叉路口时，我的愤怒突然完全消失，心胸豁然开朗起来。

　　这位卡车司机的行为，使我仿佛置身于另一个世界。但事实上，这个世界依旧，所不同的只是我们的态度。

　　每个人在生活中都会有类似的小插曲，这些小插曲正是我们追求快乐的最佳方法。要活得快乐，就必须先改变自己的态度。我想，这就是快乐的真谛吧！

快　乐

○ [俄] 库普林

　　库普林 (1870～1938)　俄国作家。主要作品有长篇小说《决斗》、《火坑》，短篇小说《在马戏团》、《马盗》等。

　　一个大皇帝召他国中的许多诗人和哲人到他的面前。他把这个难题问他们：

一个人吃好、穿好，不算幸福，只有天下穷苦的人都过上美好的生活，才是真正的幸福。
——王　杰

"怎样才是快乐了？"

第一个人慌忙答道："是这样，要常常能看见上帝般的脸上的光辉，还要永远感觉。"

大皇帝冷冷地说道："挖去他的眼睛。换一个上来。"

第二个上前高声奏道："有权力才是快乐。您大皇帝陛下，是快乐的。"

但是皇帝给了他个苦笑说："不相干，我身子害病，可没有权力去医好他。割去他的鼻子，这个光棍。换一个。"

接着上来的害怕地说道："快乐就是财产。"

但是皇帝给他一块黄金说："我很富，却偏是我问这句话。给你一块黄金和你的头一样重好不好？"

"唉呀，陛下！"

"你应该得的，替他在颈上缚一块黄金和他的头一样重，把这个叫花子抛在海里。"

皇帝焦躁着喊道："第四个。"

于是有一个人穿着褴褛的衣服火红着眼睛匍匐上前，吃吃地说道："唉！聪明的陛下！我盼望的很少，我很饿，给了我满足，我就可以快乐了，要遍天下的人去传扬陛下的仁德。"

皇帝嫌恶地说："喂他，他若饱死了的时候，报给我知道。"

又另外上来了两个，一个是健壮的运动家，玫瑰红的肌肤，低平的额角。他叹息一声说道："快乐是在诗中间哩。"

还有一个是枯瘦憔悴的诗人，两颊正在发烧，他说："快乐是在健康中间。"

但是皇帝惨然微笑告诉他们说："我若有本领交换了你们两个人的命运，那么，诗人啊，你不到一个月就会哀求要才思。而你，海格尔士(古勇士)的化身，就要到医生那边去讨丸药请他减轻你的体重了。都安安稳稳地去吧。还有什么人？"

第七个身上佩着水仙花傲然地喊道："还有一个浮生在此。快乐是在太虚之中的。"

皇帝懒懒地传谕道："割去他的头。"

那蒙罪的人立刻变得比他的水仙花更灰白了。他抖抖地说道："皇帝，皇帝陛下，饶恕我吧！我说的不是这个意思啊。"

但是皇帝很厌倦地摇他的手，呵欠着柔声说道："带他下去，割去他的头。皇帝的话是和玛瑙一般硬的。"

又来了许多旁的人。有一个人只说了几个字："女人的恋爱。"

皇帝准了他,说道:"很好。把我国境内最美丽的妇人和女郎挑一百个给他,但是再给他一杯毒药酒。等那时候到了来报给我知道,我要看看他的尸体。"

另一个说:"我所有的欲望若能立刻办到,那就快乐了。"

皇帝很狡猾地问他:"那么你现在有什么欲望呢?"

"我吗?"

"是你啊。"

"陛下……这问题太出我意料之外了。"

"活埋了他。唉,还有聪明的人吗?好,好,走近些,你恐怕知道快乐在哪里吧?"

这聪明的人——因为他实在是一个聪明的人——答道:

"快乐是在人类思想的可爱。"

皇帝的眉毛皱锁了,他怒声喊道:"喝!人类思想!什么是人类思想?"

但是这聪明的人——因为他真是一个聪明的人——只温然地微笑并不回答。

于是皇帝命令他到地下的监狱里,那边只有永远的黑暗,并且没有一些外边的声音可以给他听见。一年之后,他变了聋盲的人,并且不能站立了,他们带他去见皇帝,他回答皇帝"哦,你现在还快乐吗?"那个问题,用下面这几句话:

"是的,我快乐。在牢狱的时候,我是一个皇帝,是一个富人,是在恋爱之中,我饱食,我饥饿——凡这些都是我的思想给我的。"

皇帝很不耐烦地喊道:"那么,思想到底是什么东西呢?你好生记着,再延长五分钟我就要绞死你,把唾沫唾到你这张狗脸上。到那时你的思想还能够安慰你吗?到那时你在地面上浪费的思想还能够存在吗?"

这聪明的人坦然回答,因为他是一个真聪明的人,说:

"蠢材,思想是不朽的。"

人生的滋味

○胡 迟

我在那条窄窄的小巷穿行了六年。当我考上大学时,小巷被拆了。一直住在巷里的那对老夫妻也从此杳无音讯。

我们每个人的幸福也依赖于祖国的繁荣,如果损害了祖国的利益,我们每个人就得不到幸福。

——雷 锋

在我的记忆里,他们的生活就像我常在电影里看到的棚户那样贫困窘迫。每天早晨我路过他们家门口时,总看见那个老婆婆在门口的炉子上煮早饭;稀得见影的米汤里漂浮着几片泛黄的烂菜叶,老头坐在轮椅上静静地注视着锅里袅袅的热气。有时我起床晚了点儿,就会看见这对老夫妻正捧着粗瓷碗,缩着脖子吱溜吱溜地,很专注地喝他们的米汤……有一天,他们不知从哪里弄来一块剔尽了肉的骨头熬了汤,空气里难得飘出猪骨头的香味。那坐在轮椅上的老头含糊不清地欢呼着:"香!真香咧!"枯皱的脸上溢出融融的笑意。老婆婆这时笑嘻嘻地将汤罐端下炉子,欲向手里递,却忽地抽回。这个略带少女天真的动作惹得两个老人呵呵地笑起来。

巷子被拆了,那对老夫妻大约早已不在人世了。不知为什么我常常想起他们,想起那在苦难中孕育的单纯的快乐,也许只有他们能够领略得到,心里就有些欣慰,又有些怅然。

我想起司汤达的墓志铭:"活过,爱过,写过。"这是他对生命的领略。也许只有活过的人才明白,一个生命在姹紫嫣红的世界里究竟能握住些什么。

听说有两个大学毕业生,一个被分回所在县城教中学,另一个留在大城市,在某合资公司任职。二十年之后,他们重逢。一个是桃李满天下的清贫的教师,一个是趾高气扬、神情漠然的总经理。在他们相聚的那些日子,总经理在老同学面前刻意显示自己的阔绰。他一掷千金的气派终于使教师心态失衡了。他沉溺于自身的苦楚,品不到独属于他的那份快乐,而且看不到总经理一掷千金的豪迈所掩饰住的心灵的苍白与脆弱。

在这个世界上,有人终生与富庶结缘,有人终生与贫穷为伴;有的人一生风和日丽,有的人一生凄风苦雨。这似乎成为我们的宿命。但是,当我们挑开人生的或宏大华丽或卑微褴褛的表膜后,就会惊奇地发现,在那层宿命之下其实每一种人生都五味俱全。而在多数时候,我们会被某一种滋味覆盖,再也没有力量去挖掘人生应有的丰富的底蕴。于是我们生命的杯子,就盛满了我们自觉或不自觉的遗憾。

有人说,生命的历程就是在自己的宿命里调制一杯酒,这杯酒叫做:人生的滋味。我想,出色的调酒师一定是那些认真地体察过生活,坚强地承受过生活,勇敢地选择过生活,热情地回应过生活和温柔地善待过生活的平凡或不平凡的人们。只有他们,才不致被苦难淹没,被安逸笼络,才会在命运的风向中辨别出属于自己人生的那一份隽永醇厚的滋味。

幸福的秘诀

Xing Fu De Mi Jue

世间的痛苦与快乐是相互依赖的，谁也离不开谁。可是假如没有痛苦就没有快乐，没有经历逆境，就无法认识到顺境的可贵，就像长期享有顺境的人，很难生起幸福感。因此，痛苦使快乐更快乐，不幸使幸运变得幸福。就如疾病使健康变得快乐，贫穷使富有变得幸福。

幸福的童话

埃里希·凯斯特纳(1899～1974)　德国诗人、儿童文学家。曾任国际笔会联邦德国中心主席和名誉主席。主要作品有诗集《紧身衣上的心》，长篇小说《法比安》、《雪地三游客》，以及儿童文学作品《埃米尔捕盗记》等。

小酒馆烟熏火燎的棚壁显得格外昏暗。坐在我对面的老人大概有七十岁，头顶一层银亮的白发，像覆盖着一层薄雪。双眼如同擦亮的冰道，闪出锐利的光芒。"有些人很蠢，"他说着摇了摇脑袋，使我感到即刻会有雪花从他头上飘下来。"他们以为幸福是熏肠，可以每天切下一片！""是啊，"我说，"幸福当然不是熏肠，尽管……""尽管？""尽管看起来，正像您家烟道里挂着的火腿一样，您的幸福可以随时拿来享用。""我是个例外，"他呷了一口酒，说，"我是例外，因为我始终保留着一个愿望……"他的目光落在我脸上审视了一会儿，然后就开始讲他的故事。

"那是很久以前啦，"老人用双手支住头，"很久了，四十年啦！那时我还年轻，却像患了牙疼一样天天忍受着生活的痛苦。一个中午，我懒洋洋地蜷在公园绿色的长椅上，一位老人坐到我身边对我说：'这样吧，让我们先想一想，然后随便讲出心中的三个愿望。'我依旧盯着手里的报纸，无动于衷。'说说看，你究竟想要什么？'老头并不罢休，'漂亮女人、大把的钞票，还有时髦的小胡子——无非是这些！你最终会如意的，年轻人。但是你现在的愁眉苦脸实在令人不安！'老头看上去像个穿了便装的圣诞老人，白色的络腮胡须，红苹果似的脸蛋，眉毛像装饰圣诞树的白棉絮。倒看不出有什么不正常，或许只是过于热心了一点。对他上上下下打量了一番之后，我重新凝视我的报纸。"

"您生气了？"

186

"是的,而且气得像一只快要爆炸的锅炉。因此,在他那白胡子环绕的嘴又将开启之际,我脱口而出:'为了你这老东西别再跟我 嗦,好吧!告诉你我的第一个愿望——那就是请你滚开!见你的鬼去!'这确实很不礼貌,但是我没有别的办法,他真要把我气炸了。"

"后来呢?"

"后来?"

"他走了吗?"

"啊,当然。像被风吹走了一样,一秒钟之内踪影全无,我甚至连长椅下面都找过了,但是哪儿都没有。我开始害怕起来,难道我说的话要应验了吗?难道这第一个愿望已经成为现实?我的天!如果真是这样,那么我好心的、亲爱的老爷爷就不仅是离开这儿,不仅是从这张长椅上消失,而是跑到地狱'见鬼'去了!'别犯傻,'我安慰自己,'地狱不存在,魔鬼也不存在。'但是那三个愿望究竟能不能兑现?即便不能,我也不希望老人就这样消失。我站在那儿一身热汗接着一身冷汗,膝盖不住地发抖。究竟该怎么办?不论有没有地狱,也必须让那老人回来。我对他深感歉疚,也许该就此许下我三个愿望中的第二个?唉!我这笨蛋!或者,就让那长着漂亮的红脸蛋的老头子爱去哪儿去哪儿吧!我战战兢兢,迟疑不决,但最终还是别无选择,我闭起眼睛小心翼翼地念叨:'我希望,老人能重新坐到我身边来。'当时我找不到别的办法,也确实没有别的办法。"

"后来呢?"

"后来?"

"他又回来了吗?"

"啊,当然。一秒钟之内他又重新坐在了我身边,就像从没消失过。看样子老人确实是去了地底下那个……那个很热、很令人不快的地方。他浓密的眉毛已经有点烧焦,漂亮的络腮胡须,特别是胡须的边沿已经被烫得卷曲,散发着一种烤鹅的焦味。老人责怪地看了我一眼,就从胸兜里掏出一把小梳子梳理胡子和眉毛,并很委屈地对我说:'您听着,年轻人,这么干可不好!'瞧瞧我都干了什么呀!我结结巴巴地道歉,说我实在没想到那愿望果真会成为现实。不过既然如此,我也只有千方百计去弥补自己的过失了。'这就对了!'老人说,'只可惜时间不多啦!'说完老人竟然笑了,那笑容非常友好,使我几乎热泪盈眶。'这么说,我们还保留着一个愿望,'他说,'也就是第三个,但愿你能对它稍微认真一点,能答应我吗?'我点头,使劲咽了口唾沫。'好,'我回答,'只要您肯原谅我。'于是老人又笑了:'好的,我的孩子!'他把手伸给我,'好好过,日子不会太坏的!但要留心那最后一个愿望,嗯?'——'我保证!'我庄严地回答。忽然

有人说,人生在世,吃好、穿好、玩好是幸福的。我觉得人生在世,只有勤劳,发愤图强,用自己的双手创造财富,为人类的解放事业——共产主义贡献自己的一切,这才是最幸福的。　　　——雷 锋

间老人就又不见了,像被风吹走了一样。"

"后来呢?"

"后来?"

"从那以后您过得很幸福吗?"

"是啊——幸福吗?"老人站起身,从衣架上取下帽子和大衣,明亮的双眼直直地望着我,说:"这最后一个心愿我珍藏了四十年,有时候险些把它说出来,但是我没有。愿望只在它没有实现的时候,才会让你感到愉快。好好过,年轻人。"

我从窗口望出去,目送那老人挟着一团飞舞的雪花穿过街道。他竟然忘了告诉我,这些年他到底是不是很幸福。或许他是有意不回答?当然,这也可能。

把吹口哨的心情找回来

○ [美] 爱默生

爱默生(1803~1882) 美国散文家、思想家、诗人。一八三七年他的演讲词《论美国学者》,抨击了美国社会的拜金主义,强调人的价值,被誉为美国思想文化领域的"独立宣言"。文学批评家伦斯·布尔在《爱默生传》里说,爱默生与他的学说,是美国最重要的世俗宗教。

一个积极思考者常会有意识地使自己保持心情愉悦。你期望快乐,便会找到快乐。你寻找什么,便会发现什么。这是人生的基本法则。

活着是一件多么好的事!多么愉快的早晨!我从未感到如此开心!我想今天一定会是美好的一天。

这话听起来可能有点奇怪,但我今天早上确实感到如此。我很快乐,觉得很舒服,今天我准备享受诸多生活乐趣。当我走在大街上,如果像年轻时那样吹口哨,我也不觉得奇怪。

想想看吧！在纽约的街道上，我已经好久没有听到有人吹口哨了！这并不是我一个人的感想。有一天，我去找朋友比尔·亚瑟谈天。他是著名的《展望》杂志的总编。"你是否注意到，走在麦迪逊大街上竟没有一个吹口哨的人？"他问我。他是在南部的肯塔基州长大的。他说，他记得他小时候的人比起现在的人会找乐子，生活有趣得多。为什么会这样呢？如果你也如此，你该如何把过去的那种想吹口哨的心情找回来，成为你此刻的生活态度呢？你该如何找回内心深处那种自然的、毫不做作的乐趣？我最近听说，有一个有名的精神医师，正在进行一项"积极心理"的计划。每次当他要描述自己希望获得的结果时，他总是要谈到他的狗。他说："每天下班回家，我的狗总是很高兴地来迎接我，又叫又跳，非常高兴。这和我白天在医院里所看到的病人忧伤、沮丧的脸，恰好相反。我的狗知道如何享受生活，这也应是我们对待生活的方式。"

当然，我不是建议大家像狗一样到处又跑又跳。我知道有些人如果表露出过分的快乐，会让人感到滑稽。我常常怀疑，这样的人的快乐是装出来的。但是我们也知道有少数人是发自内心感到高兴的。这便是关键所在。所谓真正的乐趣并不是表面上的，或随处可见的，而是一种发自内心的感觉。你是因为你的处境和你所做的事感到无比的幸福。你如果暗中注意这种人，就可以发现他们总是在唱歌或吹口哨。

让我重复一次，今天我真的感到快乐，我想我可以说出感到快乐的原因。昨天是个晴朗的星期天，下午我和太太露丝还有小女儿丽莎一起散步。我们在一起很快乐，玩得很开心。

我们沿着公园走上第五大街，步履轻快，挺胸抬头，兴致高涨。"抬头挺胸走路真有趣！"我们齐声说。

我们走了约一里的路，觉得全身舒畅，充满活力。我们走过第五大街上的莱特大厦和汉姆博物馆时，丽莎说："看，多美啊！"以前我从没想到过这些建筑物有多特别，丽莎一说，我便抬头又看了一次，这时，我才真正了解了伟大的建筑以及注入到这个建筑中的人生乐趣。它高高的尖顶直入云霄，真正传达着一种振奋、快乐和活力。我第一次觉得自己开始喜欢上它了，而这可能是我当时的一种发自内心的感觉。

这真是关键所在。当你觉得心情愉快时，你会情不自禁地表现出快乐的神情，同时会欣赏万物，心中的幸福感也油然而生。心理学家亨利·C·林克博士说，当他看到病人沮丧时，他会要他沿着街道疾走一阵。"快快地走，绕街道走十圈。"林克博士说，"这样走的话，可以锻炼大脑的活动中心，使你的血液从情绪中心流泻出去。而当你走回来后，你会变得较理性，而且比较能接受积极思想。"

在选择职业时，我们应该遵循的主要方针是人类的幸福和我们自身的完美。

——[德]卡尔·马克思

你的身体健康状况,与你能否享受生活有关系。当你精神振奋、心境开阔、容光焕发时,生命便也呈现出新的意义。适量的运动及休息,是心情愉快的必要因素。我读过的一篇文章说,有些科学家最近对他们所谓的"大剂量催眠剂"做过实验。他们让那些易疲倦和上了年岁的人服用这些药物,帮助他们休息。结果发现,这些人的生理功能增强、寿命延长、疾病消失了。当然,他们也焕发了新的活力,找到了生命的乐趣。

所以,要获得人生更大的乐趣,首先要感觉正确。而要想使自己的感觉正确,必须好好对待自己的身体。

第二步是思想正确。要好好对待自己的心灵,积极地思考。一个积极思考者常会有意识地使自己保持心情愉悦。你期望快乐,便会找到快乐。你寻找什么,便会发现什么。这是人生的基本法则。开始寻找快乐吧,你一定不会失望。

你是怎么生活过来的

○ [日] 大江健三郎

大江健三郎 一九三五年出生于日本爱媛县喜多郡。一九五七年发表小说《死者的奢华》,成为"芥川文学奖"候选作品。其重要作品有《饲育》(获第三十九届"芥川文学奖")、《性的人》、《个人的体验》(获新潮文学奖)、《广岛札记》、《万延元年的足球队》、《燃烧的绿树》(获意大利蒙特罗文学奖)等。获一九九四年诺贝尔文学奖。

关于祖母的许许多多的记忆之中,最后的部分是我七八岁时候的事,是战争中的事情。我祖母的名字叫 Fudei (毛笔之意),祖母说她只对我说了这个名字的秘密。祖母说正像这名字的意思一样,她是为了记载森林里发生的事情而生的。如果祖母真的在本子上记下了什么,我真的很想看一看。

不知道顾虑什么,反正我是终于转弯抹角地问了祖母记录了什么。祖母说:"不,还没记呢。我还清楚地记着一切呢!年纪再大一些,记不清楚事儿的时候再把它们写下来。到那时,你也要帮我些忙啊。"

我真的很想帮助做这件事呢。即使不是为了帮忙,我也十分爱听祖母讲故事。祖母是能把自己记住的事情绘声绘色地讲述出来的人。每次讲故事的时候,她总是把话说开去,连我也知道的地方、人家、人名,还有山茶花盛开的那一大片花丛,还有那家三代前叫左卫门的人,都会出现在她的故事里。祖母说到高兴处,她会唱歌一般一直讲下去。

祖母讲的故事之中有一个叫"自己的树"。祖母说:

"那树在林子的高处,山谷中的每一个人都有一棵属于自己的树。人的魂灵从自己的树的根,也就是树的根部那里出来,走下山谷钻到刚降生的人的身体里去。所以呢,人死的时候只是身体没有了,那灵魂呢,是要返回到树根去的。"

我问:"那么我的自己的树在哪儿呢?"

"马上就要死的人要是睁开了灵魂之目,他就会知道自己的树在哪里呢!"祖母这样回答我。"这会儿就急着知道它干什么呢?话说回来了,要是一个聪明的灵魂的话,诞生的时候,自己是从哪棵树根来的是记得住的。但是啊,那可不是能随便顺嘴说的事情呀。还有啊,进入林子里,无意中站到自己的树下时,上了年纪的自己就会和那孩子相见。可是,因为小孩子特别地不知道怎么应对才好,所以,还是不靠近自己的树才好。"

祖母告诫我说。

坦白地说,我为自己不是能够记住"自己的树"的聪明的灵魂而深深遗憾。有一次我一个人走入林子深处,在一棵自己觉得十分伟岸的大树下站下来等着,心想年迈的自己会来吧。如果能顺利地和"那个人"见面,我就想问他问题,用在学校学的普通话问。我充分做好了提问的准备。

——你是怎么生活过来的?

我这里的"怎么生活过来的"包含有"用什么样的方法"和"为什么"这两层意思。还是孩子的我,那时是想把这两个意思合在一起发问的。自然,先定下来问这两个问题的哪一个,之后再一一发问是一般的做法。但是我就是想两个一块儿问,并且觉得"那个人"是会把两个问题糅在一起很好地给我作答的。

岁月过去近六十年了,一天一天生活过来的我成了年迈的老人。回到故乡的林子里,虽然还是不知道它是什么树种,但从那棵伟岸的树下走过的时候,我想象着,半个多世纪以前的小时候的自己也许会等在那里这样提问吧。

——你是怎么生活过来的?

作为对这个问题的回答,代替冗长的谈话,我不是一直在写小说么。我现在想,我如何就开始用写小说这种方式回答提问了呢?这个念头来自我无数遍地读夏目漱石的小说《心》。我稍微就读书这个话题说一句：如果你感到哪本书实在是一本好书的话，那么就请隔一段时间重新读一遍，而且每读一遍，都用不同颜色的彩笔画上线，在空白处记下阅读时的杂感。这是一种有益的读书方法。

让我回到原话题。在《心》中我捕捉到的是小说中那位被称做"先生"的人对年轻人所说的下面的话：

"请记住，我是这样生活过来的。"

我领悟到，漱石正是像在"自己的树"下做长谈一样写着小说啊。

《心》中还有一句使我动心：

"当我的心脏停止跳动的时候，如果在你的心中能有新的生命注入，我当满足。"

我也是一边写文章一边梦想着，我离开这个世界以后，如果我的作品能作为新的生命在年轻人的心中存续，那将是我的幸福。然而，我没有把它说出来的勇气，具体地说，是没有为年轻人、为孩子们写书的勇气。我知道，这正是从事四十年写作的我所未竟的事业。

道德与幸福（节选）

○ [德] 泡尔生

泡尔生 (1846～1908) 十九世纪末德国著名哲学家、教育学家。曾为德国柏林大学教授。著有哲学理论书籍《哲学导论》。

(一) 论道德之影响于幸福者。

善者得福，恶者受祸，是一切国民所据为第一原理，以为考察道德界一切事物之根本者也。此等确信，由彼等生活经验之结论，而常表之于俚谚之中。斯弥得 (L.Schmidt) 所著希腊伦理学第一，凡希腊人之俚谚及文词，关于此义者，网罗无遗。且为之序曰,人类之运命,至公至正,善人受赏,恶人受罚,此希腊人最确实之信仰也。

一切事物之性质,皆有道德与幸福相结合之力。然其幸福之概念,偏注于内界之性质,盖谓德行直接之效果,不必在外界之幸福,而在内界之幸福,即所谓内界之平和也。外界之幸福,不必为仁人君子所必得,而要其德行,固已有吸收外界幸福之力。且即使外界之幸福,终不可得,而内界之幸福,则固可操卷矣。此等原理,即近世伦理学之大势,亦与之符……

乐 天 主 义 与 厌 世 主 义 孰 是 , 将 厌 世 者 是 而 乐 天 者 非 呼 ? 余 以 为不 然 。

凡各人各国民所持厌世之思想,在乐天主义中,固有说以调和之。夫吾人诚不能谓善人必无遇外界之不幸者,如慎于卫生者,间或寝疾;而习于纵欲者,或反健康;君子固穷,而小人得志;忠荩之臣,恒为君主所憎疾,而便佞者则宠禄及之,此诚人世所不免。然此等事状,恒使世人异常注意,而为之不平,岂非明示其不合于普通之规则,而当为变例耶。凡以轻薄纵恣之故,而夭逝其身者,人皆以常事视之,曰是固然。然使以守义持正之故,而遭际困厄,甚而至于死亡,则人无不叹天道之难知者。贤者进,不肖者退,人皆习以为常。至如素行不轨而忽致巨富,则人将永以为口实,是岂非人世之常态耶。

故无论何时何地,苟有一社会焉,为奸佞者所把持,则其间正人君子,必不为人所敬爱,而转受轻蔑凌暴之待遇。然而奸佞之徒,势不免互相冲突,举全社会为怨毒之府,而土崩瓦解之势成矣。

……

实行道德者,仅以道德为其鹄的,即使外界之幸福,不与之偕,其感觉之部分,若有所苦,而要之实行道德,即精神之幸福也。斯宾诺莎曰,幸福者,非道德之应报,而即道德也。是也。

……

(二)论幸福之影响于性格者。

幸福与成功,常易使人自足,而流于骄慢。享幸福者虽尚明于评人,而常昧于自知,自夸其功,而视他人之沉滞坎坷,则以为无能。于是见他人之勤力而不之重,见他人之困厄而不之怜,日肆其骄侈,而遂为神人所共愤。凡战胜而骄者,常轻蔑邻国,凌其弱者,虐其所败者,自以为安全无患,而一旦复亡随之矣……

由一人而推之于团体若国民、社会、党派,亦然。苟其共享幸福,则衰亡之兆见已。彼将由是而失其自知之明,耗其实力,驰其节制,卒也颠覆于其素所鄙

在富有、权力、荣誉和独占的爱当中去探求幸福,不但不会得到幸福,而且还一定会失去幸福。
——[俄]列夫·托尔斯泰

夷之敌人。盖世之可畏可疾者,固未有过于矜伐而骄奢者也。

幸福者衰亡之媒,其证据如此矣。而不幸之境遇,若失败,若坎坷,乃适以训练吾人,而使得强大纯粹之效果。盖吾人既逢不幸,则抵抗压制之弹力,流变不渝之气节,皆得借以演练。故意志益以强固,而忍耐之力,谦让之德,亦由是养成焉。幸福者,常使人类长其互相冲突之性质,而不幸者,则使人类以温和、含忍、正直之性质,互相接近。夏日旅行,忽逢骤雨,则虽互相疾视之人,相与同止于亭轩,而谈笑无猜。其在一都会、一国民,遭大不幸,则虽平日相憎相慢者,皆同心协力以御侮,皆其证也。最高尚之道德,非遭际至大之艰苦,殆未有能完成者……

世盖有不满于现在世界,而驰想于其他之极乐世界者,无论其想象之无据也,即使果如其所想,别有天地,而容彼居之,恐彼转记忆其素所嫌忌之世界,而以为较胜矣。世尝有厌其故国而迁居海外者,未几而乡思顿生,乃悟一身与故国之关系,至为密切。今之持厌世论者,亦然。苟使彼暂离大地,居于星界,其思慕故土之思,将油然而生,而悔其持论之不衷矣。

忧郁转瞬即逝的效应

○ [法] 普鲁斯特

普鲁斯特(1871～1922)　法国小说家,意识流小说的先驱。代表作为长篇小说《追忆逝水年华》。小说着重主观心理和"潜意识"活动的描述,体现了一种新的小说理念,对欧美现代派文学有很大影响。

对于那些给我们带来幸福的人我们不胜感激,他们是让我们的灵魂开花结果的可爱园丁。然而,对于那些气势汹汹或者冷若冰霜的女人,对于那些给我们带来忧愁的残忍的朋友,我们更加感激。他们践踏了我们那如今布满难以拼合的碎片的心灵,他们连根拔起树桩,损坏最娇嫩的树枝,就像一阵凄凉的风,却又为某个未知的收获季节播下了几颗良种。

他们摧毁了所有掩盖在我们巨大痛苦之上的小小幸福，让我们的心灵陷入一种忧郁的不毛之地，同时又准许我们对此加以思索和判断。忧伤的碎片给我们带来一种类似的好处；只有高高凌驾于快乐之上才能把握这些愚弄而不是满足我们饥饿的快乐：给予我们营养的面包又苦又涩。在幸福的生活中，我们的同类的命运在我们看来并不现实，利害关系给他们罩上了面具，欲望改变了他们的面貌。然而，其他人和我们自己的命运终于在伴随痛苦而来的超脱之中，在生活和对痛苦的美的感情之中，使我们专注的灵魂听见了义务和真理那种听不见的永恒话语。一个真正的艺术家在忧郁的作品中借用那些痛苦的人的语气跟我们说话，这些人迫使每个痛苦的人放下其余的一切去聆听他们的诉说。

可惜啊！由感情带来，由这个任性的家伙引起的这种使忧伤高于快乐的东西不像德行那样经久不衰。昨天晚上，悲剧还让我们如此升华，我们怀着一种明智而又真诚的同情从悲剧的主题和现实意义中反思我们自己的生活，而今天早晨我们却把它忘得干干净净。也许，一年之后，对一个女人的背叛、一位朋友的死会给我们带来安慰。风在梦的残骸之中，在枯萎的幸福的凋零之中把良种播撒在眼泪的波涛底下，而眼泪不等种子发芽就会很快干枯。

幸福的秘诀

○ [法] 安德列·莫洛亚　译/傅　雷

安德列·莫洛亚 (1885~1967)　法国传记作家、小说家。小说《布朗勃尔上校的沉默》和《奥格拉底医生的讲话》都以第一次世界大战为题材。所作传记体小说闻名世界，主要有《雪莱传》、《拜伦传》、《乔治·桑传》、《雨果传》、《巴尔扎克传》等。

对于这些或实在或幻想的病，有没有逃避之所或补救之方呢？许多人认为不可能，因他们觉得把此种挽救的可能性加以否认，亦有一种苦涩的病态的快感,这真是怪事。他们在不幸中感到乐趣,把想要解放他们的人当做仇敌,当做罪人。固然,在遭遇了丧事,或苦难,或重大的冤枉的失败时,最初几天的痛苦,往往任何安慰都不相干。这时候,做朋友的只能保持缄默、尊重、叹惜、扶掖、静待的态度。

但谁不识得家庭中那些擅长哭泣的女子, 努力用外表的标志保持易被时间磨灭的哀伤? 那般一味抓住无法回复的"过去"的人,如果他们的痛苦只及于他们个人的话,我为他们叹惜;但若他们变成绝望的宣传员,指责希望生活得更年轻更勇敢的人时,我要责备他们了。

哭泣之中,总有多少夸耀的成分……

这种夸耀,我们须得留神。真正的痛苦会自然而然地流露出来,即在一个努力掩藏痛苦绝不扰及旁人的人也是如此。我曾在一群快乐的青年人中,看到一个女子,刚经历过惨痛的幽密的悲剧,她的沉默、勉强的笑容,不由自主的出神,随时都揭破她的秘密,但她勇敢地支持着她虚幻的镇静,不妨害旁人的欢乐。假使你必须远离了人群,必须天天愁叹方能引起你的回忆时,那是你的记忆已不忠实了。我们对于亡故的友人所能表示的最美的敬意,只有在生存的友人身上创造出和对于亡友一般美满的友谊。

可是怎么避去固执的思念呢? 怎么驱除那些萦绕于我们的梦寐之间的思想呢?

最广阔最仁慈的避难所是大自然。森林、崇山、大海之苍茫伟大,和我们个人的狭隘渺小对照之下,把我们抚慰平复了。十分悲苦时,躺在地下,在丛树野草之间,整天于孤独中度过,我们会觉得振作起来。在最真实的痛苦中,也有一部分是由社会法统的拘束造成的。几天或几个小时内,把我们和社会之间所有的关联割断一下,确能减少我们的障翳,使我们少受些激情的磨难。

故旅行是救治精神痛苦的良药。若是长留在发生不幸的地方,种种琐屑的事故会提醒那固执的念头,因为那些琐屑的事故附丽着种种回忆,旅行把这锚索斩断了。但不是人人能旅行的啊! 要有时间,要有闲暇,要有钱。不错。然而不必离去城市与工作,亦可以换换地方。你毋须跑得很远。枫丹白露①的森林,离开巴黎只有一小时的火车,那里你可以找到如阿尔卑斯山中一样荒漠的静寂;离开桑里②不远,即有一片沙漠;凡尔赛园中也老是清静岑寂,宜于幽思默想,抚复你的创伤。

痛苦的人所能栖息的另一处所,是音乐世界。音乐占领着整个的灵魂,再没有别的情操的地位。有时它如万马奔腾的急流一般,把我们所有的思

---

① 巴黎附近名城,有大森林、故宫等。

② 法国北部城名。

幸福是什么——全球155位大师谈幸福

想冲洗净尽,而后我们觉得胸襟荡涤,莹洁无伦;有时它如一声呼喊,激起我们旧日的痛苦,以之纳入神妙的境地之中。随着乐章的前呼后应,我们的起伏的心潮渐归平息;音乐的没有思想的对白,引领我们趋向最后的决断,这即是我们最大的安慰。音乐用强烈的节奏表现时间的流逝,不必有何说辞,即证明精神痛苦是并不永续的。这一切约翰·克利斯朵夫①都曾说过,而且说得更好。

"我没有一次悲愁不是经过一小时的读书平息了的",这是一句名言,但我不十分了解。我不能用读书来医治我真正的悲愁,因为那时我无法集中我的注意于书本上。读书必得有自由的、随心所欲的精神状态。在精神创伤平复后的痊愈期间,读书可以发生有益的作用。但我不相信它能促成精神苦楚的平复。为驱除固执的意念起见,必得要不必集中注意的更直接的行动,例如写字,驾驶复杂的机器,爬行危险的山径等。肉体的疲劳是卫生的,因为这是睡眠的准备。

睡眠而若无痛苦的梦,则是一种环境的变换;但在一桩灾祸发生后的最初几夜,固定的思念即在梦寐之中亦紧随着我们。睡眠的人在梦寐中重新遇到他的苦恼,会心惊肉跳地惊醒。如何能重复入睡呢? 除了药石之外,有没有精神上的安神方法呢? 下面一个方式有时还灵验,即强使自己回忆童年的景象,或青年的经过。试令自己在精神上生活在你从前未有痛苦的时间内。于是,心灵会神游于眼前的痛苦尚未存在,甚至还不解痛苦的世界内,把你的梦一直引向那无愁的天国中去。

惯在悲哀中讨生活的人会呻吟着说:"这一切都是徒然的, 你的挽救方策很平庸,毫无效力。什么也不能使我依恋人生,什么也不能使我忘掉痛苦。"

但你怎么知道? 你有没有试过? 在否认它的结果之前,至少你得经历一下:有一种"幸福的练习",虽不能积极产生幸福,可能助你达到幸福,能为幸福留出一个位置。我们可以举出几条规则,学着梵莱梨的说法,是秘诀。

第一个秘诀:对于过去避免做过分深长的沉思。我不是说沉思是不好的。一切重要的决定,几乎都得先经过沉思,凡有确切的目标的沉思是没有危险的。危险的是,对于受到的损失,遭逢的伤害,听到的流言,总而言之对于一切无可补救的事情,加以反复不已的咀嚼。英国有一句俗谚说:"永勿为了倒翻的牛乳而哭泣。"狄斯拉哀利劝人说:"永勿申辩,亦永勿怨叹。"笛卡尔有言:"我惯于征服我的欲愿,尤甚于宇宙系统,我把一切未曾临到的事,当做对于我是不可能的。"精神应时加冲刷,荡涤,革新。无遗忘即无幸福。我从未见过一个真正的行动者在行动时会觉得不幸。他怎么会呢? 如游戏时的儿童一般,他想不到自己,而过分的想着自己便是不健全的。"为何你要知道你是鱼皮做的抑

---

① 罗曼·罗兰一部著名小说的书名,也是书中主人翁的名字。

感到自己是人们所需要的和亲近的人——这是生活最大的享受,最高的喜悦。这是真理,不要忘记这个真理,它会给你们无限的幸福。

——[苏联]高尔基

或羊皮做的？为何你把这毫不相干的问题如此重视？你难道不能在你自身之外另有一个利害中心而必集注自己直到令人作呕的地步么？"[1]

由此产生了第二个秘诀：精神的欢乐在于行动之中。"如我展读着朋友们的著作，听他们的谈话，我几乎要断言幸福在现代世界中是不可能的了。但当我和我的园丁谈话时，我立刻发觉上述思想之荒谬。"[2]园丁照料着他的西红柿与茄子；他对于自己的行业与田园都是熟悉的；他知道会有美满的收获。他因之自傲。这便是一种幸福，这是大艺术家的幸福，是一切创造者的幸福。对于聪慧之士，行动往往是为逃避思想，但这逃避是合理的健全的。"愿而不为的人酿成疫病。"我们亦可说："思而不行的人酿成疫病。"理智若转向虚空方面去，有如一架抛了锚的发动机，反而是危险的。在行动中，宇宙的矛盾和人生的错综，不大会使人惶乱；我们可以轮流看到它们相反的面目，而综合却自然而然会产生。唯在静止中，世界表面的支离破灭方变成惹起悲哀的因子。

单是行动犹嫌不足和我们的社会一致行动，冲突而永存不解，则能磨难我们，使工作变得艰难，有时竟不可能。

第三个秘诀：为日常生活起见，你的环境应当择其努力方向与你相同，且对你的行动表示关心的环境，与其和你以为不了解你的家庭争斗，与其在这争斗中摧毁你的和别人的幸福，孰若去访求与你思想相同的朋友。若你是信教的，便和教徒们一起生活；若你是革命者，便和革命者一起生活。这亦不妨害你去战胜无信仰的人，但至少你那时在精神上有同志可以依傍。成为幸福，并不如一般人所信的那样，需要被多数人士钦佩敬仰。但你周围的人对你的钦敬是不可少的。玛拉美受着几个信徒的异乎寻常的爱戴，较诸那般明知自己的光荣被他们心目中敬爱的人轻视的名人，幸福得多了。修院使无数的心魂感到平和安息，因为他们处于思想、目的完全相同的集团中。

第四个秘诀：不要想象那些遥远的无可预料的灾祸以自苦。几天以前，在蒂勒黎公园中，儿童啊，喷泉啊，阳光啊，造成一片无边的欢乐，我却遇到一个不幸的人。孤独的、阴沉的，他在树下散步，想着财政上的军备上的祸变，问他，他和我说，在两年前已经等待了的。"你疯了么？"我和他说，"哪一个鬼仙会知道明年怎样？什么都很难，太平时代在人类历史上是既少且短的。但将来的情形，一定和你悲哀的幻想完全不同。享受现在吧。学那些在水池中放白帆的儿童吧。尽你的责任，其余便听上天去安排。"

① 见 D·H·Lawreemee 书信卷 2,147 页。——原注
② Bertrand Russell 语。——原注

当每个人对于世间的事故能有所作为时，应当想到将来。一个有作为的人不能为宿命论者。建筑师应当想到他经造的房屋的将来；工人应当想到他老年时的保障；议员应当想到他投票表决的预算案的结果。但一经选择，一经决定，便得使自己的精神安静。若是预测的元素不近人情或超越人情时，预测无异疯狂。"广博而无聊的哲学，浮泛的演辞的大而无当的综合，才会随便谈着几百年的事和一切进化问题，真正的哲学顾虑现在。"[①]

最后一个秘诀是为那些已经拥有一种幸福方式的人的：当你幸福的时候，切勿丧失你成为幸福的德性。多数男女在得意时忘记了他们借以成功的谨慎、中庸、慈爱等优点。他们因得意而忘形，而傲慢；过度的自信使他们抛弃稳实的工作，故不久他们即不配享受他们的幸运了。幸运就成厄运。于是他们惊相骇怪了。古人劝人在幸福中应为神明牺牲，实有至理，萨摩王巴里克拉德，把他的指环奉献神明[②]，但将巴里克拉德的指环掷向大海的方式不止一端。最简单的是谦虚。

这些秘诀并非我们发明的，自有哲人与深思之士以来，即有此种教训。顺从宇宙的偶然，节制自己的愿欲，身心的融洽一致，这是古人们所劝告的，无分制欲派或享乐派；这是玛克奥莱尔的道德，是蒙丹的道德，亦是现代一切明哲之士的道德。

我是一个无比幸福的人

○ [苏联] 奥斯特洛夫斯基

个人问题、爱情、女人，这些在我的理想之中只占很小的位置。对我来说，没有比做一名战士更大的幸福了。个人的一切都不会永葆青春，不能像公共事业那样万古长存。在为实现人类最大幸福的斗争中，要做一名永不掉队的战士，这就是最光荣的任务和最崇高的目标。

---

① 见 Chesterton：Orthodoxie。——原注
② 巴氏曾将其最心爱之指环投入海中，祭献神明以求庇佑——因古训认为幸运过则不吉。

为了要活得幸福，我们应当相信幸福的可能。
——[俄]列夫·托尔斯泰

自私自利的家伙完蛋得最早。须知,他只是为了自己才孤独寂寞地活在这个世界。一旦抹掉了他们这个"我"字,他就一切都完了,活着对他来说,再也没有任何意义了!但是,如果一个人不是为了自己而活着,而是为了整个社会呕心沥血,那就很难将他毁灭。因为,这样一来,就首先要毁灭他周围的一切,毁灭整个国家和整个生活。我个人的死亡,只是自己生命的消失,可是我们的大军却排山倒海,蓬勃向前。一个战士,即使他在镣铐锁身的情况下死去,但当他听到自己部队那胜利的欢呼声,他也会得到一种最终的、而且是至高无上的安慰。

对我说来,活着的每一天都意味着要和巨大的苦痛作斗争。我是在说这十年来的日子。但你们看到的是我脸上的微笑。这是发自内心的,饱含着幸福和欢乐的微笑。尽管我忍受着自己病躯的种种苦痛,但我仍然为我们国家的每一个胜利而欢欣鼓舞。再没有比战胜这种种苦痛更使人感到幸福和快乐的事情了!不能单单是为了活着(虽然活着是美好的),而且还要斗争,还要赢得胜利!

现在,我觉得自己像冰化雪消那样越来越虚弱了。因此,我要抓紧每分每秒,趁我现在还能感到生命之火在心头燃烧,大脑神经在闪光跳动。我不愿做一个名噪一时的英雄。我战胜了自己生命历程中的一切悲剧和不幸:双目失明,全身瘫痪,遍体疼痛。尽管如此,我仍然是一个无比幸福的人。这倒不是因为政府奖赏了我。不,没有这些,我同样是快乐和幸福的!请记住,奖赏永远不会成为我工作和斗争所追求的目标。

幸 福 人

○ [黎巴嫩] 梅·齐亚黛　译/蔡伟良　王有勇

梅·齐亚黛(1886~1941)　女,黎巴嫩现代作家。纪伯伦的女友,通晓法、英、西、德、拉丁、希腊等语言,主要作品有报告文学《沙漠的女考察家》,学术论著《平等》等。

在人类忧愁的圣殿里,一位大人物正站立着对众人演讲,我听见他在说:

　　"如果你是一位富翁，那么你将成为幸福之人！因为你将有能力去从事伟大的事业。你行善而被人感激，让人感恩。你高尚神圣不可侵犯，你的声誉被尊贵的华盖覆盖，于是，你享有充分的独立与自由。如果你是一个穷人，那么你也将成为幸福之人！因为你已摆脱了折磨着刻意追求实现欲望的人的精神瘫痪，也不再受到暗中的嫉妒和仇恨，于是，人们不会对你所得到的享受妒火中烧，人们也不会用病态的眼神盯视你的逸乐。

　　"如果你是一位施善者，那么你也将成为幸福之人！因为你使许多双空空如也的手满盈，使许多裸露的身体披上衣裳，还人以本性。于是，你自感欢愉。你为数以百计的人造福，因为众多的人都得到了快乐，属于你的崇高的个体快乐也与日俱增。如果你没有能力再去施舍，那么你也将成为幸福之人！因为你以前曾经施舍过，而受了惠的人却视恩惠为要挟你的武器，自以为无赖是勇敢，无礼是机灵，而你则已将可能遇到的这一忘恩负义的时间推迟了，你肯定会有此经历的。面对它的到来，你的神经会感到紧张，你会感到愤怒不已，你的情感会变得冷酷，你的慷慨会枯竭，你更会藐视人类，并在你还未到达崇高的宽恕和明智的姑息顶峰时，就对匡正人的行为感到彻底的失望。

　　"如果你还年轻，那么你将成为幸福之人！因为你的希望之树枝叶正茂。希望的实现离你还非常遥远，如果你真还年轻的话，你尽可让梦幻变成现实。如果你已老迈，那么你将成为幸福之人！因为你已搏击了人生世道，凭着敏锐的洞察力和绝顶的处事能力，对一切事物你均能运筹帷幄。只要你愿意，你尽可从你所从事的工作中受益。在你的生命时钟中，一分钟等同于数年之长，因为它蕴涵着经验和真知灼见，这一分钟犹如秋天的果实，成熟且灌满浆汁，包含着属于完善、营养和欲望的物质。

　　"如果你是一位男子汉，那么你将成为幸福之人！因为男子的豪侠最能体现生命的最大内涵。如果你是一名女子，那么你将成为幸福之人！因为女人被男人所追求，她的尊贵恰是男人所能信赖的所在，她的甜蜜之中蕴涵着对男人的安慰，她的微笑乃是对男人辛劳的酬报。

　　"如果你是名家弟子，那么你将成为幸福之人！因为无需任何人的提示，你已赢得了人们对你的信任。如果你出身平庸，那么你将成为幸福之人！因为对你来说是一件好事，你可以营造自己的家庭，支撑起家的栋梁，你将以此被人认识，谈起它你便会感到自豪。这远比你出于无奈成为一个家庭中的一员要好，你背负着这一家庭的名字，而对你的成长而言，他们并没有给你带来任何帮助。

　　"如果你拥有很多朋友，那么你将成为幸福之人！因为你的自我在他们每

　　　　　　太阳是幸福的，因为它光芒四照；海洋也是幸福的，因为它反射着太阳欢乐的光芒。

　　　　　　　　　　　　　　　　　　　　　　　——[苏联]高尔基

人的自我中得到了体现。伴随着友谊的成功最显辉煌，失败因为有了友谊的存在而不再苦涩。让人心聚集在你的周围，品质的多样化和能力的多重性是必须的，只有稳健之心才拥有这一品行。最重要的是要摆脱自私的圈围，以便能在他人身上发现高尚温柔和智慧。如果你有很多敌人，那么你将成为幸福之人！因为敌人是你攀升的阶梯，他们的存在足以证明你的重要性，他们越是攻击你迫害你，或以各种形式对你诽谤中伤，你越能感觉到自身的重要。他们视批评为置你于死地的毒箭，而你则可以引批评的合理成分为戒，巧妙地避开那源自奸诈、无能的攻击。对如毒的批评少量地接受，则可成为助你强身的良药。那在无垠天际翱翔的隼鹰，难道还会担忧来自地上蜣螂的谋害？

"如果你是一个健康者，那么你将成为幸福之人！在你身上所有的规律及它的平衡与有条不紊都将得以体现，你将有能力去处置一切难题，克服所有的障碍。如果你是一个病者，那么你将成为幸福之人！因为你就是世上两大力量进行较量的舞台，你尽可在两者之间作出选择，战胜病魔乃至痊愈全取决于你自己。

"如果你是一位天才，那么你将成为幸福之人！你崇高地位的光亮在你身上闪耀，仁慈之主凝视着你，目光里映现出他的形象，并将它印刻在你的额上，成为一种思想；印刻在你的双眸里，成为一种神秘的符号；印刻在你的声音里，成为一种魔力。于是在他人眼里仅仅是声音、语调、音节的词汇，通过你的双唇，经你的触摸，已经变成一团灼人的烈焰，变成发亮的火光，它燃烧着，颂扬着，时而令人腼腆，时而令人自豪，时而使人屈服，时而让人充满激情，时而令人怅惘，时而含情脉脉，时而令人恼恨，时而令人惊骇，你说'存在'那含义则必然存在。如果你是一位默默无闻者，那么你将成为幸福之人！因为没有人会磨尖他的舌头来谈论你，也没有人会在看着你的时候目光里燃起觊觎之火，或者喜欢与你竞争的眼神。眼前就是顶峰，倘若你有能力你尽可攀登；倘若你无能为力，那么你则应该满足于自己只是这天地间的一个重要部分，权当能力的燃料。因为无数豪华的宫殿无一不是由区区石块垒起，你享受着只有双唇滋润着生命之水、精神受到神启洗礼的人才能享受到的安宁。

"如果你的朋友是忠诚于你的，那么你将成为幸福之人！因为日月已赐予了你属于它的最珍贵的宝藏。如果你的朋友背叛了你，那么你将成为幸福之人！因为他尚未准备就绪去聆听你心扉道出的警句格言。若有人离开爱的圈子，那他也只是为比他更优秀、更值得爱的人腾出了位子。

"如果你是一个自由者，那么你将成为幸福之人！在自由之中，力量可以得到锤炼，才华可以得到磨砺，可能实现的会日益增多。如果你是一个受奴役者，那么你将成为幸福之人！因为服从是你学习自由之说的最佳学校,在那儿你可领悟使你变成自由之人的东西。

"如果你生活在了解你、钦佩你的人中间,那么你将成为幸福之人！因为在他们中间你每天都可获得新的青春、新的力量,而且你的精神会得到不断的给养,乃至让你忘记大地、大海的存在。如果你生活在下层人之间,呵,可怜人呀,你也将成为幸福之人！因为你无需再为自己创造飞翔的双翅而飞向某地,在你精神的幻影中造就一个为你饥饿的思想提供食粮,为你干枯的心灵提供甘泉的世界。

"如果你是一个爱者和被爱者,那么你将成为幸福之人！是生命给了你太多的爱,让你成为被选定的生命子嗣中的一员,在心与心的交往中是生命让你目睹了神性的仁慈,两颗彷徨的心在混沌的荒野聚首,在那儿他们看到了曙光的娇美。众多的太阳尽管在其于太空的自转中尚未抵达那一境界,然而它却也在为他俩所到达的这一境界表示祝贺。以太在向他们叙述它深藏的无数奥秘,于是,就在单身者自娱的地方他俩相对凝视,在他开口说话的地方他俩陷入沉默,在他表现出严肃的地方他俩嬉戏,在他难以瞥见幻影的地方他俩注视着残存的遗迹。

"如果你是一个被人爱的爱者,你将成为幸福之人！因为在爱的最高层次,唾弃者是深爱着被唾弃者的。而且,这爱的程度绝对不亚于他对心爱之物的迷恋,离弃是意义和奥秘之井的特征,它可缓解极度膨胀的欲望,过滤不得体的冲动,乃至使心灵变得像火一样透明和光耀,犹如被一尊神注入了永恒福祉的器皿。你定能赢得你的希望之人,如果他不在已与你疏远了的人群之中,则在其他人群之内。无论你遭到怎样的感情危机,你还是要准备着去爱,因为爱犹如丝丝微风,无声无息,人们全然不知他何时会来到身边。你要成为伟大者,让伟大的爱选择你。要不,属于你的只是随着尘埃飘浮并陷入泥泞的爱,你也只能依然如故继续消沉,再也不能升华至人眼难见、人心难以探测其神奇奥秘的高塔,因为我们的希望之神殿是依照思恋绘就的幻想蓝图营造的。

"你将成为幸福之人,因为幸福之门各种各样,幸福之窗无以计数,生活之路时刻都在更新,幸福将与你常在,你一定能成为幸福之人！"

人群散开了。一部分人站在神殿外残存的墙边哭号着,另一部分人则大声嘲笑着离去了……

一无所有的人是有福的,因为他们将获得一切!

——[法]罗曼·罗兰

沉 思 幸 福

○ [法] 苏利·普吕多姆

苏利·普吕多姆(1839~1907)　原名勒内·弗朗索瓦·普吕多姆。法国第一个以诗歌著称的天才作家。代表作有诗集《孤独》、《徒劳的柔情》等。诗歌为他带来了许多荣誉,屡次入选法兰西学院,而且被提名为荣誉勋位团成员,并成为一九〇一年第一届诺贝尔文学奖获得者。

易变质、易出变故的东西永远不能成为幸福的来源,因为我们不能把必须持久的幸福与必然短暂的快乐混为一谈。所以,我们应当在不可侵犯的东西中寻找幸福。事实令人宽慰,人们在灵魂的三大能力中找到了命运、时间和专制的暴力所无法接近的欢乐因素:科学是神圣不可侵犯的,变化是神圣不可侵犯的,爱是神圣不可侵犯的。因此,为了幸福,让我们寻找真理,即上帝本身;让我们获得自己,也就是说要战胜自己的激情,我们尤其要有爱心,这是最便利的极乐之路。我激动地看到幸福主要来自这个世界,因为在这里人们可以进行研究,人们有竞争的强烈愿望,诗让我们去爱一切。

很明显,幸福在于我们实现了自己的意志和愿望。为了得到满足,愿望要求一种陌生的、独立于我们的意志的意志与它保持和谐、一致。为了更保险地得到幸福,最好去渴盼最不可能得到的东西,与此同时在我们的愿望最不可能遇到障碍的事物上去实现我们的愿望。所以,应该放弃尘世上的东西,然而人又生活在尘世之中,因此,没有对上天的希望。幸福的本质都是矛盾的,取消了上天,斯多葛派最大的幸福还不如一小时的欢乐。

使人幸福的只能是人们所感到的而不是人们所得到的;使人伟大的是人们的思想而绝不是人的幸福。幸福比伟大更有价值吗?野蛮胜于文明吗?啊!给我们以快乐而绝不要不幸!懂得受苦的人比幸福的人要强得多!我们珍惜奋力忍受痛苦而获得的荣耀,正如士兵珍惜给他点缀胸口的伤疤一样。卢梭不懂得这点。

快乐不过是痛苦的暂时停止,幸福则对痛苦毫无知晓。

幸福由于其自身的条件而区别于快乐，它有可能持续和永久。它建立了一种气氛。而快乐只造就了一道闪电，一种短暂的兴奋。

人们没能充分地分清拥有和欢乐这两个概念。如果人们得到一种利益后，还一直对能够拥有这种利益感到高兴，这种拥有就是幸福。可随着我们财富的不断增加，我们欲望的界限也在不断地扩大。没错，我们只想得到我们希望能得到的东西，可我们拥有的越多，我们的希望也越多。我们最初的愿望的窄圈就这样一直扩展得无穷无尽。

爱情是幸福的巨大源泉，可世上的东西都是要消亡的，并且在消亡中使我们痛苦，所以，应该依恋永恒的事物，在这依恋当中寻找幸福。可永恒的东西并非是每个人都可以得到的，美和真也是这样。不过，为了使幸福成为可能，生活曾想让永恒的善能够为大家所得。

过去和未来都不属于我们；但它们用回忆、悔恨、希望和恐惧带来了现阶段我们最重要的那份感觉。所以，幸福不是别的，而是回想和预感。

每个生灵所需的东西似乎都与其智慧成正比。那一无所有的才子，如果他的整个灵魂全是智慧，不是应该比只有本能的野蛮人分到更多的东西吗？但他还得到一颗用来感受痛苦和欢乐，尤其是用来爱的心。然而这颗心没有使他更为幸福。他历尽千辛万苦，终于找到了舒适和安逸，但他惊奇地发现这并不是幸福。于是他找啊找啊，询问世人，拍打额头。他没想到心是他想用才智来满足一切的欲望之源，没想到才智在他的各种能力中并不是无穷尽的，正如心在他的愿望中不是无穷尽的一样。人们遗忘之迅速不亚于渴望之迫切，当他达到寻找的目的地时，他只感到快乐，即一点点幸福，理由非常简单：他的发现起初给他带来了一种额外的快乐，这种快乐不久就成了他的必需品；从此，他不会因拥有这种新的利益而感到更加幸福，而这利益一旦失去，他会感到不幸。人们平时会因自己有两条胳膊而感到过某种满足吗？人们从来没想过这一点，他们带着健全的肢体自杀。相反，人们不是想创造第三只胳膊吗？那是多么快乐的事。可从此如果只剩下两条胳膊，那将是一种不幸。所以大部分发现只是不断地使人失去可能失去的东西，而不是增添真正的快乐。想象力越丰富失去的越多，越贫乏得到的越多。前者关心他所拥有的，后者关心他所没有的，谁都不高兴，最后只剩下一般的，可对大多数人来说，一般比不幸更难以忍受，因为任何丰富的东西都能满足可怜的虚荣心。

对于某些赌徒，如数收下他们输掉的钱还不如把这些钱中的四分之一还给他们，这样他们会把最后一分钱也扔进水中。正如我曾说的，任何事情做到头都有一种因做得不三不四而感到的苦涩的快乐。我们似乎把自己的未来抛

应该多行善事，为了做一个幸福的人。

——[俄]列夫·托尔斯泰

给了命运，以便从它那儿夺回昔日它剥夺的欢乐。

假如人们只知道该用什么方法去死，那还仅仅是想到死。怀疑在这一点上使我们平静，而在所有别的方面折磨着我们，这很令人费解。人们也可能不怕死亡，因为时间是用一系列短暂而无穷的时刻组成的，在这当中，人们确信自己活着。

人们无需去思考死亡，因为人不能把自己的思想集中在这个问题上。最深刻的哲学家不会去探究自己的映像，映像强烈得使哲学家不会有更多的虚荣心去谈论它。

死亡面前人人平等，为什么知道这一点很令人欣慰？

如果一种痛苦是普遍性的，这种痛苦会好受些吗？是的，普遍性的东西是本质的东西，因而不会是一种痛苦。

假如说所有的人都会死，那是符合自然规律的；因此死亡对我们来说是一种好处，好处就在于我们的命运和本质保持了一致。罗马皇帝玛克·奥雷尔感觉到了这一点。

哲学家和布道者徒劳无功，他们最精彩的演出也不能真正使人害怕死亡；人们只害怕目前和可见的死亡，只有死亡本身的威胁使人们恐惧。

生活，就是死亡；神圣的安眠来自这个吻。

只要我们还活着，死亡就是哲学家的思辨。现在，洞挖好了，应该下去了，可底下有些什么东西？

天　国

○ [美] 海伦·凯勒

海伦·凯勒 (1880～1968)　女，美国盲聋作家、教育家。幼年因病致残，把自己的一生献给了盲人福利和教育事业，赢得了世界舆论的赞扬。代表作有《我的一生》(又译作《我生活中的世界》)、《假如给我三天光明》等。一九六四年被授予总统自由勋章。被马克·吐温称为十九世纪的两大奇人之一。

在我的心灵最深处，信心之火正冉冉升起。当我想象从尘世梦里醒来却有身处天国的感觉,那美妙的滋味犹如在饥饿中获得了一块奶酪,而它正冒着热气,阵阵香气扑面而来。几多甘甜和欣慰,心态得以平衡。我一直以为,并且从没有动摇过,我所失去的每个亲人、朋友,都是尘世和那个早晨醒来时的世界之间的新的联系者,虽然我已无法听到他们亲切的话语,虽然我心中仍保留着悲切,然而我又不禁为他们倍感高兴。

我不能明白为什么人会惧怕死亡,死亡其实没什么了不起。尘世的喧嚣生活,支离破碎又寡淡乏味,而死去则是永恒的生命,是一种精神的永存。明白这一点,我们又何必悲悲切切呢！我常常想,倘若有一天,当我一觉醒来,我恢复了光明,那么,我会选择在我心目中的乡村生活,我坚定的思想,使我不听话的眼睛不把视线投向那些转瞬之间即逝即变的景物。

倘若有百万分之一的机会能使那些先我而去的亲人死而复活,那我定会赴汤蹈火,甘冒万死之风险去争取这样的机会,而不会因犹豫、迟疑让他们的灵魂不安或有怨言。一旦事后发现并非如此,我将尽量不在离去者的欢乐上投下阴影,因为还有一个不朽的机会。我有时想,天上人间,究竟谁最需要欢娱,是那些已死去的人,还是如今活着的人？如果都是靠了一个太阳,在人世的阴影下想象,那黑暗的感觉将是何等真切！

当我们为崇高、纯洁的情和爱所感动时,想起已逝去的人,心内顿觉无限温馨,感到有一股力量在缩小我们与他们之间的距离,这的确是件美妙的事。有这种信念,就会有力量去改变死者的面貌,使不幸转变成为赢得胜利的奋斗,为那些连最后一点支持力量都已经被剥夺掉的人们点燃激励之火。如果我们深信不疑世界上真的有天国,它只是存在于自己心中,而不在身体之外别的什么地方,那就没有所谓的"另一个世界",而我们所应该做的不外乎竭尽全力地去做、去爱,不断地盼望,并用此时此刻我们心中天国的绚烂多姿的光彩去照亮、去驱散我们四周的漆黑。

天国不是虚幻的,它比人们想象中的样子要美一千倍,那是一个欢乐、祥和的实体,一个崭新的世界,那里没有自私,没有争斗,只有慈祥,只有互助。当天使缓缓经过时,她会抛下知识的黄金果实,让世人采用,那里的人永远生活在爱的氛围之中。

幸福的斗争不论它是如何的艰难,它并不是一种痛苦,而是快乐,不是悲剧的,而只是戏剧的。

——[俄]车尔尼雪夫斯基

幸　福

○ [法] 保尔·福尔　译/戴望舒

保尔·福尔 (1872～1960)　法国象征派诗人。他的诗集共有三十二卷之多,全部收入总集《法兰西短歌集》,于一八九六年出版。一九一二年,获得"诗王"的称号。戴望舒称他为"法国后期象征派中的最淳朴、最光耀、最富于诗情的诗人"。

幸福是在草场中,快跑过去,快跑过去。幸福是在草场中,快跑过去,它就要溜了。

假如你要捉住它,快跑过去,快跑过去。假如你要捉住它,快跑过去,它就要溜了。

在杉菜和野茴香中,快跑过去,快跑过去。在杉菜和野茴香中,快跑过去,它就要溜了。

在羊角上,快跑过去,快跑过去。在羊角上,快跑过去,它就要溜了。

在小溪的波上,快跑过去,快跑过去。在小溪的波上,快跑过去,它就要溜了。

从林檎树到樱桃树,快跑过去,快跑过去。从林檎树到樱桃树,快跑过去,它就要溜了。

跳过篱垣,快跑过去,快跑过去。跳过篱垣,快跑过去! 它已溜了!

幸福·目标

○ [黎巴嫩] 艾敏·雷哈尼

　　艾敏·雷哈尼 (1876~1949)　黎巴嫩文学大师,阿拉伯旅美派作家。被列入美国和加拿大一九三〇年版《世界名人录》和英国出版的《世界著名文学家索引》。主要著有《雷哈尼散文集》。与纪伯伦、米哈依勒·努埃曼并称为旅居美洲的黎巴嫩"三剑客"作家。

　　明智的人在劳动中找到自己的幸福,而不在家庭、城市、山区或海市蜃楼里寻找幸福,浪费时间。谁在绝望中耽于分析自己的内心,以探究自己痛苦的原因和深度,那就宛如把玫瑰枝插在土壤里又每天去掘它,看它在怎样生长。为培育你心灵的插枝而操心吧,可不要在傍晚或早晨把它挖掘出来,以断定它是否抽出了幸福的幼芽。不懈地用功吧,你会完全忘怀你的幸福。而这,我以生命起誓,正是真正的幸福。

　　任何事情,只要有助于发展和保护人的生命力,不论是体力、智力还是道德力量;任何事情,只要是遵循自然的规律节制生活的要求,就是值得嘉许的、高尚的事情。

　　明智的人不畏惧仇视和嫉妒的荆棘、卑劣和恶意的魅影,而走向自己的目标。在安拉的保佑下走吧,我的兄弟,不要刚一举步就停顿下来。不要停顿,因为别人会超过你的;不要返顾,以免摔倒。须知我们是生活在这样的时代,停顿便意味着倒退! 在安拉的保佑下走吧,并且要铭记如下的诗句,在路途上每当绕过障碍时都要把它重复一遍:

　　"黑夜、城堡都不能阻止我,而且漫长的行程也不能使我偏离目标。"

　　劳动是幸福的右手,节俭是幸福的左手。

　　让你的目标大于你的才能吧——那么,你今天的作为将胜过昨天,而明天的作为又胜过今天。

　　劳动的主要长处在于它本身既是目的也是手段——欢乐在于劳动,而不

　　凡是创造自己幸福的人,应该做全体工人和农民的幸福的匠人和创造者。当他成为一切人幸福的匠人时,他就会成为自己自身幸福的匠人了。

　　　　　　　　　　　　　　　　　　　　　　　　——[苏联]加里宁

在于劳动的成果。

凡事成功的秘诀，是把一半时间用于思索，一半时间用于行动。这样，你就能认清自己的目标，并且直奔目标而去。你就能认清朝拜圣地的正道，并且踏上这条坦途。有多少人遭到挫折，是因为对自己的目标不甚了了，而在认清了目标以后，又不善于找到可靠的捷径。他们宛如母鸡刨地——动作急剧，却没有效果，它们使劲啼叫，扬起灰尘，只是惹得四邻生气。而它们正在寻觅的珍珠这时就隐藏在它们啼叫着翻掘的尘土下面。让人们像明智的人，而不要像母鸡那样行事吧，要从容不迫、深谋远虑地探求——那样就不会徒然扬起灰尘，啼叫不已而令人厌烦了，他们的行动就值得称道了。如果睁开眼睛，凝神细看，他们就不会把正在寻觅的珍珠踩在脚下了。

幸福人生的原理

○济群法师

济群法师　一九六二年出生于福建福安，是国内从事佛学研究及教、弘法的知名法师。一九八四年毕业于中国佛学院，随后至福建佛学院、闽南佛学院参学任教。代表作有《心经的人生智慧》、《生命的痛苦及其解脱》、《幸福人生的原理》等。

人类生存的目的就是为了得到幸福，可是高度物质文明发达的今天，许多人在充分享受物质生活的同时，却依然活得不幸福。这是为什么？(1) 不知幸福为何物；(2) 不了解建立幸福人生的原理。因为人类所作所为与幸福人生背道而驰，所以尽管人们拼命追求幸福，但却总是得不到人生的幸福。

何 谓 幸 福

人类追求幸福，首先要知道何为幸福。所谓幸福究竟是一种客观实体？抑是一种主观的感觉？幸福是物质的？还是精神的？假如不了解幸福的实质，却努力地去追求幸福，岂非太盲目了？

　　1.幸福不是一个固定的实体

　　通常人们以财富、地位、美满的婚姻、长寿、健康、美貌、事业成功、吃得好、穿得好、住得好等为幸福人生的实质，以为得到其中任何一样，便得到了人生的幸福。这种看法是错误的，因为幸福并不是某种固定的实体。假如是的话：(1)幸福应该比较容易得到；(2)人类一旦得到某种"幸福实体"(如财富、地位等)，就意味着得到幸福了，而事实不然；(3)有财富、地位的人多得很，他们未必过得幸福。由此可见幸福并非某种客观的固定实体。

　　2.幸福是相对的

　　一般人总是喜欢执著拥有某种条件为幸福，其实，世间的幸福是相对的：(1)人类的愿望不同，对幸福的要求也往往因人而异。或以有钱为幸福，或以有地位为幸福，或以长寿为幸福，或以健康为幸福，或以成家为幸福，或以独身为幸福，或以居住在繁华的闹市为幸福，或以居住在清静的乡村为幸福。因为人们的观念不同，对幸福的境界要求也不一样；(2)幸福从比较中产生：自己和自己比，现在处境不好，回忆过去的美好生活，会有幸福感；现在处境好，回想过去的痛苦遭遇，就会觉得现在很幸福。幸福也会从和他人的比较中产生。比如想想自己舒适的生活条件，再看看他人的贫穷，就会感到满足，觉得自己活得很幸福；(3)幸福的感受，如人饮水冷暖自知；又如鞋穿在脚上舒服与不舒服，只有自己知道。

　　3.幸福由众多的幸福因素构成

　　当我们偏爱某种东西(财富、地位等)时，以为得到这些东西就是得到幸福。其实，财富、地位等任何一种实体，它本身都不是幸福的实质，只是引发人生幸福的某一种因缘。幸福人生由众多的因素构成，中国古代有五福之说：即长寿、富贵、康宁、好德、善终等，作为幸福人生而言，这些因素都是不可缺少的。

　　4.幸福是物质与精神的统一

　　幸福是物质的？抑是精神的？有人以为物质条件优越就能活得幸福，这是把幸福看成是物质的；有人以为只要精神愉快就幸福，这是把幸福看成是精神的。其实，幸福是物质与精神的统一：(1)凡人心随境转，舒适的环境是产生幸福的基础，如事业的成功、家庭的和谐等，这说明幸福需要物质的基础；(2)幸福由心感受，只有健康的心境，才有幸福可言。心情不好，即使贵为皇帝，拥有天下的权力、地位和财富，依然会活得痛苦不堪的。

被人爱和爱别人是同样的幸福，而且一旦得到它，就够受用一辈子。

——[俄]列夫·托尔斯泰

幸福与不幸福

　　世间由顺境和逆境组成。通常人们以健康为幸运,疾病为不幸;成功为幸运,失败为不幸;富有为幸运,贫穷为不幸……生活在顺境中的人,大家都觉得他很幸运,很幸福;相反,有些人时运不佳,遇到逆境,人们就会认为那是不幸,是痛苦。然而社会或个人总是存在顺境和逆境,有顺境必然有逆境,这是一种普遍的现象,人类应该正确地认识它。

　　1．平等而客观地看待幸福与不幸

　　顺境与逆境既然是构成社会人生的两个方面,那么它的存在必然是合理的。(1)我们应该正视顺境与逆境的客观存在。就如白天和黑夜、春夏秋冬的自然规律一样;(2)在顺境、逆境面前,不应该生起爱嗔之心。

　　2．痛苦使快乐更快乐,不幸使幸运变得幸福

　　世间的痛苦与快乐是相互依赖的,谁也离不开谁。有些人只要快乐,不要痛苦;只要顺境,不要逆境。可是假如没有痛苦就没有快乐,没有经历逆境,就无法认识到顺境的可贵,就像长期享有顺境的人,很难生起幸福感。因此,痛苦使快乐更快乐,不幸使幸运变得幸福。就如疾病使健康变得快乐,贫穷使富有变得幸福。

　　3．幸福与不幸相互转换

　　幸运与不幸不是绝对的,会相互转换。(1)幸运会转为不幸。比如手握大权是幸运的,但以权谋私,干出违法乱纪的行为,却造成不幸的结局;有父母溺爱的子女是幸运的,但在父母溺爱中成长起来的小孩,走上社会难以独立却是不幸的;生在富有之家是幸运的,但过去许多纨绔子弟,不知珍惜财富,吃喝嫖赌,养成浑身的恶习却是不幸的;(2)不幸会转为幸运。如逆境,使人奋发向上,将来对社会能大有作为。顺境使人陶醉,忘乎所以;逆境使人清醒,能引起对自身的反思,使人们对人生的认识更有深度。另外因祸得福,塞翁失马,都说明了幸运与不幸会相互转换。

　　4．不幸中的幸福,幸福中的不幸

　　人因为偏爱于某一点,才觉得自己幸运或不幸。喜欢当官的人,一旦获得官位,就会觉得幸运;假如没有机会当官,那就是不幸了。希望成家的人,谈上合适的对象,觉得幸运;找不到理想的对象,就觉得不幸。其实:(1)幸运中包含着不幸。比如财富多,担心黑社会绑架;社会地位高,行动不自由;事业做得火,闲工夫就没有了。(2)不幸中包含着幸运。比如没有地位、名誉,就不会被地位、

名誉所累；没有事业，就不会被事业所累；没有家庭，就不会被家庭所累。

建立幸福人生的方法

人类在文明的驱使下，盲目地追求幸福，结果得不到幸福，反而引来无尽的痛苦。要想得到幸福，就得有合理的方法。

1．消除不幸福的因素

建立幸福的人生，首先要消除不幸福的因素。(1)错误的认识，颠倒的观念：如不信因果，胡作非为；或不了无常，执著永恒等；(2)强烈的自我：以自我为中心，去面对世间的一切，或执著自己拥有的一切为我，如执身为我、执名为我、执财富为我等；(3)贪嗔痴：假如让这些烦恼支配自己的人生，就会害己害人；(4)不善的行为：行为不善，必然招来苦果。这些都是造成人生不幸福的因素。假如希望拥有幸福的人生，就应该努力地消除它们。

2．无所得、不受世俗的束缚，必然会存在种种不幸

有时面对同样的环境，人们痛苦的程度却不一样，这是为什么呢？(1)世间的不幸，因为你在意了，才会对你构成伤害；假如你不在乎，天大的不幸也没什么了不起的。(2)摆脱个人的情绪，正确认清人生的现实，就能坦然地面对人生的不幸。

3．广种福田——行善

幸运与不幸，都有它的因缘因果。幸福人生的获得：(1)不种不幸之因，就是摆脱各种造成人生不幸的因缘；(2)广种幸福之因。多行善事，如修十善等，开发生命中幸福快乐的源泉，就能得到无穷无尽的幸福。

4．生活简单、思想单纯

现在的都市人，大多觉得活得很累，原因是什么呢？社会太复杂了，生活太复杂了，心理太复杂了。身体的疲惫，睡上一觉就能解决，如果思想太复杂了，想睡都睡不着。人类的痛苦有身苦与心苦，身体有痛苦的人只是少数，而心理上存在痛苦的人是普遍的。复杂的社会、复杂的生活，使人活得很累；而复杂的思想，会滋生种种烦恼、妄想。相反，生活简单、思想单纯，使人轻松、自在。

5．知足

幸福是一种感觉，一个人只有当他自己觉得幸福的时候，那才是幸福的；相反，他自己不觉得幸福，你能说他幸福吗？获得幸福感，知足是一种廉价的方式。一个贪得无厌的人，即使拥有再多的财富、再高的地位，总是不满足，生不起幸福感；而知足者，却能在极为简单的物质条件中，得到满足和快乐。

创造，或者酝酿未来的创造。这是一种必要性，幸福只能存在于这种必要性得到满足的时候。

——[法]罗曼·罗兰

结　说

幸福人生的建立，首先要正确地认识什么是幸福；其次要探讨幸运与不幸的因缘因果，一方面从根本上消除造成人生不幸的原因，另一方面努力培植幸福人生的因缘，只有这样才能获得幸福的人生。

家庭幸福预报

○毕淑敏

> **毕淑敏**　女，当代作家，内科主治医师。主要作品有《红处方》、《血玲珑》、《拯救乳房》等。曾获小说月报第四、五、六届百花奖，当代文学奖，北京文学奖，昆仑文学奖，青年文学奖，台湾第十六届中国时报文学奖，台湾第十七届联合报文学奖等各种文学奖三十余次。

今日世上多预报。比如天气预报，地震预报，商情预报，服装流行趋势预报，甚至连几十上百年后的日月食，都有了分秒不差的天象预报。不知为什么一桩婚姻诞生时，却没人对它的走向，发布家庭幸福趋势预报？

料想此事太难。

人无慧眼，可穿透岁月层叠的雾岚，窥见新人的沧海桑田。天会变，道亦会变。地位、相貌、健康、性格……都像拥挤的卵石，在时间的渠里磕磕绊绊，几十年冲刷下来，筚路蓝缕，旧貌新颜，有的化做晶莹玛瑙，有的碎成粉碴石屑。意志不是金刚钻，没有那么坚不可摧的硬度，柔软多孔的人心是善变的精灵。

更无一把衡尺，可丈量幸福的杯子是否饱满。你以为汹涌澎湃，他却道涓涓细流。你陷入悲痛欲绝，她沉浸风花雪月。思维无并联，神经永绝缘，是动物的造化之幸，也是人的悲哀之源。幸福也许是高速车上捆绑的安全带，因人制宜，松紧可调，不到车毁人亡的关头，看不出它所拥有的价值。

幸福无框架,幸福无定义,幸福不会立此存照,幸福无法预支和储蓄。幸福可以压缩,幸福可以扩展。幸福无保修,幸福无退换……谁愿面对一件标准模糊的朦胧产品,说短论长?

家庭的幸福,难道真是百面妖魔,没有丝毫蛛丝马迹可寻?幸福的趋势,竟如盲人摸象,永无程序可考?设想婚礼的筵席上,若有预告幸福指点迷津的权威术士,该是最受敬畏的上宾。

不知未卜先知的哲人,有何手段击穿未来,烛照今夕?依我之心,窃以为该先测测双方的智商。假如智慧相等或差值在重百分之十左右的范围内,幸福便有了二点五分的保障。想想看,若在几十年的耳鬓厮磨中,每一句话都呢喃两遍以上,彼此才能缓缓沟通,是否慢性受刑?爱是生死与共的事,其难度不次于哥德巴赫猜想。分秒必争斗转星移的今日,脑是每个人首要的固定资产,评估它的功能状态, 是严肃认真必备必需的手续,男女相悦不仅是荷尔蒙素的迸发,更是理智勾回清醒的把握。

教育的差异可在漫长的日子里填平补齐, 更何况家中回荡的多是人生冷暖,并非先贤凝固的文字。假如智慧不对等,鸿沟非人力可充垫,循环往复地对牛弹琴, 最易生出惨淡的麻痹和难以疗救的倦怠。世上有许多背景悬殊的夫妻,在外人以为必是寡淡无味的相守中,其乐融融。不仅是情操的契合,实有神智棋逢对手的持久快意。

单有智商是不够的,还需品质的优良与性格的互补,分数前者占三后者占二吧。

婚姻是一场马拉松赛,从鬓角青青搏到白发苍苍。路边有风景,更有荆棘,你可以张望,但不能回头。风和日丽要跑,狂风暴雨也要冲,只有清醒如水的意志持之以恒的耐力,才能撞到终点的红绳。

婚姻在某种程度上,是阴阳的大拼盘。我总怀疑性格的近似,是滋生不幸的助剂。粉了还要紫,绿了还要青,雪上加霜是搭配学上犯忌的事。然而相反相成,刚柔相济,图纸上令人神往,实施起来难度很大。度的掌握重要而微妙。逆反太凶,则是冤家对头,虽有强的磁场引力,但长久相克,磨损大甚,只怕两败俱伤。然而适当的尺寸,又像丝丝入扣的魔鞋,缥缈大地,谁知遗走何方?有的人寻找一生。找到了,是大幸运。找不到,无望无奈,也可保有死水微澜的宁静。最怕的是委委屈屈的将就,合久必分,却又当断不断。好像快餐店的塑料低背椅,可呆片刻,难以枯守一生,道貌岸然地坚持,必是颈项腰腿痛。半辈子熬过去,脊柱都弯矮了。

善良在幸福这锅汤里,就像优质味精,断断少不得。我看至少把一点五分

我的艺术应当只为贫苦的人造福。啊,多么幸福的时刻啊!当我能接近这地步时,我该多么幸福啊!

——[德]贝多芬

给它。现今有人觉得善良简直就是无用的别号,我却以为无论在生意场社交场上,善良多么忍辱蒙羞落荒而走,友谊与家居的优美疆域,永是它世袭罔替的领地。丧失善良的友谊,是溶了蒙汗药的酒池肉林。缺乏善良的婚姻,是危机四伏无法兑现的期票。婚姻易碎,婚姻易老,善良如绵绵长长包裹婚姻瓷器完整的丝缕,似青青翠翠保养婚姻花叶常青的圣水。

剩下的一分,不知判给谁好。机遇、门第,如影随形的契机、冥冥之中的缘分……都在争抢终局的发言权。它们都很重要,假如有道判定婚姻幸福的公式,都该罗列其内,在结尾处结结实实占一席之地。但我思索再三,决定将这场婚姻预言的最后因子,留给通常在爱情中故意漠视的金钱。

很世俗,但很实际。贫贱夫妻百事哀,当一生的基本生活需要都没有保障的时候,我不知家庭幸福的青鸟,可以栖息在哪枝无果的树上做巢。婚姻里沉淀着那么多的柴米酱醋盐,每一件都与金钱息息相关。我们有许多清高的场合可以不谈钱,但家是一个必须坦荡地经常地反复地赤裸裸地议论金钱的地方。对金钱的共同掌握和使用方向的通力合作,是家庭木桶防止渗漏的坚实铁箍。

钱绝不可以太少,男人女人,一定要用自己的双手,用血汗化做干净的金钱,注满列车正常行驶的油箱。钱多比钱少好,但不要超过双方卓越的智力与优良的品质可以控制的范畴。单纯的金钱,就像单纯的水一样,不加消毒照料,就会慢慢蒸发腐坏。只有金钱与善良结合,才是世上很多美好事物的摇篮。

如果我们看到一对男女结成连理的时候,智商均衡,天性互助,多温柔宽厚之心,也不乏冷静果决之勇,坚韧友爱,钱不多也不少,顾了温饱,尚有些微节余,可以奠定共同事业的起点……那么无论他们的身材多么矮弱,相貌多么平凡,出身多么低微,文化多么有待提高,情感多么不善表达,誓言如何稀少轻淡……甚至在外人眼里他们贫寒寂静,简单甚至简陋,我都有足够的理由期待,他们会在艰窘中生长出至亲至爱的快乐与幸福。

我希望祝福成真。

假如一对新人智差殊异,性格无补,少温良仁爱的善美,多冷厉森严的辣手,钱不是太多就是太少……无论他们身高如何匹配,相貌如何俊美,家世如何渊源,文凭如何耀眼,情感如何缠绵,山盟如何海誓……有多少外在的光环闪烁;也无论青梅竹马,患难之交,萍水相逢,千里姻缘,弄巧成拙,指腹为婚……有多少内里的故事流传,我却总带着凄凉的心境,仿佛看到幸福终结的海市蜃楼,在不远处波光粼粼,哀痛使我无法扮出由衷的微笑。

这一回,但愿我看走眼了吧。

幸福还不是不可能的

○徐志摩

徐志摩(1896~1931) 名章垿,笔名南湖、云中鹤等,浙江海宁人。现代著名诗人、散文家。著有诗集《志摩的诗》、《翡冷翠的一夜》、《猛虎集》,散文集《落叶》、《巴黎的鳞爪》,小说散文集《轮盘》,日记《爱眉小札》、《志摩日记》等。徐诗字句清新,韵律谐和,想象丰富,意境优美,神思飘逸,富于变化,为新月派的代表诗人。

八月九日起日记

"幸福还不是不可能的",这是我最近的发现。

今天早上的时刻,过得甜极了。我只要你,有你我就忘却一切,我什么都不想什么都不要了,因为我什么都有了。与你在一起没有第三人时,我最乐。坐着谈也好,走道也好,上街买东西也好,厂甸我何尝没有去过,但哪有今天那样的甜法;爱是甘草,这苦的世界有了它就好上口了。眉[①],你真玲珑,你真活泼,你真像一条小龙。

我爱你朴素,不爱你奢华。你穿上一件蓝布袍,你的眉目间就有一种特异的光彩,我看了心里就觉着不可名状的欢喜。朴素是真的高贵。你穿戴齐整的时候当然是好看,但那好看是寻常的,人人都认得的,素服时的眉,有我独到的领略。

"玩人丧德,玩物丧志",这话确有道理。

---

① 陆小曼(1900~1965) 上海人,名眉,又爱称龙儿。作品有《卞昆岗》(与徐志摩合作)、《小曼日记》,短篇小说《皇家饭店》等。陆在北平上层社会中颇有名气,不仅会琴棋书画,善唱京剧,通晓英语、法语,而且据谢冰莹介绍她的容貌说:"眉清目秀,薄薄的嘴唇,整齐洁白的牙齿,那一对会说话的眼睛特别美,说得过火一点,有摄人心魄的魅力。"一九二四年陆与徐志摩在北京上层社交活动中相识,两人相识不久即陷入热恋。《爱眉小札》即是他们这一热恋生活的结晶。

即使自己变成了一撮泥土,只要它是铺在通往真理的大道上,让自己的伙伴们大踏步地冲过去,也是最大的幸福。

——吴运铎

我恨的是庸凡，平常，琐细，俗；我爱个性的表现。

我的胸膛并不大，决计装不下整个或是甚至部分的宇宙。我的心河也不够深，常常有露底的忧愁。我即使小有才，绝计不是天生的，我信是勉强来的，所以每回我写什么多少总是难产，我唯一的靠傍是刹那间的灵通。我不能没有心的平安，眉，只有你能给我心的平安。在你完全的蜜甜的高贵的爱里，我享受无上的心与灵的平安。

凡事开不得头，开了头便有重复，甚至成习惯的倾向。在恋中人也得提防小漏缝儿，小缝儿会变大窟窿，那就糟了。我见过两相爱的人因为小事情误会斗口，结果只有损失，没有利益。我们家乡俗谚有"一天相骂十八头，夜夜睡在一横头"，意思说是好夫妻也免不了吵。我可不信，我信合理的生活，动机是爱，知识是南针，爱的生活也不能纯粹靠感情，彼此的了解是不可少的。爱是帮助了解的力，了解是爱的成熟，最高的了解是灵魂的化合，那是爱的圆满功德。

没有一个灵性不是深奥的，要懂得真认识一个灵性，是一辈子的工作。这工夫愈下愈有味，像逛山似的，唯恐进得不深。

眉，你今天说想到乡间去过活，我听了顶欢喜，可是你得准备吃苦。总有一天我引你到一个地方，使你完全转变你的思想与生活的习惯。你这孩子其实是太娇养惯了！我今天想起丹农雪乌的"死的胜利"的结局，但中国人，哪配！眉，你我从今起对爱的生活负有做到他十全的义务。我们应得努力。眉，你怕死吗？眉，你怕活吗？活比死难得多！眉，老实说，你的生活一天不改变，我一天不得放心。但北京就是阻碍你新生命的一个大原因，因此我不免发愁。

我从前的束缚是完全靠理性解开的，我不信你的就不能用同样的方法。万事只要自己决心，决心与成功间的是最短的距离。

往往一个人最不愿意听的话，是他最应得听的话。

幸 福

○ [美] 马尔兹

构成幸福状态的成分是：

1.微笑。微笑可以变得像呼吸空气一样自然。要学会一天至少笑一次或两次。

2.要开心。想想过去的成功。把过去成功的信心用于今天的事业。

3.要有人性。与他人和睦相处。世界渴望友谊。

4.不要抱怨自己，也不要抱怨他人。

5.不要让过去的不幸阻止现在的事业，忘记昨天。你生活在今天，不要让昨天的消极情绪阻止你达到今天的目标。

6.学会冷静处事，无论发生什么。

7.如果今天失败了，记住明天是今天的延伸。第二天再去试试。幸福就是超越失败的能力。

8.了解你的能力。当你把自己局限在你能做的范围时，成功就属于你。不要学做别人。

爱和善就是真实和幸福，而且是世界上真实存在和唯一可能的幸福。

——[俄]列夫·托尔斯泰

儿子让我懂得幸福的含义

○（台湾）张艾嘉

张艾嘉　女,籍贯山西,一九五三年生于台湾。著名主持人、电影演员。一九七二年出演首部电影《龙虎金刚》;一九九五年执导中影年度大戏《今天不回家》;一九九六年担任有线电视"Go Go TV"总监以来,先后执导电影《我要活下去》、《心动》等。

我是含着金汤匙出生的人。演艺生涯顺风顺水,别人拼命追逐的东西,我手到擒来,顺理成章。这些都让我成了一个张扬的人,无论感情还是性格。

三十岁那年, 我的心态忽然有了微妙的变化——我不再满足飞车劲舞的日子,忽然很想有个孩子。

三十七岁,我生下儿子王令尘,英文名奥斯卡,因为我是演艺圈里的人,而奥斯卡是演艺界的最高荣誉。从第一次把他抱在怀里,我就为他计划好了未来的路——我要他成为最好的童星。

我从最细微处着手,衣食住行样样刻意培养。

儿子五岁那年,我把他推到了大众面前:那年,我应邀前往泰国北部采访难民村,我带他随行。

拍摄过程中,我把部分台词让儿子背熟,然后将摄影机对准他。电视台播放后,香港顿时轰动,所有人都惊呼他为天才。在香港成功后,我随即带着儿子杀回台湾,带他参加了一个国际品牌的童装展示会,并让他上台走秀。各大媒体对此大肆报道,一夜之间儿子红透台湾。以后的日子里,我利用自己的知名度不遗余力地打造儿子,而他的表现也可圈可点,很快成为童星。

可是这时,发生了一件可怕的事情——儿子在上学的路上被人绑架了。尽管绑匪一再威胁不许报警,我再三斟酌后,还是通知了警方,警方很快将绑匪擒获。当我打开儿子藏身的箱子时,倒吸一口凉气——绑匪已经在箱子里准备好了香烛冥纸。很明显,他们已经做好收到钱就撕票的打算。抱着失而复得的儿子,我连哭的力气都没有了。

绑架事件,对儿子造成了极大的刺激,他变得有点神经质:再也不愿意与我一起出席任何公众场合;一回家就钻进自己的房间锁上门,连叫他吃饭也不出来,把饭送到门口也不开门,只允许把饭放在门口,等人离开了才偷偷开门自己把饭拿进去。看着以前举重若轻的儿子如今草木皆兵,我的心疼了又疼。

咨询了很多心理专家,得到的建议只有一个——时间疗法。我收起眼泪,告诉自己:没什么大不了的,老天已经对我很宽厚了,把活生生的儿子还给了我。

我开始学着以母爱的本能和他共处,一切的一切都是为了让他高兴,由着他去做想做的事情:摒弃牛排去啃汉堡包;请同学来家里闹得翻天覆地;和以前我嗤之以鼻的不富贵没气质的同学打成一片;穿便宜的 T 恤和牛仔裤;不再把头发梳得一丝不苟;不在我的监督下练乐器,苦着脸去听交响乐……

节假日的时候,我带他出去旅游,不再带他去这个博物馆那个艺术宫。我放任他自己挑选目的地和旅游项目。

有一次在埃及,我们共骑一匹骆驼,在金字塔前端详狮身人面像。儿子坐在前面,靠在我怀里。骆驼脖子上的鬃毛蹭得他的小腿发痒,我让他将腿盘起来,半躺在我怀里,左手帮他抚摸着蹭红的小腿,右手轻轻摸着他的头发,儿子忽然动了动,把脑袋往我的胸前挤了挤,梦呓般地说:“妈妈,谢谢。”

我让他成为全校最优秀的学生,他没有谢我;我让他成为童星,他没有谢我;我曾打算倾家荡产去交赎金,他也没有谢我。可就在落日大漠里,靠在我怀里的时候,他由衷地感谢我。一句“谢谢”,顿时让我觉得所有的荣耀都无法与之相提并论。我发觉这样的生活才让儿子真正觉得幸福和满足。

三年的恢复,儿子终于痊愈了。

随着儿子的痊愈,我也发生了本质的变化。我不再张扬,学会了理解和同情,变得成熟和内敛,也终于懂得了幸福的含义就是:生活平静,家人平安。

如果有一天,我能够对我们的公共利益有所贡献,我就会认为自己是世界上最幸福的人了。

——[俄]果戈理

　　你将成为幸福之人，因为幸福之门
各种各样，幸福之窗无以计数，生活之路
时刻都在更新，幸福将与你常在，你一定
能成为幸福之人！

幸福的处方

Xing　Fu　De　Chu　Fang

总有一天,我也会像所有的人一样老去的吧? 总有一天,我此刻还柔细光洁的发丝也会全部转成银白;总有一天,我会面对着一种无法转换的绝境与尽头;而在那个时候,能让我含着泪微笑地想起的,大概也就只有你了吧?

多年父子成兄弟

○汪曾祺

汪曾祺(1920~1997) 著名小说家、散文家、戏剧家。出版有《汪曾祺短篇小说选》、《晚饭花集》、《汪曾祺自选集》以及多卷本《汪曾祺文集》等十几部作品集。他的小说被视为诗化小说,其中《大淖记事》获全国短篇小说奖。他与人合作改编、加工的《沙家浜》深受观众的喜爱。

这是我父亲的一句名言。

父亲是个绝顶聪明的人。他是画家,会刻图章,画写意花卉。他会摆弄各种乐器,弹琵琶,拉胡琴,笙箫管笛,无一不通。

父亲是个很随和的人,我很少见他发过脾气,对待子女,从无疾言厉色。他爱孩子,喜欢孩子,爱跟孩子玩,带着孩子玩。我的姑妈称他为"孩子头"。春天,不到清明,他领一群孩子到麦田里放风筝。放的是他自己糊的蜈蚣。放风筝的线是胡琴的老弦。老弦结实而轻,这样风筝可笔直地飞上去,没有"肚儿"。他会做各种灯。用浅绿透明的"鱼鳞纸"扎了一只纺织娘,栩栩如生;在小西瓜上开小口挖净瓜瓤,在瓜皮上雕镂出极细的花纹,做成西瓜灯。

父亲对我的学业是关心的,但不强求。我小时上学,国文成绩一直是全班第一。我的作文,时得佳评,他就拿出去到处给人看。我的数学不好,他也不责怪,只要能及格,就行了。我小时字写得不错,他倒是给我出过一点主意。在我写过一阵"圭峰碑"和"多宝塔"以后,他建议我写写"张猛龙"。我初中时爱唱戏,唱青衣,在家里,他拉胡琴,我唱。学校开同乐会,他应我的邀请,到学校给我去伴奏。父亲那么大的人陪着几个孩子玩了一下午,还挺高兴。我十七岁初恋,暑假里,在家写情书,他在一旁瞎出主意。后来我学会了抽烟喝酒。他喝酒,给我也倒一杯。抽烟,一次抽出两根他一根我一根。他还总是先给我点上火。我们的这种关系,他人或以为怪。父亲说:"我们是多年父子成兄弟。"

我和儿子的关系也是不错的。我戴了"右派分子"的帽子下放张家口农村劳动，儿子那时从幼儿园刚毕业，刚刚学会汉语拼音，用汉语拼音给我写了第一封信。我也只好赶紧学会汉语拼音，好给他写回信。"文化大革命"期间，我被打成"黑帮"，送进"牛棚"。偶尔回家，孩子们对我还是很亲热。我的老伴告诉他们"你们要和爸爸'划清界限'"，儿子反问母亲："那你怎么还给他打酒？"只有一件事，两代之间，曾有分歧。他下放山西"插队落户"，按规定，春节可以回京探亲。不料他带回了一个同学。他这个同学的父亲是一位正受林彪迫害搞得人囚家破的空军将领。这个同学在北京已经没有家，按照规定是不能回北京的，但是这孩子很想回北京，在一伙同学的秘密帮助下，我的儿子就偷偷地把他带回来了。他连"临时户口"也不能上，是个"黑子"。惹了这么一个麻烦，使我们非常为难。我和老伴把他叫到我们的卧室，对他的冒失行为表示很不满，我的儿子哭了，哭得很委屈，很伤心。我们当时立刻明白了：他是对的，我们是错的，我们对儿子和同学之间的义气缺乏理解，对他的感情不够尊重。他的同学在我们家一直住了四十多天，才离去。

对儿子的几次恋爱，我采取的态度是"闻而不问"。了解，但不干涉。

我的孩子有时叫我"爸"，有时叫我"老头子"！连我的孙女也跟着叫。我的亲家母说这孩子"没大没小"。我觉得一个现代化的，充满人情味的家庭，首先必须做到"没大没小"。父母叫人敬畏，儿女"笔管条直"最没有意思。

儿女是属于他们自己的。他们的现在和他们的未来，都应由他们自己来设计。一个想用自己理想的模式塑造自己的孩子的父亲是愚蠢的，而且，可恶！另外作为一个父亲，应该尽量保持一点童心。

变苦为乐，其乐无穷

○ [日] 井植薰　译/陈浩然

井植薰(1911～1987)　生于日本淡路岛。三洋电器公司的创办人及前总经理。一九八一年四月获得日本二等旭月重光勋章。

我这个人一辈子做了不少事，也遇到了不少烦恼和痛苦。特别是当我想干的干不了，不愿意干的偏偏要干的时候。还有，当我经常碰壁、受挫的时候。但是，吃的苦多了，遇到的烦恼多了，反而让我摸索出了一个解决的好办法。那就是，在困难和痛苦面前静下心来，对自己作相反的提问。比如，"你已找到了如此好的职业，事业、前程、家庭都叫人无可挑剔，碰到这些困难算什么？人到了这个世界，要是不多吃点苦，那生活也太平淡无奇了。"我往往就是这样，自我嘲弄似的化苦为无，甚至于化苦为乐。

我自小离家外出当学徒。我小学里的一些同学，有的去了粮店，有的到文具店去当了小伙计，还有的成了木匠。我们小时候，没有什么"选择职业、考虑前途"这句话。外出找工作就是混口饭吃。那时，考虑工作，不是你想进哪家企业，而是哪家企业能够要你。所以，在琢磨自己能够适合什么样的职业之前，先得努力使自己能够适应找到的职业不可。幸运的是，我就是在这种无可奈何的情况下撞进了后来被人称为"朝阳工业"的电器制造行业。而且还不可思议地迷上了机械、电气技术。这一辈子，我的这种狂热的爱好，让我混淆了苦和乐的界线，苦事往往成了乐事。

我在松下当学徒时，曾遇到过几位小学的同窗，一个是木匠，还有一个是粮店的伙计。他们都学会了变苦为乐的本事，在我面前一个劲地夸耀自己的技术和能耐。那时，我还真的有点羡慕他们。现在想想，木匠也好，粮店伙计也好，在那个时候都是非常艰苦的职业，每天都得干到快要趴下的程度。老一辈的人常说："买来的苦、捡来的甜"，意思是说，在执著的追求之中，即使吃了不少的苦，最后也会尝到不少的甜。

后来，我成了管理别人的人，工作不再是没日没夜的重体力劳动。但遇到的困难却更多了一点。如果工作上碰了壁，精神上受到挫折，从当时自己的处境来看，要比干脏活、累活更艰苦些。但是，也就是遇到过不少这样的"艰苦"，我才逐步明白了如何看待苦与乐的利害关系的道理。有人把工作看成一种磨难，我却把它看做一种乐趣。很多年来，每逢我的部门来了新职工，我都要想办法培养他们以苦为乐的超然觉悟。人要是离痛苦远一点去看痛苦，痛苦就像一个温柔的少女。要是钻进痛苦堆里去看痛苦，那么痛苦就是面目狰狞的魔鬼。

一个人是这样，整个企业也是这样。在当前的市场上，我敢说没有一个企业是一帆风顺而从来没有遇到困难的。因此，从经营管理者到每一个从业人员，都应当具备一种时时准备迎接困难的"困难观"，要有一种被人逼上悬崖的感受。这样，企业就能"遇难不变"，职工就能"以苦为乐"。最终则必然是企业腾飞，皆大欢喜。这就叫做"苦尽甘来"。

我小时候在家乡时，曾经偷着在叔叔的机动船上学过开船。有一次，我趁大人不注意，独自一人把船开进了大海。当船在狭窄的码头航道上行驶的时候，迎面遇上了两条巨轮。这是我小时候遇到的最最惊险的一件事。我当时害怕到了极点，只想让引擎停下来，以免撞上大船。但那时我只会发动，不知怎样关机。慌忙之中，我的小船在两条巨轮之间东扭西歪地乱窜，后来不知怎么的，居然让我闯了出来。脱离了危险，我却反而被吓出一身冷汗。从此，我明白了一个道理：人要是有勇气去闯，总能取得成功。这就叫"山重水复疑无路，柳暗花明又一村"。

现在想想，工作、管理、争夺市场也都是这个道理。工作上碰了壁，遇到了困难，你就得耐心地去寻找碰壁的原因，否则就会被碰得头破血流。管理上遇到了麻烦，你要是不下大力气去整顿，那么麻烦就会越闹越大。在市场上遇到了激烈的竞争，你就得敢于迎接挑战，否则你就会被人挤出去，没有你的立足之处。

大哥在世的时候，淡路岛的家乡父老多次来求他到老家去办家工厂，好让当地的年轻人找个职业。说实话，那时的淡路岛还不具备足够的办厂条件，交通不便就是一个突出的问题。当初，我就因为交通原因而反对到那里去办工厂。我对大哥说："到淡路岛去还不如到香港或者台湾去。到香港只需要花四个小时，到淡路岛说不定要花你一二天时间。"

实际上，从大阪到淡路岛路程并不远，但当时只有一条轮渡航线，而且是官办的。因此，尽管乘客已是人满为患，但管理当局却视而不见。要想乘船，你非得一周前预定不可。让人费解的是，面对如此糟糕的交通条件，大哥好像同样是视而不见。他认为，到家乡去办厂，交通不是主要的困难，没有决心才是最大的障碍。他像是训斥我那样对我说："你干吗那样讨厌淡路岛？"

不久，大哥打算回老家扫墓，顺便考察一下办厂的可能性。当他去码头买船票时，码头售票处高挂免战牌："两周之内船票售罄(qìng)。"我幸灾乐祸似的对空手而归的大哥说："你讨厌不讨厌淡路岛？"没想到，三天之后大哥突然对我说："我要到那里去搞条轮渡线。"

不久，大哥亲手操办的"淡路轮渡公司"开业，昼夜都有航班，既搞客运又搞货运。这家轮渡公司办得很成功，大大方便了大阪与淡路岛间的来往交通，对家乡的发展也起到了很大的推动作用。有人说，我父亲开过船行，大哥他小时候也在船上干过，这是他同船有缘分。我倒不这样想。我认为，这是大哥他不怕困难、迎头而上的脾气，也是他能够稳操胜券的独到之处。

变苦为乐不仅需要意气风发的精神，还需要具备追根寻源的冷静态度。事情不论大小，也不论它如何复杂，只要是人办的事，总有它共通之处。所以，人要是遇到了困难，心情大体上也是一致的。把困难转化为成功，人的内心就能

幸福存在于生活之中，而生活存在于劳动之中。

——[俄]列夫·托尔斯泰

体验到变苦为乐的甜美。要是遇到了困难而驻足不前，那么你的心情只能处于不平、不满的状态。当然，从经营管理者的角度说，企业的工作条件需要不断地加以改善，尽可能地让所有的职工都能少遇到一些工作上的困难。但是，就工作本身而言，困难是没办法完全避免的。一个人在工作中遇到了困难，出了点问题，不值得大惊小怪，不应当一见到困难就感到无所适从。而是首先应当冷静地反省一下，寻找解决的办法，追究困难的根源。当你亲自动手解决了困难，并且让别人也体会到困难确实已被圆满解决的时候，那么你就会产生一种无法形容的充实感。战胜困难的时候吃尽的苦头，回想起来就是一种无穷的乐趣。有的时候，反过来想想，我还觉得，人还真的要有点置自己于困境的精神。

不久前，大阪的一家自行车链条厂的老板来找我，他是我的同乡，相互间有什么话都可以直来直去地说。他来找我，是想征求一下我对他准备改行转业的看法。他说，目前日本市场上的自行车链条需求量不大，还有一家公司在同他激烈竞争，一个梨子分两半，吃起来不甜，他不想再同别人苦苦地争斗，打算找个电器加工的活儿干干。他来找我的目的大概是想让我帮他找个能不与人争夺的项目，也好太太平平地过日子。但我问清了情况后，相反说出了一大段很不合他胃口的话。我对他说：

"假如有条什么法律，禁止你去生产自行车链条，那么你就应该遵照法律的规定，停止生产。在这样一种情况之下，非但我会帮助你，其他素昧平生的人也会伸手拉你一把。但是，现在的情况并不是这样，你只不过遇到了一家同你竞争的公司，碰到了一些困难。一遇到困难就想着如何逃避，这是典型的懦夫懒汉思想。其实，困难是躲避不了的。躲得了今天，躲不了明天。假定说，你改行去搞其他行当，只要是企业，那么我敢肯定地说，你依然会遇到同你竞争的对手，而且，对手可能还不止一个。到那个时候，你还准备不准备逃？还想逃到哪里去？再说，你自以为自己陷入了困境，吃足了苦头，岂不知同你竞争的那家企业同样也会有这种感觉。因此，我认为，你还是学学那些体育运动员的竞争精神，咬咬牙再挺一挺，再努力拼搏一下。"

我不知道这位老乡听了我的话后心里是什么滋味，也许他还会认为我是个见死不救的"冷血动物"。不过，大凡搞事业的人就不能老想沉溺在酒宴似的气氛中，你来一杯，我来一杯，高高兴兴地干下去。办企业遇到竞争可谓家常便饭。不认清这一点，谁也不能把企业搞得更好。我感到，对于我的这位老乡，谁去帮他改行，谁就等于是害了他。

没过几个月，我在报上看到一家自行车链条厂倒闭的消息。当晚，这位老乡又来找我。看上去，他的精神状态比起上次来的时候显然要好得多。

"怎么样,最近好一点没有?"我装着没看到报上的那条消息。

"嘿,真要感谢你呢。听了你的忠告,我暂时没有改行,咬着牙挺了一阵子。没想到,那家同我竞争的企业先我一步而去了。真该叫声'万岁'了。"

"是吗?"我看着满面春风的这位老乡,忽然想起该同他开个玩笑热闹热闹。"我这里有个产品销路很好,你有没有兴趣到电器行业来搞它一阵?"

"你别拿我说笑了。我这叫走出了迷津,搞老本行味道好多了。"

人家的公司先倒闭,救了我的老乡。企业的竞争就是这样,相互之间都处在同样的困境中。赢得竞争的关键在于,处在困境中的人头脑要清醒,问题要看准,敢于正视困难,敢于顶住竞争的压力。置之死地而后生,这是一条规律。我的老乡要是不咬牙挺一挺,那么那家公司就得救了。不过,我又告诫这位老乡说,今天这个竞争对手认输了,但说不定哪天又会冒出个新的对手来。作为一名经营者,你就得时时刻刻有这样的准备。人不怕困难,但怕没有勇气。在体育比赛中,好多人输就输在没有战胜对手的勇气上。人要是有了战胜困难的勇气,那么办法也来了,机会也来了,一切痛苦都会变成乐趣。变苦为乐,其乐无穷。人的一生就是这样无穷的追索。

好日子怎么过

○池 莉

池莉 女,一九五七年生于湖北。作家。主要作品有《池莉文集》(七卷),小说《来来往往》、《水与火的缠绵》、《不谈爱情》等,散文作品《怎么爱你也不够》、《真实的日子》等。曾获首届鲁迅文学奖等多种奖项,多部小说被改编为影视作品,有多种文字译本。

都说穷日子难过,我不怀疑这种说法,我过过穷日子。没有过过穷日子的人真是不知道,穷而守志,那是太难了。肚子太饿,人就不是人了,是动物了,除了想吃,几乎不想别的。

好日子不好过,这是从前没想到的。因为什么叫做好日子,很难界定。温

——艾 青

饱不愁了，还有山珍海味呢？别人能够吃到，我不能够吃到，就不觉得自己的日子好。你有住房了，那厢却竖起了别墅；公共汽车不拥挤了，大路上却跑过一辆辆私人的豪华轿车；你开始吃肉了，时尚标榜的却是吃野菜；你穿得整整齐齐了，流行的却是衣不遮体；你的工资提高了，有人赚钱却是成百万上千万。因此我们的耳朵里，听到的一片声音，都是说：他妈的，现在日子真是难过！

好日子是难过得多。好日子弹性太大，物质太多，信息太多，诱惑太多，个人的选择却比穷日子还要少，不是你想要什么就有什么的。而在穷日子里，一个人，发自肺腑的要求就是吃饱肚子。在西海固，在贵州的偏远山区，在小凉山的深处，到处可以看到，大人和小孩子，只要吃饱了，就会很安详地坐着晒太阳，甜蜜地打盹，万事不挂心，目光温和得如新生羔羊。穷日子固然难过，但容易满足。穷日子难过的是肚子，好日子难过的是心情。心情好不起来，吃了什么都白吃。

原来，好日子不仅仅是物质的，好日子更是精神的。好日子是皮囊，须得人为地填充灵魂。这灵魂哪里来？读书得来，修养得来，智慧得来；安静中得来，爱意中得来，松弛中得来；不烦躁的时候得来，不虚荣的时候得来，不贪婪的时候得来；懂得珍惜时间的时候得来，懂得维护健康的时候得来。好日子就在自己的手中，像泥鳅，要有把握的技巧。偏偏就是这个技巧，不是那么容易掌握，真叫人恼火。

至善与幸福

○ [法] 伏尔泰

伏尔泰 (1694~1778)　法国启蒙思想家、哲学家、史学家、文学家。十八世纪法国资产阶级启蒙运动的旗手，被誉为"思想之王"、"法兰西最优秀的诗人"。代表作有史诗《亨利亚德》、悲剧《欧第伯》、小说《老实人》、历史著作《路易十四时代》等，他的《哲学通信》被称为"投向旧制度的第一颗炸弹"。

幸福是很珍贵的。这个世界上的至善难道不会被看做是绝对的空想吗? 希腊哲学家们照例对这个问题进行了详尽的辩论。我亲爱的读者,你是否觉察到你正在观看乞丐们在为哲学家们的石头进行说理?

至善! 多好的词! 你不妨问问什么是至高无上的蓝色或者什么是至高无上的鱼塘、至高无上的步行或至高无上的阅读,等等。

每个人都在他力所能及的地方发现他的善,并且尽其所能地用他自己的方式拥有它,这还远远不够。

"我应该给他们什么? 不应该给他们什么? 你拒绝其他人命令你做的事。"

最大的善就是使你无比高兴,使你简直无法感觉到其他的别的什么东西,就如同最大的恶使我们不具备所有的感情一样。这两者是人类本性的极端,这两种时刻都是短暂的。

没有极端的快乐,也没有极端的痛苦可以持续整整一生,至善和至恶都是空想。

我们都知道克兰托尔的一个美好的寓言:他让财富、快乐、健康和美德在奥林匹克运动会上竞争。财富说:"我是至善,因为所有的物品都是用我购买的。"快乐说:"这苹果属于我,因为追求财富只是为了拥有我。"健康则声称没有了她,就没有了快乐,财富也就没有了价值。最后美德坚持说,她比其他三个都高出一筹,因为如果一个人行为不端,凭着黄金、快乐和健康,他就会变得非常卑鄙。美德得到了苹果。

这个寓言妙极了。如果克兰托尔说至善是美德、健康、财富和快乐四个竞争对手的联合体,那就会更妙了,可这个寓言没有解决至善这个荒谬的问题。美德不是善,而是责任;它是一种高级的非同寻常的责任,它和痛苦的或愉快的感觉都毫无关系。如果一个有德行的人受一个健康的骄奢淫逸的暴君迫害,处在孤立无援、饥寒交迫、身戴镣铐、并患有结石病和痛风病的情况下,他是非常不幸的;而这个蛮横的迫害者,在龙床上抚弄他的新情妇,他是非常幸福的。就算这个被迫害的好人比他的蛮横的迫害者更可取,就算你爱前者,痛恨后者,可是你得承认上了镣铐的好人会由于愤怒而变得粗野和疯狂。如果这个好人不愿意承认这点,他就是在欺骗你,他就是个骗子。

你想成为幸福的人吗? 但愿你首先学会吃得起苦。

——[俄]屠格涅夫

属于安乐的东西

○ [德] 歌 德

歌德(1749～1832)　德国诗人、剧作家、思想家。青年时为德国"狂飙运动"的主要人物。所作抒情诗语言优美,内涵深广,是德国诗歌的瑰宝。其作品对德国和世界文学有很大影响。主要作品有诗剧《浮士德》,书信体小说《少年维特的烦恼》,自传《诗与真》等。

　　世界是宽广、美丽的,但是我却由衷地高兴自己拥有一个小庭园。这个庭园虽小却是自己的庭园,它的土地不需要园丁的灌溉。倾心于自己庭园的人,拥有名誉、快乐与喜悦。

　　华丽的建筑与房间是属于王侯与富翁的。住在那些建筑中会越来越安定、满足、无所求。我完全不属于那里。如你所见,我的房间里连一张沙发也没有,我总是坐在老木头椅子上。为了头部而睡个枕头也是两三周以前的事。只要置身于安乐优美的布置中,想法就会变得懒散,情绪也会变得安乐、消极。拒绝享乐是我从年轻时便养成的不同于他人的习惯。我认为华丽的房间与优美的家具是为那些没有思想或不想有思想的人而专门设计的。

　　如果我是王侯的话,我不会把最高的职权给那些专门靠着自己是名门贵族、年长者以及没有做什么特殊工作的人——我寻求的是年轻人,但是他们必须是聪明活泼,而且具备善良意志与极高尚的性格等各种才能的人物——如此一来,他们才能有兴趣去处理政治、开发国民。但是,该到哪里找寻这般优良臣下的幸福王侯呢?

幸福的本质就在于完成工作

○ [英] 托马斯·卡莱尔

托马斯·卡莱尔(1795~1881)　英国作家、历史学家。曾参加宪章运动。著有《法国革命史》、《过去与现在》、《宪章运动》、《旧衣新裁》等。《论英雄与英雄崇拜》为"英雄史观"的代表作。

所有的工作，哪怕是纺纱，都是高尚的；工作本身就是高尚的，事物从来都是如此。同样，所有的尊严也都是痛苦的；安逸的生活不适合任何人，也不适合任何神。所有的神的生活对于我们来说都是一种升华了的悲哀——与无穷的劳动展开无穷战争的热情。我们最高的宗教名叫"对悲痛的崇拜"。对上帝的子民而言没有制作精美的抑或不精美的高贵王冠，只有用荆棘织成的王冠！这一切广为人知，流传在人们的言语中，或存在于每个人的知觉中。这全部的悲惨状况，即我们所说的完全的无神论，在近几个世纪中，都以其不可言说的生活哲学向我们掩饰了自身；这难道就是他所假称的"幸福"吗？每一个最可怜的妄自尊大的小人物都带着一副事实上，或注定应该"幸福"的面孔。他的希望都已经实现，他的生活都在愉快与高雅中度过，而这即使对于上帝来说也是不可能的。先知们训导我们，你们应该幸福，你们应该热爱使人快乐的事，并且去发现它们。而人们却叫嚷着，为什么我们找不到令人高兴的事呢？

我们建构了关于人类义务的理论，并不是依据了最高贵的法则，人们从来没有犯过这个错误，而是依据最快乐的法则。"心灵一词对于我们而言，就像在斯拉夫辩证法中那样，似乎是肠胃的同义词。"在羊皮书中或在别处，我们都以肠胃的名义而不是以心的名义来说话或辩护——的确，我们的辩护也已被贬低为利润。我们并不以上帝的公正来辩护，我们不因为了自己的"利益"、租金与商业利润大吵大闹而羞愧，我们说，这些是大多数人的"利益"，我们的心中充满了对它们的渴望！我们以仁义之心为自由贸易而大声疾呼，因

任何幸福，都不会十分纯粹，多少总掺杂着一些悲哀。

——[西班牙]塞万提斯

为那些穷苦的阶级处境悲惨,应该得到更便宜的新奥尔良熏肉。我们在关于自由贸易的论坛上质问,不屈的英国精神怎么能离开了熏肉而得到维持呢?我们的国家将被人征服!我的朋友们,熏肉对我们的确不可缺少,但我怀疑,如果你们的目的只在于获得熏肉,你们将永远得不到它。无论这种说法是否恰当,你们都是人,而不是食肉的动物!你们的最快乐的原则在我这里将很快变成不快乐的原则——让我们停止为了"幸福"而胡说八道,让幸福像从前那样有自己的位置吧!

天才的拜伦在愤怒中崛起,他明确地感觉到自己是"不幸福的",并以非常愤怒的言语表达了这一点,就像一则可能十分有趣的新闻一样。这的确令他十分惊奇。人们并不喜欢看到人与诗歌降格为在大街上宣布这类消息,但从整体上说,正如事物本身所说的那样,这不是最令人厌恶的事。在这个问题上,拜伦说出了事物的真相。他的广大听众指出了这种真实性。我的弟兄,你幸福吗?首先,你幸福或是不幸福有什么区别!所有的今天很快就会变成昨天,明天也是如此;因而这里存在的不是"幸福"的问题,而是其他的问题。不,你至少有着这种神圣的遗憾,所有的苦难一旦变成过去,对你来说就成了愉快。而且,你并不懂得其中包含着那种上天所赐的、不可或缺的美德;只有在许多天以后,当你变得更加明智时,你才会懂得这一点!一个慈善的老医生有一次来到我们的组织,为一位因饱食而致病的人进行治疗,他只能根据病人自己的判断来诊断。这个愚蠢的病人不断在我们的交谈中打断我们,承诺说出一番有哲理的话,"我没了胃口,"他抱怨说,带着某种感伤的语气,"我没有胃口,我吃不下饭!""我亲爱的朋友",医生以最温和的语气答道,"这个结果非同小可。"而这个病人却继续和我们谈论哲学问题!

不知读者们是否知道苏格兰那个顽固的与世隔绝者的两个历史小镇公寓的房子,在房子的北部,突然因为隔壁屋,甚至是夹墙中一种确定无疑的鬼的征兆而陷入极度的警觉之中!在一个小时内,有一种超自然的咆哮、抱怨和尖叫声,这种声音低沉、恐怖、含混不清,不像来自人间:"我曾经幸——幸——幸福过,但现在我非常痛苦!啪啪啪,嘎嘎嘎,呜呜,我曾经幸——幸——幸福过,但我现在非常痛苦!"休息吧,休息吧,被困扰的心灵;或者像善良的老医生说的那样:我亲爱的朋友,这个结果非同小可!但事实并非如此,被困扰的心灵是无法休息的,而他的邻居却因此而烦恼,恐惧,或至少是被他所烦扰,这是邻居们在他那神出鬼没的房中必须承受与考察的结果。在那间神出鬼没的房中,他们发现被困扰的心灵是一个不幸的人——是拜伦的摹仿者吗?不,他是一个不幸而迟钝的屠夫,把一把锈刀弄得嘎吱直响;这在苏格兰的辩证法中,就是根据能力而设立的拜伦式的生活哲学。

事实上,我认为那些为了自己的"幸福"而咆哮与喧闹的——那些在选举中、在诗歌创作中,或以某种方式为自己忙个不停的人——并不能帮助我们"把流氓与懦夫绳之以法"!不,他毋宁是在为赚钱而奔忙——甚至只是为了一两个铜子看吧!这完全是一种现代事件;它不属于古老的英雄时代,而属于这些新的懦夫统治的时代。"无目的的生存即是幸福",如果我们计算无误的话,这种卑微的想法在这个世界上至少有了两百年的历史。

一个勇敢者所努力追求的唯一快乐就是完成自己的工作。人们所抱怨的不是"我没有胃口"而是"我不能工作"。不能工作对人来说毕竟是一种不快乐,他不会因此而感到自己是充实的。看吧,时光飞逝,生命匆匆,人们无法工作的黑夜很快就会来临。一旦这样的夜晚来临,我们的快乐,或者是不快乐——都被废除了,都已经消失了,消失得无影无踪;这样的事实就是:无论我们是胃口良好的食客,还是操心劳力的泥瓦匠,以及生性敏感的拜伦式的诗人,或者任务繁重的工人,"其结果都非同小可"。但我们的工作——那些未被废除与消失的工作,那些仍然得以维持的工作,或对于工作的愿望——将永远能够维持下去。这就是我们始终面临的唯一问题!那些短暂而吵吵闹闹的日子,随同它喧嚣的幻象,浮躁的虚名,都如过眼烟云;而神圣与永恒的夜晚,伴同她的星辉,她的天籁,她的真实,已经降临人间!对此你做了什么?又是如何做的?快乐,不快乐,都只在于你的工资多少;为了维持自身,你已经耗尽了积蓄。现在你只有工作,但你将在何处工作?尽快投入工作吧,让人们看看你的实际行动!

事实上,如果人们不是可怜的懦夫,甚至是白痴,他就应该停止为缺衣少食而抱怨,而应该责问自己,我为衣食而做了些什么?

不错,达到生活中真实幸福的最好手段,是像蜘蛛那样,漫无限制地从自身向四面八方撒放有粘力的爱的蛛网,从中随便捕捉落到网上的一切。

——[俄]列夫·托尔斯泰

幸福的三个来源

○ [德] 叔本华

叔本华(1788～1860)　德国哲学家,唯意志论者。认为艺术应该是摒弃一切欲望或实用利益的"冥想"或"无意志的直觉"。主要著作有《作为表象和意志的世界》、《论处于自然界中的意志》、《伦理学的两个基本问题》等。

亚里士多德将人生的幸福分为三类:来自外面的幸福、来自灵魂的幸福以及来自肉体的幸福。除了我们可以采用这种三分法外,这种分类别无所长。我认为,人的命运的差别可以归结到这样三种不同的原因上:

第一,人是什么。从广义上说,这就是指人格,它包括健康、力量、美、气质、道德品格、理智以及教养。

第二,人有什么。即财产与各种所有物。

第三,一个人在他人的评价中处于什么地位。正如大家都知道的,通过被了解到的东西,一个人在朋友们眼中的形象如何,或者更严格地说,他们看待他的目光如何,是通过他们对他的评价表现出来的,而他们的评价又通过人们对他的敬意和声望体现出来。

人们在第一方面的差别是自然造成的,仅从这一事实就可以断言,和另外两个方面的差别比较起来,这一方面的差别对于幸福与否的影响要重要得多。后者不过是人为的结果而已。与真正的人格优势,如伟大的心灵或高尚的情怀比较,那么,显赫的地位,高贵的身世,乃至王侯将相,充其量不过如同舞台上的王侯而已,而前者才是人生的真正君王。很久以前,伊壁鸠鲁最早的信徒麦特罗多洛就说过这样的话,他著作中有一章的标题就是这样:外在的幸福远不如内心的福祉。无可置疑,人生幸福最基本的要素——就整个人生来说——就在于人的构成,人的内在素质。这是由人的一切情感、欲望以及各种思想所引起的内心满足的直接源泉,而环境对人生的影响则是间接的。所以,同样的外部事件对不同的人其影响也就不同,甚至在许多外在条件都相同的情况下,人们仍然生活在自己独有的小天地里。人最直接理解的是自己的观念、感觉以及意志,外部世界只能够在与生活有关的那些方面对人们产生影响,人们是按照自己所看到的方式与其中的世界来塑造生活的。所以,对不同的人它就表现出不同的色调,对于一些人来说,它贫瘠荒漠、枯燥乏味、浅薄空疏;对于另外一些人来说,它丰厚富实、趣味横生、意味深长。很多人听到别人经历了一些令人快慰的事情后,也期待着在自己的生活中发生同样的事情,而忽视了他们更应妒忌的是那种精神能力。当人们描绘一些令人愉快的事件时,这种能力便会赋予这些事件以独特的意义。对于天才来说,它们充满了快意的冒险情趣,而凡夫俗子由于感觉迟钝,这些事件在他们眼中则变得陈腐乏味、司空见惯。歌德和拜伦的许多诗作就完全是天才的杰作,而这些作品显然也是根据现实写下的。愚蠢的读者因为诗人经历了那么多愉快的事情而妒忌他,但不去妒忌诗人无比的想象力,正是这种想象力把平凡的经验变得伟大辉煌。

同样,在自信乐观者看来只是令人兴奋的冲突性事件,在性格抑郁者看来则是一幕悲剧,而对于心灵麻木不仁的人来说,则没有任何意义。所有这些都依赖于一个事实,即,要认识并欣赏任何事物,都要求有两方面因素的协作,即主观因素和客观因素。这两者如水中的氧和氢一样必然地密切联结在一起,所以,尽管在经验中客观的或外在的因素相同,但由于主观的因素或个人的鉴赏力不一样,同一对象在不同人的眼中就会显出天壤之别,就仿佛这种客观因素也不一样了。在智力迟钝愚蠢的人看来,世上最灿烂多彩的事情也是乏味无聊的,所以对它的欣赏也就乏味无聊,这就像一幅在晦暗天气里的优美风景画,或一架劣质摄像机暗门上的映像。的确,任何人都被幽禁在他自己意识的范围之内,人不能超越自己,更不能直接走出上述界限之外。所以,外部的帮助对他并无多大意义。在舞台上,有人扮演王子,有人扮演大臣,有人扮演仆役,有人扮演士兵或将军,等等。这一切都只是外表的不同,脱下这些装束,骨子里大家都不过是一些对命运充满了忧虑的可怜演员而已。人生就是这样。地位和财富的悬殊使每个人扮演着适合自己的角色,但这并不意味着他们内在的幸福和快乐有所不同,那些凡夫俗子,那些不幸的人们的苦难和烦恼也是根源于此。纵然幸福与不幸是由完全不同的原因引起,但就这两者的根本性而言,它们在所有方面都是极其相似的。毫无疑问,幸福与人们必须扮演的角色、地位的浮沉以及财富的得失毫无关联。对人来说,一切存在或发生的事情都只存在于自己的知觉之中,只是相对知觉而发生。所以人最为本质的东西就在于这种意识

人是自己幸福的设计者。

——[美]梭 罗

的形成。一般而论,知觉要比构成知觉内容的环境重要得多,一个人要是麻木不仁,冥顽不灵,那么,只要他想一想塞万提斯被囚禁在冥室棱棺的悲惨情景下写作《堂吉诃德》,世上的一切荣耀和欢乐都会化为乌有。人生客观的部分掌握在命运之神手中,它会因情况变化而发生变化,而主观的部分则掌握在我们自己手里,在本质上它是永远不会改变的。

　　所以,尽管人们的外部条件可能发生很大变化,但每个人的生活都表现出存在着一致的地方,这就像同一主旋律上的一系列变奏。人不能超越自己。一个动物被安置在某一环境里,它就得局限在自然给它安排的这个狭小圈子里;人也是这样,人们孜孜以求幸福的努力永远都保持在其本性所许可的范围,被局限在能感觉到的程度;人所能获取的幸福的多少,预先就由他的人格所决定了。相对于我们精神的力量就更是如此。这种精神的力量与人们获得更高级愉悦的能力密切相关。如果这些能力弱小,那就会一事无成,亲朋好友以及命运能够给予他的,就不足以使他达到人们一般幸福和快乐的水准。他的一切都来自于肉体的欲望(一种极度舒适和令人惬意的家庭生活),粗野下流的同伴和粗鄙无聊的娱乐。另一方面,一旦情况是这样,要开阔他的视野,即使教育也无济于事。人最为高尚最丰富多彩的永恒的快乐是心灵的快乐。但在这一点上,我们的青年时代则可能欺骗我们。心灵的快乐主要取决于心灵的力量。显然,我们的幸福在很大程度上取决于“我们是什么”,取决于我们的人格。而命运或命运所先定加给我们的东西一般地只是意味着“我们有什么”,或我们的名誉。在这种意义上,命运是可以改变的。但如果我们的精神上不够富有,那么我们的命运就不会有多大改变,所以,直到生命的最后时刻,愚者依旧愚蠢,冥顽不灵者仍然冥顽不灵,甚至即使他们身边簇拥着众多的美女也是如此。歌德在《西东胡床集》中写道:“对每个时代来说,无论是地位卑下的民众或奴仆,还是生活中公认的胜利者,他们作为尘世间的凡人,其最高的幸福仅仅是人格。”

　　有句谚语说:“饥饿是最好的调味品。”从青年和老年不能共同生活这个事实,一直到天才和圣人的生活,所有的事实都说明,对于幸福来说,人生中的主观因素要比客观因素重要得多。健康比其他幸福重要得多,所以有人说,宁做健康的乞丐,不做多病的国王。温文尔雅、活泼快乐的气质,完美强壮的体格,健全的理智,敏锐的洞察力,稳健而温和的意志以及良知,这些都是地位和财产所无法替代的优势。对于个人来说,他的人格乃是当他孤独时与他形影相随的东西,乃是任何人也无法夺走或给予别人的东西,人格要比他所拥有的一切财富都更本质些,也比所有人对他的评价更实在些。一个理智的人,即使处在完全孤独的状况下,也能以他的思想、他的幻想来获取极大的娱乐;即使没有任何变化,没有惬意的社交,没有剧场,远足和消遣,他也能避免愚人的烦恼。一个生性善良而且性格温和的人,即使贫困也会感到幸福。相反,如若一个人生性贪婪,嫉贤妒能,心狠手辣,即令他是世上最富有的阔佬,也会痛苦不幸。对于高度理智并对自己独特的人格乐此不疲的人, 人类所追求的多数快乐简直是徒劳多余的, 它们甚至是使人痛苦烦恼的重负。所以贺拉斯说过这样的话:"即使许多人被剥夺了生活中的奢侈品,他们依然能够生活。"苏格拉底看到四处都是待售的各种奢侈品, 禁不住惊呼:"我不想要的东西在世界上竟然如此之多。"

所以,人生幸福的首要的最本质的要素就是我们的人格。除了这种在任何情况下都发生作用的因素外,别无其他原因。而且,它与其他两类福事不同,它不是命运的游戏,也不会为我们所曲解;另外两类福事只具有相对价值,而人格则具有绝对价值,因而这就比人们通常以为外在支配一个人要困难得多。但时间是全能的原动力,它主持公道,在它的影响下,各种生理的和精神的优势会渐渐逝去,而只具备道德的特性是难以达到幸福的。考虑到时间的这种消极作用,另外两种福事似乎要比第一类幸福更为优越,因为时间并不能剥夺我们的这两种幸福。而且这两类福事也许还有一种优势,即由于它们完全是客观外在的,所以它们能为我们所达到,至少所有的人都有达到它们的可能。相反,主观的东西则不易为我们所获得,但我们可以通过一种神圣的权力而达到,它是不可变异的、不可让度的、残酷无情的。歌德在诗作中曾描述,人们刚一降世,便被某种不可改变的命运支配着。所以,人只能在为他所设计的范围内求得发展,如同星星之间只能通过相互关联而在轨道中运行一样。所以西比尔和预言家们断言,人绝不可能逃过自己的命运,即使时间的力量也不可能改变人们将耗费一生的人生道路。

我们唯一力所能及的事情,就是尽可能地使用我们所拥有的个人品质,并顺从这样的娱乐而且也把它们称之为游戏, 力争它们所容许的完美而不顾其余。因此,人应当选择最适合于个人品质发展的地位、职业和生活方式。

试想象一位力大无比的大力士,被环境所迫而从事某种不活动的职业,如从事精巧仔细的手工,或者从事学术研究和需要其他能力的脑力劳动,从事正好为他能力所不及的工作,被迫放弃所具有的那些优秀的能力,像这样被命运所安排的人在其一生中绝不会感到幸福。那些被迫使其能力无法得到发展和利用而去追求一种不需要自己能力的职业的人, 如果他的理智能力的程度越高,他的命运便愈悲哀,也许让他从事某种体力劳动,他的力量就不够了。在这种情况下,特别是在青年时代,我们应当注意避免可以预料到的危机,不要以

我们得到的一切幸福都是劳动、辛苦、自我克制和学习的成果。

——[美]萨姆纳

为自己具有某种并没有的能力。

　　由于隶属第一类的幸福比隶属另外两类的幸福更重要，所以，旨在于保持我们健康、培养我们各种能力的行为，显然要比一心聚敛财富的行为更明智。对获取足够的生活必需品抱着无所谓的态度并不一定就错。严格地说，财富乃是十足的奢侈品，它并不能给我们带来幸福，倒是有许多富豪感到不幸，这是因为他们缺乏精神教养或知识，因而他们无法对他们能够胜任的脑力工作产生兴趣。在真正自然的必需品得到满足的范围之内，一切能够获得的财富，对我们的幸福影响甚微。的确，倒不如说财富会扰乱我们的幸福，因为聚敛财富不可避免地将会给人们带来极大的烦恼和不安。然而人们在致富上所费的心思要比提高教养的用心大出何止千百倍，"人是什么"比"人有什么"对于幸福显然要重要得多。所以我们在看到有人为了聚集金银财宝，就像一只勤劳的蚂蚁，从早到晚无休无止，殚精竭虑，我们就会明白许多道理。他只知要达到目的所使用的方法，其余便一概不知；他的心灵是一块白板，因此不易受其他事物的影响。那些最高的快乐，亦即理智的乐趣，乃是他所望尘莫及的；他恣情纵欲，徒劳地以那些瞬息即逝的快感来代替理智的愉悦，并以巨大的代价来延续这种短暂的时刻。如若他运气好，那么他的努力会使他真的积聚起万贯家产，他或者将这些财产留给自己的子嗣，或者继续增加这笔财产，或者挥金如土，浪费这笔财产。这样的一生，尽管他有着真诚执著的追求，也仍然像头戴锥形小帽哗众取宠的小丑一样愚蠢。

　　"人自身所固有的东西"乃是幸福的契机。一般而论，财富是微不足道的，绝大多数无须为摆脱贫困而奔波的人，与为了财富而耗费精力的人同样感到不幸。他们内心空虚，想象枯竭，精神贫乏，所以这两种人变得相互为伍，他们有着共同的欲求，寻欢作乐，而他们的乐趣大多是感官的快乐和各种消遣，到后来是狂纵无度。纨绔子弟过着一种依靠巨笔遗产的穷奢极欲的生活，他们常常在意想不到的极短时间里将财产挥霍一空，究其原因，就是因为他们内心空虚无知，所以这种人对生存也感到憎恶厌弃。他们外表富实而内心贫困，为了用外部的财富弥补内心的不足而做徒劳无益的努力，并竭力去取得虚有的一切，这就像一位寻求某种方法使自己力大无穷的老人一样，大卫王和马雷查尔·德·里克斯就试图这样做。

　　对于造成人生幸福的其他两类福事的意义我无须多加强调，现今，人们谁都知道这两种福事的价值。第三类似乎没有第二类重要，因为它不过是别人的意见而已。然而，所有的人仍旧追求名誉，即好的名声。另一方面，只有为国家服务的人才满心巴望着高官厚禄，对于名声则少有注意。总之，一般的人把名誉看做是无价之宝,把名声看做是人能获得的最宝贵的福事,犹如上帝选民的金羊毛,只有白痴才会放弃财富而追求地位。而且,第二类和第三类福事互为因果,其他的优势可以常常使我们得到所欲得到之物。

这就是生活的乐趣吗

○ [奥地利] 维特根斯坦

维特根斯坦(1889~1951) 生于奥地利的维也纳。哲学家、逻辑学家。他的早期哲学对逻辑实证主义的影响很大,晚期哲学则被分析哲学学派所接受与发挥。主要著作有《逻辑哲学论》、《哲学探讨》、《关于数学基础的言论》等。

"智慧是灰色的。"然而,生活和宗教充满了色彩。

没有什么比一个自以为从事简单日常活动而不引人注目的人更值得注意。我们想象在一个剧场里,幕布拉开后,一个男人独自站在一个房间里,他来回踱步,点燃香烟后又坐下了。我们突然从局外以通常不能观察自己的方式观察一个人,好像在亲眼阅看自传的一章。这当然是离奇的,精彩的。我们应该观察比剧作家设计的剧情和道白更为动人的场面:生活本身。然而,大家每天见着它,但没有留下点滴印象。这是真实的,可是人们不从那种观点看待生活。

"对,是这样的",你说,"因为它一定是这样的! "(叔本华:人的真实寿命是一百岁。)

"当然,它一定是这样的! "似乎你已经领会了创造者的意图。你已经掌握了该体系。

你没有问:"人实际上活多久呢? "这对于现在的你来说是个肤浅的问题,而你已经懂得更深刻的东西。

如果生活变得难以忍受,我们就会想到改变我们的环境。但是,最重要的和有效的改变,即我们自己的观点的改变,对我们来说甚至几乎不可能发生。我们很难下决心去采取如此的步骤。

> 幸福并不在于外在的原因,而是以我们对外界原因的态度为转移,一个吃苦耐劳惯了的人就不可能不幸。
>
> ——[俄]列夫·托尔斯泰

我像一个骑在马上的拙劣骑手一样,骑在生活上。我之所以现在还未被抛下,仅仅归功于马的良好本性。

　　我的思想的欢乐是我自己的奇特生活的欢乐。这是生活的乐趣吗?

　　所有的人都是伟大的吗? 不。然而,你可以具有成为一个伟大人物的任何希望! 为什么某些事物为你所称赞而不为你的邻人所称赞呢! 是什么目的呢? 如果你不想使自己思想丰富的愿望富有内容,那必然有某些你所遵守的东西或使其显露于你的经验! 而你能有什么经验(与无价值的东西不同)呢? 简言之,你有某种才能。而关于我成为一个与众不同的人的幻想,比起我对我的特殊才能的意识更为持久。

　　躺在成就上就像行进时躺在雪地里一样危险。你昏昏沉沉,在熟睡中死去。

我 的 菜 园

○ [美] 霍　桑

　　霍桑(1804～1864)　美国小说家。出生于清教徒家庭。晚年任美国驻英国领事。代表作《红字》谴责了十七世纪殖民地时期政教合一体制的黑暗统治,揭露清教徒道德、法律的虚伪,同时又认为人类具有罪恶的天性,唯有受难方能赎罪。其他作品有《奇书》、《故事新编》、《有七个尖顶的房子》、《福音传奇》等。

　　其实,家里有个菜园是多好的一件事,种菜并不会花很大的力气,可就是这点力气却会使那几棵菜吃起来特别香甜。但你从菜农那里买来的菜,就不会有这么好吃了。没有子女的男人,不妨种几种蔬菜,他就可以领略一点儿做父亲的乐趣:随便一颗种子,南瓜也好,豆子玉米黍也好,即使一棵草、一盆花、一枝杂草也好,亲手种在土里,从小到大,亲手栽培,看它生长,其中乐趣无穷。假如所种的东西不多,你记得每棵蔬菜的模样,那么,你对它更会有特别的兴趣。

　　我的菜园就在古屋林阴道的两旁,大小恰到好处,每天早晨花一两个钟头照料一下就够了。可是我一天总要去看它十几次,因为它们是我的蔬菜儿女。我看着它们,深深沉思,爱护之心油然而生。那些没有蔬菜儿女的人,决不能想象到我心中的感觉,更不会体会到我心头的爱。

　　满山豆苗,穿土而出;或者一排早春的豌豆,新绿初头,远远望去,刚好是一条淡淡的绿线——天底下最迷人的景色也不过如此。稍后几个星期,某种豆花怒放,蜂雀飞来采蜜——天使般的小鸟竟飞到我的玉液杯琼浆盏里来吸取它们的仙家饮食,我看在眼里,美到心里。夏季黄瓜的黄花总吸引着无数的蜜蜂,它们探身入内,乐而忘返,也为我带来了许多乐趣,尽管它们的蜂房在何处我并不知道,而且它们采得花露所酿成的蜜我也吃不到。我的菜园只是施舍,不求报偿,于是我看见蜜蜂一群一群地吸饱了花露随风飞去,我很乐于让它们采蜜,因为天下一定有人能吃到它们的蜜;人生中有那么多辛酸的坎儿,天下能多一点儿蜜糖,总是好事。这样想着,我似乎已经吃上了蜜糖。

　　讲起夏季南瓜,它们各种不同的美丽的形体实在也值得一谈,它们长得如瓮如瓶,有深有浅;皮有一色无花的,也有起纹如瓦楞的,形体变化无穷,那么美的东西,人的双手是从没有塑造过的。如果雕刻家到南瓜田里一看,一定可以学到不少。我的菜园里有一百个南瓜,它们在我眼里,都值得用大理石雕刻,永久保存的。假如上帝能多给我些钱,我一定要定做一套碗碟,材料用金子,或者用顶细洁的瓷土,至于碗的形状,一定要如同我亲手种植出来的藤上的南瓜。这种碗碟不管是用来盛饭,还是用来装水果,都是别有一番情趣的。

　　我在菜园里辛勤工作,仅仅是满足我严格的爱美之感而已。冬季南瓜虽然长了一根弯脖子,没有夏季南瓜好看,可是光看它们从小到大的变化过程,也会为我带来一种快慰之感。瓜刚出生时,仅是一团小块,花的残瓣还依附在外。又过些日子,成了圆圆的大个儿,头部还钻在叶子里不让人见,但黄黄胖胖的腰杆却挺了出来,迎接中午时分的太阳。我美滋滋地看着,心里想:凭着我的力量居然做了件这么有意义的事情,世界上因此增添了新的生命。别看南瓜不会说话,不会行动,可它们真的是有生命的,你的手可以摸得出来,你的心可以体会得到,你看见了心里就会觉得高兴。白菜亦是如此——尤其是早熟的荷兰白菜,它的腰围大得可怕,最后常常连心脏都会炸裂的——我们能够参与天地造物之功,栽培出这样大的白菜,心里不由得会自豪。

　　讲到最后,最大的乐趣还在这里:我们亲手将自己的蔬菜孩子做成午餐、晚餐,放在桌子上,然后我们就像希腊神话中的萨腾大神一样,把自己的孩子吞进肚里。

真正的幸福只有当你真实地认识到人生的价值时,才能体会到。

——[科威特]穆尼尔·纳素夫

写 给 幸 福

○（台湾）席慕蓉

席慕蓉 女，当代著名诗人、作家、画家。一九四三年出生于四川，幼年在香港度过，成长于台湾。十几岁便进行文学创作，主要作品有诗集《七里香》、《无怨的青春》等，散文集《成长的痕迹》、《画出心中的彩虹》、《有一首歌》等。她的作品浸润东方古老哲学，带有宗教色彩，透露着一种人类无常的苍凉韵味。

翠　鸟

夏日午后，一只小翠鸟飞进了我的庭园，停在玫瑰花树上。

我正在园里拔除杂草，因为有棵夜合花挡在前面，所以小翠鸟没看见我，就放心大胆地啄食起那些玫瑰枝上刚刚长出的叶芽来了。

我被那一身碧绿光洁的羽毛震慑住了，屏息地躲在树后，心里面轻轻地向小鸟说：

"小翠鸟啊！请你尽量吃吧，只求你能多停留一会儿，只求你不要太快飞走。"

原来在片刻之前还是我最珍惜的那几棵玫瑰花树，现在已经变得毫不重要了。只因为，嫩芽以后还能再生长，而这只小翠鸟也许一生中只会飞来我的庭园一次。

面对着这一种绝对的美丽，我实在无力抗拒，我愿意献出我的一切来换得它片刻的停留。

对你，我也一直是如此。

喜 鹊

在素描教室上课的时候,我看见两只黑色的大鸟从窗前飞掠而过。

我问学生那是什么,他们回答我说:

"那不就是我们学校里的喜鹊吗?"

素描教室在美术馆的三楼,周围有好几棵高大的尤加利和木麻黄,茂密的枝叶里藏着很多鸟雀,那几只喜鹊也住在上面。

有好几年了,它们一直把我们的校园当成了自己的家。除了在高高的树梢上鸣叫飞旋之外,下雨天的时候,常会看见它们成双成对地在铺着绿草的田径场上慢步走着。好大的黑鸟,翅膀上镶着白色的边,走在地上脚步蹒跚,远远看去,竟然有点儿像是鸭子。

有一阵子,学校想重新规划校园,那些种了三十年的木麻黄与尤加利都在砍除之列,校工在每一棵要砍掉的树干上都用粉笔画了记号。站在校园里,我像进入了阿里巴巴的童话之中,发现每一棵美丽的树上都被画上了印记,心里慌急无比,头一个问题就是:

"把这些树都砍掉了的话,要让喜鹊以后住在哪里?"

幸好,计划并没有付诸实施,大家最后都同意,要把这些大树尽量保留起来。因此,在建造美术馆的时候,所有沿墙的大树都被小心翼翼地留了下来,三层的大楼盖好之后,我们才能和所有的鸟雀们一起分享那些树梢上的阳光和雨露。

上课的时候,窗外的喜鹊不断展翅飞旋,窗内的师生彼此交换着会心的微笑。原来鸟雀的要求并不高,只要我们肯留下几棵树,只要我们不去给它们以无谓的惊扰,美丽的鸟雀就会安心地停留下来,停留在我们的身边。

而你呢?你也是这样的吗?

透 明 的 心

陪母亲去医院做复健治疗,是我没课的日子里一定会去做的工作。

尽管外面阳光普照,医院里仍然有股隐隐的寒意,生病的朋友遇见了也会打个招呼,他们的脸色总是比平时的要阴暗多了。

一个实习的小护士走过无人的长廊,两边的落地玻璃窗把阳光带了进来,铺在光滑的磨石子地上,划出一个个的方格。穿着浅蓝色衣裙的小护士忽然微笑了,踮起脚尖开始在这些方格里玩起跳房子的游戏,一路向走廊这头跳了过来。

贪婪和幸福永远不会见面。

——英国谚语

我就站在走廊的这一端，心中能完全感觉到她的欢喜。是啊！小女孩，快摆脱掉那些病房的疾病与痛苦吧，在这个有阳光的长廊上，年轻的你有着一切感受快乐与幸福的权利。

我安静地站在满头白发的母亲身后，随着她缓慢的脚步往前走去，长廊外，新长出来的叶子在阳光里竟然是完全透明的。

在你的凝视之下，我多希望我也能有一颗完全透明的心。

独　木

喜欢坐火车，喜欢一站一站地慢慢南下或者北上，喜欢在旅途中的我。

只因为，在旅途的中间，我就可以不属于起点或者终点，不属于任何地方和任何人，在这个单独的时刻里，我只需要属于我自己就够了。

所有该尽的义务，该背负的责任，所有该去争夺或是退让的事物，所有人世间的牵牵绊绊都被隔在铁轨的两端，而我，在车厢里的我是无所欲求的。在那个时刻里，我唯一要做也唯一可做的事，只是安静地坐在窗边，观看着窗外景物的变换而已。

窗外景物不断在变换，山峦与河谷绵延而过，我看见在那些成林的树丛里，每一棵树都长得又细又长，为了争取阳光，它们用尽一切委婉的方法来生长。走过一大片稻田，在田野的中间，我也看见了一棵孤独的树，因为孤独，所以能恣意地伸展着枝叶，长得像一把又大又粗又圆的伞。

在现实生活里，我知道，我应该学习迁就与忍让，就像那些密林中的树木一样。可是，在心灵的原野上，请让我，让我能长成一棵广受日照的大树。

我也知道，在这之前，我必须先要学习独立，在心灵最深处，学习着不向任何人寻求依附。

白　帆

可是，我如何能做到呢？如何能不寻求依附？在我的心田，不是一直有着你吗？

你是一艘小小的张着白帆的船，停泊在我心中一个永不改变的港湾。

我对你永远有着一份期待和盼望。

在年轻的时候，在那些充满了阳光的漫长的下午，我无所事事，也无所惧怕，只因为我知道，在我的生命里，有一种永远的等待。挫折会来，也会过去；热泪会流下，也会收起。没有什么可以让我气馁的，因为，我有着长长的一生，而你，你一定会来。

今天，阳光仍在，我已走到中途。在曲折颠沛的道路上，我一直没有歇息，只敢偶尔停顿一下，想你，寻求，等你。

雾从我身后轻轻涌来，日光淡去，想你也许会来，也许不会，开始害怕了。

也开始对一切美丽的事物怜爱珍惜。不管是对一只小小的翠鸟，或是对那结伴飞旋的喜鹊；不管是对着一颗年轻喜乐的心，还是对着一棵亭亭如华盖的树，我总会认真地在那里面寻你，想你也许会在，怕你也许已经来过了，而我没有察觉。

日子在盼望与等待中过去，总觉得你好像已经来过了又好像始终还没有来，你到底在什么地方呢？你到底是一种什么模样呢？

总有一天，我也会像所有的人一样老去的吧？总有一天，我此刻还柔细光洁的发丝也会全部转成银白，总有一天，我会面对着一种无法转换的绝境与尽头；而在那个时候，能让我含着泪微笑地想起的，大概也就只有你了吧？

还有那一艘我从来不会真正靠近过的，那小小的张着白帆的船。

幸福的处方

○ [捷克] 伊凡·克里玛

伊凡·克里玛　一九三一年出生于布拉格一个犹太人家庭。捷克当代著名的散文家、文艺评论家、随笔作家、剧作家以及儿童文学家。克里玛和哈维尔、昆德拉并称捷克文坛的"三驾马车"，近年来国际声誉日隆。有很多评论者认为，他的文学成就和社会声望都在昆德拉之上。主要作品有《爱情对话》、《窗子里的女人》、《死亡屋里的天王星》等。

大多数人知道这种匿名信。它每隔一段时间在波希米亚流传，也许其他国家也有。最近我所收到的一封信其内容如下：

根据原件将这封信复印五份，并把它寄给你认为需要好运的人。

幸福的家庭都是相似的，不幸的家庭各有各的不幸。

——[俄]列夫·托尔斯泰

在九天之内,你将看到所发生的一切。寄给别人之前加上你自己的签名。(引者注:我最后收到的一封信包含了令人难以置信的一百二十九个人的重复签名;最后一位签名者,显然是我的好运的发起人,在上面有三次签名—JKM)。原件用西班牙文写成。它已环绕世界八十八次。在九天之内接到这封信,你将有九倍的好运气。但是只有当你把它寄给你认为需要好运的人。不要在其中夹寄钱。

下面是实际发生的一些事例:

①蒙特利·瑞宾根收到了信并将其寄出,九天之内他赢得了两千美元。

②斯万·罗米塔接到了这封信,把它扔了,九天之内他被淹死。

③J.维克特接到这封信,忘了把它寄出,九天之内死于一场车祸。

④一九八五年在英国,某人收到了这封信,他不仅把它扔了,而且还嘲讽它。九天之内他的妻子死了,其儿子也患了绝症。他重新找回这信并把它寄出。九天之内他的儿子又恢复了健康。

等着吧,几天之内你将获得一个惊喜,即使你现在也许并不相信。

我不知道是什么促使人们传递这封信,但是我可以说,他们中只有部分人是受那个愚蠢的原件作者的利他主义动机所推动,而其余大部分人这样做是因为他们感到了它的威胁。我不能推测有多少人真的相信以这种居然是"中国运气"的方式给人带来好运(为什么中国运气又要以美元来表达)。他们也许说,它不可能有任何害处,毕竟只是一个游戏。此外,你永远也不知道它到底是什么。如果它是对的,那将会出现什么样的情形? 实际上我们周围仍然存在着大量迷信的人们。而那些参加这个连锁信件游戏的人,也许并没有意识到它并不像最初一瞥看上去的那样简单无害。

这封信的内容不仅仅是容易办到,它还是一个威胁。那些不顾尊严在上面签名的人以死亡来威胁我、我的妻子和孩子们,如果我不遵从他们的指令的话。它有着令人毛骨悚然的气焰。当这个匿名作者说有个叫蒙特利·瑞宾根的人赢得了一笔钱,我必须得相信他所说的吗? 这件事发生在什么地方、什么时候? 如果他要求我的签名,为什么不把事情说得更精确些? 诸如蒙特利·瑞宾根生活在什么城市、什么街道和哪座房子? 这样我就可以去核实那位匿名作者告诉我的是否真实。另外那位英国人到底怎么了? 他是否真的嘲笑了这封信? 他的妻子是否因此而遭到惩罚而他们却不去惩罚在英国的系列杀手? 我真的要相信这种东西吗？如果我这样做，那么我可以相信任何东西。但是我还不只是被要求相信这种不知羞耻的胡言乱语，为了我所爱的人的缘故，我还被要求传递这种东西。

这封信发出了一个警告：我们失去了基本的人类尊严、基本的道德准则之间的联系。至少，它意味着这样的人们已不能正当评价要求他们签署的这封信的意义，这也意味着他们已不能正当评价自己行为的意义和责任。

现在放在我桌上的这封信有着一百二十九个笔迹，他们无疑认为自己的行为符合人类身份，他们是自愿地加入这个匿名信作者的行列，去散播一种威胁性的信息。但是当他们这样做的时候，他们实际上是在做一件更坏和更危险的事：他们赞成这种丑陋的信仰，认为你只要出于良好的意愿，便可以在上面签字（尽管仅仅是签名而已）并且把任何东西寄给任何要他相信的人，而省却了核实这种要求的麻烦。

今年我已经收到了三封这样的信，除了这封留下来用做写文章的以外，其余都扔进了废纸篓。当我扔第一封时，我遇到了一个有趣的人，和其度过了一个愉快的夜晚。进一步说，我对没有任何人受到恐吓和威胁感觉良好。当我扔第二封时，在经历了好几天沉闷、严寒的天气之后，太阳终于露出了脸。我同时得到了另外一个回报——大洋彼岸的一个批评家写文章说我的好话。也许我的这些宣称还不够有说服力，因此我正在给手上的这封信签字。我将加上一句：自从我扔掉第一封信至今已经过去九九八十一天了，因此没有人阻止我继续去死。

幸福的本质

○ [美] 威尔·杜兰特

威尔·杜兰特（1885~1981） 美国著名学者，终身哲学教授，曾因其杰出的学术成就荣获普利策奖及自由勋章。他花了五十年时间完成了辉煌巨著《世界文明史》，这部作品使他在学术界广受好评。而他晚年所创作的《哲学的故事》，则因其亲切、活泼的文风赢得了广泛的声誉。

随着亚里士多德思想的发展，年轻人纷纷投到他的门下，期望得到他教育

真正的幸福是用血汗创造出来的。
——古巴谚语

和修养方面的指点。但正在这个时候,他本人的心思却离开了科学的细节,转到更广泛更不可捉摸的行为与性格问题上去了,他越来越清楚地认识到,多姿多彩的大千世界,包含了一个根本问题,就是什么才是最好的生活? 或者说,至善至美的生活是什么样的? 什么是美德? 我们怎样获得幸福和满足?

他的伦理学非常简单,并与当时的实际相符合。他受过科学训练,所以他既不宣扬超人的理想,也不空言怎样寻求完美的生活。桑塔亚那①说:"亚里士多德关于人性的概念十分健全,每一理想都有自然的基础,每一自然事物都有理想的前途。"亚里士多德坦率地承认,人生的目的不是为善而善,而是为了幸福。"我们选择幸福是为了幸福本身,而不是为了别的东西。有时我们之所以选择荣誉、快乐、智慧等等,那是因为我们相信通过它们,我们能够获得幸福。"但是他也觉察到,将幸福说成是终极之善,纯粹是陈词滥调,最需要说明的是幸福的本质和怎样得到幸福、获取幸福。因此他深入探究了人和别的生物的根本区别,假设人的幸福在于充分发挥这种人类特有的性质。因为人的独特优势在于思维能力,人正是凭着这种能力才超越并统治着其他一切生命形式,随着这种能力的发展壮大,人取得了至高无上的权威,所以我们就可以假定:发展思维能力会给人带来满足和幸福。

所以,除了一定的物质前提条件以外,幸福的主要条件便是理智的生活——这是人类独有的光荣和能力。美德或者优点,全都依赖于明确的判断、自我控制、欲望的协调、手段的巧妙。美德不是粗俗的人所有的,也不是天真的意愿所得到的——它是发展充分的人凭经验获得的。然而,要获得美德也有路可走,有向导指点,有了它就可以不走弯路、少受耽误——那就是中间道路,即中庸之道:性格的各种特性可以一分为三,两头为极端和缺德,中间的便是美德或优越性。所以,位于怯懦和鲁莽之间的是勇敢,位于吝啬与奢侈之间的是大方,位于怠惰和贪婪之间的是抱负,位于卑屈与骄傲之间的是谦虚,缄默与多嘴之间是诚实,乖戾与滑稽之间为幽默,好斗与拍马之间是友谊,哈姆雷特的优柔寡断和堂吉诃德的莽撞冒失之间是自我克制。因此,伦理或行为上的"对"与数学或工程学上的"对"没有什么不同,它们指的都是正确、恰当,也就是取得最好效果的最好方式。

但是,中庸之道并非数学上的平均数,它并非根据两个可以精确计算的数字得出的准确平均数,而是一种变量,它随着每种情况的多种因素的变化而变化,而且只有成熟、灵活的理智之人才能看得清、断得准。美德是一种艺术修养,

---

① 桑塔亚那(1863~1952),西班牙哲学家、小说家。著述颇丰。

只有经过训练才能掌握。我们并不是由于有了美德才正确合理地行功,而是由于正确合理地行动才有了美德。人先有了行动,才形成这种行动的美德。反复的行动构成了现在的我们。所以,美德不是一次行为,而是一种习惯。"人的善行是灵魂在实现圆满生命中卓越方面的一种作用……就像并非一次晴天或一只燕子就能构成春天一样,一个人的幸福、满足也并非一时为善而一劳永逸。"

青年处于易走极端的年龄:如果一个青年犯了错误,那总是因为做事太过分。对年轻人和许多比他们年龄大的人来说,困难的是不要摆脱一个极端却又陷入另一个极端,因为无论是"矫枉过正"还是什么别的方式,人们极易从一个极端走到另一个极端,没有诚意固然要招人非议,谦虚过分又会走上做作的边缘。处于某一极端而又能自知的人,会认为另一极端的美德,而不是赋予中庸之道。有时这是好事,因为如果我们意识到了陷入极端的错误,那我们就应该指望另一极端,这样说不定能够走到中间位置上去……就像人们弄直弯曲的板材时常常采用的做法那样。但是,坚持极端而不自知的人们却把中庸之道看做是罪大恶极,他们"谁也容忍不了一位居中间立场的人,勇敢者被懦夫称做鲁莽,被鲁莽者说成懦夫,其他各种中庸行动,也分别遭到来自两个极端类似的指责"。因此,在现代政治中"自由分子"被激进分子称做"保守分子",而被保守分子看成"激进分子"。

非常明显,这种中庸之道是古代希腊哲学差不多一切流派的共同特点。柏拉图将美德叫做和谐的行为,是因为他心里有了中庸思想;苏格拉底将美德与知识等同起来,也是因为他心里有了中庸思想。"七贤人"①开创了中庸传统,在德尔斐的阿波罗神庙刻下了那句"物极必反"的箴言,或许就像尼采所说,所有这些都是古希腊人想克制自己的火暴脾气、克服好冲动的性格的努力。或者更确切地说,这一切都反映出古希腊人认识到:情感本身无所谓好坏,要看它所起的作用是过度还是不足,或者说是否有节制、讲和谐,情感是罪恶的本源,也是美德的本源。

但是讲究实事求是的亚里士多德又说,中庸之道并非幸福的全部秘诀。我们还必须拥有相当数量的世间财富,因为贫穷让人变得既吝啬又贪婪,而富有则可以使人无忧无虑并且不再贪婪——这是悠闲舒适、心地平和的根本保证。在有助于幸福的所有外界条件中,最高尚的莫过于友谊。幸福比不幸更需要友谊,因为幸福与人分享便可成倍增长。幸福比公正重要得多,因为"如果人人都成了朋友,公正就变得可有可无;但如果人们都公正,友谊仍然是额外的恩惠"。"朋友是两个肉体共有一个灵魂"。然而友谊又意味着有少数朋友而不是

---

① 公元前七~前六世纪的"七贤人"是古希腊早期最高智慧的象征。

很多朋友，因为"谁的朋友最多，谁就一个朋友也没有"；"同时与许多朋友保持完善的友谊是不可能的"。真诚的友谊要求的是持久，而不是一时的亲热，这说明交朋友需要性格稳定。许多友谊昙花一现，性格善变是主要原因。友谊的先决条件是平等，因为出于感恩的友谊，充其量是种以流沙为基础的苟合关系。一般而言，施恩的人对他的施舍对象的友谊比后者对他们的友谊更多。如果以大多数人都感到满意的方式来解释的话，这情形就好比一本账，一方是负债者，另一方是债权人……负债者巴不得债主走远些，而债权人恨不能拴住欠债的。亚里士多德更多这么解释，他更愿意相信，施恩者非常眷恋受恩者，就像艺术家喜爱自己的作品，就像母亲疼爱自己的孩子：我们爱自己创造的东西。

虽然财富和友谊都是幸福所必不可少的，幸福的核心还在于我们内在的东西：在于全面的知识和纯洁的灵魂。感官之乐当然不是幸福，因为它是个圆圈，就像苏格拉底形容比较粗鄙的伊壁鸠鲁①享乐主义思想时说的："挠是为了痒，痒是为了挠。"谋取功名也不是幸福，因为踏上仕途，就得依照民众的心思走路，而最反复无常的就是民众。因此，幸福必然是理智之乐，而且只有来自对真理的追求而获得的幸福才真实可信。理智的行动目的只在自身，在自身之中寻求愉悦，它又激励进一步的行动。由于自给自足，不知疲倦，悠闲自得等特点显然属于这种智力活动，所以它本身之中肯定就包含有美满的幸福。

然而亚里士多德理想的人，并不仅仅是位玄学家：

> 他不会无端地冒风险，因为他在世上关心的事情很少；但在关键时刻，他也会自觉地牺牲生命——因为在某些条件下，他深知不值得苟且偷生。他乐于助人，虽然他不乐意受人服侍。赐人恩惠显得高人一等，受人恩惠表明低人一头……他不喜欢在大众面前招摇，他爱憎分明，表里如一，光明磊落；他对世人俗事，一律轻视……他从不热烈地赞美什么，因为在他眼中根本没有什么东西称得上伟大，除了朋友，他决不去奉承别人，因为那是奴仆的特征……他从来没有起过恶念，受了伤害从不放在心上……他不喜欢高谈阔论……自己受夸奖、别人遭指责都与他无关。他从不在背后议论别人，甚至不说敌人的坏话，除非是当着他们的面。他举止沉稳、语音低沉、措辞很注意分寸；从不匆促慌张，因为他所关心的事情只是很少几件；他从不激动，因为他觉得，没有什么了不起的事情。尖利的叫喊、匆匆的脚步，都是心神不安的表

---

① 伊壁鸠鲁 (前342~前270)，古代希腊唯物主义者、无神论者。

现……对人生中的意外与不测，他坦然而又从容地面对，力求悲中求乐，苦中寻甜，像个指挥若定的将军，即使兵力有限，他也照样成竹在胸地调兵遣将……他以自己为挚友，所以喜爱静处自娱。无德无能之人是他自己最坏的敌人，所以，独处时便会惶恐不安，六神无主。

这，就是亚里士多德心中的卓越之人。

幸福与满足感的比较

○ [印度] 克里希那穆提

克里希那穆提(1895～1986) 印度著名哲学家，二十世纪最伟大的心灵导师，在西方有着广泛而深远的影响。他的六十多册著作，都是由演讲和讲话集结而成，已经译成了四十七种语言出版发行。代表作有作品集《最初和最终的自由》、《世界在你心中》等。

我们大多数人正在寻求的是什么呢？我们每个人想要的是什么呢？特别是在这个动荡不安的世界中，每个人都想在其中寻找某种和平、某种幸福和庇护，毫无疑问，搞清楚这一点是重要的，不是吗？那么我们正在寻求什么，我们正在试图发现什么呢？可能我们大多数人正在寻求某种幸福、某种和平；在一个充满着动荡、战争、争斗和竞争的世界中，我们想要一个能够享有和平的庇护所，我认为这就是我们大多数人想要的。所以我们追求着，从一个导师到另一个导师，从一个宗教组织到另一个宗教组织，从一个老师到另一个老师。

现在，我们是在追求幸福，还是在追求某种我们希望得自幸福的满足感呢？幸福和满足感这两者是不同的。你能寻求幸福吗？也许你能寻求满足，但是，毫无疑问，你无法找到幸福。幸福是派生的，是另一个东西的副产品。因此，在我们把头脑和心灵投入到需要有极大的热情、关注、思想和关心的事物中去之前，我们必须搞清楚我们正在寻求的是什么，究竟是幸福还是满足感，不是吗？

快乐的人，幸福不断。
——英国谚语

幸福的镜片

○毕淑敏

现今家庭，有些简直成了情绪火葬场。一位女友说，先生在外面笑眯眯，人都称赞他脾气好，可回到家里，满脸晦气，令人沮丧。女友恼火地抗议，你不要金玉其外，轮到自家人时，却像八大山人笔下的鱼鹰，白眼球多，黑眼球少。先生立即反驳道，人又不是仪器，不可能总调整在最佳状态。发愁的时候，懊恼的时候，垂头丧气的时候，你让我到哪里撒火？和领导吵吗？不敢抗上。和同事争吗？来日方长，得罪不起。在公交车上和不相干的人口角吗？人家招你惹你了？那岂不是伤及无辜，太不五讲四美。女友说，我是你亲人，却经常看你黑脸，你这不是残害忠良吗？先生说，家是最隐蔽最放松的场所，一个人若是在家里都不能扒下面具，赤裸裸做人，那才是大悲哀。我阴沉着脸，并非对你恶意，只是情绪病了。你装聋作哑好了，不必同我一般见识。有什么不中听的话，并非针对你，只是宣泄独自的郁闷。如果你爱我，就请原谅我的种种真实……

女友困惑地说，人怎么能把家庭当做消化情绪的垃圾场？这样下去，谈何幸福！

我倒以为幸福的家庭，不妨成为回收情绪垃圾的炼炉。将成员的种种不快以至愤慨忧愁苦恼悲凉……都虚怀若谷地包容下来，然后紧闭炉门，不再泄漏。让那炉中真火慢慢熬炼，直到怨气焚化成白色无害的灰烬，随风飘逝，不见踪影。

这事说起来简便，实施的时候，却极易失控。人在家居，心不设防，就像没打过麻疹疫苗的小儿，对情绪缺少抵抗力。一旦心境恶劣，极易传染他人。又因至爱亲朋，血脉相通，结果一人发火，污染全体，大家受难。很多原本是外界的小风波，最后演变成家庭的全武行。

好的家庭要有丝网般的过滤功能。快乐的幸福的消息，如高屋建瓴，肥水快流，多拉快跑，让佳音火速进入所有成员的耳鼓。忧郁的不幸的消息，只要不关急务,便遮掩它,蹒跚它,让时间冲刷它的苦涩,让风霜漂白它怵目惊心的严酷。

好的家庭是会变形的镜片,能发生奇妙的折射。凸透使视物变大,凹透让东西变小。如果是愉快的源泉,哪怕只是夫妻间的一个手势,孩子捧出的一杯清水,远方朋友的一个问候,陌生人的一个祝福……都应透过放大镜,使它纤毫毕现,华光四射。让一朵杜鹃,蔓延出一片火红的山谷。让一个口哨,轰响成一部辉煌的乐章。从一片面包,憧憬出今后日子的和美丰足。携一缕春风,扩展成融融暖意,铺满整个家庭空间。

如果是苦难和灾异,比如亲朋远逝,祸起萧墙,泰山压顶,骤雨狂风……降临的种种天灾人祸,经了家庭镜片的折射,都应竭力缩小它的规模——淡化压力的强度,软化尖锐的硬度,衰减振荡的烈度,压缩波及的范围,控制哀痛的伤害,截短作用的时间……让家人在家的庇护下,惊魂甫定,休养生息,疗治创口,积聚新力,重新敛起生活的勇气。

这是否澳洲鸵鸟的战术,一厢情愿? 我想明晰的镜片和浑黄的沙砾有原则区别。无论喜讯还是噩耗,通过家庭镜片的折射,它们未曾消失,依然健在,改变的只是外界事物作用于我们的感觉。

放大欢乐,缩小痛苦,这就是幸福家庭的奇妙镜片功能。

我们家的幸福故事

○ [美] 杰伊·利诺 译/霍一峰

杰伊·利诺 美国国家广播电台 NBC 著名晚间节目主持人。主持"今夜与杰伊·利诺共度"等脱口秀电视节目。

我出生那年,妈妈四十一岁,爸爸四十二,我哥哥也已经十岁了。

妈妈凯瑟琳出生在苏格兰,爸爸安吉洛是第一代美籍意大利人,我兼有他们两人的性格。我的苏格兰一面是:实际,善于分析,甚至有点儿吝啬。我的意大利一面是:声音洪亮,外向、爱笑(也不在乎被人笑)。

幸福的人们不看钟表。
——苏联谚语

作为移民,妈妈一直生活在害怕被驱逐出国的恐惧中。在公民资格测试中你最多可以错四道题,可妈妈错了五道。考官立即拒绝给她发公民证书。答错的题目是:"美国的宪法是什么?"她说:"船。"

她的回答也不是全错。但考官立刻否决了她的公民身份。

父亲气冲冲地向考官走过去:"这是什么鬼问题?让我看看!她答得没错——是船。"

考官揉了揉眼睛,说:"不,宪法是我们基本的……"

"它也是波士顿的船!宪法!一回事儿,没错没错。"

最后,考官无法忍受了,说:"她是公民了。你们立刻出去!"

于是爸爸对妈妈说:"你通过了。"

"不,我没有,"她哭着说,"他们会来找我的。"从那时起,妈妈一见到警察就会吓得发抖。一九八三年,我带她去苏格兰时,她还在问我:"我还能回到这儿吗?"

"妈妈,不要担心,那都是五十年前的事了。他们不知道你答错了题。"然而,这种恐惧一直笼罩着她。

我的第一个钓鱼故事。爸爸总是竭力让我去参加户外活动。他常说:"你为什么不去钓鱼呢?"可对我而言,钓鱼实在太困难了。

"去吧,"妈妈对我说,"如果你抓到一条鱼,你至少可以证明给爸爸看,你试过了。"

有一天,我在学校时听别人说,有人把我们家附近湖里的水放干了,那儿的鱼还在蹦蹦跳跳呢。于是,我赶紧骑车过去,舀了大约二十五条。

我回到家,大声说:"嘿,爸爸!看看我抓到了什么!"

爸爸自豪地笑了:"嘿,我的好儿子,竟然抓到这么多鱼!"

妈妈把它们剖开,突然开始干呕。"这些鱼怎么有臭味儿?"她说,"我们不能吃!"

"嗯,我相信它们没问题!"爸爸说,"多棒的小渔夫啊!"

妈妈最后把我拉到一边,在她举着的长柄平底锅的威胁之下,我坦白道:"好了,好了,我捡的是死鱼!"妈妈非常气恼,但为了不让爸爸失望,她跑到商店买了些鲜鱼回来。那天晚上我们吃的是妈妈买回的鱼,可爸爸却被蒙在鼓里。

磁带在转。我读高中时,哥哥帕特应征入伍去了越南。家里人都不怎么会写信,于是爸爸想了个办法。他去买了个袖珍录音机。

电器商店的售货问:"你想要多长的磁带——十五分钟的吗?"

"十五分钟?"爸爸不屑地说,"十五分钟还不够我们问候用呢!你这里最长的带子是多少分钟的?"

"九十分钟。"

"那才像我想要的!给我四盘!"

回到家,爸爸把录音机放在餐桌上,宣布:"我们现在要和帕特说话了!"他按下录音键,然后用他独一无二的方式开始了:"你好,帕特!这儿一切都好!我很好!你妈妈很好!你弟弟杰米和你说话!"

我上前一步:"嘿,帕特!你怎么样啊?希望你过得好!在那边要小心!妈妈来了!"

妈妈弯下腰对着录音机说:"你好,帕特!你要照顾好自己!不要做蠢事!"

接着又是爸爸:"嘿,把布鲁斯带过来,让它叫几声!"布鲁斯叫了几声,"汪、汪、汪汪!"爸爸说:"帕特,这是狗!那条叫布鲁斯的狗。"

我们在这盘九十分钟的带子上录了三分钟。第二天,又是同样的内容:"帕特,一切都好!狗来了!""汪汪!汪汪!"

几个星期后,我们也才录了九分钟,主要还是狗的叫声。终于,爸爸说:"行了,行了!我们干脆把这带子寄过去吧!真是见鬼!"于是我们把这个奇妙的玩意儿寄给了哥哥。我想哥哥可能更希望我们给他写信。

"嘘,安静!"在"今夜秀"成为我的全职工作前,我一年中的大部分时间都花在巡回演出上,我们在全国的每个州做一夜演出。我的生活让妈妈困惑不解。她一直不太明白我究竟在做什么。

一九九六年,我在卡内基大厅表演,我的父母当然不会错过这个机会。引座员把他们带到座位上,在大厅中央,第五排。我表演时,观众们非常热情地欢迎我。可妈妈无法理解观众们的笑声。有一次,她甚至转过身,把手指放在嘴唇上,叫着:"嘘!安静!"我从台上看到便冲她说:"妈!不要'嘘'!这是喜剧表演!他们就是应该笑!"我看出她感到很委屈。

我一直对爸爸说,如果我能在表演行业取得成功,就给他买一辆"凯迪拉克"轿车。所以,在我的事业有了起色后,我就带他去买车。推销员带他去看了一辆全新的白色"凯迪拉克",配有红色的天鹅绒内饰。爸爸一眼就看上了它。我们开着它回家,展示给妈妈看,她强烈反对铺张浪费。当她看见车内红色的天鹅绒时,害羞地蒙上了眼睛。在她看来,这车子就像一个轮子上的妓院。

从那天起,当他们开着"凯迪拉克"出去时,她总是垂头弯腰的,这样人们就看不见她,而父亲看见镇里的每一个人都会打招呼,高声说:"嘿,看,我儿子给我买的车!"

汗水流在地头,幸福来到家里。

——中国谚语

一生的担保。我父亲喜欢保修单。他买的每一个物品，都会填好保修单，并且复制一份，存在我们的档案中，以防万一。

一次我看见马桶座圈坏了，准备将它扔出去。爸爸说："等等！别扔！那东西我有二十年的保修期呢！"几分钟后，他拿出了保修单——一张发黄的纸，看起来就像"大宪章"。

我说："爸爸，把它丢了吧。我可不想拿着这个破旧的马桶座圈在大街上走。"

"我来拿！我有保修单的！"

于是我开车送他去了五金店。他一直抱着那个破旧不堪的马桶座圈。把它卖给我们的人早在十年前就退休了。他儿子走了出来。

爸爸说："我的马桶座圈坏了。我想要个新的。"

那小伙子看了看，说："它已经锈坏了！我不能给你换新的。"

"噢，是吗？看看这个！"爸爸把保修单递给了他，"还有九十二天才到期呢！"

结果，那小伙子给了我们一个新的。新马桶座圈的保修单上写着保质期到二〇〇八年。我们到家时，他把那张卡填好，很夸张地在上面填上了我的名字——我将继承这个马桶座圈。

最后再讲一个故事。我十多岁时，好不容易凑钱买了辆二手"福特"牌小货车。每天我都会在它上面花许多心思。作为礼物，父母送给了我崭新的汽车软座。有一次我关车门时，略微用了点力，车窗玻璃便碎了。我没钱去换玻璃，但我还是开着它，包括去学校。

我们学校是个很大的平房，你可以从教室里看到停车场。一天，下起了雨。我坐在教室里看着我的货车——还有那崭新的座位——因为没玻璃窗而被打湿了。

突然，我看见爸爸和妈妈飞驶进停车场。他们停到我的货车边，从他们的车里拖出一块巨大的塑料布，冒着倾盆大雨，把货车严严实实地盖起来。

肯定是爸爸放下手里的工作，从办公室冲出来，接了妈妈，然后买了这么一大块塑料布，跑到学校来救我的车。我坐在教室里，亲眼目睹这一切，虽然当着那么多同学的面，我还是忍不住哭了起来。

父母陪着我经历了人生中的顶峰与低谷，我从不觉得他们离开过我。我拥有他们所有的故事，这些故事让他们永远留在了我身边。

幸福的挂历

○ [美] 约·居拉纳

这是一本特殊的挂历,我叫它"幸福的挂历"。在每个日子的空白处,都记着某年的这一天曾有过的幸福时刻。我是在一九八二年想到制作这个特殊的挂历的,当时自己遇到了一件不顺心的事,我专门买了一本每个日子都有一块较大空白的挂历,开始在上边记下在某年的同一天,自己因某件事曾度过幸福的一日。

我的办法很简单。我想起童年时代曾在一个日晷仪上看到的一句名言,叫做"只有阳光明媚的日子才算数"。于是,就把它写在一月份这一页的上边。这就是我"筛选"日子的"座右铭"。我把自己保存的日记本、记事本都找了出来。第一个记事本还是我九岁那年父亲送给我的。那是一九四四年,当时爸爸应征入伍。

有了这些原始材料,我很快就按月日列出了一个单子,上边记载着半个世纪自己有过的最幸福的日子。一本首版"幸福的挂历"很快就出来了。以后的事情便是不断充实和重新编辑。每月结束时,我要选出最幸福的三四天,加上标题,写在这个月的页首。新年之际,我要从过去的一年间,选出每月的"头号幸事",补充到原来的挂历中去。如果遇到同一天已经有了过去的记载,我就把新的记到背面,以便将来制作一份"最新版本"。幸福从来就是多多益善的!

下边,我就从"幸福的挂历"中每月选出一天出来供您参考。或许,它可以提示您制作您自己"幸福的挂历"。

一月。挂历上记录着:一九八二年一月一日"米歇尔和托马斯登台演出"。这一年的新年之际,我的两个儿子参加文艺演出,为别人唱歌作吉他伴奏,非常出色。

二月。我是二月七日出生的,与狄更斯是同一天。一九七一年我过生日的那天,妻子和我为了纪念狄更斯诞辰,举行了一次化妆晚会。来了很多朋友,大家十分开心。这次难忘的晚会使我更确信:哪里有朋友,哪里就有幸福。

三月。一九八五年三月二十七日,我从电视上看到,在加利福尼亚海域受困的灰鲸又重新回到水中自由自在地生活。不知道为什么,当我看到这一画面时,心情异常激动,感到无比的幸福。无疑,每个人对幸福都有自己的理解。

四月。一九五九年四月八日给我留下了美好的记忆。这天,报社派我采写著名诗人卡尔·桑德布尔获奖仪式的新闻。仪式在伊利诺洲洛克福德市举行。在参观博物馆时,诗人仔细欣赏了当地一位退休农民的木雕展。中午,本来安排诗人午休,但他坚持去造访那位农民,一定要亲口表达自己的敬佩之情。诗人的谦逊使我认识到,肯定别人的成就和找到时间表达自己的赞誉之心都是极为重要的事情。后来,我的这篇报道还在美联社举办的一次好新闻比赛中获了奖。

五月。一九五九年五月七日,报社又派我去采访一个大学剧组,并为他们公演的戏剧《安提戈涅》写篇评论,扮演这位希腊女神的主角是一位伊拉克大学生,名叫欣德·拉萨姆。我为她写了一篇热情洋溢的评论,并且还娶了她为妻……

六月。六月二日是我母亲的生日;一九五六年的这一天,也是我大学毕业的日子。到了一九八五年六月六日,我和妻子、母亲又来到哈佛大学,一起参加儿子托马斯的毕业典礼。

七月。一九八〇年七月四日,我乘飞机从加利福尼亚返回纽约。这天,晴空万里。在五个小时飞行中,我一直从舷窗向外看,从空中观赏着这个幅员辽阔的国家。我度过了一个别有情趣的国庆日。

八月。一九八四年八月十五日,我和妻子飞抵伦敦。由于时差原因,第二天天还没亮我们就醒了。我们叫了一辆出租车,来到滑铁卢桥观赏日出的美景。伦敦的早晨也是美丽的!

九月。一九八五年九月二十七日,我和妻子外出散步,一直走到休斯敦河边。那天,"戈罗吉亚"飓风正在慢慢地静下来,天空仍是一片灰白色。公园里,迎面走来另一位散步的人,冲着我们说:"这才是我喜欢的天气。我喜欢大自然发作的时候!"我猛然意识到,我过去曾听到过这句话。是多少年前爷爷讲过的。那也是暴风雨的一天,他外出为人接生回来,兴奋地喊到:"我就喜欢这样的天气。我喜欢大自然发作的时候!"真想知道那是哪一年的事情。我把这句话记在了挂历上。

十月。一九六五年十月十六日,我们全家人一起到森林里漫步。走着走着,突然妻子停下脚步问:"大家听!你们听到树叶发出飒飒的响声吗?"当时,我把这句话写在了一个小本上。如今,我在挂历上加上了这样一个标题:"秋日的微妙"。

十一月。一九八四年十一月四日,我听到一只小鸟在屋外的树上纵情地歌唱,我数出它能唱出七段不同的"乐章"。我赶忙去找录音机,可当我回来时,小鸟已经飞走了。从这,我吸取了一个教训:莫要错过好时机!

十二月。过年过节的幸福回忆最多,足够写满几十本挂历的,一九八五年的圣诞节确实有些不一般。每年过节,我们按照传统在家里搞猜谜晚会。有人打字谜,也有人进行哑剧表演,让人猜电影的名字。我的外甥女亚丝米娜多年来一直看着我们玩,这次也参加了比赛。我妹夫约瑟夫的哑谜是打一部很老的影片名字。令人吃惊的是,亚丝米娜竟脱口说出了答案!十年前,约瑟夫第一次出这个谜时,无一人猜出,他的"代表队"因此而获胜。那一年,旁观的亚丝米娜才九岁。然而,她却记住了。实在是神奇!

我要讲的第十三个实例,是三月十二日。一九八六年的这一天是令人不快的。不过,这一天我也重读了六年前同一天的记录。一九八〇年三月十二日,我开车带着最小的儿子和他的一个小朋友,在纽约看卓别林的一部老片子,然后又去动物园看猩猩。后来,儿子真的迷上了猩猩,长大后到 Borneo 进行这方面的专业研究。

我的挂历告诉我,三月十二日并不都是一片灰色,也曾经被幸福的事件照耀得光彩夺目。一九八六年的这一天虽说不够辉煌,但这没有什么关系。因为这一天毕竟也曾有过幸福。而且,在今后的日子里,也还会有更幸福的这一天。

幸福生活在于聪明的妥协。
——罗马谚语

快乐是在心里，不假外求，求即往往不得，转为烦恼。叔本华的哲学是：苦痛乃积极的实在的东西，幸福快乐乃消极的根本不存在的东西。所谓快乐幸福乃是解除苦痛之谓。没有苦痛便是幸福。

最幸福的时刻

Zui Xing Fu De Shi Ke

生命在活动，地球在旋转，江河在奔流。这一切对我来说也许是莫名其妙的事情，也许已经使我模糊地想到：这一定是天使为我捎来的最美好的时刻。

我 们 仨（节选）

○杨 绛

杨绛（1911～2016） 女，原名杨季康。中国社会科学院外国文学研究员，作家、评论家、翻译家。剧本有《称心如意》、《弄真成假》、《风絮》，小说有《倒影集》、《洗澡》，论集有《春泥集》、《关于小说》，译作有《吉尔布拉斯》、《小癞子》、《堂吉诃德》等，近年出版的回忆录《我们仨》影响很大。

我们这个家，很朴素；我们三个人，很单纯。我们与世无求，与人无争，只求相聚在一起，相守在一起，各自做力所能及的事。碰到困难，钟书总是和我一同承担，困难就不复困难；还有个阿瑗相伴相助，不论什么苦涩艰辛的事，都能变得甜润。我们稍有一点快乐，也会变得非常快乐。所以我们仨是不寻常的遇合。

神仙煮白石

一九三五年七月，钟书不足二十五岁，我二十四岁略欠几天，我们结了婚同到英国牛津求学。我们离家远出，不复在父母庇荫之下，都有点战战兢兢；但有两人做伴，可相依为命。

钟书常自叹"拙手笨脚"。我只知道他不会打蝴蝶结，分不清左脚右脚，拿筷子只会像小孩儿那样一把抓。我并不知道其他方面他是怎样的笨，怎样的拙。

他初到牛津，就吻了牛津的地，磕掉大半个门牙。他是一人出门的，下公共汽车未及站稳，车就开了。他脸朝地摔了一大跤。那时我们在老金家做房客。

老金家的伙食开始还可以，渐渐地愈来愈糟。我已记不起我们是怎么由老金家搬入新居的。住入新居的第一个早晨，"拙手笨脚"的钟书大显身手。我入

幸福是什么——全球 155 位大师谈幸福

睡晚,早上还不肯醒。他一人做好早餐,用一只床上用餐的小桌把早餐直接端到我的床前。我便是在酣睡中也要跳起来享用了。他煮了"五分钟蛋",烤了面包,热了牛奶,做了又浓又香的红茶;这是他从同学处学来的本领,居然做得很好;还有黄油、果酱、蜂蜜。我从没吃过这么香的早饭!

我们一同生活的日子——除了在大家庭里,除了家有女佣照管一日三餐的时期,除了钟书有病的时候,这一顿早饭总是钟书做给我吃。

我联想起三十多年后,一九七二年的早春,我们从干校回北京不久,北京开始用煤气罐代替蜂窝煤。我晚上把煤炉熄了,早上起来,钟书照常端上早饭,还煤(hàn)了他爱吃的猪油年糕,满面得色。我称赞他能煤年糕,他也不说什么,装做若无其事的样儿。我吃着吃着,忽然诧异地说:"谁给你点的火呀?"钟书等着我问呢,他得意地说:"我会划火柴了!"这是他生平第一次划火柴,为的是做早饭。

我们搬入达蕾出租的房子,自己有厨房了,钟书就想吃红烧肉。朋友们教我们把肉煮熟,然后把水倒掉,再加生姜、酱油等佐料。生姜、酱油都是中国特产,在牛津是奇货,而且酱油不鲜,又咸又苦。我们的厨房用具确是"很不够的",买了肉,只好用大剪子剪成一方一方,然后照他们教的办法烧。两人站在电灶旁,使劲儿煮,汤煮干了就加水。我记不起那锅顽固的犟肉是怎么消缴的了。事后我忽然想起我妈妈做橙皮果酱是用"文火"熬的。下一次我们买了一瓶雪利酒,当黄酒用,用文火炖肉,汤也不再倒掉,只撇去沫子。红烧肉居然做得不错,钟书吃得好快活唷。

我们搬家是冒险,自理伙食也是冒险,吃上红烧肉就是冒险成功。从此一法通,万法通,鸡肉、猪肉、羊肉,用"文火"炖,不用红烧,白煮的一样好吃。我把嫩羊肉剪成一股一股细丝,两人站在电灶旁边涮着吃,然后把蔬菜放在汤里煮来吃。我又想起我曾看见过厨房里怎样炒菜,也学着炒。蔬菜炒的比煮的好吃。

我们玩着学做饭,很开心。钟书吃得饱了,也很开心。他用浓墨给我开花脸,就是在这段时期,也是他开心的表现。

星海小姐诞生记

我们这一暑假,算是远游了一趟;返回牛津,我怀上孩子了。

钟书谆谆嘱咐我:"我不要儿子,我要女儿——只要一个,像你的。"我对于"像我"并不满意。我要一个像钟书的女儿。女儿,又像钟书,不知是何模样,很费想象。我们的女儿确实像钟书,不过,这是后话了。

笑口常开,幸福永在。
——欧洲谚语

我以为肚里怀个孩子，可不予理睬。但怀了孩子，方知我得把全身最精粹的一切贡献给这个新的生命。在低等动物，新生命的长成就是母体的消灭。我没有消灭，只是打了一个七折，什么都减退了。

钟书很郑重其事，很早就陪我到产院去定下单人病房并请女院长介绍专家大夫。女院长为我介绍了斯班斯大夫。

斯班斯大夫说，我将生一个"加冕日娃娃"。因为他预计娃娃的生日，适逢乔治六世加冕大典（五月十二日）。但我们的女儿对英王加冕毫无兴趣，也许她并不愿意到这个世界上来。我十八日进产院，十九日竭尽全力也无法叫她出世。大夫为我用了药，让我安然"死"去。

等我醒来，发现自己像新生婴儿般包在法兰绒包包里，脚后还有个热水袋。肚皮倒是空了，浑身连皮带骨都是痛，动都不能动。

护士抱了娃娃来给我看，说娃娃出世已浑身青紫，是她拍活的，据说娃娃是牛津出生的第二个中国婴儿。我还未十分清醒，无力说话，又昏昏睡去。

钟书这天来看了我四次。他上午来，知道得了一个女儿，医院还不让他和我见面。第二次来，知道我上了闷药，还没醒。第三次来见到了我，我已从法兰绒包包里解放出来，但是还昏昏地睡，无力说话。第四次是午后茶之后，我已清醒。护士特为他把娃娃从婴儿室里抱出来让爸爸看。

钟书仔仔细细看了又看，看了又看，然后得意地说："这是我的女儿，我喜欢的。"

阿圆长大后，我把爸爸的"欢迎辞"告诉她，她很感激。因为我当时还从未见过初生的婴儿，据我的形容，她又丑又怪。

阿圆懂事后，每逢生日，钟书总要说，这是母难之日。可是也难为了爸爸，也难为了她本人。她是死而复苏的。她大概很不愿意，哭得特响。护士因她啼声洪亮，称她 Miss Sing High，译意为"高歌小姐"，译音为"星海小姐"。

钟书叫了汽车接妻女出院，回到寓所。他炖了鸡汤，还剥了碧绿的嫩蚕豆瓣，煮在汤里，盛在碗里，端给我吃，钱家的人若知道他们的"大阿官"能这般伺候产妇，不知该多么惊奇。

圆 圆 记 趣

我们的女儿已有名有号。祖父给她取名健汝，又因她生肖属牛，他起了一个卦，"牛丽于英"，所以号丽英。这个美丽的号，我们不能接受，而"钱健汝"叫来拗口，又叫不响。我们随时即兴，给她种种诨名，最顺口的是圆圆，圆圆成了她的小名。

我把她肥嫩的小手小脚托在手上细看,骨骼造型和钟书的手脚一模一样,觉得很惊奇。钟书闻闻她的脚丫丫,故意做出恶心呕吐的样儿,她就笑出声来。她看到镜子里的自己,会认识是自己。她看到我们看书,就来抢我们的书。我们为她买一只高凳,买一本大书——丁尼生的全集,她坐在高凳里,前面摊着一本大书,手里拿一枝铅笔,学我们的样,一面看书一面在书上乱画。

她已经会自己爬楼梯上四楼了。表姐的女儿每天上四楼读书。她比圆圆大两岁,读上下两册《看图识字》。两个孩子在桌子面对面坐着,一个读,一个旁听。

我看圆圆这么羡慕《看图识字》,就也为她买了两册。那天我晚饭前回家,大姐、三姐和两个妹妹都在笑,叫我“快来看圆圆头念书”。她们把我为圆圆买的新书给圆圆念。圆圆立即把书倒过来,从头念到底,一字不错。她们最初以为圆圆是听熟了背的。后来大姐姐忽然明白了,圆圆每天坐在她小表姐对面旁听,她认的全是颠倒的字。那时圆圆整两岁半。

抗日战争结束后,我家雇用一个小阿姨名叫阿菊。她妈妈也在上海帮佣,因换了人家,改了地址,特写个明信片告诉女儿。阿菊把明信片藏在枕头底下,结果丢失了。她急得要哭,我帮她追忆藏明信片处。圆圆在旁静静地说:“我好像看见过,让我想想。”我们等她说出明信片在哪里,她却背出一个地名来——相当长,什么路和什么路口,德馨里八号。我待信不信。姑妄听之,照这个地址寄了信。圆圆记的果然一字不错。她那时八岁多。我爸爸已去世,但我记起了他的话:“过目不忘是有的。”

一九四一年暑假,钟书由陆路改乘轮船,辗转回到上海。钟书面目黧黑,头发也太长了,穿一件夏布长衫,式样很土,布也很粗。他从船上为女儿带回一只外国橘子了。圆圆见过了爸爸,很好奇地站在一边观看。她接过橘子,就转交给妈妈。她看见爸爸带回的行李放在妈妈床边,很不放心,猜疑地监视着。晚饭后,圆圆对爸爸发话了。

“这是我的妈妈,你的妈妈在那边。”她要赶爸爸走。

钟书很窝囊地笑说:“我倒问问你,是我先认识你妈妈,还是你先认识?”

“自然我先认识,我一生出来就认识,你是长大了认识的。”

钟书悄悄地在她耳边说了一句话。圆圆立即感化了似的和爸爸非常友好,妈妈都退居第二了。圆圆始终和爸爸最“哥们了”。钟书说的什么话,我当时没问,以后也没想到问,现在已没人可问。

从前,圆圆在拉斐德路乖得出奇,自从爸爸回来,圆圆不乖了,和爸爸没大没小地玩闹,简直变了个样儿。

勤奋是幸福之母。
——日本谚语

我 们 仨

自从迁居三里河寓所，我们好像跋涉长途之后，终于有了一个家，我们可以安顿下来了。

我们两人每天在起居室静静地各据一书桌，静静地读书工作。我们工作之余，就在附近各处"探险"，或在院子里来回散步。

我们仨，却不止三人。每个人摇身一变，可变成好几个人。阿瑗长大了，会照顾我，像姐姐；会陪我，像妹妹；会管我，像妈妈。阿瑗常说："我和爸爸最'哥们儿'，我们是妈妈的两个顽童，爸爸还不配做我的哥哥，只配做弟弟。"我又变为最大的。钟书是我们的老师。我和阿瑗都是好学生，虽然近在咫尺，我们如有问题，问一声就能解决，可是我们决不打扰他，我们都勤查字典，到无法自己解决才发问。他可高大了。但是他穿衣吃饭，都需我们母女把他当孩子般照顾，他又很弱小。

他们两个会联成一帮向我造反，例如我出国期间，他们连床都不铺，预知我将回来，赶忙整理。有时他们引经据典的淘气话，我一时拐不过弯，他们得意说："妈妈有点儿笨哦！"我的确是最笨的一个。我和女儿也会联成一帮，笑爸爸是色盲，只识得红、绿、黑、白四种颜色。其实钟书的审美感远比我强，但他不会正确地说出什么颜色。也有时我们夫妇联成一帮，说女儿是学究，是笨蛋，是傻瓜。

人世间不会有小说或童话故事那样的结局："从此，他们永远快快活活地一起过日子。"

人间没有单纯的快乐。快乐总夹带着烦恼和忧虑。

人间也没有永远。我们一生坎坷，暮年才有了一个可以安顿的居处。但老病相催，我们在人生道路上已走到尽头了。

钟书于一九九四年夏住进医院。我每天去看他，为他送饭，送菜，送汤汤水水。阿瑗于一九九五年冬住进医院，在西山脚下。我每晚和她通电话，每星期去看她。但医院相见，只能匆匆一面。三人分居三处，我还能做一个联络员，经常传递消息。

一九九七年早春，阿瑗去世。一九九八年岁末，钟书去世。我们三人就此失散了。就这么轻易地失散了。"世间好物不坚牢，彩云易散琉璃脆。"现在，只剩下我一人。

我清醒地看到以前当做"我们家"的寓所，只是旅途上的客栈而已。家在哪里，我不知道。我还在寻觅归途。

荷 叶 母 亲

○冰　心

冰心(1900～1999)　女,现当代著名作家,儿童文学作家。原名谢婉莹,生于福建福州。出版的诗集有《繁星》、《春水》、《冰心诗集》,此外有小说集《超人》、《去国》、《冬儿姑娘》,小说散文集《往事》、《南归》,散文集《关于女人》,以及《冰心全集》、《冰心文集》、《冰心著译选集》等。

父亲的朋友送给我们两缸莲花,一缸是红的,一缸是白的,都摆在院子里。

八年之久,我没有在院子里看莲花了——但故乡的园院里,却有许多;不但有并蒂的,还有三蒂的,四蒂的,都是红莲。

九年前的一个月夜,祖父和我在院里乘凉。祖父笑着和我说:"我们园里最初开三蒂莲的时候,正好我们大家庭里添了你们三个姊妹。大家都欢喜,说是应了花瑞。"

半夜里听见繁杂的雨声,早起是浓阴的天,我觉得有些烦闷。从窗内往外看时,那一朵白莲已经谢了,白瓣小船似的散漂在水里。梗上只留个小小的莲蓬,和几根淡黄色的花须。那一朵红莲,昨夜还是菡萏的,今晨却开满了,亭亭地在绿叶中间立着。

仍是不适意——徘徊了一会子,窗外雷声作了,大雨接着就来,愈下愈大。那朵红莲,被那繁密的雨点,打得左右歪斜。在无遮蔽的天空之下,我不敢下阶去,也无法可想。

对屋里母亲唤着,我连忙走过去,坐在母亲旁边———一回头忽然看见红莲旁边的一个大荷叶,慢慢地倾侧了过来,正覆盖在红莲上面……我不宁的心绪散尽了!

雨势并不减退,红莲却不摇动了。雨点不住地打着,只能在那勇敢慈怜的荷叶上面,聚了些流转无力的水珠。

我心中深深地受了感动——

母亲啊！你是荷叶，我是红莲，心中的雨点来了，除了你，谁是我在无遮拦天空下的荫蔽？

最美的声音

○ （台湾）许达然

> **许达然** 原名许文雄，一九四〇年生，台湾台南市人，知名的台湾历史学家、作家。获美国哈佛大学硕士学位，芝加哥大学博士学位。一九六九年起在美国西北大学教书。主要学术专长是台湾史。他的第一本散文集是《含泪的微笑》，也是他的成名作，另辑有《土》、《吐》等文集。

"妈妈——"，无论出自孩童，还是出自年轻人或老人的口，这该是人间最美的声音了。

动物也可以用它们的语言叫"妈妈"。一个孩子学话，学会最早，也叫得最响的是"妈妈——"这天真无邪的世界通用话，听来感到温馨，仿佛你我还依偎在母亲旁，看母亲为我们补衣，补鞋。

有母亲健在的人到底是幸福的，童年丧母也许是世界上最大的悲痛之一了。在敌机轰炸下的防空壕中，母亲被流弹射死了，无知的孩子却号哭着喊着叫"妈妈醒来"！九岁丧母的林肯，在孤独的童年中无时不惦念母亲，深深地感到无母爱的人的悲痛，而在后来竭力提倡解放奴隶运动，觉得自己就是那可怜的奴隶们的母亲。当他被人赞佩时，他常颤巍巍地说："所有我的成就与对将来的希望，都归功我的天使般的母亲。"这位很为美国人民爱戴的伟人，心里一直在低唤着"妈妈——"，但悲哀的是他的母亲并不在他身旁。

犹太人有一句谚语说，上帝不能分散各地，所以造母亲。犹太人这句谚语把母亲和上帝并列，仿佛透过母亲可以了解上帝的爱。创造"慈祥"这两个字的人，大概当时看到或想到了他母亲的脸。历史上我们认识的伟人，许多是得力于母教。连那造福人群深厚的爱迪生也说他的成就是母亲所赐。一个将领在军旅中，要他的士兵们想想世界上唯一的最好的人是他们每个人的母亲；那些英勇的战士在死亡的边缘时，仍然惦念着母亲，叫着"妈妈"；一个到异国读书的年轻人，在将得到他寤寐所求的学位时，突接到母亲垂危的消息，便不顾一切，赶回到母亲的身旁，哀叫着"妈妈"，目送母亲离开人间。这正是儿子对母亲感恩的真情流露。虽然我们仍为一些坏母亲做着"非母性"的行为而感到沉痛，但她们的行为却永远污辱不了崇高伟大的母爱！

　　一个母亲为了一个残废的儿子而甘愿牺牲一切，培育他长大；为了儿女的幸福含辛茹苦地活着，把儿女的痛苦与快乐当做自己的痛苦与快乐。她的心永远与儿女一同微笑，一同哭泣。曾去参观一间精神病院，那位已忘记一切的疯妇，仍清楚地向我们叫她那些死于战火的儿女的名字，述说他们的生活，而不承认自己疯癫，不禁使我泪下。想象中最美的图画是：鬓发已斑白的慈母，突然看到忤逆的浪子悔改归来，因过于欣喜而流出苍老的眼泪，颤巍巍地轻抚儿子的发丝说："孩子，过去的噩梦就让它过去吧！"多美的声音！

　　壁上贴着一张普洛柯斯特（Bernard plockhosrt）绘的"基督告别母亲"的画，每看这张画时，我就仿佛听到耶稣以低沉的声音向他母亲玛利亚说："妈，我走了……"

　　"妈妈——"叫出这声音时，我们是多么幸福！

上帝睡着了

○ [巴西] 奥古斯托·弗雷德里科·斯密特　译/范维信

　　奥古斯托·弗雷德里科·斯密特（1906～1965）　巴西散文作家、诗人。二十二岁时出版了第一本诗集《巴西人之歌》。一九四八年转入散文写作，第一本散文集《白公鸡》于同年出版，引起注意。以后逐步形成了被巴西文学评论界誉为"斯密特风格"的独特写法。

　　两个女儿都上了床。吉尔达五岁，安娜·玛丽娅三岁。两张小床紧挨着。已经到了睡觉时间,可是她们还想说点儿什么,想把白天遇到的新鲜事讲给对方听听。

吉尔达:"妹妹,睡吧。上帝已经躺下了。"

安娜·玛丽娅:"他不在床上睡,在天上睡。"

吉尔达:"不对! 他在十字架上睡! "

小姑娘们说完就完了,随后便轻轻潜入凉爽的夜晚,像两条无忧无虑的小鱼游进平静的海水。她们刚刚来到这纷纭繁杂的世界,尚不了解随时可能遇到危险,不知道饿狼随时可能窜到跟前。

我弄不清她们是不是做梦。她们也许正在异乡漫游,也许正在观赏自己的渊源,重新看到了出生以前的她们。是啊,随着年龄的增长,随着心地变恶,我们都忘记了童稚时期的纯真,而她们却与之近在咫尺。玩耍一天之后,她们累了,踏踏实实地睡着了,暂时投进死神的怀抱。两个小生灵睡得多么香甜……多么坦然……不了解她们的同类,不担心四伏的危险和遍布的陷阱。在她们看来,每一天都过得欢天喜地。虽然也开始意识到善与恶,难免有点儿不快或者缺憾,但这断不能跟成人的义务和痛苦相比。

她们睡着了吗? 只消看看她们睡觉的样子,人们就会发现,世上万物如此,节奏一成不变,人人无病无灾,到处充满和谐与宁静;只消听听她们匀称的呼吸,看到她们偶尔在小床上翻个身,人们就会毫不怀疑,她们感到自身安全,相信明天早晨醒来一切都会如往常照旧:亲人们的面容、玩具的位置和即将开始的新的一天——这一天自然充满新意。

然而,谁要是听到她们合上眼之前这番关于上帝睡着了的交谈,一定会睡意全消,一连几小时辗转反侧,心潮难平。成年人失去了心灵的纯真,被纷乱的人生压得喘不过气来,所以难以把灵魂暂时交到死神手中。他听到了孩子们关于床上、天上还是十字架上的争论,知道她们在这一点上完全一致:"上帝睡着了。"至于上帝究竟在哪里,两个小姑娘弄不清楚,但她们毫不犹豫地肯定,上帝睡着了,没有守夜,让世人自行其是。

成年人就寝了。孩子们的看法和他的怀疑不谋而合,自从感到人世间的孤独之后,他就开始产生这种怀疑。

很久以前,成年人就因为没有勇气否定万能的上帝的存在而开始思考:上帝似乎睡着了。看看周围发生的一切吧:人类铤而走险到了触目惊心的地步,相互间的冷酷和仇恨使坦诚的人际关系荡然无存。如果上帝没有睡着,他绝不会袖手旁观,默不作声。

上帝大概真的睡着了,大概真的沉入了梦乡,任凭万物互相残害——自己遭受苦难,也为同类制造苦难。

多么天真无邪,"上帝在十字架上睡着了"。成年人早已意识到这一点,所以听到这句话从孩子们嘴里说出来以后,都大吃一惊。如果上帝没有睡着,那么我们眼前的一切就太荒唐了:人们互不谅解,为非作歹者层出不穷。现代世界罪恶的奥秘就在于造物主进入了梦乡——两个孩子的话道出了真谛,足以让彻夜不眠的人们惴惴不安,久久思索。

成年人反复琢磨如何解释世界残酷的现实,而两个小女孩却安然沉睡,睡梦中张开白色的翅膀,迎着时间之风飞翔,朝着她们出生的纯洁的渊源飞翔。

无牵无挂的幸福时刻

○ [俄] 列　宾

> **列宾** (1844～1930)　俄国画家。他以批判现实主义的手法,创造了许多风俗画和历史画,在一定程度上表现了沙皇统治下人民的苦难生活和对美好生活的渴望。其作品标志着十九世纪后半期俄罗斯绘画艺术发展到一个新的历史阶段。代表作有《伏尔加河纤夫》、《临刑前拒绝忏悔》、《音乐家莫索尔斯基肖像》等。

一八七〇年夏天。在伏尔加靠近萨马拉河湾,在日古里群山那一边,我画了一幅美丽的石岸速写。从轮船上远远望去,这石岸像一条发亮的带子,烘托着山峦上苍翠的森林。走近一看,这带子原来是山上崩落下来的大堆石头,不少地方拔步十分困难。我那会儿对树木花草的细节很感兴趣,专心地描绘任何细枝,要是这些灌木丛和花草画在深绿色的背景上,我甚至还给勾出特别的底子来。如醉如痴地把满腔热情都放在塑造花儿的形式上,放在安排随阳光而迅速任意变化的阴影上——我忘记了世界上所有的一切。但阳光不再照射我这漂亮的群像。我抬头四望:乌云密布。伏尔加水黑如墨,在浓厚的乌云下面,像撕碎的帷幕汹涌澎湃,笔直地朝我扑过来。河上灰蒙蒙一片。黑沉沉像深渊般

幸福不是你经历的事,而是你记得的事。

—— [美]利万特

的天空,闪过锯齿形的红色电光,远远传来隆隆雷声。忽然一颗大雨点掉在我的写生簿上……我把它藏到衣襟下面。第二颗,第三颗,拳头般的雨点,像擂鼓似的咚咚打在树叶和石头上面。我的艺术家用的太阳伞更因暴风啪啪地发出撕裂的响声,拳头大的雨点一会儿便穿过它捶击下来了……但却一直这样炎热,升起来的潮气仿佛发出滋润人的阵阵清香。

我变得无比地兴高采烈。当瓢泼的大雨折断伞骨,在厚厚的帆布上穿出窟窿,整桶整桶似的劈头盖脸朝我浇来,灌满了我的帽檐,帽子耷拉下来,我全身很快地都泡满了水时……我突然发狂似的哈哈大笑起来,我还从没有体验过这种攫住我的疯狂般地快活心情。

我独自一人,在像厚墙似的温暖雨网中洗着淋浴,久久地纵声大笑。看不清一件东西:不光看不见库鲁姆恰,看不见伏尔加拐下去的萨马拉河湾,甚至看不见我身边最近的石头……它四周原来有牛蒡似的宽大而且成丛的漂亮叶子守护着。一切全消失不见了。幸好,我的写生簿马上夹到腋下,我尽力地拿着上衣衣襟盖住……大颗的雨点似乎在敲打着我的脑袋和双肩……最后,开始看见近处水洼里冒的水泡了:我的对象也显现出来,然而是什么模样啊!所有桅樯似的直茎和宽阔的叶子都揉成一团,撕得稀烂,像准备下锅煮汤似的——根本认不出来了。我回头四顾……确实,这是毫无牵挂的幸福时刻,这幸福来自"战斗中的快感"……

最幸福的时刻

○ [巴西] 贝 利

贝利 一九四〇年出生于巴西,少年时便崭露出踢球天赋。入选国家队后,在他的统帅下,巴西队夺得了一九五七、一九六二和一九七〇年的世界杯赛冠军。贝利本人也成为迄今世界上唯一一位夺得过三届世界杯冠军的球员。因在国际足坛上成就卓越,他被人们誉为"一代球王"。

一九六九年十一月十九日,也许是我生命中最为难忘的一天。

那天大雨倾盆,而里约热内卢马拉卡纳体育场人头攒动。

这将是我的第九百零九场比赛。此前,我已经攻入了九百九十九个球,我知道,干我们这行的,还没有人射进一千个球,今天……"上帝保佑我!"我满怀信心地走出了更衣室。

在雨天踢球比平时难一百倍,我在场上跑了三十分钟,仍然毫无建树。我知道观众正在注视着我,他们正在等我攻入那粒非同寻常的入球。终于,机会来了,我们的中场球员一记三十米外的长传,把球送到了对方后卫的身后,我马上起动,及时卸下球并顺势晃过了对方的中后卫。

我带球疾进,眼看对方球门已经进入我的射程,而我在准备拔腿射门的时候,不知从哪里冒出来一个家伙把我铲翻在地,几乎与此同时,我听见一声哨响——"点球!肯定是裁判吹了点球!"

确实是点球!

我没想到自己的一千个入球将以点球来完成。坦白地讲,至今我也这样认为,罚点球是一个前锋在球场上最不愿意干的事,但我还是决心把这个球罚进。

球摆在罚球点上,全场静悄悄的。我退后几步,又瞄了一眼球门,抹了一把脸上的雨水,然后我助跑,我摆腿,我射门,我看见球直飞球门上角,我听见观众发出轰鸣般的呐喊——"进了!"我的第一千个球!

那一刻,我真不知道是什么感觉,有点恍惚。等我回过神来,我发现观众们已冲入球场,他们把我围住。混乱中,不知是谁把我的球衣剥掉了,但转眼间,我又糊里糊涂地被套上一件新的球衣,上面不是过去的"10"号,而是"1000"号……

幸福不是目的,而是一种副产品。

——[美]埃莉诺

平等的幸福

○ [俄] 屠格涅夫　译/张守仁

　　屠格涅夫(1818～1883)　俄国十九世纪批判现实主义作家。他是一位有独特艺术风格的作家,既擅长细腻的心理描写,又长于抒情。小说结构严谨,情节紧凑,人物形象生动,尤其善于细致雕琢女性艺术形象。著有长篇小说《罗亭》、《贵族之家》、《前夜》、《父与子》、《烟》、《处女地》等。

　　我梦见自己走进一座拱顶高大的地下大厦,整个大厦里流泻着某种也是地下的、匀和的光线。

　　大厦正中间,坐着一位身穿飘动的绿色服装的端肃女性。她一手支颐,仿佛正在沉思。

　　我立刻明白,这位女性就是自然之神本身。我一激灵,心里感到一种由崇敬而来的畏惧。

　　我走近端坐的女性,向她深深鞠了一躬。

　　“啊,我们的万物之母!”我惊呼道,“你在想什么呢?你是否在思考人类未来的命运?抑或是考虑着人类如何尽可能地达到完满和幸福?”

　　女性慢慢地向我投来严厉、阴沉的目光。她的嘴唇嚅动了一下,便发出钢铁般铿锵有力的声音:

　　“我正在思考的是如何让跳蚤的腿儿更有力量,以便它更容易逃脱它的敌人。进攻和防御的平衡已被破坏……应该恢复过来。”

　　“什么?”我低声嘀咕道,“你想的竟是这个?难道我们人类不是你心爱的儿女?”

　　女性微蹙双眉。

　　“一切生物都是我的儿女,”她说道,“所以我一视同仁地爱护它们,一视同仁地消灭它们。”

"可是善良……理性……正义呢……"我又低声嘀咕。

"这是人类的语言,"响起铿锵有力的声音,"我既不知道善,也不知道恶……理性对于我绝不是法典,再说正义是什么东西? 我给了你生命,我把它夺走,赋予其他生物,赋予虫或者是人……对我都是一样……你还是防备跳蚤的袭击吧——别打扰我! "

我想反驳……可是周围的大地低声呻吟,抖动了一下,于是我醒了。

在大自然中体会幸福

○ [英] 洛·史密斯

> 洛·史密斯(1865~1946) 英国著名作家,生于美国新泽西州,后定居英格兰。代表作有《琐谈》、《事后的思考》等。

幸 福

板球运动员在村里的草坪上打球,翻晒干草的人在傍晚的斜阳下干活儿,小船乘风驶行——这一切在我的脑子里产生了幸福的幻觉,仿佛一片没有乌云的乐土,一个古老的黄金世界,正隐藏着,不是(像诗人们想象的那样)藏在遥远的海洋里,或是在无法攀登的大山之中,而是在这儿,近在咫尺,倘若你可以找到的话,就在一道山谷里。某些绿草如茵的小路似乎通向那边的小灌木林,野鸽子在树林里谈说着它。

小 麦

我在田野漫步时,有一两次遇见了教区牧师。他对我说,看到我对农事感兴趣他很高兴。只是,他说,我对小麦的看法使他有些困惑。

实际上,我没能向牧师表达清楚关于小麦的看法,不过是我感到惊奇而已。有一天,我走进树林那边看到日渐发黄的一片麦田,那一大片金黄色的光泽,使我眼花缭乱。我让自己在强烈蔚蓝的天空下,沉浸在强烈的黄光里。它如何使枥树和矮树丛以及英国所有其他的景色暗淡无光啊!我不记得麦田的壮观,在阅读中也从来没有想象到一个距离太阳如此遥远的国家,竟会有什么像这片富饶的赤黄色小麦这么丰美、这么旺盛、这么茂密的东西,它从龟裂的大地里冒出来,像从下面一道火红的血管中喷出来那样。我记得千百年来,小麦一直是财富的主要产品,是许多名城和有名的帝国积聚的财富。我想到谷物种植的过程:洁白的母牛在耕耘,巨大的谷仓,扬谷机,水轮啪啪打水的磨房或是在风中徐徐转动的风车。我还想到收获季节的麦田,一堆堆、一捆捆的小麦在落日的余晖里,或是在一钩月亮下。它给北方的景致平添了什么样的美色,南方的古老、热情、《圣经》时代的韶光啊!

白　杨

苏塞克斯[①]有一棵参天的大树,云彩般苍翠的叶子高高地飘舞在夏日的天空中。乌鸫鸟在那片阴凉的树阴下歌唱;乌鸫鸟用闪露出金声的啭鸣充满了那片装点的残阳。夜莺在那里找到了碧绿的隐居地。往往在那些枝条上,像一只大果实那样,垂挂着柠檬色的月亮。在八月的强烈阳光下,全世界都热得萎蔫不堪时,这些凉丝丝的幽深之处总有习习微风;在那些轻轻下垂的叶子中总有一种无声的声音,活像水声。

但是这棵大树的主人却住在伦敦,到外面去用餐。

卡多根花园

一个模糊的人形从浓雾中走到我面前来。"对不起,先生,您可以告诉我到卡多根花园怎么走吗?"

"卡多根花园吗? 我恐怕我自己也弄不清。也许,先生,"我加上一句(我们两人一起待在那个白茫茫的神秘世界里,似乎特别亲密),"也许,先生,你可以告诉我,上哪儿能找到我正在找的那片花园?"我说出了它的名字。

"西方花园[②]?"那个声音跟着说了一遍,"我想我从没听说过西方花园。"

"啊,当然啦!"我喊着,"就是那个落日和唱歌的少女的花园!"

---

① 苏塞克斯,英国英格兰东南部的一郡。

② 指希腊神话中的金苹果园。

星光灿烂的天空

"但是它们实际上是什么？人们说它们是什么呢？"那位年轻、瘦小的女人问我。我们正抬头看着星星。那天夜晚，星星在草地和树梢上空灿烂地会合在一起闪烁。

我于是试图说明人们对星星所抱的一些看法。起初，人们以为星星只是插在天空的蜡烛，太阳下山后来指引他们行走的。后来一些聪明人坐在迦勒底平原上①，用眼注视着星星，很庄严地认为那些寂静、闪亮的发光体是上帝旨意的执行官和上帝震怒的不可抗拒的工具，从而获得了深刻的印象。他们还认为星星在天上的宅子里决定命运地移动着，以规定并安排每一类新生生物的幸与不幸。因此，据信，所有的男女从襁褓中就在为他或她或者为了反对他或她而战斗：一个重大的星宿，南鱼座，也许是金牛座、天鹰座。同时，重大的英雄和王子都有些光辉灿烂的侍从，他们率领着天兵天将开拔出去进行被人遗忘了的战斗。

不过这种崇高的老见解现在已经没有人相信了。星星不再被当做是邪恶或善行的主宰。我解释说，大多数严肃认真的人认为，在天穹上面某处——虽然他们说不上来究竟在何处——可以找到诚挚的男女最后的归宿。在那里，为了酬劳他们的正确见解与行为，他们将戴着星光灿烂的夜晚安排成辉煌王冠的那些钻石，永远欢乐。然而诗人和情人对这种看法表示怀疑。根据这些年轻的天文学家的看法，是爱情推动了太阳和其他的星球；星座是天上的宫室，彼此爱慕的人死后将在那儿会合，并且永远居住在一起。

接着，我就讲到现代难以想象的无限辽阔的天空。可是突然，我讲的话的巨大意义涌进了我的头脑。我感到自己变小了，从碧蓝的空中落下。然而在那阵默认的停顿中，我并没有感到死亡或不存在的那种寒冷与激动，而是尝到这个地球，这个满是果园的地球的欢乐，地球不可知的漂浮着，跟月球与它的草场漂浮得很远。

伦敦的春天

去年冬天，伦敦看来像一座地下城，低沉的天空仿佛是一座岩洞的顶，雾漫漫的天光像我们读到的地下国度里的那样。

———————————————
① 迦勒底，古代巴比伦王国南部的一片地区。

幸福是太多和太少之间的一站。
——[英]波洛克

可是,自然的阳光往往也在那儿照耀;不能持久的云气使蔚蓝的天空显得发白;那漫无止境的房顶被月光冲洗成银白色或者给皑皑的白雪覆盖着。春天来到伦敦,宛如年少的女神降临到死神的王国里,粉红色的杏花在阴暗的光线下绕着她飘扬。那些朦胧的人心头激动,微微有点儿渴望到牧草地去,过起牧羊人的生活。在森林和果园中,也没有什么比娇嫩新叶的闪光更为清新纯洁的了。五月间,娇嫩的新叶以柔和的绿色使伦敦所有被烟熏黑的树木全显得黯然失色。

少 年 笔 耕

○ [意] 亚米契斯 译/夏 尊

亚米契斯(1846～1908) 意大利作家。一八六六年参加意大利反对奥地利统治的民族解放战争。后曾加入意大利社会党。所作日记体小说《心》(一译《爱的教育》),描写学生生活,提倡谅解和友爱。著作有《工人女教师》、《公共车马》等。

叙利亚是小学五年级学生,十二岁,是个黑发白皮肤的小孩。他父亲在铁路做雇员,在叙利亚以下,还有着许多儿女,一家过着清苦的生计,还是拮据不堪。父亲不以儿女为累赘,一味爱着他们,对于叙利亚,百事依从,唯有对于他在学校的功课,却毫不放松地督促他用功。这因为想他快些毕业,得着较好的位置,来帮助一家生计的缘故。

父亲的年纪已大了,并且因为一向辛苦,面容更老。一家生计,全担在他肩上,他除了白天从事铁路工作以外,又从别处接了书件来抄写,每夜执笔伏案到很晚才睡。近来,某杂志社托他写封杂志社给订户的封条,用了大大的正楷字写,每五百条写费六角。这工作好像很辛苦,老人每于饭桌上向自己家里人叫苦:

"我眼睛似乎坏起来了。这个夜工,要把我的寿命缩短呢!"

有一天,叙利亚向他父亲说:"父亲! 我来替你写吧。我也能写得和你一样

幸福是什么——全球 155 位大师谈幸福

280

的好呢。"

但是，父亲终不许可："不要，你应该用你的功，功课，在你是大事，就是一小时，我也不愿夺了你的时间的。你虽有这样的好意，但我决不愿累你；以后不要再说这话了。"

叙利亚向来知道父亲的性格，也不强求，只独自在心里想着办法。他每夜夜半听见父亲停止工作，回到卧室里去。有好几次，十二点钟一敲过，立刻听到椅子向后拖的声音，接着就是父亲轻轻回卧室去的脚步声。一天晚上，叙利亚等父亲去睡了以后，起来悄悄地穿好衣裳，蹑着脚步走进父亲写字的房间里，把油灯点着。案上摆着空白的纸条和杂志订户的名册，叙利亚就执了笔，仿着父亲的笔迹写起来，心里既欢喜又有些恐惧。写了一会，条子渐渐积多，放了笔把手搓一搓提起精神再写。一面动着笔微笑，一面又侧了耳听着动静，怕被父亲起来看见。写到一百六十张算起来值两角钱了，方才停止，把笔放在原处，熄了灯，蹑手蹑脚地回到床上去睡。

第二天午餐时，父亲很是高兴。原来他父亲是一点也没觉察到。每夜只是机械地照簿誊写，十二点钟一敲就放了笔，早晨起来把条子数目一算罢了。那天父亲真高兴，拍着叙利亚的肩说：

"喂！叙利亚！你父亲还着实未老哩！昨晚三小时里面，工作要比平常多做三分之一。我的手还很自由，眼睛也还没有花。"

叙利亚虽不说什么，心里却快活。他想："父亲不知道我在替他写，却自己以为还未老呢。好！以后就这样去做吧。"

那夜到了十二时，叙利亚仍起来工作。这样经过了好几天，父亲依然不曾知道。只有一次，父亲在晚餐时说："真是奇怪！近来灯油突然多费了。"叙利亚听了暗笑，幸而父亲不再说别的，此后他就每夜起来抄写。

叙利亚因为每夜起来，不觉渐渐睡眠不足，早起觉着疲劳，晚间复习要打瞌睡。有一夜，叙利亚伏在案上睡熟了，那是他生平第一次的打盹。

"喂！用心！用心！做你的功课！"父亲拍着手叫他说。叙利亚张开了眼，再去用功复习。可是第二夜，第三夜，又同样打盹，愈弄愈不好，总是伏在书上睡熟，或早晨晚起，复习功课的时候，总是带着倦容，好像对于功课很厌倦了似的。父亲见这情形，屡次注意他，结果至于动气，虽然他是一向不责骂小孩的。有一天早晨，父亲对他说：

"叙利亚！你真对不起我！你和从前，不是变了样子了吗？当心！一家的希望都在你身上呢。你知道吗？"

叙利亚出世以来第一次受着叱骂，很是难受。心里想：是的，那样的事不能够长久做下去的,非停止不可。

可是,这天晚餐的时候,父亲很高兴地说:"大家听啊!这个月比前月多赚六元四角钱呢。"又从饭桌抽屉里取出一袋果子来,说是买来一家庆祝的。小孩们都拍手欢乐,叙利亚也因此把心重新振作起来,元气也恢复许多,心里自语道:"咿呀!还是再继续做吧。日间多用点功,夜里依旧工作吧。"父亲又接着说:"六元四角哩!这虽很好,只有这孩子——"说着指了指叙利亚:"我实在觉得可恶!"叙利亚默然受着责备,忍住了要迸出来的眼泪,但心里却觉得欢喜。

从此以后,叙利亚仍是拼了命的工作,可是,疲劳之上,更加疲劳,终于难以支持,这样过了两个月,父亲仍是叱骂他,对他的脸色渐渐可怕起来。有一天,父亲到学校去访问先生,和先生商量叙利亚的事。先生说:"是的,成绩好是还好,因为他的资质原是聪明的。但是不及以前的热心了,每日总是打着呵欠,似乎要想睡去,思想不能集中在功课上。叫他作文,他只是短短地写了点儿就了事,字也潦草了,他原是可以更好的。"

那夜父亲唤叙利亚到他旁边,用了比平常更严厉的态度对叙利亚说:

"叙利亚!你知道我为了养活一家,怎样地劳动着?你不知道吗?我为了你们,是在把命拼着呢?你竟什么都不想,也不管你父母兄弟怎样!"

"啊!并不!请不要这样说!父亲!"叙利亚咽着泪说,正要想把经过的一切声明,父亲又来拦住他的话头了:

"你应该知道家里的境况。一家人要刻苦努力才可支持得住,这是你应该早已知道了的。我不是那样努力做着加倍的工作吗?本月我原以为可从铁路局得到二十元的奖金的,已预先派入用途,不料到了今天,才知道那笔钱是没有希望的了。"

叙利亚听了把口头要说的话重新抑住,自己心里反复着说:

"咿呀,不要说,还是始终隐瞒了仍替父亲工作吧。对不起父亲的地方,从别的地方来补偿吧。功课原是非用功使它及格不可的,但最要紧的,就是要帮助父亲,养活一家,略微减去父亲的疲劳。是的,是的。"

又过了两个月,儿子仍继续着夜里的工作,日间疲劳不堪,父亲依然见了他就动怒。最可痛的是父亲对于儿子渐渐冷淡。好像以为此子太不忠实,是没有什么希望的了,不多向他说话,甚至不愿看见他。叙利亚见这光景,心痛得不得了,父亲背向了他的时候,他几乎要从背后下拜。悲哀疲劳,使他愈加衰弱,脸色愈加苍白,学业也似乎愈不勤勉了。他自己也知道非停止夜工作不可,每夜就睡的时候,常自己对自己说:"从今夜起,真是不能再夜半起来了。"可是,一到了十二点钟,以前的决心,不觉忽然松懈,好像如果睡着不起,就是逃避了自己的义务,把家里的钱偷用了两角的样子。于是熬不住了仍旧起来。他以为父亲总有一日会起来看见他。或者偶然在数纸的时候会发觉他的作为的。到了那时,自己虽不声明,父亲自然会知道的吧。他这样想了仍继续着夜夜的工作。

有一天,晚餐的时候,母亲觉得叙利亚的脸色比平常更不好了,说:

"叙利亚! 你不是不舒服吧?"说着又向着丈夫,"叙利亚不知怎么了,你看看他脸色铁青——叙利亚! 你怎么了吗?"说时现出很忧愁的样子。

父亲把眼向叙利亚一瞟:"即使有病也是他自作自受,以前用功的时候,并不如此的。"

"但是,你! 这不是因为他有病的缘故吗?"母亲说了,父亲就这样说:

"我早已不管他了! "

叙利亚听了心如刀割。父亲竟不管他了! 那个他偶一咳嗽就忧虑得不得了的父亲! 父亲确实已不爱他,眼中已没有他这个人了!"啊! 父亲! 我没有你的爱,是不能生活的! 无论如何,请你不要如此说,我一一说了出来吧,不再欺瞒你了。只要你再爱我,无论怎样,我一定像从前那样地用功的。啊! 这次真决心了!"

叙利亚的决心仍是徒然。那夜因为习惯的力量,又自己起来了。起来以后,就想到几月来工作的地方做最后的一行。进去点着了灯,见到桌上的空白纸条,觉得从此不写,有些难过,就情不自禁地执了笔又开始写了。忽然手动时把一册书碰落在地,那时满身的血液突然集注到心胸里来:如果父亲醒了怎么办! 这原也不算是什么做坏事,发现了也不要紧,自己也本来屡次想声明了的。但是,如果父亲现在醒了,走了出来,被他看见了我,母亲将怎样吃惊啊! 并且,如果现在被父亲发觉,父亲对于自己这几月来对我的情形,不知要怎样懊悔惭愧啊! 心念千头万绪,一时迭起,弄得叙利亚战栗不安。他侧着耳朵,抑住了呼吸静听,觉得并没有什么响声,一家都睡得静静的,这才放了心,重新工作。门外有警察的皮靴声,还有渐渐远去的马车蹄轮声,过了一会,又有货车"轧轧"地通过,自此以后,一切仍归寂静,只时时听到远处的犬吠声罢了。叙利亚振着笔写,笔尖的声音"唧唧"地响到自己耳朵里来。

其实,这时父亲早已立在他的背后了。父亲从书册落地的时候,就惊醒,等待了好久,那货车通过的声音,把父亲开门的声音夹杂了。现在,父亲已进那室,他那白发的头,就俯在叙利亚小黑头的上面,看着那钢笔尖的运动。父亲忽然把从前一切的事都恍然了,胸中充满了无限的懊悔和慈爱,只是钉住似的立在那里不动。

叙利亚忽然觉得有人用了震抖着的两腕抱他的头,不觉突然"呀!"地叫了起来。及听出了他父亲的啜泣声,叫着说:

幸福是想象中的东西。从前,生者认为死者幸福;现在则是大人认为孩子幸福,而孩子则认为大人幸福。

——[美]托马斯

"父亲！原谅我！原谅我！"

父亲咽了泪，吻着他儿子的脸：

"倒是你要原谅我！明白了！一切都明白了！我真对不起你了！快来！"说着抱了他儿子到母亲床前，将他儿子交给母亲腕上：

"快吻这爱子！可怜！他三个月来竟睡也不睡为一家人劳动！我还只管那样地责骂他！"

母亲抱住了爱子，几乎说不出话来：

"宝宝！快去睡！"又向着父亲，"请你陪了他去！"

父亲从母亲怀里抱起叙利亚，领他到他的卧室里，让他睡倒了，替他整好枕头，盖上棉被。

叙利亚好几次地说：

"父亲，谢谢你！你快去睡！我已经很好了。请快去睡吧！"

可是，父亲仍伏在床旁，等他儿子睡熟，携了儿子的手说：

"睡熟！睡熟！宝宝！"

叙利亚因为疲劳已极，就睡去了。几个月来，到今天才得好好地睡一觉，梦魂为之一快。醒来时早晨的太阳已经很高了，忽然发现床沿旁近自己胸部的地方，横着父亲白发的头，原来父亲那夜就是这样过了的，他将额贴近了儿子的胸，还是在那里熟睡哩。

论宁静的心境

○ [美] 约叔亚·罗斯·李普曼

约叔亚·罗斯·李普曼(1889～1974)　美国专栏作家。一九一○年哈佛大学毕业，从事新闻工作。一九五八年和一九六二年两次获得普利策新闻奖。著有《政治学引论》、《舆论》、《美国外交政策》和《冷战》等。

只在我头上灌注宁静的蜜露。赐予我一片不受干扰的心境。

曾经，当我是一个充满了丰富幻想的年经人时，着手起草了一份被公认为

幸福是什么——全球 155 位大师谈人生书系

人生"幸福"的目录。就像别人有时会将他们所拥有或想要拥有的财产列成表一样,我将世人希求之物列成表:健康、爱情、美丽、才智、权力、财富和名誉。

当我完成清单后,我自豪地将它交给一位睿智的长者,他曾是我少年时代的良师和精神楷模。或许我是想用此来加深他对我早熟智慧的印象。无论如何,我把单子递给了他。我充满自信地对他说:"这是人类幸福的总和。一个人若能拥有这些,就和神差不多了。"

在我朋友老迈的眼角处,我看到了感兴趣的皱纹,汇聚成一张耐心的网。他深思熟虑地说:"是一张出色的表单,内容整理详细,记录顺序也合理。但是,我的年轻朋友,好像你忽略了最重要的一个要素。你忘了那个要素,如果缺少了它,每项财产都会变成可怕的折磨。"

我立即暴躁地逼问:"那么,我遗漏的这个要素是什么?"

他用一小段铅笔划掉我的整张表格。在一拳击碎我的少年美梦之后,他写下三个单词:心之静。"这是上帝为他特别的子民保留的礼物。"他说道。

他赐予许多人才能和美丽。财富是平凡的,名望也不稀有,但心灵的宁静才是他允诺的最终赏赐,是他爱的最佳象征。他施予它的时候很谨慎。多数人从未享受过,有些人则等待了一生——是的,一直到高龄,才等到赏赐降临到他们身上。

幸福的家园

○ [黎巴嫩] 纪伯伦

纪伯伦(1883~1931) 黎巴嫩诗人、散文作家、画家。有短篇小说集《草原新娘》、《叛逆的灵魂》和长篇小说《折断的翅膀》等,散文诗集《先驱者》、《先知》、《沙与沫》、《人之子耶稣》、《先知园》等,以及诗剧《大地诸神》、《拉撒路和他的情人》等。

我的心在我胸中觉得厌倦,于是向我辞别,走向幸福的家园,当他们到了那灵魂崇敬的圣殿,就站了下来,感到茫然,因为在那里,他见到的与他长期想

人在幸福的时候愿意把他的快乐分给大家,这是人之常情,正像遭逢不幸的人需要向别人诉苦那样。

——巴 金

像的并非一致。他没见到利，没见到钱，也没见到权，只看到美与爱这一对青年，还有他们的女儿——睿智与他们做伴。

我的心对爱说道："爱呀！满足在哪里？我听说她同你们一起分享这里的安谧。"她答道："我们不需要满足。因此，她已离我们而去，隐没在处处是野心的城里。满足并不是幸福追求的理想，幸福是一种连续不断的渴望，满足则是一种安慰，伴随着遗忘。永垂不朽的心灵不会满足，因为完美才是它的理想，而完美则是不可限量。"

我的心对美说："美呀！请你开导，向我指明女人的奥妙，因为你对此最知道。"于是他说："人心呀！她就是你，你怎样，她就是怎样的；她就是我，我在哪里，她就在哪里。她像宗教——假如没受到愚昧的人的歪曲；她如圆月——如果没被乌云遮蔽；她似清风——倘若不含有腐臭的气息。"

我的心走近爱与美的女儿——睿智，说道："给我睿智！让我带她到人那里去。"她说："要知道，她就是幸福：源于心灵最神圣的深处，并非来自外部。"

最美好的时刻

○ [美] 格拉迪·贝尔

我们每个人的一生想必都有一个最美好的时刻。

八岁那一年，我拥有了人生中的这一时刻。那是一个春天的夜晚，我突然醒了，睁开眼睛，看见屋里洒满了月光，四周静悄悄的，一点声音也没有。屋内充满了大自然带来的温暖清香。

我从床上起身，轻轻地走出屋子关上了身后的门，母亲正坐在门廊的石阶上，她抬起头，看见了我，笑着点点头，伸出一只手拉我挨着她坐下，另一只手就势把我揽在怀里。整个乡村万籁俱寂，临近的屋子都熄了灯，月光是那么清晰、透明。远处，大约一英里外的那片树林，断断续续地传来了一只只野兔子和小松鼠的欢笑和奔跑的声音；还有那田野里，花园的角落里，花草树木正悄悄地探出头。

那些红的桃花、白的梨花，很快就会飘散零落，留下的将是初结的果实；那些野李子树也会长出滚圆的、像一盏盏灯笼似的野李子，在经过太阳炙烤、风吹雨打以后，它会变得又酸又甜；还有那青青的瓜藤，绽开着南瓜似的花朵，花朵里满是蜜糖，等待着早晨蜜蜂的来临。然而，要不了多时，它会变成一条条令你垂涎的甜瓜，你却再也找不到清香的花朵了。啊，在这无边无际的宁静中，生命——这种神秘的东西，既摸不着，也听不见。只有大自然那无所不能，温柔可爱的手在抚弄着它——正在运动着，它在生长，它在壮大。

当然，八岁的我还不会想得那么多，我那时还不知道自己正沉浸在这无边无际的宁静中。不过，当我看见一颗星星挂在雪松的树梢上时，我被深深地迷住了；当我的耳旁传来了一只不知名的小鸟在月光下婉转啼鸣时，我的心里有一种说不出的欢喜；当我的手触到母亲的手臂时，我感到自己是那么安全、那么舒坦。

生命在活动，地球在旋转，江河在奔流。这一切对我来说也许是莫名其妙的事情，也许已经使我模糊地想到：这一定是天使为我捎来的最美好的时刻。

笑　声

○ [尼加拉瓜] 鲁文·达里奥

鲁文·达里奥(1867～1916)　原名菲力克斯·鲁文·加西亚·萨米恩托，尼加拉瓜诗人，拉丁美洲现代主义诗歌的代表人物。他是第一位对欧洲诗坛产生了重大影响的拉丁美洲诗人，在拉丁美洲被尊为"诗圣"。代表作有《蓝》、《世俗的圣歌》和《生命与希望之歌》等。

笑声是生活的点缀。笑容可掬的人一般都是身心健康的人。一个孩子的笑声好比一支歌唱童年的乐曲。天真的欢快像一道清澈的瀑布从嗓子里喷涌而出。

冥思苦索的思想家们不笑，因为他们整天和宇宙万物打交道，埋头在

幸福是一只蝴蝶，你要追逐它的时候，总是追不到；但是如果你悄悄地坐下来，它也许会飞落到你身上。

——[美]霍桑

一片宁静之中。强盗和罪犯也不笑,因为在他们那担惊受怕的灰色生活中,充满着凄楚和阴影,内心的恐惧和仇恨像一个黑色的紧箍咒,始终伴随着他们。

骄傲、自负可以微笑;纵欲、暴食、偷盗也可以微笑;妒忌者却不会微笑,他苍白、病态,往往自食其果。他愁眉紧锁,就像拉丁诗人所描绘的一样,他终究要被别人的幸福大山所压倒。

"我们赞美笑声。"

"我们为笑声祝福,因为她使世界摆脱了黑夜。"

"我们赞美笑声,因为她是晨曦,是太阳的光环,是小鸟的啭鸣。"

"我们为笑声祝福,因为她是上帝的宠儿,可爱的玫瑰色娃娃,是他给人间带来了和平和幸福。"

"我们赞美笑声,因为她总爱逗留在蝴蝶的翅膀上,在洒满露珠的麝香石竹的花萼上,在石榴美丽的红色宝石上。"

"我们为笑声祝福,因为她是救世主,是长矛,是盾牌。"

悠　闲

○ [英] 弗农·李

弗农·李(1856~1935)　女,英国作家维奥莱特·佩吉特的笔名。著有《随笔集》等,另有小说、游记和文艺批评多种。

我们通常不会在走进别人的房间时说声:"噢! 这才是人们感到宁静的地方!"我们通常不期望去分享一座古宅的安宁,比如说,在僻静郊区的一座古宅,周围是结着鲜红果实的树,雪松半掩住窗;或者某座修道院,门廊前面依稀可见搭着支架的橘树。但在那整洁宽敞、精心装饰过的房间里,或在那座修道院里,绝无宁静可以分享,最多只能勉强过日子。这是因为我们不明了别人生活中的苦闷和烦恼,而对自己生活里的些微不便却很敏感;因为在这些问题上,我们自己的眼睛揉不得一粒泥沙,而对邻人遭受的灾难却视而不见,麻木不仁。

悠闲得以我们切身的感觉为证,因为它不只是时间的因素,往往指某种特别的心境。我们所说的空闲时间,实际上是指我们感到闲适的时刻。什么是闲适,感受它远比说明它更难。这与无所事事或游手好闲无关,尽管我们明白,它的确牵涉到自由支配时间的概念。等候在律师的客厅里有空闲的时刻,却无闲适之感;同样,我们在火车站换车,即使等上两三个小时,也享受不了那份清福。这两种情形,我们都不会感到安宁自在——在这种场合能安心读报、学习或回味往日在海外的游历,那是十分罕见的。这时,我们心里总是烦躁不安,仿佛有什么东西在那儿作祟,就像我们在童年时代不住地用脚去踢那慢吞吞的四轮车的软垫。

悠闲意味着不仅有充裕的时间,而且有充沛的愉快度时的精力(不懂得这个道理,会感到百无聊赖)。同时,要真正领略到悠闲的滋味,必须从事优雅得体的活动,因为悠闲所要求的活动发自内心的自然冲动,而非出自勉强的需要,像舞蹈家起舞或滑冰者滑动,为了合着内在的节奏;而不像把犁人耕地或听差跑腿,为了得到报偿。正是这个缘故,一切悠闲皆是艺术。

但这是一个难办的问题。时光,啊——何其疾速!我们必须结束这段闲话,各自行动起来才不枉费光阴——唯愿别登上它单调的车轮!这样,我们愈是感到工作的乐趣,就愈少尝到无聊的滋味,如果碰巧我们的工作很有意义。唉,可惜我们今天的工作常常无益。让我们乞求那位白胡须的老人吧,请他赐予我们闲暇,并给予使用它的快活精力。圣者,请为我们祈祷!

幸福和玻璃一样易碎。

——德国谚语

雪　夜

○ [法] 莫泊桑

　　莫泊桑(1850～1893)　法国作家。曾参加普法战争。后在海军部和教育部任职。创作受福楼拜、左拉和屠格涅夫的影响。一生写有近三百篇短篇小说和六部长篇小说。代表作有短篇小说《羊脂球》、《菲菲小姐》，长篇小说《一生》、《漂亮朋友》等。

　　黄昏时分，纷纷扬扬地下了一天的雪终于渐下渐止，沉沉夜幕下的大千世界，仿佛凝固了，一切生命都悄悄进入了梦乡。或近或远的山谷、平川、树林、村落……在雪光映照下，银装素裹，分外妖娆。这雪后初霁的夜晚万籁俱寂，了无生气。

　　蓦地，从远处传来的一阵凄厉的叫声冲破这寒夜的寂静。那叫声如泣如诉、若怒若怨，听来令人毛骨悚然！哦，是那条被主人放逐的老狗，在前村的篱畔哀鸣：是在哀叹自己的身世，还是在倾诉人类的寡情？

　　漫无涯际的旷野平畴，在白雪的覆压下略缩起身子，好像连挣扎一下都不情愿的样子。那遍地的萋萋芳草，匆匆来去的游蜂浪蝶，如今都藏匿得无迹可寻。只有那几棵百年老树，依旧伸展着秃枝，像是憧憧鬼影，又像是森森白骨，给雪后的夜色平添了几分悲凉和凄清。

　　茫茫天空默然无语地注视着下界，越发显出它的莫测高深。云层背后，月亮露出了灰白色的脸庞，把冷冷的光洒向人间，使人更感到寒气袭人；和她做伴儿的，唯有寥寥的几点寒星，致使她也不免感叹这寒夜的落寞和凄冷。看，她的眼神是那样忧伤，她的步履又是那样迟缓。

　　渐渐地，月儿终于到达她行程的终点，悄然隐没在旷野的边缘，剩下的只是一片青灰色的回光在天际荡漾。少顷，又见那神秘的鱼白色开始从东方蔓延，像摊开一片轻柔的纱幕笼罩住整个大地，寒意更浓了。枝头的积雪都已在不知不觉间凝成了水晶般的冰凌。

啊,美景如画的夜晚,却是小鸟们恐怖战栗、备受煎熬的时光! 它们的羽毛沾湿了,小脚冻僵了;刺骨的寒风在林间往来驰突,肆虐逞威,把它们可怜的窝巢刮得左摇右晃;困倦的双眼刚合上,一阵阵寒冷又把它们惊醒……只得瑟瑟缩缩地颤着身子,打着寒噤,忧郁地注视着四处皆白的原野,期待那漫漫的长夜早到尽头,换来一个充满希望之光的黎明。

父爱天空下我是最幸福的那片云

○舒 婷

舒婷 女,原名龚佩瑜,一九五二年生于福建。朦胧诗派代表诗人之一,与北岛、顾城齐名。主要著作有诗集《双桅船》、《会唱歌的鸢尾花》、《始祖鸟》,散文集《心烟》等。其中最为著名的一首诗是《致橡树》。

我出生那天并无祥云瑞雾,女未大就已不中留,与受冷落的母亲被接到外公家将息,父亲终于畅所欲言,抱我在故宫路的深宅大院示威游行,口中念念有词:"女神,我的女神!"

老哥是香火,小妹是尾仔,唯我酚头去尾,居中的孩儿讨人嫌。父亲却最宠我。

带我上街,大马路不走,非在沟沿蹦蹦跳跳;进植物园,大门不入,非要爬墙翻栏杆;别人的女儿乖乖树下捡落果,我却骑着一颤一颤的枝攀龙眼;去海边玩沙子,略一分神,我便溜走,在礁牙上滑一跤,小臂被锋利的牡蛎壳划开半尺长的血口子。父亲用他的大手帕扎紧,吓出一头汗水。那一年父亲作为右派补遗,胸戴大红花,空着双手,在爆竹声中被匆匆塞上大卡车,说是劳动改造八个月,一去就是八年。

八年的时间,父亲从西装笔挺的银行家谪贬为忍气吞声的囚徒,赤膊在三明露天煤矿挖煤,熬过铁丝网、岗哨、臭虫、大跃进和三年自然灾害,挣扎生存

人只有为自己同时代的人完善,为他们的幸福而工作,他才能达到自身的完善。

——[德]马克思

下来。而我从一个惹祸不断的小淘气包长成桀骜不驯的少年。

　　考中学之前，我在家附近的巷口，遇见一个皮肤黧黑、皱纹像刀刻的男人，他把一手帕的鸡蛋使劲往我怀里塞，说："功课紧张，补补身体。"我推开他，逃回家，气急败坏禀告外婆。外婆叹气："那是你爸爸，可怜你都不记得他了。"

　　印象中的父亲总是头发三七分，梳得油光水滑，雪白西装，白皮鞋，风度翩翩的呀。怎么会这样。衣服旧也罢，头发枯槁也罢，偏偏内八字脚，还穿一双搽了白粉的力士鞋，白得刺眼而俗气，仿佛对往日好时光的谄媚和贿赂。

　　外婆家的洋楼处于厦门九条巷的八卦中心，我变换路线神出鬼没躲避我的亲生父亲，劳心劳力，竟然还能考上厦门一中。我永远不会忘记哥哥一手牵我一手拉妹妹，走向凤凰树夹阴的中山公园，远远先看见那双簌簌掉粉的白力士鞋，路标一样显眼，父亲在公园门口望眼欲穿。我们已经知道了这是父亲唯一允许自己的奢侈，平时干苦力，他趿（tā）拉着一双破军鞋。

　　父亲被改造掉的不仅有白西装、发蜡，还有家庭和公职。他期满回家之前，母亲经不起领导和社会压力，已和父亲协议离婚。带哥哥一起住在鼓浪屿祖母家的父亲，幸运地碰上个颇通情达理的居委会，不仅很快介绍了一份重体力劳动给他，一年后满街都是戴高帽的牛鬼蛇神，有政治污点的父亲每天如履薄冰，却侥幸逃过此劫。

　　渴望合家破镜重圆，忍受心中痛苦的父亲，拉起载货板车。从火车站到渡口约五公里，拉一趟挣八毛钱，每天两趟，四个来回，可以得一块六毛钱，不算少。上午和下午点心都是豆浆四分加馒头三分，渡轮一毛钱，午餐半斤米饭两毛菜，这已去掉五毛二，还要扣去刮风下雨的损失。最重要的是不能生病。点心和午饭都是最低限度的体力补充，须知他每天拉数百斤重物，步行十五公里，又有多年胃病史。现在父亲的算盘拨来拨去虽然只有两位数，要在小数点后面节省零头，仍需发挥聪明才智哩。偶尔空车返回时，有人搬家求载个家具什么的，就有非法的额外收入。三五毛钱吧，虽然最多只有两块钱，已是天上掉下肉包子，父亲便大大破费买半斤红糖饼干，泡一杯茶末，怡然自得地给自己压惊。

　　一分钱磨盘大的父亲，在火车站看到一位中年教师，拎件半新的绒衣向路人求抵押九块钱，说丢了火车票，急于回老家探母病。父亲拍出十块钱，用清秀的隶书写下自己的姓名地址，说："钱借你，方便时还我，这也是血汗钱。穿上衣服吧，天冷。"那人不久即把钱邮来，同时还有一包裹，是上品红菇和笋干。

　　我身上那么一点江湖义气，可以说是父亲的遗传。

　　父亲经常载货的木材公司看中父亲一手好算盘，请他当仓管员，正式评了个

二级工。重操财会旧业的父亲虽不必再马拉松竞走,但要清点原木和各种型号的模板,劳动仍然繁重。他说服我们姊妹俩暑假里到他工作的露天堆场去帮忙,拾捡遍地的碎木块。不一会儿,我们的手指扎了刺,头发上脸蛋上沾满汗水和锯木屑,我因为捉一只绿色大蚂蚱,袖子扯裂了,飘飘扬扬,翅膀一样。父亲脸上一直喜气洋洋。他犒赏我们六分钱一碗的花生浆和八分钱的大肉包。父亲那样骄傲地介绍我们给他工友,兴致勃勃带我们参观肮脏不堪的综合办公室,在他的糙木写字台上有我们的全家福。父亲看我们狼吞虎咽时不觉咂着嘴,是那样的满足。

我似乎没有从父亲的精心策划中得到什么社会实践教育,但很可能从这一天起,我们完全认同了父亲。

上山下乡运动的铁扫帚把我们兄妹全赶到上杭山区。轮到父亲源源不断给寄包裹。有次父亲寄了个十五公斤重的木条箱,几个男孩拿扁担翻山去公社挑回来。我照例把包裹往厨房大柜一扔,轮到谁烧饭,谁就伸手掏去。几天后接父亲信,说包裹里不但有三个梨还有月饼,方晓得不知不觉已过了中秋。赶快把包裹倒出来,梨流着黑水,月饼尚有希望,活学活用父亲当年烤蛋糕的经验,六个同伴围在大锅边煎月饼。月饼和鼻子都有点酸,每个人很仔细地把饼屑送进嘴里。

插队期间我开始写诗。写过一首《我想有个家》,只记得其中几句:"哥哥吹笛子 / 爸爸爱喝茶 / 葡萄棚下妈妈养鸡鸭。"多年以后父亲还念叨,说这是我最好的诗,可惜丢了,没有发表。

我进了工厂当炉前工,高温,重体力,三班倒,十分辛苦。一边失眠发烧一边夜夜读书写作,人瘦得只有四十二公斤。我临街的八角房开始有文学青年来往,高谈阔论弄得路人皆知。父亲和我开诚布公,要我烧掉诗稿,说我写那样的诗非常危险。我年轻气盛,拧着脖子:"你就当没有我这女儿好了。不是还有哥哥妹妹吗!"父亲亲身体会过"反右"、"四清"、"文革"历次运动,深知文字狱的厉害。他叹息着走开去,"你以为出了事,我和你哥哥妹妹还能安然无恙吗?"

劝阻无望,父亲只好接受,而且全力支持。为了加强营养,不惜把他和我的伙食分出来另过(妹妹工作在福州)。菜炒好了,父亲在我窗外逡巡,等我放下笔再叫吃饭。我唯一的家务是洗自己的衣服,连被子都是父亲戴上老花眼镜绗的。可以说当闺女时,我好像连厨房都很少进去。

嫁人时我已是专业作家,公公婆婆丈夫儿子,现代都市里可算大家庭了。买菜做饭带孩子,还有自虐式又洗又涮的洁癖,每天蓬头垢脸心浮气躁,何来诗情画意?常有来友夸我而今做得一手好菜,有乃父之风。父亲心里难过,背地说我丈夫:"我养一个诗人女儿,你家得一管家媳妇。从前为了让她专心工作,连茶都要我替她沏好的。"

如果痛苦换来的是结识真理、坚持真理,就应自觉地欣然承受,那时,也只有那时,痛苦才将化为幸福。
——张志新

右派平反，父亲即办了退休手续，虽然未补发二十年工资，但他原先的工资级别就很高，随着厦门经济发展，他的退休金水涨船高，日子一天天滋润起来。

"可惜你母亲不能起死回生！"父亲遗憾着。

我也曾试着劝父亲寻个老伴，他都摇头。我们未成家时，他怕委屈我们；儿女们分巢而居，他又担心家里有了不相干的人，我们有陌生感不愿回娘家。

热爱生活(现在流行说法是重视生活质量)的父亲一旦手头宽绰，首先发扬光大的是他的美食天性。祖传的春卷、韭菜合、红焖猪蹄、蟹粥鱼糜凤尾虾，一一真材实料精工细做起来；又"克隆"人家酒宴名肴，朋友饭桌偷艺，篡改旅行中见习的南北风味；甚至手持一部古龙的武侠小说，依样画葫芦仿真一品"翡翠鸡"。每个周末召集儿孙们回去品尝，在我们中间掀起烹饪比学赶帮超。

他以武侠小说为指南，独自访遍名山胜水。身上背的照相机不断更新换代，拍扬眉吐气的自己，拍躲着镜头的孩子们，还主动拍亲戚朋友们，花钱冲洗后挨家挨户去分发。

父亲很以诗书传家为骄傲，几件书画精品，父亲临终交给我，说唯此留我纪念。现挂在我的客厅，朝夕相伴。父亲劝我焚稿时，他自己其实手痒，写了不少格律诗。晚年他自号簏斋老人，辑诗成册，题《簏斋诗笺》，为访客问友必备礼品之一。有段时间他忙于参加"中华诗词学会"，在海内外发表诗词，入选这里那里的选本。父亲自有一帮文朋诗友。我有时回娘家，见三四青年，团团围坐，听父亲引经据典传授诗词格律。

有次文章写一半，挂电话问父亲，"及耆之年"是几岁，父亲回答了。电话放下十分钟，父亲抱着大《辞海》来我家，再跟我说"弱冠"，说"而立"，顺便摇头说我"家学不足"。

我很是惭愧，父亲。

幸福的悖论

Xing Fu De Bei Lun

为了不断地感到幸福,甚至在苦恼和愁闷时也感到幸福,那就需要:(一)善于满足现状;(二)很高兴地感到:"事情原来可能更糟呢。"

西西弗是幸福的

○ [法] 阿尔贝·加缪

阿尔贝·加缪 (1913~1960)　法国哲学家、小说家、戏剧家、评论家，存在主义的主要代表之一。主要作品有《局外人》、《鼠疫》，随笔《西西弗的神话》，剧本《正义者》，小说《堕落》和短篇小说集《流放和王国》等。一九五七年他成为历史上最年轻的诺贝尔文学奖得主。

西西弗是个荒谬的英雄。他之所以是荒谬的英雄，还因为他的激情和他所经受的磨难。他藐视神明，仇恨死亡，对生活充满激情，这必然使他受到难以用言语尽述的非人折磨：他以自己的整个身心致力于一种没有效果的事业。而这是为了对大地的无限热爱必须付出的代价。人们并没有谈到西西弗在地狱里的情况。创造这些神话是为了让人的想象使西西弗的形象栩栩如生。在西西弗身上，我们只能看到这样一幅图画：一个紧张的身体千百次地重复一个动作——搬动巨石，滚动它并把它推至山顶。我们看到的是一张痛苦扭曲的脸，看到的是紧贴在巨石上的面颊，那落满泥土、抖动的肩膀，沾满泥土的双脚，完全僵直的胳膊以及那坚实的满是泥土的人的双手。经过被渺渺空间和永恒的时间限制着的努力之后，目的就达到了。西西弗于是看到巨石在几秒钟内又向着下面的世界滚下，而他则必须把这巨石重新推向山顶。他于是又向山下走去。

正是因为这种回复、停歇，我对西西弗产生了兴趣。这一张饱经磨难近似石头般坚硬的面孔已经自己化成了石头！我看到这个人以沉重而均匀的脚步走向那无尽的苦难。这个时刻就像一次呼吸那样短促，它的到来与西西弗的不幸一样是确定无疑的，这个时刻就是意识的时刻。在每一个这样的时刻中，他离开山顶并且逐渐地深入到诸神的巢穴中去，他超出了他自己的命运。他比他搬动的巨石还要坚硬。

如果说,这个神话是悲剧的,那是因为它的主人公是有意识的。若他行的每一步都依靠成功的希望所支持,那他的痛苦实际上又在哪里呢? 今天的工人终生都在劳动,终日完成的是同样的工作,这样的命运并非不比西西弗的命运荒谬。但是,这种命运只有在工人变得有意识的偶然时刻才是悲剧性的。西西弗,这诸神中的无产者,这进行无效劳役而又进行反叛的无产者,他完全清楚自己所处的悲惨境地:在他下山时,他想到的正是这悲惨的境地。造成西西弗痛苦的清醒意识同时也就造就了他的胜利。不存在不通过蔑视而自我超越的命运。

西西弗无声的全部快乐就在于此。他的命运是属于他的。他的岩石是他的事情。同样,当荒谬的人深思他的痛苦时,他就使一切偶像哑然失声。在这突然重又沉默的世界中,大地升起千万个美妙细小的声音。无意识的、秘密的召唤,一切面貌提出的要求,这些都是胜利必不可少的对立面和应付的代价。不存在无阴影的太阳,而且必须认识黑夜。荒谬的人说"是",但他的努力永不停息。如果有一种个人的命运,就不会有更高的命运,或至少可以说,只有一种被人看做是宿命的和应受到蔑视的命运。此外,荒谬的人知道,他是自己生活的主人。在这微妙的时刻,人回归到自己的生活之中,西西弗回身走向巨石,他静观这一系列没有关联而又变成他自己命运的行动,他的命运是他自己创造的,是在他的记忆的注视下聚合而又马上会被他的死亡固定的命运。因此,盲人从一开始就坚信,一切人的东西都源于人道主义。就像盲人渴望看见而又知道黑夜是无穷尽的一样,西西弗永远行进,而巨石仍在滚动着。

我把西西弗留在山脚下! 我们总是看到他身上的重负。而西西弗告诉我们,最高的虔诚是否认诸神并且搬掉石头。他也认为自己是幸福的。这个从此没有主宰的世界对他来讲,既不是荒漠,也不是沃土。这块巨石上的每一颗粒,这黑黝黝的高山上的每一颗矿砂,唯有对西西弗才形成一个世界。他爬上山顶所要进行的斗争本身,就足以使一个人心里感到充实。应该认为,西西弗是幸福的。

如果幸福在于肉体的快感,那么就应该说,牛找到草料吃的时候是幸福的。

——[古希腊]赫拉克利特

幸 福

○ [苏联] 高尔基 译/臧传真 宗玉才

高尔基(1868~1936) 苏联著名作家,社会主义现实主义文学的奠基人。他是杰出的社会活动家,组织成立苏联作家协会,并主持召开了全苏第一次作家代表大会,培养文学新人,积极参加保卫世界和平的事业。一八九二年发表处女作《马卡尔·楚德拉》。著有《母亲》,自传体三部曲《童年》、《在人间》、《我的大学》。

一天,幸福之神紧紧地挨近了我,我险些被她温柔的手搂住。

这件事发生在郊游的时候。那是一个燠(yù)热的夏夜,我们一大帮年轻人聚在伏尔加河对岸的草原上,凑在打鲟鱼的人那里。我们围着篝火,品尝着渔夫煨好的鱼汤,频频地喝着伏特加和啤酒。我们争论着如何更快更好地重建世界。渐渐地,大家都觉得身子困乏了,精神也支撑不住了,便从刈(yì)过的草场上散去,到自己想去的地方去了。

我和一个姑娘一起离开了篝火。我觉得那姑娘聪明,伶俐。她有一双乌黑、俊俏的眼睛,她的话里总是流露出一种淳朴的、明白易懂的真理。这姑娘对谁都是温柔多情地望着。

我们紧偎在一起,静悄悄地走着,镰刀刈过的草茎,在脚底下折断了,发出咯吱咯吱的响声。天空清澈晶莹,穹庐似的覆盖着大地。月光如醉人的玉液,从太空泻下。

姑娘十分感叹地说:

"多好啊!简直就像非洲的大沙漠,这草垛——就像金字塔。真热呀……"

随后,她提议坐到草垛跟前像白天那样浓的圆形的阴影里去。蟋蟀噭噭地叫着。远处有人悲戚地唱道:

"哎,你为什么对我变了心?"

我热情地跟这姑娘讲起我所熟悉的生活,谈到我不明白的事儿。可是,她突然轻轻地叫了一声,便仰面倒在地上了。

这大概是我头一次见人晕倒,一刹那间我简直是慌了手脚,我想喊,想叫人帮忙。但立刻想起了我看过的小说里,那些体面的主人公碰到这种情况是怎么办的,于是我撕断了她的裙带,扯开了她的上衣,解开了她的乳罩。

我看见了她的乳房,真像两只小小的银碗,洒满了浓浓的月光,覆扣在她的胸脯上。这时,我头脑里蓦地燃起了火热的欲念,我真想扑上去吻她。可是我打消了这个念头,飞快地跑向河边取水去了。小说里的主人公在这种场合,一定得跑到别处去弄点儿水来,只要细心的小说家没有预先在出事的地方安排一条小河。

当我拿着盛满水的帽子,像一匹疯狂的烈马,从草场上跑回来的时候,病人已经好端端地靠着草垛站在那儿,早就把我弄乱了的衣裙整理好了。

"不必了,"她用一只手推开我那湿漉漉的帽子,倦怠地低声说……

她离开我,朝着篝火走去,那儿有两个大学生和一个统计员还在凄凉地哼着那支讨厌的小调:

"哎,你为什么对我变了心?"

"我没有把您的什么地方弄痛吧?"我看到那姑娘默默不语,心里有点儿发慌,便问道。

她简短地答道:

"没有。您——不大机灵。不管怎么说,我——当然,还是要谢谢您……"

我觉得她并不是真心地感谢我。

我不常见到她,但是打那以后,我们见面的机会就更少了。不久,城里便完全看不到她的踪影了。又过了三、四年,我在轮船上遇到了她。

她从伏尔加河沿岸的一个乡下别墅里来,到城里去找丈夫。她怀孕了,衣着讲究、合体,脖颈上挂着长长的一串金项链,还有一个像勋章似的大胸针。她变得更漂亮了,也胖了一些,有点像高加索那种专盛浓葡萄酒的皮囊,快活的格鲁吉亚人经常在提弗里斯炎热的广场上出售这种葡萄酒。

我们友好地谈起过去,她说:

"你瞧,我已结了婚,就这些……"

这是黄昏时分,河上闪耀着落日的余晖。轮船开过时溅起的一道道浪花,宛若一条宽阔的大红花边,随着船身向一碧万顷的北方漂去。

"我已有两个孩子了,又快生第三个了。"她说道,那自豪的口气就像一名热爱自己的手艺的能工巧匠。

她膝盖上放着一个黄色的纸口袋,里面装着橙子。

如果想据某人的状况来评价他的幸福程度,就应该询问使他悲伤的事,而不是使他满足的事。
——[德]叔本华

"呃,告诉您好不好?"她闪着一双黑黑的眼睛,温柔地笑着问道,"假如那时候,在大草垛跟前,还记得吧,您要是……胆子再大一点……要是您亲我一下……说不定我就成了您的妻子了……您不是挺喜欢我的吗? 您真是个怪人,竟跑开弄水去了……唉,您呀您!"

我告诉她,我完全是按照书本上的描写行事的,因为那时我把书奉若神明。书上说,对晕倒的女孩子首先要请她喝点水,待她睁开眼睛,叫道:"唉呀,我这是在什么地方?"这时才能吻她。

她笑了笑,然后沉思地说:

"糟就糟在这里,我们总是想照着书本上写的那样生活……生活比书本广阔,聪明,我的先生……生活跟书本完全不同,是的……"

她从口袋里拿出一个橙子,仔细地瞅了瞅,皱起眉头说:

"该死的,给我偷偷塞进一个烂的……"

她笨拙地顺手把那烂橙子抛到船外去了。我看见橙子旋转着,消逝在红色的浪花里。

"嗯,您现在怎么样了? 还是照书本上写的那样生活吗? 嗯?"

我默不作声,望着岸边的沙滩。沙滩被落日的余晖染得火红,在更远的地方是一片空旷的金红色的草场。

沙滩上横七竖八地翻扣着一些小船,像一条条巨大的死鱼。忧郁的白柳树影,落在金色的沙滩上。草场的远处排列着小丘似的干草垛。于是我记起了她打的比方:

"真像非洲的大沙漠啊,而那些草垛就是金字塔……"

这女人一面剥着另一只橙子的皮,一面用长辈的语气,仿佛惩罚我似的重复了一句:

"是啊,我本来会成为您的妻子的……"

"谢谢您,"我说,"谢谢!"

我感谢她——真心实意地感谢她。

对幸福不屑一顾

○ [法] 让·端木松

让·端木松(1925～2017) 法国当代著名作家,法兰西学院院士。代表作有小说《上帝的喜悦》、获得法兰西学院小说大奖的《帝国的光荣》,回忆随笔集《挺好的》等。

如果你搞写作的话,最难的是找到恰当的词汇,选择确切的字句,在所有可能用上的词语中找到唯一合适的。我不是讲了关于我年轻时受过的考验和痴迷吗?啊!青年呀……青年……把水瓶递给我,让我喝它一大杯。十七岁时,思想活跃,口无遮拦,发现往往是件惊心动魄的事。我往往会晕头转向。这不是幸福。二十岁的人对幸福不屑一顾。这比幸福本身更值得。那是敞亮的天空。他们嗅到了硫磺的气味。

世界是不公正的,我在家庭饭桌上,在梨子和奶酪之间,经常会看到维吉尔、高乃依、歌德、克里蒙梭等人的影子冒出来。我是拜占庭人所谓的王子:我生于显贵人家。我生来就属于书籍和文化的世界。一切都很好,一切又都不好。

我渐渐地发现了幸福的不幸及幕后。从小就列位于这个世界上的幸福的人一边,列位于因为掌握了知识就可以统治这个世界的人中间,这是一种美妙的特权,也是一种致命的危险。在过去几个世纪里原是王牌的东西变成了一种沉重的负担,人们把它背在身上生活在被侵蚀了的文化之中,不管人们愿意与否,文化受到了主人与奴隶的论调的侵蚀。我属于贺拉斯、拉·封丹、拉辛、夏多布里昂的世界。他们给当主人的以教益,但那是给站在他们一边的人教益。历史是摇摆不定的。书籍和文化转到了以奴隶的名义讲话的黑格尔、马克思、马尔罗、阿拉贡一边,转到了窃窃私语道出很有些出格的一些秘密的弗洛伊德一边。也许也转到了萨特一边,萨特心中和文风中既没有贺拉斯,也没有拉·封丹,他在夏多布里昂的坟上撒尿,我很讨厌,我讨厌他。

幸福生长在我们自己家里,在别人花园里是采不到幸福果的。

——[英]杰拉尔德

生活是复杂的。我头都晕了。我牵着这个消逝的过去的世界的许多条线，它充满了记忆和礼规，我试着在《上帝的喜悦》这本书里把它描述出来，但是我并不完全属于这个世界。我是被拴上这个世界的，是它朝我走来的。上帝宽恕我！宽恕我蔑视这种联系。我在对哲学家、人权、伟大的原则、自由的推崇中成长起来。啊！自由……自由到底会属于什么样的世界？我觉得它似乎悬在空中，不堪一击，总是受到威胁，它无论对黑格尔、马克思，还是对博絮埃、斯宾诺莎，都一样陌生，为自由大声疾呼的卢梭和萨德都已对它下过断言，我那时代把它捧上了天。我蒙着眼睛糊里糊涂地往前走。我读斯多噶派和伊壁鸠鲁派的书，我尤其读蒙田、斯威夫特、孟德斯鸠、梅里美、亨利希·海涅、奥斯卡·王尔德、安德烈·纪德的书。他们教我学会怀疑。我在过去和未来两岸之间游泳，我学艺术，我担心再也不会相信大道理了。

生活是美好的

○ [俄] 契诃夫　译/汝　龙

契诃夫 (1860～1904)　十九世纪末俄国伟大的批判现实主义作家、幽默讽刺大师、短篇小说巨匠、著名剧作家。其代表作《变色龙》、《套中人》堪称俄国文学史上精湛而完美的艺术珍品。他的名言"简洁是天才的姊妹"也成为后世作家孜孜追求的座右铭。

生活是极不愉快的玩笑，不过要使它美好却也不很难。为了做到这点，光是中头彩赢了二十万卢布、得了"白鹰"勋章、娶个漂亮女人、以好人出名，还是不够的——这些福分都是无常的，而且也很容易习惯。为了不断地感到幸福，甚至在苦恼和愁闷时也感到幸福，那就需要：(一) 善于满足现状；(二) 很高兴地感到："事情原来可能更糟呢。"这是不难的：

要是火柴在你的衣袋里燃起来了，那你应当高兴，而且感谢上苍：多亏你的衣袋不是火药库。

要是有穷亲戚上别墅来找你,那你不要脸色发白,而要喜气洋洋地叫道:"挺好,幸亏来的不是警察!"

要是你的手指头扎了一根刺,那你应当高兴:"挺好,多亏这根刺不是扎在眼睛里!"

如果你的妻子或者小姨练钢琴,那你不要发脾气,而要感激这份福气:你是在听音乐,而不是听狼嗥或者猫的音乐会。

你该高兴,因为你不是拉长途马车的马,不是寇克的"小点儿"①,不是旋毛虫,不是猪,不是驴,不是茨冈人牵的熊,不是臭虫。你要高兴,因为眼下你没有坐在被告席上,也没有看见债主在你面前,更没有主笔士尔巴谈稿费问题。

如果你不是住边远的地方, 那你一想到命运总算没有把你送到边远的地方去,你岂不觉得幸福?

要是你有一颗牙痛起来,那你就该高兴:幸亏不是满口的牙痛起来。

你该高兴,因为你居然可以不必读《公民报》,不必坐在垃圾车上,不必一下子跟三个人结婚。

要是你被送到警察局去了,那就该乐得跳起来,因为多亏没有把你送到地狱的大火里去。

要是你挨了一顿桦木棍子的打,那就该蹦蹦跳跳,叫道:"我多么运气,人家总算没有拿带刺的棒子打我!"

要是你的妻子对你变了心,那就该高兴,多亏她背叛的是你,不是国家。

依此类推。朋友,照着我的劝告去做吧,你的生活就会欢乐无穷了。

---

① 寇克是十九世纪德国细菌学家,"小点儿"指细菌。

幸福,假如它只是属于我,成千上万人当中的一个人的财产,那就快从我这儿滚开吧!

——[俄]别林斯基

论 贫 穷

○ [英] 希莱尔·贝洛克　译/韩终莘

希莱尔·贝洛克(1870～1953)　英国作家、诗人。一八九三年被牛津大学巴利奥尔学院录取。主要写散文和诗歌,也写小说和评论,还写有不少儿歌。代表作有《威尔斯先生〈世界史纲〉一书指南》等。

前几天,我凑巧有机会对几个年轻人讲了讲贫穷这个问题。我本打算把这讲话题目叫做《贫穷:达到贫穷:达到时保住贫穷》,可是我发现对这个题目没有必要解释。那些年轻人全都明白我指什么。

在做这个简短讲话时,一如你不用笔记一路讲总是会发生的情况,我发现了贫穷这东西各种新的方面。我们大家都知道简单而直接地看待贫穷,例如它如何对灵魂益处良多,它是多么好的锤炼,那些高级权威人士如何不以它为耻等等。我们还知道我们受人教导而仰慕的所有那些人物如何白手起家,而且我希望我们大家从心底里认为贫穷是美德和正常生活的根基。

然而,这些观点是笼统的、模糊的。我信口一路讲来,不觉讲到了贫穷的细微,靠着记忆和理智想到了受穷的某些小的、实在的、特殊的好处,还考虑到了一个守住贫穷的理论:保持贫苦的规则。

这样一来,我首先发现了贫穷的一个定义:贫穷是一种状态,一个身置其中的人坚持不懈为自己的未来以及家人着急,再不能按他与生俱来的那个标准追求生活,既不得不低三下四做人,又忍不住想着揭竿而起,却最终不可阻挡地走向了绝望。

以上就是我作出的贫穷定义,而且一旦作出这一定义,这样一种条件下泻流出来的良好效果便一目了然了。

首先伴随贫穷而来的大好事情是它能让人慷慨大方。你会注意到有不少富人不是贪婪就是小气,并且所有富人都不得不按照他们身份的本质,处处行事谨慎,而贫穷和困难的人却只要拥有什么东西,就乐意与人分享。不错,这种行为并非出自良好动机,而仅仅是他们相信不管自己干什么,到头来结果差不多还是受穷,因此他对伙计乐善好施不过是既因为弱势也因为麻木。再说了,贫穷培养习惯。于是,那些在这种穷困中养就的脾性的人偶尔挣得大笔钱时总是大把大把地把钱花掉。

然后另一个陪伴贫穷而来的好处是,贫穷能治愈你的各种幻想。陪伴富人而来的,尤其是富有的女人,最令人恼火的事情是他们生活其中的那种幻想的陷阱。当然,那也并不全是幻想,它一定具有许多意识的假象。但是,不管你怎么说,它是不现实的深渊,与之沟通最终只会让人不堪忍受。却说穷人从物质上就受到限制,掉不进这样心与智的罪过里去。他不可能想到警察是英雄,法官是超人之人,公众人物的动机总的说来并非肮脏不堪。他看着那种善良的家庭老仆人,不会产生什么奇怪念头,在工业巨头身上也看不出超人的才智。俗话说得好,穷人只会奋起反抗。他得面对警察的欺侮和腐败,面对工业巨头的非人性的愚蠢行为,面对律师狡猾的自我标榜,面对种种寄生的生意人的令人作呕的虚伪;这些就是当男管家的需要面对的。他是通过接触和直接的个人经历遭遇所有这些东西的。他头脑里的人类花园,不过是战士把战争看做图画,不过是水手把大海视为娱乐场。

我们也许还要感谢贫穷(我们中间那些正在享受其优惠的人)剪除了我们生活的某些让我们的富有的兄弟们不得已而为之的行为。我认识一个富人被迫一天至少更换两次衣服,经常是三次,在规定时期到规定地方旅游,一次一个轮着看望至少六十个人。他还不如学校里的孩子更有自由,不如军队里的下士少受管束。的确,他根本没有真正的闲暇时间,因为数不清的事情就是这样缠着他。但是你们穷人甚至想象不出杂七杂八的事情会是什么。如果你要告诉他不得不去里维埃拉①世俗野气里过一个又一个星期,他对"不得不"这个词儿就根本理解不了。他或许会说保不准有人就喜欢这种事情,可是谁要是摊上这等好事而没有强烈的口味反常,他倒是理解不了了。

磨难的、焦虑的、肮脏的贫困还有一种好处。灵魂的敌人莫过于懒惰,但是处于这种麻钝的继续恶化的状态中,如同一种哼哼唧唧的牙痛,懒惰是不可能的。不过灵魂另一个敌人是骄傲,即便穷酸的人也不能真正保持住骄傲,他倒是想养出些傲气,他也许希望将来培养出傲气,可他做不到这步。或者,再说了,旧时迷信说法称为"魂"的人的最深处总是会被奢侈所伤害。贫穷不怕,归

---

① 里维埃拉位于法国东南部和意大利西北部,是假日游憩胜地。

根结底它禁止奢侈,限制奢侈。

我很清楚你会告诉我无数例子,证明你认识的穷绅士如何喝鸡尾酒,吃鱼子酱,去戏院(还坐在正厅前座吧),坐出租车,就着咖啡喝甜露酒,而且一掷千金。一点儿没错,但是倘若你凑近些观察这些人的生活,你会发现他们的这些习惯中有一种不断衰退的现象。出租车在五点四十五以后会越来越难打;鱼子酱灭绝了;尽管甜露酒就咖啡方兴未艾,但是这似乎难以置信,因为贫穷和奢侈是水火不相容的。确实,我去年四月在一个名叫里莱博尼的镇里(我当时在那里检查罗马遗址对维持旅馆的影响)遇上了一个人,他告诉我战前他习惯在瑞士度假日(他是一名牧师),但是现在他能到挪威去了。根据这个说法,我用一张纸为他草草勾勒出一个计划,标出辐射向量(我的牧师也用了循序渐进的向量)画出级别,表明一次度假的多种花销。借着图,我让他看看一个假日如何度过——在东非海岸射杀狮子费用太多,另有一种假日在摩洛哥跟法国人讨价还价太多,再有一种假又让西班牙人感到恼火,还是只有徒步在挪威过假日最便宜,那地方就在这些岛屿的海岸一个区区的布拉德布里库房一带。他把这张小示图叠起来,拿上走了——一点儿不知道更便宜的假日还可以在阿登山区度过呢。

然而,我认为,贫穷利用反话还可以产生许多更高贵的效果。我把这看做智力宴会里的提味盐。我当然知道富人与生俱来地拥有说反话的本领,好比一张图画本是一个人为自己取乐而作,画好贴在了自家墙上。所有伦敦穷人都会说反话,而且,的确,全世界的穷人也都会说反话。即使穷绅士一过五十岁也会发现说反话的妙处,成为他们的杀手铜,一如一个男人遇到不开心的事爱喝雪利酒一样。请注意,反话会扼杀愚蠢的讽刺,而且扼杀愚蠢的讽刺的反话中有了代理人,就等于拥有一贴防腐剂,制约心智发生化脓反应。

还有,贫穷让人讲究现实。你可以告诉我讲究现实没有什么优势。讲究现实是没有什么直接的好处,但是我敢说长此以往是有好处的,因为倘若你置现实于不顾,迟早你会反过来和现实作对,好比一艘航船在大雾中撞上礁石,你一定会如同难船一样吃尽苦头。

如果你对富人说,他的某位同事颇有才华,他听了会做出一副慵懒却诚实的样子,承认你说得对。一个穷人却更会来事,他嘴上承认了,却不会愚蠢得从心里接受。

最后,关于贫穷,我想到了这点,那就是它让你为坟墓做了周到的准备。我曾听见一个乞丐兴致勃勃地说,富人死了什么也带不走。按照字面听他这话,他错了,因为富人临死带走了奉承、愚蠢、幻想、骄傲和许多好东西,更别说与他们的皮肤难舍难分的衣服了,若真把他们的衣服脱得连件内裤都不剩,那倒是伤害到骨子里去了。不过我知道这位乞丐话中的真正意思——他是说富人进坟入土什么也带不走,是指汽车啦、热水啦、更换干净衣服啦,还有各种各样让人受不了的讨厌娱乐啦。富人临死把与皮肤俱存的那些外部东西全给剥掉了,穷人临死却什么也剥不掉。因此,在冥府渡神的船上他们占了先机,首先到达彼岸。就是这点,依我之见,应算得上某种优势吧。

无知的快乐

○ [爱尔兰] 罗伯特·林德　译/韩终莘

罗伯特·林德(1879~1949)　爱尔兰作家,生于爱尔兰,一生却在伦敦度过,发表了大量随笔和评论文章。他的文章以一波多折的思辨为特点,切入点新颖,论说引人思索。代表作有《无知的快乐》等。

陪伴一个普通市民在乡间走路——尤其正赶在四五月间——对他什么都不知道的巨大范围无论如何不可能不感到万分惊讶。就是自个儿在乡间散步,对自己知之甚少的巨大范围也不可能不感到难以置信。成千上万的男男女女生生死死一辈子,竟会不知道山毛榉和榆树有何不同之处,听不出是画眉在欢叫还是乌鸦在歌唱。兴许,在一座现代城市里,能够听出画眉鸣叫或者乌鸦欢唱的人就是凤毛麟角了。问题不是由于我们不曾见过这些鸟儿,问题只是由于我们没有注意过它们。我们一辈子被鸟儿们包围着,可是我们熟视无睹,视有若无,我们中间的大多数人分辨不出是不是苍头燕雀在叫唤,或者说不出布谷鸟长得什么颜色。对于布谷鸟总是一边飞一边唱还是有时落在枝头上唱,我们如同小孩子一样争论不休——同样搞不清楚查普曼是凭借想象还是知识写出了下面的诗句:

> 布谷鸟在橡树绿色枝条间唱起,
> 正是人们在明媚的春天沐浴时。

哲人事事求己,而蠢人事事求人。

——[春秋]孔 子

然而,这种无知现象倒也不全是痛苦。由于无知,我们才获得了不断发现的快乐。如果我们真的相当无知,那么每到春天我们就会领略到自然的每一处气息,窥见露珠儿还在上面驻足。如果我们活了大半辈子还不曾见过布谷鸟,只把它当做空中回荡的声音,那么我们看到它在树间飞来飞去时那种惊飞样子更加津津有味,认识到它会酿出祸害,并且欣喜地看到它同鹰一样凌空翱翔,长长的尾巴瑟瑟抖动,然后贸然落在山脚的杉树上,也许种种伺机反扑的天敌正潜伏在什么地方。不能不说,博物学家观察鸟儿的生活一定会得到许多乐趣,但是与一个人清早起来第一次看见一只布谷鸟,发现世界充满新奇,兴致油然而生,两者相比之下,博物学家的乐趣只是一种见怪不怪的乐趣,差不多就是一种清醒而吃力的职业罢了。

　　说到这点,连博物学家的幸福在某种程度上也取决于他的无知,这种无知留给他新的世界去征服。在这类书本中, 他也许对知识的细端末节都了如指掌,但是只要他还没亲眼见证一下每种截然不同的东西,那他仍会觉得只是知道了一半。他一心想亲眼看看那只雌布谷鸟——实在难得一见啊! ——把蛋下在地上,用嘴衔到窝里,最终在窝里酿成杀害幼鸟的现象。博物学家会日复一日坐在地头用望远镜观察,亲自肯定或打破盛传的说法,即布谷鸟确实把蛋下在地上,而不是窝里。如果他吉星高照,在布谷鸟下蛋时发现了这一鸟类最难得一见的行为,那他也不会一劳永逸,需要搞清的有争议的问题仍然多不胜数,例如布谷鸟的蛋是不是与它弃掉的窝里的别的鸟蛋总是一种颜色。可以肯定,从事科学的人没有理由为他们失去无知而伤心流泪。如果他们看样子无所不知,那只是因为你我知之甚少而已。在他们翻出来的每一个事实下面,总会有一笔无知的财富在等待他们。塞壬①向尤利西斯究竟唱了支什么歌,他们永远不会比托马斯·布朗爵士②知道得更多。

　　如果我借助布谷鸟说明一般人的无知,这并不是因为我对这种鸟儿具有一言九鼎的权威。这仅仅是因为在非洲一个好像所有的布谷鸟都闯进来的教区里度过一个春天,我认识到我对它们了解得少而又少,我所遇到的人也无不如此。但是,你我的无知还不仅仅局限于布谷鸟。我们的无知关系到所有上帝创造的事物,上至太阳和月亮,下至百花的名字。有一次,我听见一个聪明的女士打问新月是不是总在一周的同一天升起。她还说也许不知道更好,因为如果一个人

---

① 塞壬是神话中半人半鸟类的女海妖,以美妙歌喉诱惑海员而使船触礁毁灭。
② 布朗(1605~1682),英国医师、作家,代表作有《一个医师的宗教信仰》。

不知道在天空的什么地方能等到月亮,那么月亮的露面迟早都是一种令人快活的惊喜。但是,我估计新月即使对那些深谙其升落时间表的人,它挂在天空也同样会令人惊奇。春天的到来与花潮的到来,也无不如此。我们看见一枚早到的报春花会欣喜不已,是由于我们对一年寒来暑往习以为常,知道迎春花应在三四月间而非十月间开放。我们还知道,苹果树的花开在果子之前而非之后,但是我们在五月的果园度过一个美好节日时并不会因为只见花不见果而减少欣喜。

同时,每逢大地回春,重温许多花卉的名字也许会有一份特殊的快活。这好比重读一本几乎忘掉的书。蒙田①告诉我们,他是忘事佬儿,重读一本好书时总感觉是过去压根儿没有读过的存书。我自己的记忆也靠不住,跟筛子差不多。我读《哈姆莱特》和《匹克威克外传》,总觉得它们是新作家的作品,从印刷厂出来还油墨未干,它们的许多内容在一次阅读和另一次阅读之间会变得模糊不清。在许多情况下,这种记忆是一种苦恼,尤其你一心想把事情记得准确无误的话。不过这种情形只是在追求生活目标而非娱乐时才会有的。仅仅就贪图奢侈而论,坏记忆会夸夸其谈的东西倒不见得会比好记忆少多少。你要是有个坏记忆,不妨一遍又一遍阅读普鲁塔克和《一千零一夜》,读上一辈子。许多细端末节也许会粘在最坏的记忆里,正像羊群一只接一只挤过篱笆的空隙,树刺上不能不挂住几缕羊毛一样。但是,羊群本身挤过去了,伟大的作家挤过无所事事的记忆如同羊群穿过篱笆,留下的东西少而又少。

如果我们能把书忘记了,那么把月份以及月份过去后所告诉我们的东西忘掉也是很容易的。这会儿我跟自己说,我了解五月如同乘法表一样清楚,关于五月的花卉、花开的样子以及品级也不怕别人考一考。今天我敢肯定毛茛有五个花瓣(也许是六个花瓣? 反正上周我是十分清楚的),但是明年也许我就算不清花瓣有多少,不得不再温习一遍,当心别把毛茛与白屈菜搞混了。到那时,我会用一双陌生人的眼睛,再次把世界看做花园,对那五彩缤纷的田野惊讶得透不过气来。我会情不自禁地纳闷儿是科学还是无知,认定雨燕(那种黑色的鸟,比燕子大,与蜂鸟同属一类)从不在窝里栖息,而是在夜里消逝在高空。我会带着崭新的惊奇了解到,唱歌的是雄布谷鸟,而非雌布谷鸟。我还不得不再次了解清楚,别把剪秋罗叫成老鹳草,重新按树类的规矩弄明白白蜡树出叶早还是出叶晚。有一回,一个外国人问一名当代英国小说家,英格兰最重要的庄稼是什么,他连想都没想就回答说:"黑麦。"无知到这种程度,我倒觉得达到了卓越不凡的地步;不过,就是无知的人的无知也一样深不可测。平常人拿起电

———————————

① 蒙田(1533~1592),文艺复兴时期法国思想家、散文家,主要作品有《随笔集》。

话就打，却说不清电话的工作原理。他认为电话就是电话，火车就是火车，莱诺铸排机就是莱诺铸排机，飞机就是飞机，如同我们的祖先把《福音书》里的神迹当做神迹一样。他用不着发问，也不必理解，仿佛我们每个人做过调查，只为自己设定了一个事实组成的小圈子。日常工作以外的知识在多数人眼里只是装点门面的玩意儿。可是我们不断在我们的无知面前做出反应。我们时不时醒过劲儿来，进行推测。我们乐此不疲地遇事就进行推测——推测死后的生活是什么样子，推测那些据说连亚里士多德都解不开的诸多问题，例如，"为什么午间到午夜打喷嚏是好事，而夜间到午间打喷嚏就倒霉"。人类知道最大的乐趣之一是在寻求知识过程中这样飞跃到无知状态之中。说到底，无知的巨大乐趣是寻根问底的乐趣。谁要是失去了这种乐趣或者把这种乐趣换成教条的乐趣，即回答的乐趣，那他就已经开始僵化了。谁都会对周伊特①这样一个凡事爱问为什么的人肃然起敬，此公年届花甲才坐下来学习哲学。我们大多数人远不到这个年龄便丧失了我们无知的感觉。我们甚至会为我们松鼠储粮般的知识洋洋自得，把岁数增长本身当做一门大学识。我们忘了苏格拉底②之所以以智慧留名，不是因为他无所不知，而是因为他认识到他活到古稀之年仍然一无所知。

幸福的家庭

〇鲁　迅

　　鲁迅(1881~1936)　原名周树人，字豫才，浙江绍兴人。现代伟大的文学家、思想家和革命家，新文学运动的奠基人。一九〇二年去日本学医，后从文。一九一八年五月首次用鲁迅为笔名发表的中国现代文学史上第一篇白话小说《狂人日记》，奠定了新文学运动的基石。

　　"……做不做全由自己的便；那作品，像太阳的光一样，从无量的光源中涌

---

① 周伊特 (1817~1893)，英国教士，古典学者，以翻译柏拉图的著作而闻名。
② 苏格拉底 (前 469~前 399)，古希腊哲学家，认为哲学在于认识自我，美德即知识。

出来，不像石火，用铁和石敲出来，这才是真艺术。那作者，也才是真的艺术家。而我……这算是什么？"他想到这里，忽然从床上跳起来了。他早已想过，须得捞几文稿费维持生活了，投稿的地方，先定为《幸福月报》社，因为润笔似乎比较的丰。但作品就须有范围，否则，恐怕要不收的。范围就范围……现在的青年的脑里的大问题是？大概很不少，或者有许多是恋爱、婚姻、家庭之类罢……是的，他们确有许多人烦闷着，正在讨论这些事。那么，就来做家庭。然而怎么做呢……否则，恐怕要不收的，何必说些背时的话，然而……他跳下卧床之后，四五步就走到书桌面前，坐下去，抽出一张绿格纸，毫不迟疑，但又自暴自弃似的写下一行题目道：《幸福的家庭》。

　　他的笔立刻停止了。他仰起头，两眼瞪着房顶，正在安排那安置这"幸福的家庭"的地方。他想："北京？不行，死气沉沉，连空气也是死的。假如在这家庭的周围筑一道高墙，难道空气也就隔断了么？简直不行！江苏浙江天天防要开仗；福建更无须说。四川，广东？都正在打。山东河南之类？阿阿，要绑票的，倘使绑去一个，那就成为不幸的家庭了。上海天津的租界上房租贵……假如在外国，笑话。云南贵州不知道怎样，但交通也太不便……"他想来想去，想不出好地方，便要假定为 A 了，但又想："现有不少的人是反对用西洋字母来代人地名的，说是要减少读者的兴味。我这回的投稿，似乎也不如不用，安全些。那么，在那里好呢？湖南也打仗；大连仍然房租贵；察哈尔，吉林，黑龙江罢——听说有马贼，也不行……"他又想来想去，又想不出好地方，于是终于决定，假定这"幸福的家庭"所在的地方叫做 A。

　　"总之，这幸福的家庭一定须在 A，无可磋商。家庭中自然是两夫妇，就是主人和主妇，自由结婚的。他们订有四十多条条约，非常详细，所以非常平等，十分自由。而且受过高等教育，优美高尚……东洋留学生已经不通行，那么，假定为西洋留学生罢。主人始终穿洋服，硬领始终雪白；主妇是前头的头发始终烫得蓬蓬松松像一个麻雀窠，牙齿是始终雪白的露着，但衣服却是中国装……"

　　"不行不行，那不行！二十五斤！"

　　他听得窗外一个男人的声音，不由得回过头去看，窗幔垂着，日光照着，明得炫目，他的眼睛昏花了；接着是小木片撒在地上的声响。"不相干，"他又回过头来想，"什么'二十五斤'？他们是优美高尚，很爱文艺的。但因为都从小生长在幸福里，所以不爱俄国的小说……俄国小说多描写下等人，实在和这样的家庭也不合。'二十五斤'？不管他。那么，他们看看什么书呢？裴伦的诗？吉支的？不行，都不稳当。哦，有了，他们都爱看《理想之良人》。我虽然没有见过这部书，但既然连大学教授也那么称赞他，想来他们也一定都爱看，你也看，我也

　　如果人们除了其灵魂之外，不把任何东西称做自身之物的话，他们就是幸福的。如果他们生活在贪婪的、凶恶的、仇恨他们的人中间，他们是幸福的，任何人也无法抢走他们的幸福。

　　　　　　　　　　　　　　　　　　　　　　　　　　　　——佛教教义

看,他们一人一本,这家庭里一共有两本……"他觉得胃里有点空虚了,放下笔,用两只手支着头,教自己的头像地球仪似的在两个柱子间挂着。

"……他们两人正在用午餐,"他想,"桌上铺了雪白的布,厨子送上菜来——中国菜。什么'二十五斤'?不管他。为什么倒是中国菜?西洋人说,中国菜最进步,最好吃,最合于卫生,所以他们采用中国菜。送来的是第一碗,但这第一碗是什么呢?"

"劈柴……"

他吃惊地回过头去看,靠左肩,便立着他自己家里的主妇,两只阴凄凄的眼睛恰恰盯住他的脸。

"什么?"他以为她来搅扰了他的创作,颇有些愤怒了。

"劈柴,都用完了,今天买了些。前一回还是十斤两吊四,今天就要两吊六。我想给他两吊五,好不好?"

"好好,就是两吊五。"

"称得太吃亏了。他一定只肯算二十四斤半,我想就算他二十三斤半,好不好?"

"好好,就算他二十三斤半。"

"那么,五五二十五,三五一十五……"

"唔唔,五五二十五,三五一十五……"他也说不下去了,停了一会,忽而奋然地抓起笔来,就在写着一行"幸福的家庭"的绿格纸上起算草,起了好久,这才仰起头来说道:"五吊八!"

"那是,我这里不够了,还差八九个……"

他抽开书桌的抽屉,一把抓起所有的铜元,不下二三十,放在她摊开的手掌上,看她出了房,才又回过头来走向书桌。他觉得头里面很胀满,似乎桠桠叉叉的全被木柴填满了,五五二十五,脑皮质上还印着许多散乱的阿拉伯数字。他很深地吸一口气,又用力地呼出,仿佛要借此赶出脑里的劈柴、五五二十五和阿拉伯数字来。果然,呼气之后,心地也就轻松不少了,于是仍复恍恍惚惚地想——

"什么菜?菜倒不妨奇特点。滑溜里脊,虾子海参,实在太凡庸。我偏要说他们吃的是'龙虎斗'。但'龙虎斗'又是什么呢?有人说是蛇和猫,是广东的贵重菜,非大宴会不吃的。但我在江苏饭馆的菜单上就见过这名目,江苏人似乎不吃蛇和猫,恐怕就如谁所说,是蛙和鳝鱼了。现在假定这主人和主妇为哪里人呢?不管他。总而言之,无论哪里人吃一碗蛇和猫或者蛙和鳝鱼,于幸福的家庭是绝不会有损伤的。总之这第一碗一定是'龙虎斗',无可磋商。"

"于是一碗'龙虎斗'摆在桌子中央了,他们两人同时捏起筷子,指着碗沿,笑眯眯地你看我,我看你……"

"My dear,please."

"Please you eat first,my dear. "

"Oh no,please you! "

"于是他们同时伸下筷子去,同时夹出一块蛇肉来,不,不,蛇肉究竟太奇怪,还不如说是鳝鱼罢。那么,这碗'龙虎斗'是蛙和鳝鱼所做的了。他们同时夹出一块鳝鱼来,一样大小,五五二十五,三五……不管他,同时放进嘴里去……"他不能自制地只想回过头去看,因为他觉得背后很热闹,有人来来往往地走了两三回。但他还熬着,乱糟糟地接着想,"这似乎有点肉麻,哪有这样的家庭?唉唉,我的思路怎么会这样乱,这好题目怕是做不完篇的了。或者不必定用留学生,就在国内受了高等教育的也可以。他们都是大学毕业的,高尚优美,高尚……男的是文学家,女的也是文学家,或者文学崇拜家;或者女的是诗人,男的是诗人崇拜者,女性尊重者;或者……"他终于忍耐不住,回过头去了。

就在他背后的书架的旁边,已经出现了一座白菜堆,下层三株,中层两株,顶上一株,向他叠成一个很大的 A 字。

"唉唉!"他吃惊地叹息,同时觉得脸上骤然发热了,脊梁上还有许多针轻轻地刺着。"吁……"他很长地嘘一口气,先斥退了脊梁上的针,仍然想,"幸福的家庭的房子要宽绰。有一间堆积房,白菜之类都到那边去。主人的书房另一间,靠壁满排着书架,那旁边自然绝没有什么白菜堆,架上满是中国书、外国书,《理想之良人》自然也在内,一共有两部。卧室又一间,黄铜床,或者质朴点,第一监狱工场做的榆木床也就够,床底下很干净……"他当即一瞥自己的床下,劈柴已经用完了,只有一条稻草绳,却还死蛇似的懒懒地躺着。

"二十三斤半……"他觉得劈柴就要向床下"川流不息"地进来,头里面又有些楞楞叉叉了,便急忙起立,走向门口去想关门。但两手刚触着门,却又觉得未免太暴躁了,就歇了手,只放下那积着许多灰尘的门幕。他一面想,这既无闭关自守之操切,也没有开放门户之不安:是很合于"中庸之道"的。

"……所以主人的书房门永远是关起来的。"他走回来,坐下,想,"有事要商量先敲门,得了许可才能进来,这办法实在对。现在假如主人坐在自己的书房里,主妇来谈文艺了,也就先敲门。这可以放心,她必不至于捧着白菜的。"

"Come in,please,my dear."

"然而主人没有工夫谈文艺的时候怎么办呢?那么,不理她,听她站在外面老是剥剥地敲?这大约不行罢。或者《理想之良人》里面都写着,那恐怕确是一

我们既没有权利享受财富而不创造财富,也没有权利享受幸福而不创造幸福。

——[英]萧伯纳

部好小说,我如果有了稿费,也得去买他一部来看看……"

啪!

他腰骨笔直了,因为根据经验,知道这一声"啪"是主妇的手掌打在他们三岁的女儿的头上的声音。

"幸福的家庭……"他听到孩子的呜咽了,但还是腰骨笔直地想,"孩子是生得迟的,生得迟。或者不如没有,两个人干干净净。或者不如住在客店里,什么都包给他们,一个人干干……"他听得呜咽声高了起来,也就站了起来,钻过门幕,想着,"马克思在儿女的啼哭声中还会作《资本论》,所以他是伟人……"走出外间,开了风门,闻得一阵煤油气。孩子就躺倒在门的右边,脸向着地,一见他,便"哇"地哭出来了。

"啊啊,好好,莫哭莫哭,我的好孩子。"他弯下腰去抱她。

他抱了她回转身,看见门左边还站着主妇,也是腰骨笔直,然而两手叉腰,怒气冲冲地似乎预备开始练体操。

"连你也来欺侮我! 不会帮忙,只会捣乱,连油灯也要翻了它,晚上点什么?"

"啊啊,好好,莫哭莫哭,"他把那些发抖的声音放在脑后,抱她进房,摸着她的头,说:"我的好孩子。"于是放下她,拖开椅子,坐下去,使她站在两膝的中间,擎起手来道:"莫哭了啊,好孩子。爹爹做'猫洗脸'给你看。"他同时伸长颈子,伸出舌头,远远地对着手掌舔了两舔,就用这手掌向了自己的脸上画圆圈。

"呵呵呵,花儿。"她就笑起来了。

"是的是的,花儿。"他又连画上几个圆圈,这才歇了手,只见她还是笑眯眯地挂着眼泪对他看。他忽而觉得,她那可爱的天真的脸,正像五年前的她的母亲,通红的嘴唇尤其像,不过缩小了轮廓。那时也是晴朗的冬天,她听得他说决计反抗一切阻碍,为她牺牲的时候,也就这样笑眯眯地挂着眼泪对他看。他惘然地坐着,仿佛有些醉了。

"啊啊,可爱的嘴唇……"他想。

门幕忽然挂起。劈柴运进来了。

他也忽然惊醒,一定睛,只见孩子还是挂着眼泪,而且张开了通红的嘴唇对他看。"嘴唇……"他向旁边一瞥,劈柴正在进来,"……恐怕将来也就是五五二十五,九九八十一……而且两只眼睛阴凄凄的……"他想着,随即粗暴地抓起那写着一行题目和一堆算草的绿格纸来,揉了几揉,又展开来给她拭去了眼泪和鼻涕。"好孩子,自己玩去吧。"他一面推开她,一面将纸团用力地掷在纸篓里。

但他又立刻觉得对于孩子有些抱歉了,重复回头,目送着她独自茕茕地出去;耳朵里听得木片声。他想要定一定神,便又回转头,闭了眼睛,息了杂念,平心静气地坐着。他看见眼前浮出一朵扁圆的乌花,橙黄心,从左眼的左角飘到右,消失了;接着一朵明绿花,墨绿色的心;接着一座六株的白菜堆,屹然地向他叠成一个很大的 A 字。

阔人幸福吗

○ [加拿大] 斯蒂芬·里柯克

斯蒂芬·里柯克(1859~1944) 加拿大作家。多伦多大学毕业后赴美国深造,获芝加哥大学博士学位。代表作有短篇小说《我所见到的英国》、《美洲的哥根楚勒尼》和长篇小说《游手好闲的阔佬漫游理想国》等。作品笔调幽默。

我首先得承认写此文时手头并没有充分的资料。我生平不曾认识或见过任何阔人。时常我以为碰见了几位,后来才发现并不是。他们一点也不阔,简直穷得厉害,他们经济上拮据得要命,捉襟见肘,不知道该到哪儿去筹上一万元。就我所调查过的情况而言,这种错觉时常发生。我往往根据某家雇用十五名仆人的事实,就以为他们必然很阔;也曾由于一位太太坐着高级轿车去买一顶价值五十元的帽子,就以为她的家道必然很殷实。才不是呢。细一考察,所有这些人都不阔,他们手头全紧得很。他们自己这么说。他们喜用的字眼似乎是"一筹莫展"。每逢我在剧院包厢里看到八个珠光宝气的人们,我就晓得他们必然统统是"一筹莫展"的。至于他们坐高级轿车回家这一事实,是与此无关的。

有一天,一位每年有万元进项的朋友叹着气对我说,他发现自己根本没办法跟阔人相比。以他那点进项,是无能为力的。一个每年有两万元进项的家族也对我这么说,他们是没法同阔人比的,想尝试一下也白搭。有位我很敬重的朋友,他每年从律师这行当中有五万元收入。他极其坦率地告诉我,他发现自己压根儿不可能跟阔人比,他说,不如接受这个严酷的事实:他穷。他说,他只能请我吃顿家常便饭,就是他所谓的"家宴"。席间三名男仆和两名女仆给端

因为有黑暗,所以有光明。而且,从黑暗里走出来的人,才真正懂得光明的可贵。社会上不只充满了幸福,因为有不幸,所以才会有幸福。

——[日]小林多喜二

菜。他求我不要见怪。

据我记忆所及,我同卡内基先生从没谋过面。不过,倘若我见到他,他一定会对我说,他发现实在没法同洛克菲勒先生比阔。毫无疑问,洛克菲勒先生也有同样的感觉。

然而,天底下准有——必然有阔人。我不断地看到这种迹象。我工作的那座大楼的司阍告诉我说,他在英国有个阔表哥,在西南铁路上干活,每周挣十镑。他说,铁路公司简直没他不行。同样,我们家里那位洗衣妇也声称有个阔叔叔,他住在温尼伯①。他住的房子产权完全属于他,还有两个读中学的女儿。

然而这仅仅是我听到的阔人的例子,确不确实,我可不敢担保。

因此,当我谈到阔人并讨论他们是否幸福时,不言而喻,我只是从个人所见所闻中得出结论。

那个结论就是:阔人要经受穷人所无法得知的严峻考验和悲惨遭遇。

首先,我发现阔人得成天为钱而发愁。一天之内英镑兑换率下跌十点,穷人照样舒舒服服地坐在家里。他们在意吗?一点儿也不。贸易逆差可以使一个国家像是遭了一场水灾。谁来收拾这个局面?阔人。活期贷款的款子猛长百分之百,穷人把它抛在脑后,照样嘻嘻哈哈地欣赏那一毛钱一场的电影。

可是阔人时时刻刻在为钱而发愁。

举例来说,我认识一个人,姓斯普戈。上个月,银行里他名下的户头透支了两万元。他在他的俱乐部里和我一道吃午饭时告诉了我此事,一再道歉说,他心绪不佳,此事叫他心神不定。他说,银行为这么件事居然就向他发了通知,可不大公道。在某种意义上我对他这种心境可以表示同情。那时候我自己的户头正透支了两毛。要是银行已开始发透支通知,下一个很可能就轮到我。斯普戈说第二天早晨他得给他的秘书打电话,要他抛出点股票,好把透支的数目还上。去干这种事儿好像挺难堪的。穷人就从来不会被迫去这么做,据我所知,有人可能被迫卖件小家具。可想想看,抛售抽屉里的股票!这种苦楚是穷人永远也尝不到的。

我常同这位斯普戈先生谈论财富问题。他是白手起家的。他几次告诉我,积累这么多财产只不过为他增加了负担。他说,想当初他身无长物时,他要快活多了。好几回他请我去吃那九道菜的正餐时,他都告诉我他宁愿只吃点炖猪肉加萝卜泥。他说,若依他的本意,他就只吃两根炸香肠和一块炸面包。记不清他是为什么才未能如愿的了。我看见他带点鄙夷的神情把香槟酒——也许是

---

① 温尼伯是加拿大城市,马尼巴托省省会。

他喝完香槟酒之后的杯子——撂在一边儿。他说，他还记得他父亲的农舍后边有条潺潺流着的小溪，他曾经趴在草地上喝个够。他说，喝香槟酒可没那么开心。我曾向他建议，要他趴在俱乐部地板上喝满满一碟苏打水，他不干。

要是做得到的话，我深知我这位姓斯普戈的朋友会欣然把他的全部财富都抛掉的。在我了解这些情况之前，我一向认为财富是可以抛弃的，看来这是不可能的。一旦背上了这个包袱，就再也甩不掉了。财富倘若积累够了，就变成一种社会服务。阔人就会认为这是为世界行善的一种途径，可以为旁人的生活带来光明。简而言之，是一种庄严的委托。斯普戈时常同我讨论这个话题，而且往往谈到深夜，以致那个举着蓝火焰为他点烟的仆人都倚着门柱睡着了，门外的司机也冻僵在汽车的座位上。

我已说过，斯普戈把他的财产看做庄严的委托。我曾多次问他为什么不把它捐给——比如说，一所大学，可他对我说，很遗憾，他不是大学出身的。我也曾就大学教授的养老金需要增加的问题提请他注意，尽管卡内基先生等曾为此而解过囊，如今仍有成千上万位工龄在三十五年甚至四十年的老教授，一天天地工作下去，除了月薪毫无旁的补助，而且八十五岁以后就没有养老金了。但是斯普戈先生称这些人为民族英雄，他们的工作本身就是酬劳。

不过，斯普戈先生的烦恼（他是了无牵挂的单身汉）在一个意义上毕竟是自私的。无声无息的大悲剧也许每天都在阔人家里——或者说得更确切些，在他们的公馆里——演出着，那种悲剧是幸运的穷人们所体会不到，也无从体会的。

前几天的一个晚上，我就在阿什克罗夫特·福勒府上见到这种情况。我去那里赴宴。我们刚要进餐厅的时候，阿什克罗夫特·福勒太太悄悄地对她丈夫说："梅多斯开口了吗？"他黯然摇了摇头回答道："没有，他还什么也没说呢。"我看到他们暗自交换了同情和互助的眼色，正像在患难中的情侣那样。

他们是我的老朋友，我的心为他们而悸动。席间，梅多斯（他们的管事的）随着每道菜给斟着酒。我意识到我的朋友们正面临着很大的麻烦。

等阿什克罗夫特·福勒太太起身离席，我们共饮葡萄牙红酒时，我才把椅子拉近福勒，并说："亲爱的福勒，咱们是老朋友了。这好像有点儿冒昧，希望你不要介意，可我看得出你和嫂夫人遇到了麻烦。"

"可不是吗，"他满面愁容地小声回答说，"我们确实不大顺当。"

"对不起，"我说，"可不可以告诉我一下，因为你说出来心里就舒服点儿。是同梅多斯有关吗？"

一阵沉默，可我猜得出福勒要说什么。我感到话都到他嘴边上了。

他尽量克制住自己的感情，随即说："梅多斯要辞工不干了。"

知足是人生在世最大的幸事。

——[美]爱迪生

"可怜的老伙计！"我一边说，一边握住他的手。

"你说倒不倒霉！"他说，"去年冬天走了个福兰克林可不能怪我们，我们尽力挽留了——如今梅多斯又要走。"

他几乎抽噎着。

"他还没把话说定，"福勒接着说，"可是我知道他绝不会待下去了。"

"他可曾提出什么理由？"我问道。

"没提出具体的，"福勒说，"纯粹是合不来。梅多斯不喜欢我们。"

他用手捂住脸，一声不响了。

我没再回到楼上的客厅，过一会儿就蹑手蹑脚地告辞了。几天以后，我听说梅多斯走了。阿什克罗夫特·福勒夫妇无计可施，只好认了。他们决定在帕拉弗尔大饭店租下包括十间卧室和四个浴室的小小套房，将就着过一冬。

可是也不能把阔人的生活描绘得一团漆黑，也有真正心宽意畅的。特别在那些幸运地破了产——彻底破了产的阔人中间，我观察到这种情况。他们要么是在交易所，要么是在银行业务上破的产，另外还有十几种破产的方式。在工商界，要破产并不困难。

就我观察所及，阔人一旦破了产，一切就都顺当了。这下子他们要什么就能有什么。

前不久，这一点又得到了证实。我正同一位朋友散步，一辆汽车驰过，里头坐着个服装整洁的年轻人，正同一个美女说说笑笑。我这位朋友就摘了摘帽子，兴高采烈地在空中挥了挥，像是在表示亲热和良好的祝愿。

汽车消失踪影后，他说："可怜的老伙计爱德华·奥弗乔伊。"

"他出了什么事？"我问道。

"你没听说吗？"我的朋友说，"他破产了——彻底破产了——一文不名了。"

"哎呀，"我说，"那可够呛！我想，他一定得把那辆漂亮汽车卖掉吧？"

这位朋友摇了摇头。

"哦，不，"他说，"他绝不会那么办。我相信他太太不会肯那么做。"

朋友说对了。那对夫妇果然没卖掉他们的汽车，也没卖掉他们那幢砂岩砌的富丽堂皇的公馆。他们对那座房子的感情太深了，想必不舍得撒手。有些人认为他们会放弃在歌剧院租的包厢。看来也不然，他们对音乐的兴趣太浓了，不肯这么做。同时，人尽皆知的事实是：奥弗乔伊夫妇彻底破产了——他们手头连一分钱也不剩了。有人告诉我说，花上十块钱就可以把奥弗乔伊买下来。

可我留意到，他依旧穿着他那件至少值五百元的海豹皮里大衣哪。

艰辛的人生

○ [美] 西奥多·罗斯福

西奥多·罗斯福(1858～1919)　美国第二十六任总统。一生博览群书,是博物学家、历史学家、演说家,被认为是美国最多才多艺的总统之一。他写的《给孩子们的信》已成为经典名著。他还著有《在西部的胜利》、《1912 年海战史》等书。他的著作大部分收入《罗斯福文集》。

一种怠惰安逸的生活,一种仅仅是由于缺少追寻伟大事物的愿望或能力而导致的悠闲,这对国家与个人都是没有价值的。

我们不欣赏那种怯懦安逸的人。我们钦佩那种表现出奋力向上的人,那种永不屈待邻人,能随时帮助朋友,但是也具有那些刚健的品质,足以在实际生活的严酷斗争中获取胜利的人。成功是艰难的,但是从不曾努力去争取成功,却更为糟糕。

在人的一生中,任何的收获都要通过努力去得到。目前不用做任何的努力,只是意味着在过去有过努力的积储。一个人不必工作,除非他或他的祖先曾经努力工作过,并取得了丰厚的收获。如果他能把换取到的此类的自由加以正确地运用,仍然做些实际的工作,尽管那些工作是属于另一类的,不论是做一名作家还是将军,不论是在政界还是在探险和冒险方面做些事情,都表明了他没有辜负自己的好运。

但是,如果他将这段不需从事实际工作的自由时期,不用于准备,而仅仅是用于享乐(尽管他所从事的或许并非邪恶的享乐),那就表明了他只是地球表面上的一个赘疣,而且他肯定无法在同僚之中维持自己的地位,如果那种需要再度出现的话。安逸的生活终究不是一种令人很满意的生活,而且,最主要的是,过那种生活的人最终肯定没有能力担当起世上之重任。

于个人如此,对国家也是这样。有人说一个没有历史的国家是得天独厚

人生的钟摆永远在两极中摇晃,幸福也是其中的一极;要使钟摆停止在它的一极上,只能把钟摆折断。

——[法]罗曼·罗兰

的，这是卑鄙的谎言。一种得天独厚的优越感来源于一个国家具有光荣的历史。冒险去从事伟大的事业，赢得光荣的胜利，即使其中掺杂着失败，那也远胜于与那些既没有享受多大快乐也没有遭受多大痛苦的平庸之辈为伍（因为他们生活在一个既享受不到胜利也遭遇不到失败的灰暗境界里）。

凡事一无所知，人生最幸福

○ [荷兰] 伊拉斯谟

伊拉斯谟（约 1466～1536）　文艺复兴时期尼德兰人文主义者。首次印行希腊文《新约全书》，附有他自己的拉丁文译文，并确定希腊字母的读音。著作有《愚人颂》、《家常谈》、《西塞罗主义对话》等。

难道还有谁不知道儿童时期——也就是人的第一个阶段——是最让人感到快乐、最令人精神愉悦的吗？那么，在婴儿身上是什么东西具有如此巨大的魅力，使得我们去亲吻、拥抱他们，使得我们乐意去与他们嬉戏玩耍，甚至连杀人如麻、嗜血成性的敌人也不忍心去伤害他们呢？这只不过是由于婴儿身上天真无邪和愚昧无知的因素而已。这种状况是大自然出于善意保护的目的，而赋予这些稚嫩的婴儿的。因为这样，抚养他们的父母所付出的千辛万苦，就在孩子身上得到了快乐的回报，孩子也因此得到了他们所需要的爱护并可以适应将来的教育。

孩提时代过去之后便是青少年时期，那么，怎样才能快乐地度过这一阶段呢？怎样才能让所有人都对自己友好、礼貌和尊重呢？怎样才能为将来的社会生活做好准备呢？他们从哪里才能得到这种幸福呢？事实上，幸福快乐除了从我这里获得之外，是不可能再从其他任何地方得到的。因为要得到幸福快乐，就必须摒除一切理性而且内心宁静，而这些都只有我才能给予他们。青年小伙一旦长大成人，他们就试图谱写自己的人生篇章，他们美丽的容颜很快就会消失，他们的勃勃生机开始衰退，他们的诙谐幽默就会变得呆滞，他们的活泼乐观被沉默忧郁所代替，他们的热情奔放和生活的激情就会被冷酷无情所代替。而且，随着年岁的增长，他们越来越变得郁郁寡欢，愁眉苦脸。

　　老年时期不管是对当事人本人，还是对其他什么人，都是一个不堪忍受、让人备觉沉重和备感压抑的负担。如果不是出于对老人所受的痛苦的同情和怜悯，是绝不会有人愿意承担这种重担的。这时候，我再一次地介入，向老人伸出援助之手。就像那些充满激情和幻想的诗人虚构神灵，说人死之后可以变成新的生物，以此来安慰和帮助那些濒临死亡的人一样，我也是千方百计、不辞劳苦地帮助这些垂暮老人。正是由于我的帮助，这些一只脚已踏进坟墓的人又得到了新生，又回到了无忧无虑的童年时代。所以，"返老还童"这句古老的谚语中包含着极大的真理性。如果你们出于好奇想知道我是用什么灵丹妙药来使他们返老还童的话，那么，我可以告诉你们，我的方法就是把他们带到我的遗忘井边（这口井里的泉水取自幸运岛，地狱中的忘川河① 只不过是它的一条小支流而已）。他们在痛饮遗忘井里的水之后，就会了无牵挂，对一切都不再在乎，就会再次变得年轻。

　　唉！也许你会说，他们这只不过是老年昏聩，自己把自己当傻瓜而已。不错，这就是我所说的返老还童的含义。儿童和傻瓜、木偶还有什么其他的相似之处呢？事情只有这样，年龄之间的区别才是可以接受的。如果我们看到一个小孩却有着成人的心计，谁不认为这是一个可怕的不祥之兆呢？对于那些过于早熟的东西，我们不是有一句贬损的谚语叫做"过早成熟的东西会过早地凋谢"吗？如果一个老年人在经过多年的生活痛苦之后，依然还像他中年时候那样思维清晰，判断准确，记忆深刻，那还有谁会愿意和他交朋友或同他发生关系呢？所以，让老年人变成傻瓜，是我对他们莫大的恩惠和仁慈。因为只有这样，他们才能从过去的痛苦中解脱出来，相反的，如果他们随着年岁的增长，不断地增添智慧，他们就会受到痛苦的折磨。只有变成傻瓜以后，他们才会开怀畅饮，而将体弱多病置之度外，这种对生命的达观平静是那些身强体壮的人也很难做到的。有时候，他们就像普劳图斯②作品中的老年人一样，重新回到了识字课本面前，学习怎样预测自己在爱情方面的运气。如果他们依然充满智慧，对周围的一切、对自己的艰难处境都了如指掌，那么他们必定会非常的感伤，

---

① 忘川河，在希腊神话中，它是地狱中的一条河流。人饮其水，即忘记过去的一切。

② 普劳图斯（前254~前184），古罗马喜剧作家，其剧本大多根据古希腊后期"新喜剧"改编而成。主要作品有《一罐金子》、《驴子的喜剧》和《吹牛军人》等。

有生活的时候就有幸福。
——[俄]列夫·托尔斯泰

非常的悲观失望,他们就会成为世界上最可怜的人。但是,正是因为我的帮助,他们一个个都若无其事,生活得开心愉快。对他们各自的朋友来说,他们都是友善、合群、快乐的伙伴。因此,在荷马①笔下,内斯特②虽然年老体衰但他却以一个巧舌如簧、口齿伶俐的演说家而著称于世,而阿基里斯③演讲的声调和姿势却十分拙劣、粗鲁和含混不清。荷马在另一个地方还讲到,有些老人采取骑墙态度,在演讲过程中妙语连珠,极富文采,而且还夹杂着大量的态势语言,可谓手舞足蹈,举止优雅得体。在这一点上,他们的确大大超过了孩童,孩子们只是以一种温柔的语调,说一些天真无邪的废话,而且时常结结巴巴,很不连贯,缺乏那种口若悬河者的健谈和可以为人称道的文采。不仅如此,老年人总是喜欢和孩子们玩耍嬉闹,而孩子们也总是喜欢和老人们摸爬滚打,这种情形就像一句格言所说的那样"鸟以群分"。的确,老人和孩子之间清晰可辨的差别,只不过在于他们饱经风霜之后脸上留下的皱纹,在于他们丰富的阅历。除此之外,他们银灰色的毛发、残缺不全的牙齿、短小的身材、常喝牛奶的生活习性、光秃秃的脑瓜、絮絮叨叨的话语、调皮捣蛋的行为方式、他们的健忘、他们的心不在焉以及其他各方面的天资,都和小孩完全相同。而且老人的年岁越大,就越像回到了童年的摇篮。事实上,他们完全像一个小孩。直到最后,他们了无遗憾地离开人世,丝毫不感觉到死亡的苦痛。

现在,任何人都可以将我的这种使人发生质的变化的奇妙的魔力与奥维德④笔下的诸神的力量进行对比。为了他们的声誉起见,我们忽略他们在喝醉了酒之后、在激情的驱使之下所做出的奇怪举动。这些神仙也只有在喝醉了酒之后才会伪善地对人类友好。他们有本事将人类变成树木、鸟类、昆虫,有时甚至将他们变成大毒蛇。唉!不管他们将人类变成什么,他们都破坏了人类身体的原有结构,人不再成其为人。而我却能够使芸芸众生返璞归真,回复到童年时代,生活得健康而又充满生机。而且,如果人类真正能够为自己的长远利益打算,如果能够完全顺从于我的指挥和安排,那么每个人的一生都会青春永驻,"老年"这个字眼也就成了一个似是而非的隽语。你们知道,如果一个学生智力较低,反应迟钝,行动迟缓,如果你整天把他禁闭在书房中,他就会变得精

---

① 荷马(约前9~前8世纪),古希腊吟游盲诗人,著有史诗《伊利亚特》和《奥德赛》。

② 内斯特,在古希腊神话中,他是特洛伊战争时希腊的贤明长者。

③ 阿基里斯,或译为阿喀琉斯,据说出生后被其母亲握其脚倒提在冥河水中浸过,因此除未浸到水的脚踵外,浑身刀枪不入。

④ (公元前43年~公元17年),古罗马诗人,代表作有长诗《变形记》,其他重要作品还有《爱的艺术》、《岁时记》、《哀歌》等。

神忧郁,脸色苍白,憔悴不堪,就像一个大脑受到损伤的人,如果再受到各种新的折磨,那么,他的血液就会被吸干,他的躯体就会萎缩。但是,那些得到我的帮助的老人却精神饱满,精力充沛,令人兴奋鼓舞,他们身体强壮得就像那些用来熏制腊肉的肥猪,或者说,像那些吮吸奶汁的小牛犊。他们的快乐生活从来不受到来自年龄方面的干扰,只要他们远离那些所谓的智慧。但是,我们可得小心在意,因为智慧是一种像麻风病一样极易传染的东西,我们要时时提防,以免这些老年人在高兴过度的时候,一不小心就被感染。

对我们前面所提到的那个命题的真理性的最强有力的论证还在于,任何人都不得不承认,愚蠢是永葆青春的灵丹妙药,是防治老年化的最佳方法。"布拉颂特"民族的生活实践完全有悖于这样一句谚语"年龄越大,智慧越多",在实际生活中,他们年事越高,表现得就越糊涂、越愚蠢。这种情况在这个民族中无一例外。

正因为如此,世界上没有哪一个国家的民众能像他们那样和谐融洽,生活得安宁、平和。他们彼此之间像邻居一样亲密,这可以说与他们自己的风俗习惯密切相关。或许我可以把他们称为我的朋友"荷兰人",因为他们和我如此亲密,他们对我如此深情,他们不追赶世界的潮流,不为自己的"愚人"的名字感到耻辱。

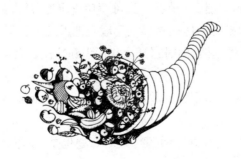

每个人可能的最大幸福是在全体人所实现的最大幸福之中。

——[法]左 拉

幸福的悖论

○周国平

周国平　一九四五年生于上海,毕业于北京大学哲学系、中国社会科学院研究生院哲学系。著有学术专著《尼采:在世纪的转折点上》、《尼采与形而上学》,随感集《人与永恒》,诗集《忧伤的情欲》,散文集《守望的距离》,纪实作品《妞妞:一个父亲的札记》,自传《岁月与性情》等。

一

把幸福作为研究课题是一件冒险的事。"幸福"一词的意义过于含糊,几乎所有人都把自己向往而不可得的境界称作"幸福",但不同的人所向往的境界又是多么不同。哲学家们提出过种种幸福论,可以担保的是,没有一种能够为多数人所接受。至于形形色色所谓幸福的"秘诀",如果不是江湖骗方,也至多是一些老生常谈罢了。

幸福是一种太不确定的东西。一般人把愿望的实现视为幸福,可是,一旦愿望实现了,就真感到幸福么?萨特一生可谓功成愿遂,常人最企望的两件事,爱情的美满和事业的成功,他几乎都毫无瑕疵地得到了,但他在垂暮之年却说:"生活给了我想要的东西,同时它又让我认识到这没多大意思。不过你有什么办法?"

所以,我对一切关于幸福的抽象议论都不屑一顾,而对一切许诺幸福的翔实方案则简直要嗤之以鼻了。

最近读莫洛亚的《人生五大问题》,最后一题也是"论幸福"。但在前四题中,他对与人生幸福密切相关的问题,包括爱情和婚姻、家庭、友谊、社会生活,做了生动剔透的论述,令人读而不倦。幸福问题的讨论历来包括两个方面,一是社会方面,关系到幸福的客观条件,另一是心理方面,关系到幸福的主观体验。作为一位优秀的传记和小说作家，莫洛亚的精彩之处是在后一方面。就社会方面而言，他的见解大体是肯定传统的，但由于他体察人类心理，所以并不失之武断，给人留下了思索和选择的余地。

二

　　自古以来，无论在文学作品中，还是在现实生活中，爱情和婚姻始终被视为个人幸福之命脉所系。多少幸福或不幸的喟叹，都缘此而起。按照孔德的说法，女人是感情动物，爱情和婚姻对于女人的重要性自不待言。但即使是行动动物的男人，在事业上获得了辉煌的成功，倘若在爱情和婚姻上失败了，他仍然会觉得自己非常不幸。

　　可是，就在这个人们最期望得到幸福的领域里，却很少有人敢于宣称自己是真正幸福的。诚然，热恋中的情人个个都觉得自己是幸福女神的宠儿，但并非人人都能得到热恋的机遇，有许多人一辈子也没有品尝过个中滋味。况且热恋未必导致美满的婚姻，婚后的失望、争吵、厌倦、平淡、麻木几乎是常规，终身如恋人一样缱绻的夫妻毕竟只是幸运的例外。

　　从理论上说，每一个人在异性世界中都可能有一个最佳对象，一个所谓的"唯一者"、"独一无二者"，或如吉卜林的诗所云，"一千人中之一人"。但是，人生短促，人海茫茫，这样两个人相遇的几率差不多等于零。如果把幸福寄托在这相遇上，幸福几乎是不可能的。不过，事实上，爱情并不如此苛求，冥冥中也并不存在非此不可的命定姻缘。正如莫洛亚所说："如果因了种种偶然（按：应为必然）之故，一个求爱者所认为独一无二的对象从未出现，那么，差不多近似的爱情也会在另一个对象身上感到。"期待中的"唯一者"，会化身为千百种形象向一个渴望爱情的人走来。也许爱情永远是个谜，任何人无法说清自己所期待的"唯一者"究竟是什么样子的。只有到了坠入情网，陶醉于爱情的极乐，一个人才会惊喜地向自己的情人喊道："你就是我一直期待着的那个人，就是那个唯一者。"

　　究竟是不是呢？

　　也许是的。这并非说，他们之间有一种宿命，注定不可能爱上任何别人。不，如果他们不相遇，他们仍然可能在另一个人身上发现自己的"唯一者"。然而，强烈的感情经验已经改变了他们的心理结构，从而改变了他们与其他可能的对象之间的关系。犹如经过一次化合反应，他们都已经不是原来的元素，因而不可能再与别的元素发生相似的反应了。在这个意义上，一个人一生只能有一次震撼心灵的爱情，而且只有少数人得此幸遇。

也许不是。因为"唯一者"本是痴情的造影，一旦痴情消退，就不再成其"唯一者"了。莫洛亚引哲学家桑塔耶那的话说："爱情的十分之九是由爱人自己造成的，十分之一才靠那被爱的对象。"凡是经历过热恋的人都熟悉爱情的理想化力量，幻想本是爱情不可或缺的因素。太理智、太现实的爱情算不上爱情。最热烈的爱情总是在两个最富于幻想的人之间发生，不过，同样真实的是，他们也最容易感到幻灭。如果说普通人是因为运气不佳而不能找到意中人，那么，艺术家则是因为期望过高而对爱情失望的。爱情中的理想主义往往导致拜伦式的感伤主义，又进而导致纵欲主义，唐璜有过一千零三个情人，但他仍然没有找到他的"唯一者"，他注定找不到。

无幻想的爱情太平庸，基于幻想的爱情太脆弱，幸福的爱情究竟可能吗？我知道，有一种真实，它能不断地激起幻想；有一种幻想，它能不断地化为真实。我相信，幸福的爱情是一种能不断地激起幻想、又不断地被自身所激起的幻想改造的真实。

三

爱情是无形的，只存在于恋爱者的心中，即使人们对于爱情的感受有千万差别，但在爱情问题上很难做认真的争论。婚姻就不同了，因为它是有形的社会制度，立废取舍，人是有主动权的。随着文明的进展，关于婚姻利弊的争论愈演愈烈。有一派人认为婚姻违背人性，束缚自由，败坏或扼杀爱情，本质上是不可能幸福的。莫洛亚引婚姻反对者的话说："一对夫妇总依着两人中较为庸碌的一人的水准而生活的。"此言可谓刻薄。但莫洛亚本人持赞成婚姻的立场，认为婚姻是使爱情的结合保持相对稳定的唯一方式。只是他把艺术家算做了例外。

在拥护婚姻的一派人中，对于婚姻与爱情的关系又有不同看法。两个截然不同的哲学家，尼采和罗素，都要求把爱情与婚姻区分开来，反对以爱情为基础的婚姻，而主张婚姻以优生和培育后代为基础，同时保持婚外爱情的自由。法国哲学家阿兰认为，婚姻的基础应是逐渐取代爱情的友谊。莫洛亚修正说："在真正幸福的婚姻中，友谊必得与爱情融合一起。"也许这是一个比较令人满意的答案。爱情基于幻想和冲动，因而爱情的婚姻结局往往不幸。但是，无爱情的婚姻更加不幸。仅以友谊为基础的夫妇关系诚然彬彬有礼，但未免失之冷静。保持爱情的陶醉和热烈，辅以友谊的宽容和尊重，从而除去爱情难免会有的嫉妒和挑剔，正是加固婚姻的爱情基础的方法。不过，实行起来并不容易，其中诚如莫洛亚所说必须有诚意，但单凭诚意又不够。爱情仅是感情的事，婚姻的幸福却是感情、理智、意志三方通力合作的结果，因而更难达到。"幸福的家庭都是相似的，不幸的家庭各有各的不幸。"此话也可解为：千百种因素都可能导致婚姻的不幸，但没有一种因素可以单独造成幸福的婚姻。结婚不啻是把爱情放到琐碎平凡的日常生活中去经受考验，莫洛亚说得好，准备这样做的人不可抱着买奖券侥幸中头彩的念头，而必须像艺术家创作一部作品那样，具有一定要把这部艰难的作品写成功的决心。

<h2 style="text-align:center">四</h2>

两性的天性差异可以导致冲突，从而使共同生活变得困难，也可以达成和谐，从而造福人生。

尼采曾说："同样的激情在两性身上有不同的节奏，所以男人和女人不断地发生误会。"可见，两性之间的和谐并非现成的，它需要一个彼此接受、理解、适应的过程。

一般而论，男性重行动，女性重感情，男性长于抽象观念，女性长于感性直觉，男性用刚强有力的线条勾画出人生的轮廓，女性为之抹上美丽柔和的色彩。

欧洲妇女解放运动初起时，一班女权主义者热情地鼓动妇女走上社会，从事与男子相同的职业。爱伦凯女士指出，这是把两性平权误认作两性功能相等了。她主张女子在争得平等权利之后，回到丈夫和家庭那里去，以自由人的身份从事其最重要的工作——爱和培育后代。现代的女权主义者已经越来越重视发展女子天赋的能力，而不再天真地孜孜于抹平性别差异了。

女性在现代社会中的特殊作用尚有待于发掘。马尔库塞认为，由于女性与资本主义异化劳动世界相分离，因此她们能更多地保持自己的感性，比男子更人性化。的确，女性比男性更接近自然，更扎根于大地，有更单纯的、未受污染的本能和感性。所以，莫洛亚说："一个纯粹的男子，最需要一个纯粹的女子去补充他……因了她，他才能和种族这深切的观念保持恒久的接触。"又说："我相信若是一个社会缺少女人的影响，定会坠入抽象，坠入组织的疯狂，随后是需要专制的现象……没有两性的合作，绝没有真正的文明。"在人性片面发展的时代，女性是一种人性复归的力量。德拉克罗瓦的名画《自由引导人民》，画中的自由神是一位袒着胸脯、未着军装、面容安详的女子。

一个人不会因幸福而死。
——[法]雨　果

歌德诗曰："永恒之女性,引导我们走。"走向何方? 走向一个更实在的人生,一个更人情味的社会。

　　莫洛亚可说是女性的一位知音。人们常说,女性爱慕男性的"力",男性爱慕女性的"美"。莫洛亚独能深入一步,看出:"真正的女性爱慕男性的'力',因为她们稔知强有力的男子的弱点。""女人之爱强的男子只是表面的,且她们所爱的往往是强的男子的弱点。"我只想补充一句:强的男子可能对千百个只知其强的崇拜者无动于衷,却会在一个知其弱点的女人面前倾倒。

五

　　男女之间是否可能有真正的友谊? 这是在实际生活中常常遇到、常常引起争论的一个难题。即使在最封闭的社会里,一个人恋爱了,或者结了婚,仍然不免与别的异性接触和可能发生好感。这里不说泛爱者和爱情转移者,一般而论,一种排除情欲的证明的友谊是否可能呢?

　　莫洛亚对这个问题的讨论是饶有趣味的。他列举了三种异性之间友谊的情形:一方单恋而另一方容忍;一方或双方是过了恋爱年龄的老人;旧日的恋人转变为友人。分析下来,其中每一种都不可能完全排除性吸引的因素。道德家们往往攻击这种"杂有爱的成分的友谊",莫洛亚的回答是:即使有性的因素起作用,又有什么要紧呢! "既然身为男子与女子,若在生活中忘记了肉体的作用,始终是件疯狂的行为。"

　　异性之间的友谊即使不能排除性的吸引,它仍然可以是一种真正的友谊。蒙田曾经设想,男女之间最美满的结合方式不是婚姻,而是一种肉体得以分享的精神友谊。拜伦在谈到异性友谊时也赞美说:"毫无疑义,性的神秘力量在其中也如同在血缘关系中占据着一种天真无邪的优越地位,把这谐音调弄到一种更微妙的境界。如果能摆脱一切友谊所防止的那种热情,又充分明白自己的真实情感,世间就没有什么能比得上做女人的朋友了,如果你过去不曾做过情人,将来也不愿做了。"在天才的生涯中起重要作用的女性未必是妻子或情人,有不少倒是天才的精神挚友,只要想一想贝蒂娜与歌德、贝多芬,梅森葆夫人与瓦格纳、尼采、赫尔岑、罗曼·罗兰,莎乐美与尼采、里尔克、弗洛伊德,梅克夫人与柴可夫斯基,就足够了。当然,性的神秘力量在其中起着的作用也是不言而喻的。区别只在于,这种力量因客观情境或主观努力而被限制在一个有益无害的地位,既可为异性友谊罩上一种为同性友谊所未有的温馨情趣,又不致像爱情那样激起一种疯狂的占有欲。

六

在经过种种有趣的讨论之后,莫洛亚得出了一个似乎很平凡的结论:幸福在于爱,在于自我的遗忘。

当然,事情并不这么简单。康德曾经提出理性面临的四大二律背反,我们可以说人生也面临种种二律背反,爱与孤独便是其中之一。莫洛亚引用了拉伯雷《巨人传》中的一则故事。巴奴越去向邦太葛吕哀征询关于结婚的意见,他在要不要结婚的问题上陷入了两难的困境:结婚吧,失去自由,不结婚吧,又会孤独。其实这种困境不独在结婚问题上存在。个体与类的分裂早就埋下了冲突的种子,个体既要通过爱与类认同,但又不愿完全融入类之中而丧失自身。绝对的自我遗忘和自我封闭都不是幸福,并且也是不可能的。在爱之中有许多烦恼,在孤独之中又有许多悲凉;另一方面呢,爱诚然使人陶醉,孤独也未必不使人陶醉。当最热烈的爱受到创伤而返诸自身时,人在孤独中学会了爱自己,也学会了理解别的孤独的心灵和深藏在那些心灵中的深邃的爱,从而体味到一种超越的幸福。

一切爱都基于生命的欲望,而欲望不免造成痛苦。所以,许多哲学家主张节欲或禁欲,视宁静、无纷扰的心境为幸福。但另一些哲学家却认为拼命感受生命的欢乐和痛苦才是幸福,对于一个生命力旺盛的人,爱和孤独都是享受。如果说幸福是一个悖论,那么,这个悖论的解决正存在于争取幸福的过程之中。其中有斗争,有苦恼,但只要希望尚存,就有幸福。所以,我认为莫洛亚这本书的结尾句是说得很精彩的:"若将幸福分析成基本原子时,亦可见它是由斗争与苦恼形成的,唯此斗争与苦恼永远被希望所挽救而已。"

所谓幸福,是在于认清一个人的限度而安于这个限度。

——[法]罗曼·罗兰

渴 望 苦 难

○马丽华

马丽华　女，作家。现居北京，一九七六年进藏，在西藏工作和生活了二十七年，曾经写过十多本关于西藏人文地理的纪实作品，代表作有《走进西藏》等。她的首部长篇小说《如意高地》，开始了从纪实题材向虚构领域的拓展转型。

登上别号"小唐古拉"的桃儿必，视线尽头就是东西走向的唐古拉大山脉了。那里雪封雾障、莽莽苍苍，在这海拔五千米以上的青藏公路上，面迎恒久的大自然，处于意识的直觉状态，可以尽兴体验强烈的力度沉雄，体验巨大的空间感受。

千里唐古拉，绵绵而遥遥，伫立亿万斯年，占据着如此广阔的空间，又凝聚和延续了更加漫长的时间。节奏徐缓，韵律悠长，在厚重沉着的固态中，分明又感到了它绵绵而遥遥的流动美。

我就要翻越它，去曾遭严重雪灾的多玛区，追记那里的人们半年来的遭际和抗争。此刻，唐古拉顶部及山北的雪，是一九八五年十月间那场百年不遇特大雪灾的遗作。

深心里，我早已的的确确成为藏北人了。多年来，弄不清楚藏北高原以怎样的魅力，打动了我，诱惑了我，感召着我，使我长久地投以高举远慕的向往和挚爱。从视野中寻找，从诗思里寻找，从自己的《在八月》、《九月雪》、《走向羌塘》、《百年雪灾》的诗行里寻找……只是在此时此地，我才恍然悟出了这谜底：那打动我、诱惑我、感召我的魅力是苦难。

——肯定是!

置身于唐古拉山顶，感觉气温骤降。雪风并不暴虐，它只是慢条斯理地吹送，耐心地把陈年积雪轻洒在柏油路面。雪融了，结冰了，路就封了，车就堵了。

在我们这个下午,山顶就堵了几百台车。

唐古拉,藏语。有译作"平平的高地"的,有译作"高原之山"的,总之有水涨船高的意思。在藏北,唐古拉的相对高度未见其高,虽然海拔五千六百多米。我们的车在山顶搁浅,就见这高地几乎一马平川,上山下山不陡不急。向忙着疏通道路的道班工人打听,能不能从路侧绕过去,那个戴狐皮帽的黑脸膛的年轻人取笑我们:"你要是想把车在这儿摆一年的话,就试试吧。"

其实早知道山谷已被雪填满了。平平的雪壤之下其深不可测。部队一个运输连的大车抛锚在山这边。几位大兵司机百无聊赖地闲逛,朝我们的丰田幸灾乐祸地打口哨——同是天涯沦落人了,唐古拉山顶经常堵车,惯跑青藏线的人已习以为常。一堵几天,也会死人,因为缺氧和酷寒。

藏北是充满了苦难的高地。寸草不生的荒滩戈壁居多。即使草原,牧草也矮小瘦弱得可怜。一冬一春是风季,狂风搅得黄尘铺天盖地,小草裸露着根部,甚至被席卷而去。季候风把牧人的日子给风干了;要是雨水不好,又将是满目焦土,夏天是黄金季节,贵在美好,更贵在短暂。草场青绿不过一个月,就渐渐黄枯。其间还时有雹灾光临;游牧的人们抗灾能力极低。冬季一旦有雪便成灾情。旧时代的西藏,逢到雪灾就人死畜亡。我在此采访中听藏族老人讲述的多了。翻阅西藏地方历史档案的灾异志,有关雪灾的记载也多。那记载是触目惊心的,常有"无一幸免"、"荡然无存"字样。半年前的一场大雪,不是一阵一阵下的,是一层一层铺的。三天三夜后,雪深达一米。听说唐古拉一线及藏北地区大约二十五万平方公里的广大地域蒙难。不见人间烟火,更像地球南北极。听说牧人的牛马牲畜四处逃生,群羊啃吃帐篷,十几种名贵的野生动物,除石羊之外,非死即逃。只是乌鸦和狼高兴得发昏,它们叼啄牲畜的眼睛,争食羊子的尸体……

山那边的重灾多玛区,正处于哺育了中华民族的伟大母亲长江的源头。彼时,富庶美丽的长江中下游地区的人们,如何知道那大江怎样从劫难中出发!古往今来,洁白无瑕的冰雪如同美丽的尸衣,缠裹着藏北高原,几乎在每一个冬季!

藏北高原之美是大美,是壮美;藏北高原的苦难也是大且壮的苦难。

我读过一本译著中的一番话:科学成就了一些伟大的改变,但却没能改变人生的基本事实。人类未能征服自然,只不过服从了自然,避免了一些可避免的困难。但没能除绝祸害。地震,飓风,以及类似的大骚动都提醒人们,宇宙还没有尽人自己的掌握……事实上,人类的苦难何止于天灾,还有人祸;何止于人祸,还有个人难以言状的不幸。尤其是个人不幸,即使在未来高度发达了的理想社会里,也是忠实地伴随着人生。啊!

由此,自古而今的仁人志士都常怀忧国忧民之心。中国知识分子从屈原以来尽皆"哀民生之多艰";中国之外的伯特兰·罗素也说过,三种单纯然而极其强烈的激情支配着他的一生。他说,那是对爱情的渴望,对知识的寻求,对人类苦难痛彻肺腑的怜悯。他说,爱情和知识把他向上导往天堂,但怜悯又总是把他带回人间。痛苦的呼喊在他心中反响、回荡。因为无助于人类,他说他感到痛苦。

而这种痛苦无疑地充实了每个肯于思想、富于感情的人生。这或许也算一种生活于世的动力。

这或许正是对于苦难所具特殊魅力的注解。

在这一九八六年四月末的一天,在唐古拉山的千里雪风中,我感悟了藏北草原之于我的意义,理解了长久以来使我魂牵梦萦的、使我灵魂不得安宁的那种极端的心境和情绪的主旋律就是——渴望苦难。

渴望苦难,就是渴望暴风雪来得更猛烈一些,渴望风雪之路上的九死一生,渴望不幸联袂而至,病痛蜂拥而来,渴望历尽磨难的天涯孤旅,渴望艰苦卓绝的爱情经历,饥寒交迫,生离死别……渴望在贫寒的荒野挥汗如雨,以期收获五彩斑斓的精神之果,不然就一败涂地,一落千丈,被误解,被冷落,被中伤。最后,是渴望轰轰烈烈或是默默无闻地献身。

我在这一天想到这些,而这一天正是我的日子:在今天我满三十三周岁。

这个年龄,早过了"为赋新词强说愁"的年龄了。我的笔下,也早就拒绝了"哀伤"、"痛苦"之类的字眼。我们倾心注目于人类的大苦难。我们有了使命感。幸福未曾使我心醉神迷过,苦难却常使我警醒。要是有一百次机会让我选择,我必将第一百零一次地选择苦难。

刚从家乡度假归来不久。假期中曾有那么一段是在异乎寻常的安逸中度过的。这一段是精神与时间的空白,差点把我窒息。从此我永不向往安逸。见识过无数普通人的生活,劳碌而平静地生活。感同身受,认为那样怎能宣泄时常不召自来的激昂跌宕情感!不想重复别人的生活,渴望天马行空式的与众不同,在常人轨道之外另辟蹊径。

在陕南农村,一位已届老年的农家妇,拉着我的手哭诉说:我想飞,早想飞,想飞呵,可是一辈子也没飞出这个家院……新春佳节,老人借酒浇愁,未饮先醉。

望着那张皱纹密布的脸,够着作为女人的苦难。又庆幸自己飞得很远,总算远走高飞。高原十载,每年属于我们的这一天的所有经历我都记得:那一年乘一台货车从川藏公路进藏,到第七天从藏东一鼓作气赶到拉萨,赶上吃那顿"长寿面";又一年是在藏南,自中印边境骑马翻过雪山,再赶回泽当镇的。今年则是在藏北,唐古拉风雪羁旅。

一位学者曾断言,安宁与自由,谁也无力兼获二者。我和友人们义无反顾地选择了后者,宁肯受苦受难。我的友人,与我一起翻越唐古拉的这位同伴,从他那里我得知苦难不独为女人所有。他曾经不信服命运,结果他却非常幸运。只不过他对个人苦难缄默不语,不去喋喋不休地倾诉像女人如我者罢了。我们超乎常人地渴望和追求自由,幻想扶摇长空来一番"逍遥游",以展示垂天之冀,不幸又太清醒地意识到毕竟还需栖落于大地,并明确知道对于人类苦难仅有伤感情调很不够,仅有伤感情调远不能认识和理解我们的西藏。于是,作为社会人我们只好力所能及地尽着自己那份义务和责任,只在精神世界里,惠存着作为自然人们的飞翔之梦。

然而我的伤感情调够多的。我明白时至今日,自己的人格尚未真正完善,因为少年和青年时代在某个既定模式中困窘太久,对于人生的自我意识发蒙甚晚。以至于时至中年的今日,我的人格尚未完善到有信心驾驭自己的命运,对待一切变故也不能坚定不移。对于苦难,我也没能准确把握它的实质,也许竟至于未能认定何为真正的苦难。就如雪灾,我感受到了那种悲凄,盛赞了抗灾斗争的悲壮,我却不能深入这一切的内部。倒不如前不久见到的一位藏族青年人(他一定是牧人之子)所写的一首有关雪灾的诗,他写的是"洼地的雪可以淹没一匹马"的大雪天,"最后的结局就是这样,大雪那件死神的白披风里,牧人总是鸟一样地飞出,并且总唱着自信的歌"。这样乐观轻松地写雪灾,我写不来。我也写不出那样的诗句:"(牧人)发亮的眼睛是生命之井,永远不会被坚冰封冻。"此刻,寒气逼人的唐古拉山顶,火红的橘黄的深蓝的经幡们在玛尼堆上招摇。这是环境世界的超人力量和神秘的原始宗教遗风的结合,可以理解为高寒地带人们顽强生存的命运之群舞,实与日月星光同存的一种生命意义,具有相当的美学感力。不是亲眼所见,这情景我永远构思不出。我甚至不如这位同伴。他曾说过寂寞是美,孤独是美,悲怆是美——由于这句话,我说他是草原哲人——时至今日我终究也未寻求到属于自己的精神美学。

缺乏苦难,人生将剥落全部光彩,幸福更无从谈起。

我们的丰田终于没能到达山那边,我在这冰天雪地里的感悟,却使灵魂逾越了更为高峻的峰岭,去俯瞰更为广阔的非环境世界。心灵在渴望和呼唤苦难,我将有迎接和承受一切的思想准备。而当寻求到了苦难的真实内涵,寻求到了非我莫属的精神美学,将会怎样呢? 也许终于能够高踞于人类的全部苦难

我们来到世界上是为了尽自己所能给生活增加一些东西,而不是为了从生活得到我们能取走的。

——[美]奥斯勒

之上，去真正领受高原的慷慨馈赠，真正享有朗月繁星的高华，杲杲朝日的丰神，山川草野的壮丽。到那时，帐篷也似皇宫，那领受者将如千年帝王。

钱 和 苦 恼

○ (香港) 农　妇

　　农妇 (1922～2016)　本名孙淡宁。原籍湖南长沙。海外知名的国际问题专家和散文作者。抗战时期毕业于复旦大学新闻系，随即从军抗日并负过伤。一九五一年赴香港，一直从事新闻工作和在大学新闻系执教。著有散文集《锄头集》、《水车集》、《犁耙集》等。

　　有人问农妇："你时常谈钱，是不是很想钱？"

　　这一问，问得离奇，此时此地，不想钱的人，脑子必然有毛病，农妇虽然愚蠢，倒还不致愚蠢到连钱的好处都不明白。

　　最近，不知在哪份报刊上，看到一篇谈钱的文章，十分精彩，这里，且作一次"文偷公"（非"抄公"，因找不到原文，仅凭记忆写出）。再续上几段，用来强调农妇对钱的认识和心得。

　　钱可以买到"房屋"，

　　但买不到"家"；

　　钱可以买到"药物"，

　　但买不到"健康"；

　　钱可以买到"美食"，

　　但买不到"食欲"；

　　钱可以买到"床"，

　　但买不到"睡眠"；

　　钱可以买到"珍贵首饰"，

　　但买不到"美"；

钱可以买到"娱乐"，
但买不到"愉快"；
钱可以买到"书籍"，
但买不到"头脑"；
钱可以买到"谄媚"，
但买不到"尊敬"；
钱可以买到"伙伴"，
但买不到"朋友"；
钱可以买到"奢侈品"，
但买不到"文化"；
钱可以买到"纸笔"，
但买不到"文思"；
钱可以买到"权势"，
但买不到"智慧"；
钱可以买到"服从"，
但买不到"忠诚"；
钱可以买到"小人的心"，
但买不到"君子的志"；
钱可以买到"躯壳"，
但买不到"灵魂"；
钱可以买到"虚名"，
但买不到"实学"；
钱可以买到"核武器"，
但买不到"和平"；

钱可以买到……不错，钱可以买到许多东西，但是，无可否认，还有许多东西不是钱可以买得到的，最苦恼的是：农妇所祈求的，多是钱买不到的东西。

如果你愿意幸福就一定会幸福的，因为幸福在你。

——[法]罗曼·罗兰

金钱并非万能

松下幸之助 (1894～1989)　"松下电器"创始人，被人称为"经营之神"。"事业部"、"终身雇佣制"、"年功序列"等日本企业的管理制度都由他首创。他为人谦和，曾用一句话概括自己的经营哲学："首先要细心倾听他人的意见。"他的经营管理思想在全球工商业界影响深远。

人类的"习性"实在可怕。

偶尔吃到丰盛美味的菜肴，那是因为"偶尔吃到"，所以觉得好吃。假如每日都吃，不久就会觉得厌烦，虽然其滋味并无变化。

因为人的味觉习惯了美食，所以就不再感觉可口了。因此吃山珍海味，固然是人的幸福；可是给他吃十倍的山珍海味，却不能算是提供了他十倍的幸福。人类的感官就是这样，透过感官所察觉到的幸福，也是不太可靠的。

以这个观点来看，一个人的收入若是另一人的十倍，并不表示他可以比别人奢侈十倍；更不能保证他比别人幸福。在这种属于心理感受的衡量尺度上，应有金钱以外的标准。

人类常为金钱而犯罪。可是从更深一层的角度观察，一般都是得到财以后才犯罪。因为一有了钱，生活奢侈无度，荒淫放纵，生活糜烂，就引起了无穷的祸害。这种案例在我们周遭里，多得不胜枚举。由此以观，我们不能无条件地赞成钱多，是好的现象。

一万元有一万元的价值，我们要在生活中，尽量运用金钱的价值，以安康、没有浪费的生活方式，来享受人类尊贵的生活意义。在日本，有所谓"猫与金元宝"之说。就是猫看金元宝，根本一文不值，只有人类懂得价值观念，且有能力运用其价值。

但并非人人都懂得运用财富的价值。我认为每个人在心理上，都应该对价

幸福是什么——全球 155 位大师谈幸福

336

值的意义有所认识;并应学习妥善地运用财富的价值。有人也许收入只有一万元,但觉得生活很有意义;有人收入数十万元,却觉得缺乏生活乐趣。我想,其中就牵涉到价值观念的问题。

幸福,不是轻易可得的。换言之,能轻易得到的满足,并不是真正的幸福。幸福不是垂手可得的东西,因为人类存在的意义,并非那么浅薄。所以,如果幸福轻易可得的话,那么,人类就不需坚毅的意志和努力奋斗的精神了。

人生的历程,极为复杂多险,必须披荆斩棘,多方努力,才能享受真正幸福的滋味。

解　脱

○ [埃及] 萨达特　译/李占经等

萨达特(1918~1981)　埃及前总统(1970~1981)。曾为"自由军官组织"核心成员,参加埃及七月革命。后历任国民议会议长、民族联盟总书记、阿拉伯社会主义联盟最高执委会成员、副总统等职。总统任内,进行第四次中东战争;废除《埃及苏联友好条约》;恢复与美国的外交关系;签署《埃以和约》,结束埃及、以色列两国的战争状态。一九八一年十月六日遇刺身亡。

在五十四号牢房里,我从生活的各种需求的束缚中一个又一个地解脱了出来。当精神从它的重压之下得到舒展时,自我得到了解放,它就像小鸟一样,冲出牢笼,飞向广阔的天空,飞遍整个宇宙,奔向无边的苍穹。一个人如果被金钱、地位迷住了心窍,就肯定将一事无成。因为他将永远成为自己的欲望和财产的奴仆,因此,也就不能成为自己的主人;要做到这一点,他必须从一切个人的私欲中摆脱出来。

当一个人从世间的烦恼和痛苦的个人小天地里摆脱出来时,他就会看到一个从前他不曾了解的新世界展现在他的面前,这个新的世界比他所熟悉的

世上许多人,他们在无尽的财富中沉浮,只有甘于平静生活知道生存即幸福的人,才能真正进入天堂。
——[英]萧伯纳

生活要广阔得多，丰富得多，而且是一种不同类型的世界。在这个新世界里，个性得到了解放，它将不分时间、地点地存在于任何地方。在这一解放中，欲望变成了一种爱，所有搅乱安宁的东西转变成了永久的和平。这样，人类就可以找到比他在地球上所能享受到的一切更为幸福的幸福。

因此，我在五十四号牢房度过的最后半年，至今仍然是我一生中最幸福的日子，因为在这期间，我第一次认识了这个新世界，一个完全否认自我的世界。在这个世界里，自我融化于宇宙万物之中，进而逐步扩大，以至同宇宙的主人联系在一起。

当然，这都是在我进行自我省察、自我体验、自我了解后才得到的收获。不容置疑，我的博览群书也帮助我揭示了这一新世界。我没有研究过苏非派，但是在我阅读了苏非派信徒的谈话和著作之后，就像我在狱中阅读过的许多东西一样，在我的心灵中发生了反响。因为它为我说出了我已经感到，但对其理解尚未达到完全意识并能予以表述的东西。苦难也许是使我和这个新世界接近的重要因素之一；我在这个新世界中懂得了精神上的安宁。这正是我以前所不理解的。因为极度的痛苦才能建树人类，使他看清自己的真相。这些痛苦包含在许多人类的最高价值之中。

例如，生活中使我最痛苦的莫过于朋友对我的背信弃义，因为对我来说友谊是一个神圣的东西。因此，当一个朋友对我背信弃义时，我感到大地都在我的脚下晃动。当我决定由于这个朋友对我背信弃义而离弃他时，我感到我实体的一部分脱离了我，遭受了人类无法忍受的痛苦；我向谁求助？有什么办法来埋葬我的悲伤？

在我了解了我的新世界并生活在其中之后，我的情况就不再如此了；狭义的自我不复存在了，唯一存在的是宇宙本身，最高的自我。

这个新世界对我来说是一个真正的启示，因为我在这个新世界中领悟了真主的友谊。只有尊严的真主才是不会背叛你或抛弃你的朋友，因为是他创造了你，造就了你，赋予你忠诚，把他的精神灌注于你。他只知道无限的爱和无比的善良。

他希望他所创造的生活能光荣地、生气勃勃地、美好地存在下去。

在我领悟了真主的友谊之后，我发生了许多变化。我绝不再生气，除非在不得已的情况下。生活对我来说已变得更加宽广，更加美好，更加扩展。我的忍耐力增加了，不管我应该承担的事情如何，问题有多少。我生活中最重要的目的是造福于他人。任何人嘴角的笑容，任何人内心的欢乐的跳动都使我感到幸福，就像我的心在欢乐地跳动一样。复仇和仇恨在我的心灵中不再占有任何位置,我对善良将永远战胜一切的信念已变成了我意识之中不可分割的一部分。我更加感觉到了爱的美,这本来是我在农村度过的青年时代形成的感受,它如同一条带子在工作和生活中将人们汇合在一起。后来,在我生活的各阶段中我母亲用这种爱哺育了我,因为她——真主怜悯她——是永不枯竭的爱的源泉。这是她的天性——无限钟爱感情的汇聚。

因此,也许我在五十四号牢房遭受最大的痛苦是我感到感情上的空虚,因为要使一个男子汉成为一个完美的人,他就必须有一个女伴侣,彼此相爱。这的确是人生最大的幸福,因为当一个人的心中充满爱时,就能完成他的使命。一生中如果没有这种爱情,他就会感到缺少一种重要的东西,不管他有什么作为,他也是不完美的。

这就是我在我一生中各个阶段的感受,在我看来,我绝不认为作为人类最高价值的爱在某一天会发生变化,而是相反,我发现爱是万能的钥匙。

这是在五十四号牢房里发生的。当我摆脱了自我,便享受到了真主的友谊;他以他的爱填充着我的心田。至高无上的真主随时随地都在护佑着我。这种友谊使我懂得了爱是建立生活并使其繁荣、结果的一个法则,没有它,就没有一切。

我通过爱发现了自我。当我否定了这种自我并将它融化在整个世界之中时,对埃及——对整个宇宙——对尊严的造物主——的普遍的热爱就成了我过去和现在履行我生活中的义务的出发点了。我在狱中的最后几个月,在我出狱之后,当我成为革命指导委员会成员时,以及现在我成了埃及共和国的总统时,都是如此。

因此,我一向提倡爱,因为它是保护人类免遭一切危机的保护伞。凡是懂得爱的人就绝不会遭受荒歉,只会得到发展和繁荣。因为爱就是贡献,贡献永远是建设。与此相反,在我就任总统前的十八年中,我们的生活充满着仇恨,因此,一切正在进行中的东西都遭到了毁灭,至今我们仍然受着它的影响。

幸福的生活在很大程度上是对于恬静的生活而言的,因为只有在恬静的气氛里才有真正的幸福可言。

——[英]伯特兰·罗素

入世与知足

哲罗姆(1859～1927) 英国现代最杰出的幽默小说家、散文家和剧作家。生于英格兰的斯坦福郡,从小受到良好的教育,性嗜阅读。十四岁起他便开始在铁路上做办事员。此后,他又当过教师、演员,最后是记者。一生创作了大量享誉世界的作品,为世界各国的读者所喜爱,代表作品有《三人同舟》、《懒汉的妄想》、《舞台上下》等。

入世,这似乎不属于我这样的人应该思考的那类事情吧? 但你知道,事情往往是旁观者清。坐在我临街的凉亭里,吸着心满意足的水烟,嚼着懒散、香甜的忘忧树叶,我能饶有兴致地观赏生活的公路上旋风似的人群跌跌撞撞地滚滚而去。

这疯狂的进程永无止息,你日日夜夜都能听见无数急促的脚步声——有的在奔跑,有的在步行,有的步履蹒跚,一瘸一拐,但全都急急忙忙。在这场疯狂的赛跑中,个个争先恐后,人人都竭尽全力,拼命狂奔,都想达到那永远可望而不可即的成功地平线。

看看这蜂拥前进的人流吧……男男女女,老老少少,出身高贵的和身世卑微的,心地善良的和生性邪恶的,腰缠万贯的和一贫如洗的,兴高采烈的和愁容满面的……个个急不可待,手忙脚乱,你争我抢。强者将弱者搡到一边;精明的偷偷超过愚蠢的;跑在后面的拽着前面人的胳膊;而跑在前面的踢开身后的人。凑近些看,看看这一闪而过的画面吧。这里,一个气喘吁吁的老人;那边,一个逡巡怯懦的少女,被一个阴郁消瘦的主妇驱策着;这里,一个用功的学生在钻研《入世之路》,他盯着书本,跟跟跄跄,却没注意别人早从他身边跑过去了;看这边,一个一脸烦躁的男子,身旁是衣着入时的女人轻轻推着他的胳膊肘;瞧啊,一个男孩儿怀恋地回头遥望,望着那个他再也见不到的阳光灿烂的村庄;看这儿,一个宽肩膀男人步伐坚定从容;而那边,一个面孔瘦长、弯腰屈背

幸福是什么——全球155位大师谈幸福

的家伙则迈着鬼鬼祟祟的步子,在路上躲躲闪闪地前行;看这儿,一个诡计多端的恶棍小心翼翼,从路左边走到右边,眼睛始终盯着地面,自以为在前进;再看啊,一个面容高贵的青年停了下来,他的目光从遥远的目标落到脚下的污泥上,正踌躇不决。

此刻,我看见一位漂亮姑娘走过来了。每走一步,她秀丽的脸上就增加一道皱纹;现在走来的是一个满脸愁容的男人;现在,一个满怀希望的少年正在走来……

这群人真是五花八门啊! 王子与贫儿、罪犯与圣徒、屠夫、面包师、做烛台的、补锅匠、裁缝、还有农家孩子和水手……全都搅在一起。这是个头戴假发、身穿长袍的律师;还有个戴着印度头巾的犹太老裁缝;这是个穿着红色军装的士兵;这是个殡仪馆雇用的收尸人,头戴飘着黑丝带的帽子,手上是一副磨破的棉手套;这是一个老朽的学者,笨拙地摸索着他的手稿;还有一个浑身洒了香水的戏子,挂着惹眼的海豹皮。这里来了一个巧舌如簧的政客,叫卖着他的万能法案;这里还有个走江湖卖便宜货的商贩,高举着包医百病的假药。这是个面色红润的资本家,那儿有个体格健壮的工人;这儿是个科学家,还有个擦皮鞋的;这儿是个诗人,还有个收水费的;这儿是个内阁部长,那儿是个芭蕾舞演员。这儿是个红鼻子的酒店老板,大吹大擂他的各种好酒;那儿有个节制有度的演说家,每晚收费五十镑;这儿有个法官,那儿是个骗子;这儿是个牧师,那儿有个赌徒。这儿是个珠光宝气的公爵夫人,面带微笑,仪态万方;那儿是个骨瘦如柴的客栈老板,对烹调烦得要死;这儿还有个摇头晃脑,趾高气扬的妓女,浓妆艳抹,衣着俗丽。

他们摩肩接踵,拼命赶路,他们尖叫着,咒骂着,祈祷着,欢笑着,歌唱着,并肩向前冲。他们的速度从不放慢,这场赛跑也从不停息。他们在路边没有歇脚,在清凉的泉水旁也不休息,在绿阴下更没有停顿。向前,向前,向前……在炽热、拥挤的人群和尘土里前进……前进,否则,他们就会被别人踩倒,输掉竞赛……前进,怀着忐忑的心思,迈着蹒跚的脚步前进……前进,直到心力衰竭,眼睛昏花,发出一声垂死的呻吟,告诉后面的人们:他们可能要到另一个世界去了。

尽管这场赛跑的速度致人死命,路途又坎坷不平,但除了懒汉和傻子,谁能对它无动于衷? 正如一个被耽搁的旅人,先是袖手旁观集市上的欢宴,终于抢过酒杯,一饮而尽,然后跳进旋转的人群。谁能够冷眼旁观这疯狂的骚乱而不被吸引进去呢? 例如,我就不行。我承认:对于路旁的凉亭、心满意足的水烟和忘忧树叶的比喻全不恰当。尽管它们听上去非常富于哲理,但我担心,哪怕凉亭外面发生一点儿有意思的事,恐怕我就不会安坐在凉亭里抽水烟了。我想

希望本身就是一种幸福,而且说不定是这个世界所能提供的最主要的幸福。

——[英]塞缪尔

我更像那个爱尔兰人，看见一群人正往一块儿凑，便吩咐自己的小女儿去打听他们是否要打架……"因为，要是打架，爸爸也想去凑个热闹。"

我喜欢这场惨烈的拼搏。我喜欢在一旁观看。我很高兴听见人们参与这样的拼搏……勇敢地、光明正大地为自己杀出一条路，也应该当心被幸运或诡计绊倒。那搏斗激励着萨克逊人的传统斗志，犹如我们小学时代那个"与可怖的恶魔搏斗的骑士"的故事使我们心惊胆战一样。

参加生活的战斗也像与恶魔搏斗。我们的十九世纪也有巨人和龙，他们守护的金匣子，可不像故事书里那么容易得到。你看，阿尔杰农朝祖先的大厅久久地望了最后一眼，抹去眼泪，毅然出发了……三年后他返回家乡时已经成了巨富。这些故事的作者们并没有告诉我们"确切的经过如何"，这实在叫人感到遗憾，因为那肯定非常刺激。

不过，当时一千个小说家里，没有一个给我们讲过他们主人公的真正经历。他们用十几页篇幅徘徊在茶会上，而只用"他变成了我们的商业巨头"或者"他现在成了一位大艺术家，将世界踩在脚下"去总结一个人的一生。天哪，哪怕是英国作家吉尔伯特一首滑稽歌里的真实生活，也比人们写出的一半传记小说里的多。他向我们讲述那个在办公室当勤杂工的男孩怎样一步步升到"女王海军统帅"的详细经过。他为我们解释那位生意冷清的律师如何奋斗，成为了不起的优秀法官，并且"准备由此扩大战果，在婚姻上试试身手"。人们感兴趣的不是丰功伟绩，而是获得成功的详细经过。

我们真正需要的，是一部揭示雄心勃勃者事业潜流的小说……他的奋斗，他的失败，他的希望，他的失意和他的成功。那将是部极为成功的作品。我敢肯定，事实将会证明：追求命运女神的故事，会像追求有血有肉的女人的故事一样有趣。不过，顺带说一句，这两种故事读起来会一模一样，因为命运女神如同古人画的那样，与女人非常相似……虽然不像她们那样蛮不讲理，二三其德，也差不了多少……追求两者的过程更是大同小异，有本·琼生的诗为证：

> 你追求女人，她拒绝你；
> 你不理睬她，她倒追你。

这两句诗把命运女神和一般女人都概括了。一个女人绝不会完全在意她的爱人，除非到了爱人已经不在意她的时候。同样，只有到了你对着命运女神的脸打个榧子，并转身离开她时，她才肯对你露出笑脸。

但是，到了那个时候，你已经不怎么在乎她是微笑还是蹙眉了。当她的笑还能使你战栗、使你狂喜的时候,她为什么不笑呢?

好心人说,这样的情况完全理所当然,它证明雄心是邪恶的。

一派胡言!好心人完全错了(在我看来,他们一向都是错的)。我倒想看看,没有那些雄心勃勃的人,世界会成什么样子?哎哟,它会像诺福克馄饨一样松松垮垮。雄心勃勃的人犹如发酵剂,将世界做成浑然一体的面包。没有雄心勃勃的人,世界就永远不会前进。他们都是忙碌者。他们清晨早起,重重地敲门,大喊大叫,把火铲和通条弄得乒乓作响,干出些通常被躺在屋中床上的人们视为不可能的事情。

真的,有雄心是个错误!这些人弯着脊背,额角挂着汗珠,开出平坦的道路,好让一代代的人在路上前进。他们错了!当其他人玩乐的时候,他们却将造物主赋予他们的才能用于艰辛的劳作。他们错了!

当然,他们也寻求报偿。人类并不具备只关心他人利益的、神一般的无私品格。但是,为他们自己工作就是为我们大家工作。我们彼此密切相关,谁都不能仅仅为自己工作。一个人为了自己敲击的每一下,都有助于整个宇宙的成形。溪流奋力向前奔腾,推动了磨盘的转动;珊瑚虫营造自己的小巢,彼此增加了疆土;而雄心勃勃的人使自己受人赞颂,也给后人留下了不朽业绩。亚历山大和恺撒都是为了自己的目标而作战,但同时,他们也将文明的腰带系在了半个地球上。史蒂文森为挣钱而制造了蒸汽机;而莎士比亚之所以写戏,则是为了让莎士比亚太太和小莎士比亚们拥有一个舒适的家。

心满意足、没有雄心的人们自有他们的用处。他们形成一块洁净而有用的背景,以便画上伟人的肖像。他们是虽不特别聪明,却毕恭毕敬的观众,旁观着时代的风云人物演出的戏剧。只要这些人保持沉默,我对他们就无话可说。不过,看在老天的分上,千万别让他们大摇大摆地走来走去。他们太爱那样做了,而且还高声宣布:他们才是全人类的真正典范。其实,他们光吃不干,是社会这个大蜂巢里的雄蜂,是街头群氓,他们懒洋洋地混日子,袖手旁观那些劳作者。

但愿他们也不要自以为聪明绝顶,自以为见解深刻,并且把知足当做非常明智的良策。"知足常乐"也许是对的,不过,一头耶路撒冷小马也很知足,其结果是知足的人也好,知足的马也好,都是任人处置,任人摆布。"得啦,你不必为他操心,"人们往往这么说,"他现在很知足,激励对他没什么好处。"这样一来,你们这些知足者就无声无息地走了过场,而那些不知足的人却得到了自己的位置。

倘若你愚蠢得竟然会知足,千万不要表现出来,而应当和其他人一起大声抱怨。倘若你只做了一点儿事情,你就应该要求得到大量回报。因为你不这么做就一无所获。这个世界上,必须采取与索赔法案里相同的原则:你准备接受

生活中唯一的幸福就是不断前进。

——[法]左 拉

"1"，那就提出十倍的要求；倘若你对得到"100"已经满足，那就以"1000"为起点开始要价；若一开口就提出"100"，你就仅仅能够得到"10"。

让·雅克·卢梭正是由于没有遵循这个简单的原则，才落到了那样悲惨的境地。他将自己尘世的极乐境界固定在一个果园、一位和蔼的女人以及一头母牛上面，但他连那些都没有得到。他的确得到过一个果园，不过那女人并不和蔼，她把她妈妈带在了身边，何况也没有母牛。反之，倘若卢梭一开始就拿定主意得到一大片乡村地产、整整一屋子美女和一大群牲畜，他也许就会拥有自己的菜园和一头活脱脱的牲口，甚至有可能碰巧拥有那种 rara avis（拉丁文：稀世珍禽）——一位真正和蔼的女人。

生活对于那些知足者是一桩多么沉闷可怕的事情啊！由他们支配的时间会何等沉重！他们用什么来占据自己的思想（假如他们还有一点的话）？对他们当中的大多数，读报抽烟似乎就是智力食粮了；对其中更有精力的人，还要加上吹吹笛子和议论街坊的事情。

他们从不知道期望的刺激，从不曾领略努力后成功的真正快乐，例如那些有目标、有希望、有打算的人脉搏的躁动。生活对于雄心勃勃的人是一场精彩绝伦的赌博……它需要他全部的机智、精力和勇气。从长远看，这场博弈势在必得，必须眼快手稳，而且极有可能得出人们无法驾驭的结局，以其胜负难卜激起他的高度热情。他在其中欢欣鼓舞，犹如强壮的游泳者在惊涛骇浪里，犹如运动员在角斗中，犹如士兵在战场上。

倘若他被打败，他赢得的是参与战斗的残酷欢乐；倘若他没有跑过别人，至少他参加了赛跑。经历奋斗而失败，也强似睡过一生。

因此，前进，前进，再前进吧。女士先生们，前进啊！男孩女孩们，前进啊！施展你们的技艺，试试你们的胆量，鼓起勇气，振作精神，前进！演出永不收场，竞赛总在进行。这是人生竞技场上唯一的真正运动。受到贵族、牧师和高等人保护的绅士，备受尊敬而高尚无比的绅士，从纪元第一年起就生生不息的绅士们，前进！淑女们，绅士们，前进！投入这场竞赛吧，人人都能从中获得奖赏，人人都可以参加。有给成年人的金子，有给孩子的声誉，有给少女的地位，有给蠢人的愉快。因此，前进吧，女士先生们，前进！人人有奖，个个有份。赢家虽然很少，但对其余的人来说：

> 对失败者的奖励，
> 是奋斗时的狂喜。

幸 福 箴 言

Xing   Fu   Zhen   Yan

善良的、忠心的、心里充满着
爱的人儿不断地给人间带来幸福。
　　一生的罪与福，都是人自做
的。

论 幸 福

马克·吐温(1835~1910) 美国著名作家,幽默大师。其杰作多取材
于童年在密西西比河上的生活,著有长篇小说《密西西比河上》、《汤姆·
索亚历险记》、《哈克贝利·费恩历险记》、《艰难岁月》,以及与华尔纳合写
的《镀金时代》等。

有时候,为了一小时的快乐,人的机器会叫他受好几年的痛苦。你知道吗?
常常都是这样的。

——《神秘的陌生人》

在多数情况下,一个人一生的快乐跟不快乐几乎是相等的。要不是这样的
话,那就是不快乐占优势——总是这样,绝不会是反过来那样的。

——《神秘的陌生人》

没有一个神智清醒的人会愉快高兴,因为对他来说,生活是真实的,他瞧
得出它是一件令人多么恐怖的东西。只有疯子才会觉得愉快——而且就是这
种人,愉快的也不多。幻想自己是君王或上帝的那一些人才是愉快的,其他的
疯子并不比神志清醒的人愉快多少。

——《神秘的陌生人》

每个人都由一部痛苦的机器和一部快乐的机器结合而成。这两种机器的
功能很和谐地配合在一起,带着巧妙、精细的准确性,按照互让的法则工作着。
每当一个部门产生一种快乐,另一部门就准备了一种悲伤或者一种痛苦——
或许十二种——来冲淡它。

——《神秘的陌生人》

快乐并不是一种单独存在的东西——它不过是与不愉快的事情相对并存罢了。

——《斯托姆斐尔德船长天国游记摘录》

善良的、忠心的、心里充满着爱的人儿不断地给人间带来幸福。

——《镀金时代》

打消了一切忧虑，卸下了一切担子，一时不由感到满足，真好比心里搬开一块大石头。

——《傻子出国记》

在那亲爱的人儿面前，我就像游泳在幸福的海洋中。

——《一个兜销员的故事》

她既然给了我们安宁，她自己也该得到安宁啊！

——《冉·达克》

悲伤可以自行料理，而欢乐的滋味如果要充分体会，你就必须有人分享才行。

——《赤道环游记》

苦难要是完结了，好的日子就会到来。

——《王子与贫儿》

狂乐是一件无法用言语来说明的东西。这种感觉就跟听音乐一样，你不能光是口里谈谈音乐，就能让别人有同样的体会。

——《神秘的陌生人》

最大的幸福在于我们的缺点得到纠正和我们的错误得到补救。

——[德]歌 德

幸福妙语

○〔台湾〕古　龙

　　古龙(1937～1985)　本名熊耀华,祖籍江西。他靠稿酬为生,不善理财,来时赤条条,走时一副清贫。主要作品有《浣花洗剑录》、《大人物》、《多情剑客无情剑》、《边城浪子》、《七种武器》、《天涯明月刀》、《大旗英雄传》、《陆小凤系列》、《楚留香系列》等。

　　美,只不过是一瞬间的感觉,只有真实才是永恒的。
　　我只要能把握住那一刹那的美就已足够,永恒的事且留待予永恒,我根本不必理会。

——《多情剑客无情剑》

　　一个人要能真正懂得享受生命,那么就算他只能活一天,也已足够。

——《天涯明月刀》

　　一个人心中真正的幸福,通常都是他还没有得到的,或者他久已失去的。

——《不是集》

　　人们为什么总是要等到幸福已失去了时,才能真正明白幸福是什么?

——《金刀情侠》

　　快乐本是个很奇怪的东西,绝不因为你分给了别人而减少。
　　有时你分给别人的越多,自己得到的也越多。

——《七种武器》

快乐与香水，能令自己芬芳，也能让别人愉快。

——《不是集》

能够把心里不能对人说的话说出来，就算死，也死得痛快。

——《圆月弯刀》

一个人若无论在什么情况下都睡得着，这人真是非常有福气。

——《绝代双骄》

一个人的艳福越大，他的麻烦事也总会越多。

——《快刀浪子》

笑不但能令自己精神振奋，也能令别人快乐欢愉。

就是最丑陋的人，脸上若有了从心底发出的笑容，看起来也会显得容光焕发，可爱得多。

就算是世上最美妙的音乐，也比不上真诚的笑声那么令人鼓舞振奋。

——《楚留香传奇·桃花传奇》

大师幸福箴言集锦

对于人，符合于理性的生活就是最好的和最愉快的，因为理性比任何其他的东西更加是人。因此这种生活也是最幸福的。

——[古希腊]亚里士多德

如果幸福在于肉体的快感，那么就应该说，牛找到草料吃的时候是幸福的。

——[古希腊]赫拉克利特

意识到自己的存在就是最大的幸福。

——[英]迪斯累里

严肃的人的幸福，并不在于风流、游乐与欢笑这种轻佻的伴侣，而在于坚韧与刚毅。

——[古罗马]西塞罗

能把自己生命的终点和起点连接起来的人是最幸福的人。

最大的幸福在于我们的缺点得到纠正，我们的错误得到补救。

谁是最幸福的人？乃是能感到他人的功绩、视他人之乐如自己之乐的人。

被人爱，多么福气！而有所爱，又多么幸福！

——[德]歌德

想象力安排好了一切。它造就了美、正义和幸福，而幸福则是世上的一切。

——[法]帕斯卡

幸福不是你经历的事情，而是你记得的事情。

——[美]利万特

没有别的痛苦比在苦难中回忆幸福的往日更痛苦。

追求幸福，免不了要触摸痛苦。

——[美]霍尔特

世界上没有什么比冥想和幻想更使我们幸福，这正是现代人最易忘却的东西。衣食不足，不减其乐，而以智者的态度享受眼与心灵时刻遇到的无数神奇，这样的人好似神仙下凡。

——[法]罗丹

有益于身而有害于家的事情，我不干；有益于家而有害于国的事情，我不干。

——[法]孟德斯鸠

一个人如果不修自己的德行，他就不可能成为一个幸福的人。

人要想得到幸福，就必须使自己所有的才能、力量和志趣按照自己的本性得到很好的发展，并在自己一生各个相应的阶段得到适当的应用。

任何一个人只要自己的自然需要不能无忧无虑地得到满足，就不可能成为幸福的人。

追求幸福永远是激励人们的动力。

人类的幸福只有在身体健康和精神安宁的基础上，才能建立起来。

——[英]欧文

如果人不生而有罪就是不幸的，那他岂不是命定了要来享受一种永恒的幸福，而凭他的天性又永不能使自己有资格享这种幸福的吗？

——[法]狄德罗

能为别人减轻负担的人在这个世界上都是有用的。

——[英]狄更斯

我们来到世界上是为了尽自己所能给生活增加一些东西，而不是为了从生活得到我们能取走的。

——[美]奥斯勒

如果你能成功地选择劳动，并把自己的全部精神灌注到它里面去，那么幸福本身就会找到你。

——[俄]乌申斯基

世界上有两种人：一种人，虚度年华；另一种人，过着有意义的生活。在第一种人的眼里，生活就是一场睡眠，如果这场睡眠在他看来，是睡在既柔和又温暖的床铺上，那他便十分心满意足了；在第二种人眼里，可以说，生活就是建立功绩……人就在完成这个功绩中享到自己的幸福。

——[苏联]别林斯基

人在幸福的时候愿意把他的快乐分给大家，这是人之常情，正像遭逢不幸的人需要向别人诉苦那样。

——巴金

为了使人生幸福，必须去热爱日常琐事。云彩的光辉、竹子的摇曳、群雀的啼叫、路人的面孔——必须在这所有的日常琐事中感受着无比的甜美。

无知便是福。

——[英]拜伦

是为了使人生幸福吗？可是，热爱琐事的同时也必须为琐事而苦恼。跳进庭院前古池的青蛙，大概是摆脱了百年的忧愁。可是，跳出古池的青蛙，或许又增添了百年的忧愁。唉，芭蕉的一生是享乐的一生，同时，在众人的眼里也是受苦的一生。我们为了微妙的快乐，也必须遭受微妙的痛苦。

为了人生幸福，必须为日常琐事而苦恼。云彩的光辉、竹子的摇曳、群雀的啼叫、路人的面孔——必须在这所有的日常琐事中感受着下地狱的痛苦。

——[日]芥川龙之介

一切幸运并非没有烦恼，而一切厄运也并非没有希望。

——[英]培根

如果你愿意幸福就一定会幸福的，因为幸福在你。

——[法]罗曼·罗兰

一个人不会因幸福而死。

——[法]雨果

世上许多人，他们在无尽的财富中沉浮，只有甘于平静生活知道生存即幸福的人，才能真正进入天堂。

——[英]萧伯纳

世上的幸福并不牢靠——
无论是身高，无论如花似玉。
无论权势和财富，无论什么，
都在劫难逃。

——[俄]普希金

世界上最大的幸福，就是和平和安静。

——[奥地利]茨威格

宁愿做个牧人，吃着家常的乳酪，喝着葫芦里的淡酒，睡在树阴底下，清清闲闲，无忧无虑，也不愿当那高贵而不得安宁的国王。

——[英]莎士比亚

真正的哲学家一直忙于进行死的实践，因此，他们最感觉不到死的可怕。

——[古希腊]柏拉图

幸福乃是一种善：每个人的幸福对这个人是一种善，因此，普遍幸福对所有的人也是一种善。

——[英]密尔

上帝进入我的体内并通过我寻找幸福。上帝的幸福会是什么样呢？只能是成为他自己。

——[波兰]安杰勒斯

一个哲人说过：我为了寻求幸福，走遍了整个大地。我夜以继日不知疲倦地寻找着幸福。有一次，当我已完全丧失了找到它的希望时，我内心的一个声音对我说：这种幸福就在你自身。我听从了这个声音，于是找到了真正的、始终不渝的幸福。

当上帝和整个世界都在你心中时，你还想要什么样的幸福呢？

——[波兰]安杰勒斯

如果人们除了其灵魂之外，不把任何东西称做自身之物的话，他们就是幸福的。如果他们生活在贪婪的、凶恶的、仇恨他们的人中间，他们是幸福的，任何人也无法抢走他们的幸福。

——佛教教义

哲人事事求己，而蠢人事事求人。

——孔子

最大的幸福是在一年结束之际感到自己比年初时更好了这一点上。

——[俄]列夫·托尔斯泰

幸 福 箴 言

○ [法] 拉罗什富科

拉罗什富科 (1613～1680)　法国作家。出身贵族,反对专制政治,曾参加投石党运动。在战斗中受伤后脱离政治生活。著有《随笔集》,叙述自己的政治活动。代表作《箴言集》,反映作者的愤世思想和悲观情绪。

幸福在于趣味,而不在于事物。我们幸福在于我们拥有自己的所爱,而不在于我们拥有其他人觉得可爱的东西。

我们既不像我们想象的那样幸福,又不像我们想象的那样不幸。

有些自视甚高的人使不幸成为一种荣耀,他们想说服别人和使自己相信:只有他们才是配得上命运折磨的。

我们在某个时候赞成的东西,我们在另一个时候又加以反对——目睹此情此景最能削弱我们的自满之心。

不管人们的命运看来多么悬殊,还是存在着使好运与厄运相互平等的某种补偿。

仅仅天赋的某些巨大优势并不能造就英雄,还要有运气与它相伴。

哲学家们蔑视财富,不过是想通过蔑视命运不赐予他们的东西,而隐瞒自己对命运赏赐不公的报复心理。这种蔑视也是一种保证自己在贫困中不致堕落的秘诀,是一种获得尊敬的改弦易辙——这尊敬是他们不可能依靠财富得

幸福是什么——全球 155 位大师谈幸福

大师谈人生书系

到的。

厌恶恩惠不过是爱好恩惠的另一种方式。我们通过对蒙受恩惠的人们表示蔑视，来安慰和缓解自己没有得到恩惠的苦恼，既然不能夺走使那些人吸引芸芸众生的东西，我们就拒绝给他们以尊敬。

为了在社会上获得成功，人们就竭力做出在社会上已经成功的样子。

不管人们怎样夸耀自己的伟大行动，它们常常只是机遇的产物，而非一个伟大意向的结果。

我们的各种行动布满了幸运或不幸，人们对这些行动的大量褒贬就来自这些幸或不幸。

没有什么不幸的事件是精明的人不能从中汲取某种利益的，也没有什么幸运的事件是愚钝的人不会把它搞得反而有损于自己的。

命运会推动一切使之有利于它青睐的人们。

人们的幸福或不幸依赖于他们情绪的程度，而不亚于运气的好坏。

我们有如死者一样害怕一切，我们又像不死者那样欲望一切。

仿佛是魔鬼，完全故意地在一些德行的边界上放置了懒惰。

我们非常容易相信其他人有某些缺陷，因为我们拥有一种相信我们所希望的事情的本领。

医治恐失症的药物就是确信我们所害怕的那个东西（死亡），因为它引起生命的终结，或者爱情的终结。这是一个残忍的医治，但比起怀疑和恐失症来却要甜蜜。

希望和恐惧不可分离，没有希望就没有恐惧，没有恐惧亦没有希望。

对于平凡的人来说，平凡就是幸福。

——[德]尼　采

不应当为别人向你隐瞒了真相而生气，既然我们也如此经常地自己向自己隐瞒实情。

我们常常不能正确地评价那些证明德行之虚伪的格言，因为我们太容易相信它们在我们自己那里是真实的。

我们对君主的忠诚是一种间接的自爱。

幸福后面是灾祸，灾祸后面是幸福。

幸福生活的定义

○犹太先哲

美好、力量、财富、荣誉、智慧、满足、孩子，属于那些懂得怎样正确生活的人们，属于这个世界。

——《神父们的伦理学》

尽情地咀嚼美味，痛快地开怀畅饮。
这一切早已被上帝准许。
让你的衣服洁净无尘，让你的前额闪着亮光。
与你心爱的姑娘一道去享受生活的欢畅。
大地上飞逝的时光都属于你们——所有正在飞逝的时光。
这是你可以从生活中得到的，这个世界可以赐予你的。
尽你之力追求幸福，因为你正走向另一个世界，那里没有行为，没有理性，没有知识，没有智慧……对于年迈的老人，请允许他享受美好的晚年，记住多少黑暗的日子即将来临，唯一的将来就是虚无！

——《传道书》

物质上的欢乐是从不存在的,罪孽总是随之而来。

例如:当一个人染上了尽情吃喝的恶习以后,任何一次奢侈机会的丧失对他都将是一场灾难。为了维持他所习惯了的餐宴,他将不得不卷入险恶的金钱交易之中。伴随而来的便是谎言、虚伪、贪婪……然而只要他拒绝那种享受欲望的引诱,他将避免这一切罪孽。

——摩西·哈依姆·路扎托 《正直之路》

更多的肉食,意味着更多的蛀虫。

更多的拥有,意味着更多的担忧。

更多的妻子,意味着更多的巫术。

更多的女仆,意味着更多的淫邪。

更多的男佣,意味着更多的抢劫……

——希勒尔 《神父们的伦理学》

一个完美的人是一个"王子",这个王子信守自己理智控制的思维、感觉,爱护自己的机体器官……

如果他真是一国之王子,那他会成为一名贤良的君主。他会像对待自己的身体和灵魂一样对待自己的国家。他用理智严格控制自我情欲,使之有所节制,同时,他又按时吃、喝、清洁,以满足他本能的需求……

既然他已经使自己的机体和灵魂得到了适度的满足(必要的睡眠、休息、运动、使用……),他就会随时召唤它们——就像一位令人尊敬的王子召唤他那支训练有素、纪律严明的军队——帮助他去完成他的神圣使命。

——犹大·哈勒维 《库扎利》

犹太教法典中有这样一句格言:"世界就像一座婚礼圣堂。"哈西迪克派的一位犹太教士对这句格言做过这样的解释:

有个人住进了华沙的一家客店。晚上,他听到邻居家传来音乐和跳舞的声音。

"他们准是在庆祝婚礼呢。"他想。

第二天晚上,他又听到了同样的声音。第三天、第四天,依然如此。

"一个家庭怎么会有这么多婚礼?"他问客店老板。

"那所房子是婚礼大厅。"老板答道,"今天是这家举行婚礼,明天则是另外

没有完全的独立,就没有完全的幸福。

——[俄]车尔尼雪夫斯基

一家。"

"啊,这正像我们居住的这个世界,"犹太教士说,"人们总在享受幸福和欢乐,只不过有时是这些人,有时是另外一些人。没有人能够永远幸福。"

——《关于亚里山德鲁的犹太教士哈诺克传奇》

听 潮 语 幻

○ 〔台湾〕无名氏

无名氏(1917~2002) 原名卜宝南,后改名卜乃夫,又名卜宁。原籍江苏扬州,生于南京,后定居台湾。他的小说《北极风画》、《塔里的女人》曾风靡一时。其作品还有青春爱情自传《绿色的回声》,散文集《塔里·塔外·女人》、《在生命的光环上跳舞》等。

"幸福"这两个字的答案也许是:"不可能的可能"。"不可能"是抽象形容词,不是实际名词。正像我们说,一朵美丽的红百合,这个"美丽的"也是相当抽象的形容词。因为各人眼中的美、评估不同。"不可能"也是。正因为不可能,"可能"才幸福。反过来,正因为"可能",不可能才幸福。像挪威靠北极部分,半年无太阳,半载无黑夜,正由于这半年黑,那半年红,才美;也因为这半载日夜是太阳,那半载日夜是永夜,在想象中才美。

玫瑰花本精致,现在粗犷了。云母石本温柔,此刻粗犷了。天上云彩粗犷了。夜莺歌声粗犷了。许多优美的色彩也粗犷了。生命一粗犷,就更赤裸了。这种类似原始野蛮与冷酷的赤裸,一罩上文明面纱,将使社会伦理逻辑与秩序陷入更大困惑和混乱。

这种困惑和混乱的阴影,多多少少,目前已开始浮现宝岛天空,罕见有人诚恳地重视。

美其名曰男女关系"开放",其实是新的"太古原始时代"开始,只笼罩一层薄薄的"现代"帷幕。有时,我们见到一些年轻的美丽舞女,好像人们不是和少女跳舞,而是和明天的死者或伤者——各式各样的未来悲剧演员跳舞。

我们所谓"最后的",远不是真正最后的。在这些词语与现实间,还有一段真空。正因为不知不觉,有一片空白掩护我们过去那许多"最后的"与现实之间的距离,因此,在所谓"最后的"浪涛中,即使是危险的,多多少少,也带点泛舟西湖的闲意,而这是真正可怕的。

痛苦能叫人做哲学家。但当这个哲学家被送到断头台,刀子暂架在脖子上,却又不斩下去时,这样,一两年后,他也做不成斯宾诺莎了。人是不能把头颈套入这样一口圆洞,一年两年生活下去,而吃喝谈笑仍能如常。

一杯苦艾酒,会叫人做耶稣。一杯毒药酒能使人做苏格拉底。可一百杯苦艾酒和一千杯毒药酒,只能叫人疯狂。痛苦逼人丧失冷静。假如人还能冷静,那或者是伪装,或是矜持,或是强忍,但常常的,那倒是一种无声的疯狂。有些疯子未入疯人院前,多少年来,都异常冷静。

也许,蔷薇花比人冷静些,所以会红;夜莺比人冷静些,所以会唱;大海比人冷静些,所以流动。一个人如不能红,不能唱,也不能流动,而又不甘平凡、寂寞,那真正是悲剧的开始。

总有那么一些人,以少见太阳为荣,这是造成自由社会困难的根源之一。

自由世界某些人群中,最时髦的行业,是向太阳抗议。他们从不肯花一秒钟思索抗议的后果。

一切光辉中,肉体光辉也许最灿烂、最惊人。有些昆虫,生即恋,恋即死——全部生命意义,只是一次性交。它们出生后,一次性的欢乐,传布种子,顿时死去。从这点看,人们很难说,肉体的疯狂,究竟完全由于自我享受,还是由于上帝对人类的贿赂、玩弄。假如没有这奇妙极乐,生命会不会不顾一切延续自己?

内向、宽厚和无私是幸福的三大要素。

——[英]马·阿诺德

当一个人不再意识时间对肉体的压力时，也就是他真正自由时。

可惜，这种自由距死亡太近。

在地球上，生存得最久的，不是岩石，或大地泥土，而是骨头。几十万年前的生命，都死了，但它们的骨头，有的仍在。无论爪哇人的头盖骨，披尔德唐人骨骼，或恐龙骨化石，都可说明骨头的永恒硬度。大自然可以压碎它，却不能软化它。任何暴风雨也不能腐烂它、液化它。在这些骨骼上，我们还能分明看出原始生命的庞大形象。

只要走进博物馆，我们会看见它们的原始真面目。时间越久、越古老、越是几十万年前的，它的形象也越伟大、动人。拿起任何一个太古原人头盖骨或兽骨，我们很少不受震骇。并不是因为它们是死者，而是因为：这是一些生者。不是它们的死亡，是它们原来的生命震撼我们。刹那间，我们会听见原人的无数声音、言语，看见它们众多的姿态，那是现代活人所没有的。

必须从几十万年后的骨骼上听出真声，看出真形，这是人类的悲剧，也是我们现在的悲剧。

现代人更大悲剧是：不少人正在竭力缔造一个软骨时代。

真奇怪，感觉里面，总有那么一样东西，像西湖莼菜，滑腻腻的，而且是碧绿色彩，但在舌尖上停留久了，其实什么味道也没有。可是，如果没有这点粘滑滑的、腻嗞嗞的、绿油油的感觉，我们就仿佛失去了生命中最重要的东西。

音响，也有各式各样的。有的音响，越听越静，像树叶簌簌声、古寺钟声、蝙蝠声、风铃声、风声。有的声音，却凶暴地霸占你，阉割你，像都市商店广播的西方流行歌曲、街车声、汽笛声、叫卖声、争吵声，特别是，商贩沿门挨户的喇叭广播贩卖声。这一类喇叭简直叫我们浑身肌肉起鸡皮疙瘩。然而，这类喇叭冲你脑门子响，吹奏者目的就是逼我们起鸡皮疙瘩，这样，我们才会迅速掏钱包。而今，台湾某些政治艺术家受街头巷尾启示，正使用这种制造鸡皮疙瘩的战术。

解 读 幸 福

○ （台湾）证严法师

证严法师 一九三七年出生于台湾。人称"东方特蕾莎"、"人间观世音菩萨"。一九六二年秋,没有剃度师父,自行落发,踏上僧侣修行的生涯。一九六六年组织成立了佛教克难慈济功德会。一九九三年组织成立的慈济骨髓数据库,是亚洲最大、全世界第三大的骨髓数据库。二○○二年,慈济骨髓库已转型为慈济骨髓干细胞中心。

[福中之福]
人生的幸福没有准则。能关心别人、爱护别人者,即是福中之福人。

[量大福就大]
多原谅人一次,就多造一次福。把量放大,福就大。

[最可爱也最可怕]
一生的罪与福,都是人自做的。最可怕的是人,最可爱的也是人。

[有愿就有力]
有心就有福,有愿就有力。

[自造福田]
自造福田,自得福缘。

[苦尽甘来]
吃苦了苦,苦尽甘来;享福了福,福尽悲来。

没有美德就毫无真正的幸福可言。
——[法]卢 梭

[做个平常人]
最平常的人最富有。

[如何美满人生]
美满的人生，不在物质、权势、名利及地位，而在人与人之间的关爱与情谊。

[平凡则平安]
做人要有一分平常心，一分平凡的念。如果大家都自觉平凡，人生就平安了。

[为需要的人付出]
人生若能被人需要，能拥有一分功能为人付出，就是最幸福的人生。

[无所事事忙]
吃饱饭没事做的人，固然不快乐；忙着应酬、打麻将、观光旅游，一个"无所事事忙"的人，在饱乐之余的疲倦与空虚，又何尝称得上快乐？

[有价的东西]
世间物质的喜好只是一种潮流。太平年代金银玉石是宝，而战乱时期米粮衣布是宝。所以，世间所谓"有价"的东西，完全在于人心的潮流及虚荣的作祟。

[人生终有聚散]
人生想得透彻一点，没有一件东西可以永远与我们为伴。再亲爱的人、再多的财物，也终有离别聚散的时候。所以，又有什么东西舍不得呢？

[追求真理]
凡夫追求财物，圣人追求真理。

[何必计较]
世间无常，国土危脆，人生何必锱铢必较？其实，心安即是福，当下能做即是福，眼前欢喜即是福。

[心宽就是福]

对别人能多原谅一分、多让一分，就能得到十分的福。所以说："心宽就是福。"

[常常汲取井水]

汲取井水时，不管汲取多少，井中之水依然不减，但是，井水也不会因不汲取而增高水位。布施就好比汲取井水，唯有不断地布施，才能造福、增福，否则，福亦不增。

[富中之贫]

富有的人若不懂得善用财富，也会被社会人群所遗弃。其孤独与寂寞，恐怕比穷困的人还痛苦！

[贫中之贫]

贫中之贫的人，不仅物资、知识贫乏，见识也窄浅，更有既贫且病者，心态孤僻，常觉得自己被人遗弃……我们应设法给予更多的关怀和引导，才能帮助他们脱离苦难。

[贫患得，富患失]

贫者因物质匮乏而苦，富者则因心灵空虚而苦。贫者千方百计地追求物质，所以极其烦恼；富者则担心失去已拥有的，而无法轻安自在。

个人的幸福和大家的幸福是不能分离的。

——[德]恩格斯